U0825634

河南省“十四五”普通高等教育规划教材

高等学校畜牧兽医类专业应用型本科教材

饲草调制加工与利用

张卫宪　主编

中国轻工业出版社

图书在版编目（CIP）数据

饲草调制加工与利用／张卫宪主编．—北京：中国轻工业出版社，2024.10
ISBN 978-7-5184-4840-1

Ⅰ.①饲…　Ⅱ.①张…　Ⅲ.①牧草—饲料加工 ②牧草—综合利用　Ⅳ.①S54

中国国家版本馆 CIP 数据核字（2023）第 240816 号

责任编辑：贾　磊
文字编辑：田超男　　责任终审：李建华　　设计制作：锋尚设计
策划编辑：贾　磊　　责任校对：朱燕春　　责任监印：张　可

出版发行：中国轻工业出版社（北京鲁谷东街 5 号，邮编：100040）
印　　刷：北京君升印刷有限公司
经　　销：各地新华书店
版　　次：2024 年 10 月第 1 版第 1 次印刷
开　　本：787×1092　1/16　印张：19.5
字　　数：500 千字
书　　号：ISBN 978-7-5184-4840-1　定价：49.00 元
邮购电话：010-85119873
发行电话：010-85119832　010-85119912
网　　址：http://www.chlip.com.cn
Email：club@chlip.com.cn

232068J1X101ZBW

本书编写人员

主　编

张卫宪（河南牧业经济学院）

副主编

霍文颖（河南牧业经济学院）

段海涛（河南牧业经济学院）

参　编（按姓氏笔画排序）

王笑笑（河南牧业经济学院）

刘　昆（河南牧业经济学院）

李德锋（河南农业大学）

何　云（河南科技学院）

张雅祺（河南牧业经济学院）

郑　立（河南牧业经济学院）

主　审

邓红雨（河南牧业经济学院）

李　勇（河南农业职业学院）

前 言
Preface

畜牧业是国民经济的基础产业，关系到国家的食品安全。随着畜牧业的快速发展，我国的草食畜禽养殖业由个体或小规模经营转变为规模化、产业化经营，而优质饲草则是草食畜禽规模化、集约化养殖的物质基础。2019 年 9 月 5 日，习近平主席在给全国涉农高校的书记校长和专家代表的回信中指出："中国现代化离不开农业农村现代化，农业农村现代化关键在科技、在人才。新时代，农村是充满希望的田野，是干事创业的广阔舞台，我国高等农林教育大有可为。希望你们继续以立德树人为根本，以强农兴农为己任，拿出更多科技成果，培养更多知农爱农新型人才，为推进农业农村现代化、确保国家粮食安全、提高亿万农民生活水平和思想道德素质、促进山水林田湖草系统治理，为打赢脱贫攻坚战、推进乡村全面振兴不断作出新的更大的贡献。"

饲草是草食家畜的主要食粮，占其日粮的 65%～70%，对草食家畜产业的发展意义重大。我们常说的"饲草"包括自然草地和人工种植的牧草、荒地或田间地头的杂草、水草、树叶等和农作物秸秆，通常把这些饲草称为"非常规饲料"。我国饲草资源非常丰富，创新开发利用好饲草资源对发展节粮畜牧业、改善人们膳食结构、确保国家粮食安全、提高养殖业经济效益有着极其重要的意义。同时，饲草的调制加工也是一个重要的科学技术研究领域，芬兰科学家 Virtanen（维尔塔宁）因青贮秸秆饲料的加工与贮存方法，于 1945 年获得诺贝尔化学奖。我们应当学习掌握这门科学知识，未来在该领域的科技创新前景广阔！

本教材是在党的二十大精神指导下编写完成的，不仅体现了大国工匠精神、创新意识，还关注了环境保护等，将党的二十大精神融入其中。随着我国经济、科技和社会的不断进步，高等教育取得了较快的发展，一大批应用型本科院校应运而生。国家对应用型本科生的培养提出了明确的要求，即要培养同时具备深厚理论基础、掌握科学研究方法、具有跨学科或行业的视野或思维、精通某一行业专业知识，并能解决该行业具体生产实际问题的复合型应用型技术人才。

本教材吸取现代高等教育的理念和思想，融入课程思政元素，以理论深厚、方法科学、精通行业、解决问题为目的，以讲清概念、强化应用、重在实用为重点，依据应用型本科院校培养目标"提升职业素养，增强创新能力，注重社会实践，强化综合素质能力"的教学改革思路，对现行教材进行改革，将学科体系下多年沿用的教材进行了重组、充实和改造，形成适应岗位需要、突出综合能力本位、融专业教育与应用型教育为一体、便于"教、学、做"一体化的新时代教材。

本教材的主要特色与创新点是立足于国家"双高"院校建设项目，依据应用型本科院校的教学改革思路，适应岗位需求、突出综合能力，达到理实一体化、“教、学、做”同步的目的。

如果说动物繁育是发展畜牧业的“芯片”工程，那么饲草饲料就是畜牧业快速发展的一个基础工程。《饲草调制加工与利用》是针对应用型本科院校学生编写的一本教材，重点阐述饲草的栽培技术、粗饲料调制加工及生产实践中的基础理论和最新应用技术成果，科学论述其基本原理、基本知识以及饲草加工的先进工艺和技术，强化解决生产实际问题，提高职业素养，内容丰富，实用性强，适用于应用型本科院校中畜牧兽医类专业。

近几年来，农林院校的大学生也积极参加全国各类技能大赛，学习《饲草调制加工与利用》的大学生们在大赛中呈现出许多与专业相关的优秀产品和项目，这令人欣慰和振奋。农林院校的大学生创新不仅需要有坚实的专业基础，而且要立足于满足当今社会发展需求，有解决实际问题的动手能力，在创新中增强自信，在创新中增添学习动力，这是我们一生的财富。让我们师生共同学习这本教材，让我们共同进步。

本教材已立项河南省“十四五”普通高等教育规划教材，根据河南省教育厅（教高〔2020〕469 号）文件精神，由河南牧业经济学院二级教授张卫宪担任主编，霍文颖、段海涛担任副主编。具体编写分工：张卫宪编写绪论与第一章（1.9 万字）；段海涛编写第二章（7.2 万字）；李德锋与霍文颖编写第三章（每人各 7.2 万字）；郑立编写第三章与第五章部分内容（7 万字）；王笑笑编写第五章部分内容（6.1 万字）；刘昆编写第四章与第六章部分内容（5.8 万字）；何云编写第六章部分内容（1.4 万字）；在编写和课件制作、图像处理、案例分析、信息媒体采编、英文文献翻译过程中张雅祺做了大量工作，撰写文字 6.2 万字。全书由张卫宪统稿、邓红雨与李勇主审。

本教材在编写和图片拍摄过程中，除编写人员外，其他成员也都付出大量心血和劳动，还有大量的在校生和已毕业校友给予了许多帮助和支持，在此对他们表示诚挚的感谢。

张卫宪

2023 年 12 月

目 录

Contents

绪 论

饲草在原始畜牧业和农业的起源和发展中发挥了重要作用。我国从汉代开始就有培育紫花苜蓿的记录，是世界上最早培育紫花苜蓿的国家，至今已有2000多年饲草培育和利用历史。中国古代劳动人民很早就意识到储备饲草的重要性，并发明了多种饲草制备方法，包括日光晒制、发酵、切短、研磨、粉碎、筛分、蒸煮以及混合等物理方法，这些饲草制备方法在现代畜牧业科学中仍占有相当重要的地位。现代饲草的调制加工技术已经发生了革命性进步，除物理方法外，化学方法和生物方法都有很多新的进展，饲草的种子繁育与栽培技术也进入了现代化。

饲草是农作物生产的重要组成部分，也是现代畜牧业发展的基础，在大多数国家的农业体系中发挥着重要作用。美国草地占土地总面积的55%，其饲草种植面积占其耕地总面积的60%以上，由此产生的饲草产业经济价值占其农业总产值的60%~70%。其中，紫花苜蓿是继小麦和玉米之后的第四大作物，种植面积达到2500万hm^2，年产量超过1.4亿t优质干草，饲草种植种子产业总产值为280亿美元。此外，加拿大、澳大利亚、新西兰等也是饲草生产的主要国家。2019年加拿大草场面积为737.9万hm^2，饲草产量3043.2万t。在澳大利亚，各类干草产量超过650万t，高档青贮产量约为220万t。中国饲草产业从20世纪中期开始逐步崛起，经历了1978年至1998年的缓慢发展阶段、1999年至2003年的快速发展阶段、2004年至2008年的调整阶段、2009年至今的稳定发展阶段，使得优质饲草产量大幅提高，为畜牧业快速发展提供了坚实基础。经过近50年的发展，中国饲草产业链日趋成熟，饲草产业涵盖了饲草种子、饲草种植、生产加工、饲草高效利用、集约化加工等诸多产业。

随着我国人民生活水平的提高，食品消费结构发生了重大变化。从1985年到2022年，谷物消费总量在粮食消费结构中的比例从71.9%大幅下降到33.2%。同时，居民年消费肉蛋奶等动物性食品从人均15.2kg增加到人均57.7kg，增长3.8倍。此外，居民对肉蛋奶总消费需求也呈爆炸式增长。从肉类消费结构来看，猪肉消费比例由83%下降到62%，而牛肉、羊肉等草食动物肉类产品比例由7.8%上升到9.9%，需求的增长也带来了牛羊养殖数量的快速增长。牛羊为草食性动物，按干草到羊肉和牛肉的转化率分别为10∶1和15∶1测算，这意味着中国每年需要5亿t干草来喂养牲畜。但据《2022年全国草原监测报告》显示，我国天然草原新草总产量10.6亿t，相当于干草约3.3亿t，因此，目前国内饲草产量与草食家畜产业的需求仍相差甚远。

中国的饲草产业在过去20余年里经历了迅速增长。据相关数据统计，2008年中国生产的苜蓿干草只有1万t。而2022年生产了约400万t苜蓿干草，此外还有200万t苜蓿青贮、120万t

燕麦干草和40万t燕麦青贮。另外，2022年我国还从国外进口了78.77万t苜蓿干草和39万t燕麦干草。中国饲草产业的快速发展也促进了青干草和青贮饲料生产技术、添加剂和加工机械相关领域的研究水平。由于全国各地的气候和地理条件差异，干草和青贮的质量控制仍然是一项重大挑战，但苜蓿干草的质量已经有了显著的提高。例如，2018年优质、良好和一般等级的苜蓿干草比例分别为5%、40%和44%，而2022年优质和良好等级苜蓿干草的比例分别提升至15%和50%。据全国畜牧总站发布的《2020年中国全株玉米青贮质量安全报告》显示，2023年我国全株玉米青贮质量合格率达到84%以上，同比增长3.8%；30h中性洗涤剂纤维消化率和乳酸浓度平均值分别较2018年提高2.5%和7.1%，氨含量下降12.5%，表明优质青贮饲料比例明显上升。反刍动物生产的快速发展同时促进了饲草工业的精细化和优化，作为反刍动物生产中最重要的因素之一，饲草栽培和加工技术在中国正在不断提高，饲草种植面积和干草进口量在不断扩大。不过需要注意的是，我国饲草产品供需缺口依然较大，对饲草和草地的需求仍在不断增长。

在政策引导和市场拉动下，饲草产业发展呈现良好势头，饲草产业和草食畜牧业快速发展，形成了一批可复制、可推广的典型。不过，我国饲草产业在飞速发展的同时也面临着许多问题与挑战。

一、草种良种选育技术急需跟进，过度依赖进口局面亟待改变

从人工草地建设和饲草新品种培育开始，我国饲草种子生产经历了一个从无到有逐步发展的过程。尽管饲草种子的工业化生产在20世纪90年代末开始有了较大的进步，但与发达国家相比仍然存在很大不足。组织和技术研究上的劣势限制了我国饲草种子产业化的进一步发展。从生产单位来看，我国大部分农民仍依赖自产种子，专门的饲草种子生产商严重缺乏。2001年至2023年，全国草种审批委员会共登记421个饲草品种，其中选育品种134个。但这些登记品种多数未用于生产推广，优良品种被忽视从而导致逐渐退化。目前我们使用的草种多为进口，主要包括紫花苜蓿、三叶草、羊茅、多年生黑麦草、一年生黑麦草等常见饲草。特别是近年来紫花苜蓿种子进口量大幅增长，2023年我国紫花苜蓿种子进口量达到0.38万t，比2011年增长了108%，饲草种业“芯片”技术的不足极大地限制了我国饲草产业的发展。

二、饲草生产标准化和质量水平较低、区域产业发展不平衡的问题需要关注

与其他产业一样，饲草产业的持续健康发展离不开行业标准和政策的科学指导。目前，我国尚未制定相应的饲草种子生产和饲草加工标准。此外，在饲草施肥、收割、烘干、贮藏等方面也缺乏具体的操作规程，最终导致种子纯度低、杂草率高、饲草产品质量差等诸多突出问题，极大地影响了国内饲草产品的销售和出口。据相关调查和统计，我国的国产苜蓿质量一般，一半以上的苜蓿粗蛋白含量达不到二级标准，几乎没有顶级的苜蓿干草。此外，我国饲草产业区域发展不平衡的问题也应引起足够的重视。以紫花苜蓿干草为例，甘肃、黑龙江、内蒙古和宁夏为主要生产区，2023年甘肃省饲草产量最高，达到275万t，但其奶牛养殖存量全国排名第10位，奶产量排名也较低，反映出草畜产业匹配度的极度失衡。

三、草畜产业结合程度不紧密，应当建立“粮-经-饲”三元种植结构

目前我国草畜产业的融合程度仍不能满足现代畜牧业生产的要求。一方面，现实中“秸

秆+精料”的饲喂模式普遍存在，农民对“优质饲草是优质安全畜产品的根本保证”这一事实重视度不够；另一方面，饲草生产企业多以饲草作为其主要产品来获得微弱利润，未进一步向畜禽产业延伸。事实上，仅仅种植饲草的利润非常有限，而通过草畜产业结合可以有效增加饲草生产企业的利润。目前我国草食动物畜牧业发展不断加快，而对应的饲草产品供应仍严重不足，需求缺口很大。2015年中央一号文件提出“加快发展草牧业，支持青贮玉米和苜蓿等饲草料种植，开展粮改饲和种养结合模式试点，促进粮食、经济作物、饲草料三元种植结构协调发展”，2016年中央一号文件又进一步提出“优化畜禽养殖结构，发展草食畜牧业”，为草食畜牧业发展夯实了政策基础。为促进草食畜牧业发展，国家相继出台了牛羊良种补贴、基础母牛扩群增量补贴、牛羊大县奖励、奶牛政策性保险等扶持政策，持续加大牛羊标准化规模养殖场建设、良种工程、秸秆养畜等工程项目投资力度，推动草食畜牧业发展方式加快转变。饲草产业作为草食畜牧业发展中最重要的因素之一，亟需进一步的精细化和优化，加快草畜产业融合，以满足现代畜牧业生产的需求。

四、饲草加工机械设备仍主要依赖进口，需要发展我国自主品牌机械设备

与发达国家相比，我国饲草加工机械设备的技术和发展工艺存在明显不足和差距，大多数技术要落后几十年。从20世纪80年代开始，饲草产业投资严重不足，导致许多饲草加工机械公司进行了业务转型甚至停产。此外，这些公司还存在一系列问题，如机器质量较差且可靠性不高。往复式割草机工作半天就需要进行打磨，可靠性不足80%。进口的采草机收割400hm^{2}饲草其损坏率仅为4%左右，而国内同类产品损坏率为25%左右。在相同的作业条件下，我国饲草收割和码垛的机械工作效率仅为发达国家同类产品的一半左右。此外，我国各种饲草加工机械设备的型号和组合设备较少。大多数设备只能处理饲草加工过程中的一个环节而不能多环节同时进行。另外，国内大多数设备厂家只能生产割草机、碎草机等简单型号，却不能生产割草与压草机相结合的高档型号，因此，很多机械设备只能依靠进口。

五、饲草产品深加工不足，饲草深加工效益可观

饲草叶片蛋白不仅含有家畜所需的主要氨基酸，而且像乳蛋白一样容易被人体吸收利用。因此，叶片蛋白可被进一步深加工用于动物和人类的消费和应用。比如，紫花苜蓿直接饲喂其利用率仅为20%~30%，而经过深加工后其利用率可高达80%。在欧洲市场上，紫花苜蓿叶片蛋白的价值比动物蛋白高10~100倍。截至目前，我国饲草加工工艺仍以初级生产为主，深加工产品相对较少。

畜牧业在我国国民经济中发挥着重要作用，其发展直接关系到我国农业产出和经济地位。关于饲草和畜牧业的发展，我们首先应重点推进饲草种植业的发展、饲草产品的加工及其相关的草食畜牧业。其次，通过种植、生产和加工的有机结合来提升农业、饲草产业和畜牧业的产值。然后，加强饲草产品高效生产体系与现代生态农业体系的关系，从而促进传统农业向草地与现代农业相结合的方向调整，这将对保障我国食品安全健康发展起到重要作用。

发展饲草产业是统筹农村牧区生态与生产的重要平台，可为着力打造农牧结合、种养结合的生态循环发展模式提供有力支撑，有利于实现农村牧区生产、生活与生态的有机结合、协调发展。同时，发展饲草产业是推进农业供给侧结构性改革的重要切入点，通过推进草畜配套和产业化，提高供给结构的适应性和灵活性，提升农业供给体系质量和效率。发展草牧业也是农

牧业增效和农牧民增收的重要举措。发展草牧业，转变养殖方式，优化草畜产品生产结构，推进一二三产业融合，有助于挖潜力、提质量、增效益，大幅度增加农牧民收入。在党的二十大精神指导下，本教材针对国家“双高”院校建设项目提出的新要求，重点阐述饲草的栽培技术，粗饲料调制加工及在生产实践中的基础理论和最新应用技术成果，科学论述其基本原理、基本知识以及饲料加工的先进工艺和技术，以培养应用型本科院校畜牧兽医、畜牧、饲料与动物营养等专业学生解决生产实际问题的能力为目标，对促进我国饲草产业人才培养和产业快速发展有重要意义。

CHAPTER 1

第一章 饲草加工与利用概述

第一节　饲草生产机械化的概念

一、饲草的概念

饲草是可直接作为饲料或经过加工处理后作为饲料的植物，主要包括草本植物、饲料作物和农作物秸秆等，广义上泛指可用于饲喂家畜的草类植物，包括草本、藤本、小灌木、半灌木和灌木等各类栽培或野生植物；狭义上仅指可供栽培的饲用草本植物，尤指豆科牧草和禾本科牧草，这两科几乎囊括了所有的栽培牧草。此外，藜科、菊科及其他科也有，但种类较少。

饲料作物，指用于栽培作为家畜饲料用的作物，如玉米、高粱、大麦、黑麦、大豆、甜菜、胡萝卜、马铃薯和南瓜等。

农作物秸秆，主要指经过加工处理后可作为粗饲料的玉米秸、麦秸、稻秸、大豆秸、谷子秸、高粱秸和油菜秸等各类农作物秸秆。

二、饲草加工机械化概念

饲草加工机械化是指在满足农业技术要求的前提下，遵循一定的工艺路线，采用机械化手段，实现饲草的收获以及初加工等。主要涉及的机械装备有以下几种。

（一）牧草收获与加工机械

牧草收获与加工机械主要包括联合收割机、禾本科牧草种子收获机、豆科牧草种子收获机、牧草种子初选机、精选机、除芒机、刷选机、窝眼分选机、重力分选机、去石机、拌药机、包衣机、丸粒化机及烘干设备等。

（二）牧草及农作物秸秆收获机械

牧草及农作物秸秆收获机械主要包括往复式割草机、旋转式割草机、割草调制机、滚筒式搂草机、指盘式搂草机、水平旋转搂草机、翻晒机、方草捆压捆机及装载机、圆捆压捆机及装载机、压垛机及运垛机、散草捡拾运输车等。

（三）饲草干燥设备

饲草干燥设备主要包括传送带式干燥设备、滚筒式干燥设备、远红外线干燥设备、气流干燥设备、过热蒸汽干燥设备以及太阳能干燥设备等。

（四）饲草加工成形设备

饲草加工成形设备主要包括饲草粉碎机、草颗粒压制机、草饼压制机及草块压制机等。

（五）青贮饲料收获机械及青贮设备

青贮饲料收获机械及青贮设备主要包括固定作业青饲切碎机，田间作业青饲收获机，堆贮、窖贮、塔贮设备，草捆青贮及袋装青贮设备等。

以上机械设备统称为饲草机械。

三、饲草加工在畜牧业发展中的地位及意义

畜牧业的发展水平，反映了一个国家的经济发展水平和技术进步程度。在一些畜牧业发达国家，畜牧业产值在农业总产值中都占有很高的比例，如美国为60%，加拿大为65%，德国为74%，法国为57%，丹麦、新西兰则高于80%。在畜牧业产值中，60%以上是由饲草转化而来的。所以，饲草生产是畜牧业中最基础、最重要的产业。它不仅是一个科技含量较高的产业，也是一个劳动密集型的产业，还是一个经济效益较高的产业。国内外生产实践证明，饲草生产要实现高效益可持续发展，必须满足两个条件：一是经营规模要足够大；二是生产加工要实现机械化。这是发达国家发展饲草生产的共同经验。因此，大力发展我国饲草生产机械装备，实现饲草生产机械化，在我国的畜牧业发展中具有特殊的地位和重要的现实意义。

四、饲草加工在畜牧业发展中的重要作用

（一）草原生态建设、保护的重要措施

现代畜牧业必然是生态畜牧业。其主要内容就是重视自然资源的合理开发利用和保护生态环境，全面体现生产、经济、技术、社会和生态这五大系统相互协调发展的可持续性。发展可持续畜牧业离不开机械化作业，而机械化正是立足于畜牧业机械基础之上的。近年来，在人工草场和饲草料基地上，采用了“免耕、少耕”为主要内容的保护性耕作。草场机械松土补播、免耕补播等，都是应用机械实现环境保护和畜牧业发展良性互动的具体表现，其作用在于促进和保证畜牧业的可持续发展。

（二）为实现畜牧业现代化提供技术和装备

50年来，我国草原畜牧业取得了很大的发展。之所以能取得显著成效，除了进行牲畜改良、草原建设、采用先进的饲养技术外，机械化的普及起到了非常重要的作用。实践证明，畜牧业机械化稳定和发展了畜牧业，机械化为畜牧业生产提供了技术支撑和可靠的技术装备。从天然草场改良和建设、人工草场建设管理、饲草料基地耕种和收获，直至饲料加工等，都是应用机械化实现的。饲草生产技术装备在推动农牧业现代化、工业化的进程中将起着不可替代的作用。

（三）提高畜产品安全和防灾抗灾能力

发展和解放牧业生产力，是彻底解决“三牧”问题的前提。而实现机械化是解放生产力的

根本出路。只有牧区牧业生产实现机械化、现代化，畜牧业经济才能持续发展。近年来，畜牧业机械化为国家在牧区实施草原生态建设，遏制草原退化，开展沙源治理、天然草场保护、牧草种子基地建设、高标准配套草库伦和饲草料基地建设以及畜种改良和品种基地建设，推广科学化饲养管理，有效地提高畜牧业向质量效益型转变等方面发挥了重要作用。畜牧业机械化是加强牧业基础设施建设的重要内容，包括畜牧业产前、产中和产后，保护和改善生态环境等生产设施和设备的建设等，对促进经济发展、提高人民生产生活水平与保障畜产品安全、提高畜牧业生产能力有着十分重要的作用。尤其畜牧业工程技术和机械，可有效地应对自然灾害和突发事件等对畜牧业生产造成的危害。机械化的发展，抵御了人力所不能抗拒的自然灾害，承担了单靠人工不可能进行的生态保护建设工程等，有效地保障了畜牧业生产和人民群众生命财产的安全。机械化在牧业生产中发挥了抢农时、抗灾害、提高生产效率、改善劳动条件和增加牧民收入的重要作用。机械化已成为各地区畜牧部门应对牧业生产危机、保障生产安全、提高牧业生产能力的有效措施和重要手段。

（四）推广新技术的重要载体

建设现代化畜牧业，关键靠科技进步。畜产品生产能力的提高离不开优良品种（包括饲草种、畜种）、先进的耕作制度（饲草料基地耕作与草原的有效管理）和科学的牲畜饲养管理技术。每一个生产环节所取得的突破，都离不开科技的支撑，而各种先进的生物与牧业技术必须依靠工程措施，一切现代牧业生产技术必须依靠机械化才能实现。如牧草松土补播机械和免耕播种机械的应用和推广，推动了草原的复壮更新；节水灌溉机械等设备的使用，有效地保证了草场节水灌溉技术的实施。新技术、新机具的应用，必将使牧业生产方式和牧民的生活方式，乃至人们的思维方式发生深刻的变化，牧业生产的升级步伐将进一步加快。

（五）降低生产成本，增加牧民收入

牧业经济结构单一，缺乏增收渠道。牧民收入中的87%以上来源于牧业收入，比全国来源于第一产业收入的平均水平高出41%。政府多年来一直努力拓宽牧民增收的渠道，但由于客观综合因素制约，以第一产业为主的局面在牧区仍然没有打破，牧民增收的不确定因素仍没有得到改善，严重制约了牧民收入的增加。再加上近几年牧区人口增长较快，草场退化，畜牧业增产不增收或增产与增收严重不同步的矛盾比较突出。单靠落后的传统放牧方式增加畜产品，不能为牧民创造更多的就业机会和收入来源。所以，要解决牧民增收问题，就要增加对牧业的投入，加快牧区劳动力向二三产业转移的步伐，拓宽牧民增收的渠道，增强牧民自我积累、自我发展的能力。从宏观层面来看，机械化的进程就是牧业生产要素中牧业机械增多、牧业劳动力减少的过程，也是牧民收入提高、城乡协调发展的过程。通过近年来机械化的应用，牧民已深刻认识到机械化给他们带来的好处。机械化大幅度提高了劳动生产率，减轻了牧民的劳动强度和增加了经济收入，加快了边疆、牧区的建设步伐。

（六）推动规模化生产和产业化经营普及

实行牧业产业化经营，是继家庭草畜承包经营后牧区经营体制的又一次创新。既可以进一步发挥家庭承包经营的活力，又有利于解决牧业发展中一些深层次的矛盾。近年来，由于畜牧业机械化的带动，畜产品产量大幅度提高，农牧业资源优势和规模效益不断壮大，吸引了大批知名企业集团和民营企业投资办厂。畜产品加工龙头企业的不断壮大，又带动了畜牧业向产业化、商品化发展。机械化是畜牧业产业化链条中重要的一环，发挥着技术支持和物质保障的作用。这就要求作为畜牧业产业化经营重要技术支撑的畜牧业机械化必须加快发展，拓宽机械化的服务领域，推进畜产品生产全过程机械化。

（七）提高畜产品竞争能力

据统计部门报道，2023年全国肉类总产量为9641.1万t，对肉、蛋、奶等畜产品的需求与日俱增，供需矛盾将会更加突出。提高畜产品生产的数量和质量，确保国家食品安全，显得尤为重要。世界畜牧业发达国家主要靠的是畜种改良、先进的饲养方式以及先进的机械化工程技术措施。草原是我国牛、羊肉的生产基地，也是我国畜产品的绿色生产基地。畜牧业生产只有走现代化道路，采用先进的机械工程措施，才能提高畜产品品质、提高畜产品市场竞争力，使生产者和经营者获得更高的效益。

（八）促进牧区劳动力转移

西北和内蒙古的草原生态对整个华北乃至全国的生态环境保护起着举足轻重的作用。然而，自20世纪80年代开始，由于牧区人口急剧增长，牧民为了增收大量扩充牲畜头（只）数，草场严重超载，使得原本脆弱的草原生态不堪重负，甚至丧失了自身调控能力而陷入恶性循环，进一步加剧了草原向荒漠化转变的进程。由此说明，如果对人类的行为不加以控制，继续按照传统的畜牧业生产方式对草原实施掠夺式经营，草原生态的整体退化将无法控制。因此，转变落后的生产方式势在必行。牧区实行“围封禁牧，收缩转移，集约经营”的战略，是符合科学发展观要求的。采取牧区人口向城镇转移，草场进行围封、休牧等方式，以草定畜，控制载畜量。只有这样，才能使草原得以休养生息，生态得以恢复保护。而且，转移农村牧区劳动力是社会发展的必然趋势。实现畜牧业机械化，不仅可彻底解放牧区劳动力，促进牧区劳动力转移，而且可以带动二三产业的发展，活跃牧区经济，推动城镇化建设的速度，提高牧民生活质量，让牧民享受到改革开放和现代文明的成果。

第二节 国内外饲草加工与利用发展情况

一、发达国家饲草机械生产及应用情况

国外饲草机械已有100多年的历史，经历了从以畜力作为动力到与拖拉机动力配套、从单项作业机具到成套机具、从分段作业机具到联合作业机具等的发展过程。20世纪60年代是欧美各国饲草机械发展的高峰时期，新型的割、搂机具和各类联合作业机具及成形机具相继研制成功并迅速推广。美国的饲草机械水平很高，发展很快。20世纪70年代以来，美国部分服役机具已趋于饱和，产量保持稳定或略有下降。各公司致力于开发新产品，改进原有产品的性能，以保持竞争能力。苏联饲草机械发展较慢，产品以割、搂、集、垛、运等收获工艺的配套机具为主，机型比较落后，到20世纪70年代末才完成产品的更新换代工作。目前，欧美各国几乎所有的农机公司都生产饲草机械，出现了一些大型跨国公司和著名品牌。比较著名的公司有美国的约翰迪尔公司、凯斯公司、福格森公司、纽荷兰公司，德国的克拉斯公司、法尔公司、威力格尔公司，法国的库恩公司，意大利的格力亚尼公司等。各公司生产的产品品种齐全，系列

完整，能满足各种条件下全面机械化作业的需要。

国外畜牧业发达国家在20世纪60年代基本上实现了饲草生产过程的全面机械化，饲草机械的保有量也达到了相当高的水平。如美国20世纪60年代方草捆压捆机保有量达到70万台，80年代圆捆压捆机保有量达到8万台、割草调制机保有量达到84万台；法国20世纪70年代方草捆压捆机保有量达到42.5万台；联邦德国20世纪80年代圆捆压捆机保有量达到2.1万台。进入20世纪90年代，国外饲草机械开始大量采用电子、液压精确控制和GPS定位等现代技术，迅速提高了产品的科技含量，并向大型、高效、复合式作业方向发展。

国外畜牧业发达国家在20世纪30年代经历了荒漠化历史教训之后，开始注重草原的改良和建设，并依靠法制和科技进步使草原畜牧业逐步走上了可持续发展的道路。在实现饲草生产过程机械化的历程中，取得了经济效益、生态效益和社会效益的协调发展。国外畜牧业发达国家饲草生产机械化实现全面发展的基本经验有以下几个方面。

（一）合理利用草地资源，坚持科学放牧

在保护生态和加强草原建设的基础上，带动饲草机械化的发展，出现了网围栏、电围栏、松土补播、免耕补播、大型草场节水喷灌和施肥等草原改良建设机械化。而饲草机械化的发展，又进一步促进了畜牧业的大发展。

（二）建设高产的人工草场

在草原利用方面国外畜牧业发达国家都十分重视建设优质高产的人工草地。如澳大利亚拥有人工草地2667万hm^2，占全国草原总面积的58%；新西兰人工草地及改良草原占草原总面积的66%；美国人工草地为天然草原的10%，加上耕地种草，人工草地达到28.6%，全部实现机械化作业。像种植农作物一样，精耕细作，建立稳产、高产、优质的人工草场来提高草原生产力，产草量一般比天然草原高3~5倍。从免耕播种、灭茬、施肥、节水灌溉到牧草收获、加工、贮藏等作业，全部实现机械化操作。由于草原总的生产力得到了大幅度的提高，既减轻了天然草场的压力，又提高了饲草的质量和产量。改进放牧和饲养方式，有力地解决了畜草矛盾，进而奠定了现代畜牧业的坚实基础。

（三）产业化经营、规模化生产、科学化管理

国外畜牧业发达的国家，在畜牧业每个生产环节中，因生产目的不同，在经营方式和生产运作中各不相同，但都有共同的特点，即经营产业化、专业化，生产规模化、机械化，管理科学化、信息网络化。如加拿大，一般牧场主饲养300头基础母畜，草场面积可达0.6万~1.7万hm^2。畜牧业生产从饲草料播种、打贮草、饲料加工到自动供料、自动饮水、自动清粪，处处体现出了机械化。劳动生产率越来越高，规模效益显著。英、法等国家，在生产过程中采用了电子技术和传感技术，时刻监视肉牛和奶牛的体质和产奶量，高度重视满足牲畜的营养需求。为了保证牲畜有充足的优质饲草料，在划区轮牧和种植牧草、饲料作物的基础上，把青贮饲草料作为牲畜的主要营养来源。他们用青贮切碎收割机将切碎的青草、青贮玉米直接青贮，或用裹包机将牧草或玉米段用塑料薄膜裹包，就地青贮，便于饲喂。

（四）政府不断强化对畜牧业机械化体系的建设力度

从畜牧业发达国家的实践可以看出，机械化的发展不能单靠市场调节，国家必须从政策上加大扶持的力度，才能尽快促进机械化的发展。许多国家的政府都出台了各种促进畜牧业机械化发展的政策法规，如鼓励牧场主实行集约化畜牧业和工厂化生产。政府衡量农牧场贡献的标准不是最小成本和最大产值，而是要衡量他们在环境保护和生产高质量畜产品中是否符合国家制定的标准，以确保环境和食品的安全。除了制定完善的法律法规作保证外，还通过科学研究、政策调控和开发创新等手段，推动畜牧业走可持续发展的道路。如对人工草地传统农业耕作制度进行改革，实施保护性耕作，包括免耕法、机械松土补播、土地轮闲和最少机械化耕作方法。在新西兰和澳大利亚，为了鼓励牧场主对干旱、半干旱荒漠地区进行机械化开发和建设，政府对大面积网围栏、机械耕作、大型喷灌建设等工程项目给予一定的投资补助，并发给低息和无息贷款。许多国家为了激励牧场主在生产中广泛采用先进技术和设备，制定许多优惠政策：一是规定所有用于农牧业生产的先进技术和设备一概免税；二是对购置牧业机械，包括零部件、汽柴油，实行补贴或发给低息和无息贷款，或建立机械化发展促进基金等；三是通过金融系统开展对牧场主的信贷，凡是牧场主从事机械化经营的贷款，如破产而无法还贷时，政府帮助偿还 20%。他们普遍依托雄厚的财力和先进的科技力量，实施各种各样的反哺支农政策。在农牧业结构调整中增加畜牧业比重，注重培育农牧机械市场，注重科技投入，形成了发展机械化的长效机制。

（五）建立完善的社会化管理服务体系

发达国家畜牧业机械化的共同特点是生产规模化、服务社会化。从他们的发展实践看，建立完善的社会化管理服务体系是促进机械化发展的保证。在英、法等国，农业协会、养牛协会、养羊协会、机械化协会等各类各级协会遍布各地。协会向生产者收取一定的费用作为活动经费，为生产者提供资金、项目、信息、培训、市场行情等有关专业生产的各类咨询服务。而且，协会还同各级政府保持密切联系，经常向政府反映生产者的意见和要求。为了降低生产者使用机械的成本、提高机具利用率，法国协会还提供各种机具的服务。

二、国内饲草机械生产及应用情况

我国饲草机械是由牧草收获和饲草料加工机械发展起来的。早在中华人民共和国成立前，内蒙古、黑龙江、新疆的部分地区就陆续从苏联引进一些割搂草机及牛奶分离机等。1945 年，挤奶机在我国东北牛场开始试用。中华人民共和国成立后，国家在内蒙古兴建了全国第一家牧草收获机械专业厂——海拉尔牧业机械厂和第一家国家直属畜牧机械科研机构——机械工业部呼和浩特畜牧机械研究所，带动了全国各大牧区牧草收获机械化的起步和发展。国内其他地区一些畜牧机械生产企业以及科研、教学、试验培训等机构也逐渐兴起。总体来看，我国饲草生产机械化的发展大体可分为 4 个阶段。

（一）起步阶段（1954—1965 年）

这是我国草业机械化事业初步发展阶段。虽然刚刚起步，科研、制造、管理等方面力量薄弱，但由于政策稳定，因而发展比较扎实、健康。这一阶段是以发展草原牧草收获、剪毛、乳制品初加工和牧业供水及农区牧业的饲料粉碎、铡草等机械化与半机械化为主要内容。仅几年，饲草机械在广大牧区就引起了很大的反响，使牧民初步认识到机械化的作用。

（二）调整和提高阶段（1966—1980 年）

20 世纪 60 年代初，在党中央“调整、巩固、充实、提高”方针的指引下，各省、自治区根据北方牧区“十年九旱”的特点，抓住以水为中心的机械化。如适合“小草库伦”的灌溉机械、风力提水机等。1978 年，在北京召开的十二国农业机械展览会之后，我国北方牧区兴办的

17个畜牧业现代化试点县开始系统引进国外牧机产品，对我国畜牧业机械上品种、上水平起到了积极的推动作用。1978—1982年，机械工业部呼和浩特畜牧机械研究所等有关研究机构、生产企业，相继在引进的基础上研制和开发了10个品种20个机型的牧草收获机械（割草机、搂草机、方捆和圆捆压捆机、压垛机、草捡拾运输车等）。这些新产品全部完成了样机试制，有的实现了小批量生产。

（三）市场导向牧民自主发展阶段（1981—2000年）

党的十一届三中全会以后，各级政府落实《中华人民共和国草原法》及各项方针政策，牧区推行了“两权一制”的制度，我国畜牧业经济结构发生了历史性的变革。畜牧业生产者在劳动和经营上有了相对的独立性和自主权，以家庭为经营单位已成为我国畜牧业生产的主要经营方式之一。广大牧民根据畜牧业生产的需求，积极争购小型、多用、优质、价廉的畜牧机械，群众自己办机械化事业的积极性充分激发起来。小型机械需求量上升，畜牧业机械化由大中型向中小型发展，以小型为主，出现了具有中国特色的小型拖拉机、小型耕作机械、小型播种机械、小型牧草收获机械、小型饲料加工机械等。虽然这些小型机械适合牧区经济状况，但显示出生产效率不高、效益不显著、能力低下和耗能高等缺陷，限制了机械化的正常发展。

（四）政府加大扶持力度，引导群众自办机械化阶段（2001年至今）

2000年以来，我国开始实施西部大开发战略、环境保护战略和农业产业结构调整战略，减免农业税、购机补贴等一系列惠及“三农”的政策陆续出台，畜牧业机械化面临新中国成立以来最好的发展机遇。畜牧业经济结构及生产方式也在发生深层次的变革，规模化、专业化经营正在逐渐成为我国畜牧业生产经营主要方式之一。对饲草机械的需求已由小型向大中型转变，以中型需求为主。在这阶段，我国的畜牧业机械化水平有了比较快速的发展，主要表现在以下4个方面：畜牧业机械保有量逐年增长；畜牧业机械化作业项目逐年提高；畜牧业机械产品种类逐年增多；各种社会化服务组织模式开始兴起。

第三节　饲草加工利用发展趋势

一、机械技术与生物技术相结合

畜牧业发达国家早期的发展历程，可以分为两大类：一种是以节约劳动力为特征的农牧业机械化主导模式；另一种是以节约资源为特征的生物技术主导模式。而现代农牧业生产的发展和现代农牧业科技的创新与应用，在很大程度上使机械主导和生物主导的模式相互交织，出现了机械技术与生物技术相结合、资本密集和技术密集相结合、资源节约和循环利用相结合的多种发展模式。以美国、加拿大为代表的规模化、机械化、高技术模式；以欧洲为代表的生产集约化、机械化与生物技术结合的复合模式；以日本、以色列为代表的资源节约和资本、技术密集型模式。

二、重视科研、制造和推广应用

为了保障草业装备的稳定增长，许多发达国家都非常重视对科学研究、技术推广的经费与物质投入。如法国近10年对科研、教育和推广的经费逐年增加，切实加强了农牧业技术装备的研究和推广。近年来，欧美国家的农机生产企业向大型、专业化和集团化方向发展，在集团下的企业可以在资金、技术、销售渠道等方面进行优势互补。各企业加强科研创新能力，采用高新技术，有力地提高了机具的技术水平和制造手段、工艺及产品质量，增强了产品在国际市场上的竞争力。

三、采用高新技术

高新技术是未来发展方向，技术的应用可极大提高生产效率。如洛阳四达农机有限公司生产的青贮铡草机，具有噪声小、使用寿命长、定刀和动刀采用直刀刃口便于调整和刃磨等特点，能够高效地将秸秆等饲草切碎，便于青贮和储存。北京国科诚泰农牧设备有限公司生产的立式牵引式饲料制备机，具有结构简单、故障率低、可靠性高、饲草处理能力强等特点，能够将各种干草、农作物秸秆、青贮饲料等纤维饲料和精料直接进行混合饲喂，提高饲料的营养均衡性和利用率。法国库恩公司生产的饲草料混合饲喂机，可分别完成圆草捆装载切碎混合（与精饲料）饲喂、青贮饲料取饲装载切碎混合饲喂（或风送）、饲草装载-切碎-混合饲喂（或风送）。在机架上装有计算机，按输入的程序控制称重器，显示加料重量，机具全部装备机、电、液、仪一体化设备，用于实现机械化作业的高效率、高质量、低成本，并改善舒适性与安全性。一般农场都配备计算机管理系统，未来采用高新技术的饲草机械装备的比例将会有较大幅度的提升。国外机械开始大量采用电子、液压精确控制，迅速提高产品科技含量。如饲草收获机械的操纵和控制、切割高度的调整、压捆密度的监控等，普及了电子、液压技术及3S技术的应用。3S技术，即地理信息系统（GIS）、全球定位系统（GPS）和遥感技术（RS）。在大型机械上安装接收机，接收卫星信号，经信息处理、分析，然后根据土地和作物情况确定播种、施肥、耕作和用药址等，大大提高了作业生产效率，降低了生产成本。

复习思考题

1. 名词解释：饲草、饲草加工机械化。
2. 饲草加工机械包括哪些？
3. 饲草加工在畜牧业发展中的重要作用是什么？
4. 简述中国饲草机械生产及应用的发展趋势。

CHAPTER 2

第二章 饲草种类与栽培

第一节　饲草种类

饲草的种类繁多，不同饲草的用途和栽培技术差异较大，根据饲草的特点可将其分为不同种类。目前，饲草的分类方法较多，根据不同分类标准可以将众多的饲草分为多种类型，每种分类标准都与饲草的用途相关，反映着饲草的使用特点。

一、饲草植物生物学特点

（一）株丛类型

饲草通过分枝或分蘖形成新的枝条，根据枝条在植株上着生的位置，叶片在茎上着生位置的高低、数量及营养枝和生殖枝的多少，饲草植物可分为上繁草、下繁草、半上繁草和莲座叶丛草四种类型。着生分蘖的、密集的节和节间部分，通常称为分蘖节，分蘖节内贮有丰富的有机养料，外形比较膨大。

1. 上繁草

上繁草株丛以长营养枝和生殖枝为主，短枝可发育为长枝，茎上叶多，生殖枝有 3~5 片叶，占叶量 20%，长营养枝有 5~11 片叶，占叶量 50%，植株高大，一般株高 1m 以上。刈割后留茬不超过总产量 5%~10%，适宜刈割调制干草。如苜蓿、燕麦草（图 2-1）、小黑麦、象草、羊草、红三叶、无芒雀麦等。

2. 下繁草

下繁草株丛以短营养枝为主，每年只有少数枝条发育为生殖枝，茎上叶少，2~3 片，大量叶片集中于株丛基部，植株矮小，高 40~50cm，刈割后残茬量大，约占总产草量的 20%~60%，而且这些残茬的营养价值高，适宜放牧利用。如狗牙根、糙隐子草、羊茅、冰草（图 2-2）、白三叶、草地早熟禾等。

图 2-1　上繁草（燕麦）

图 2-2　下繁草（蒙古冰草）

3. 半上繁草

半上繁草枝条的成分和株丛的形状介于上下繁草之间，长枝与短枝约各占一半，植株高度为 50~70cm，每年有较多的短营养枝形成生殖枝，适宜刈牧兼用。如看麦娘、多年生黑麦草（图 2-3）、垂穗披碱草、草地羊茅等。

4. 莲座叶丛草

莲座叶丛草叶集生在稍高于地面的短茎上的各节，全部叶片放射状向四周展开呈莲座状，上部的叶片较下部的叶片小，并且叶柄较短。此类植物在草地中多为伴生种，在长期放牧过重而退化的草地上生长最为普遍，如菊科蒲公英属的各种蒲公英（图 2-4）、车前科车前属的各种车前草以及景天科和十字花科的一些种类。

图 2-3　半上繁草（黑麦草）

图 2-4　莲座叶丛草（蒲公英）

（二）枝条形成类型

从禾本科等植物地表或地下的分蘖节、轴根性植物的根颈、根蘖性植物的根蘖以及叶腋或根上形成新枝条，并产生不定根的过程称为分蘖。根据分蘖类型可将饲草分为根茎型、根蘖型、疏丛型、密丛型、根茎-疏丛型、匍匐茎型、轴根型、鳞茎型、粗壮须根型等。

1. 根茎型

根茎型饲草地下分蘖节长出与主枝垂直的横茎——根茎。根茎分布于地下 5~10cm 处，根茎长 2~150cm，甚至几十米。根茎上具节，节上有退化的鳞片状叶，叶腋内可产生分蘖枝，同时节可向下产生不定根，分枝向上伸出地面形成地上枝条（图 2-5）。分枝基部的分蘖节可继续分蘖产生根茎，根茎尖端可继续生长，生长中往往老的根茎死亡，新的根茎产生。根茎既是营养繁殖器官，又是贮藏器官。根茎具有很强的繁殖能力，人工耙切后每一段都可变为一个独立的繁殖体。主要为禾本科饲草（简称禾草）和杂类草。

2. 根蘖型

根蘖型饲草有地下横走的水平根，长 4~5m，位于地下 5~30cm 处，其上春夏秋可产生不定芽，萌发生长形成地上枝条（图 2-6），寿命长。在沙性土壤可形成多层水平根，根蘖型草类繁殖力强，被切断的水平根可产生不定芽，形成地上枝条。如柳穿鱼、甘草、黄芩。

图 2-5　根茎型

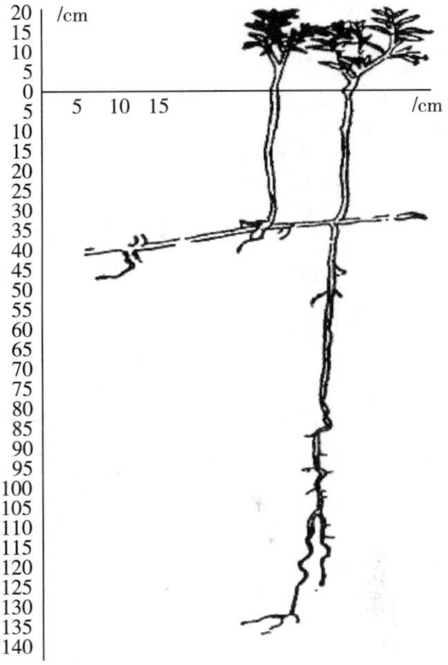

图 2-6　根蘖型

3. 疏丛型

疏丛型饲草分蘖节位于地下 1~5cm 处，侧枝与主枝之间成锐角，发育完全的侧枝又形成次级侧枝，在地表形成疏松的株丛（图 2-7）。每代侧枝都形成自己的根系，老一代枝条死亡，其根系也就死亡，因而在土壤中积累有大量有机物。株丛边缘为新生枝条，中央为老枝条，中央老枝死亡后积累大量死亡而未分解的有机残余物使中央变空，能形成较好的生草土。因分蘖节接近地表，对土壤空气的要求较少，在水分暂时过多的情况下能很好生长。如鸭茅、多年生黑麦草。

4. 密丛型

密丛型饲草分蘖节位于土表或接近地表，分蘖自分蘖节发生后，彼此紧贴向上生长，因而形成紧密的株丛，枝条数可达几百（图 2-8）。分蘖节上移是对土壤中缺乏空气的一种适应，使分蘖节处于空气充足的地表，在通透性不良或完全厌气的土壤中能正常生长发育。分蘖枝紧密，被枯枝包围，可蓄水保持分蘖节的湿度又便于分蘖节通气及抵御低温。

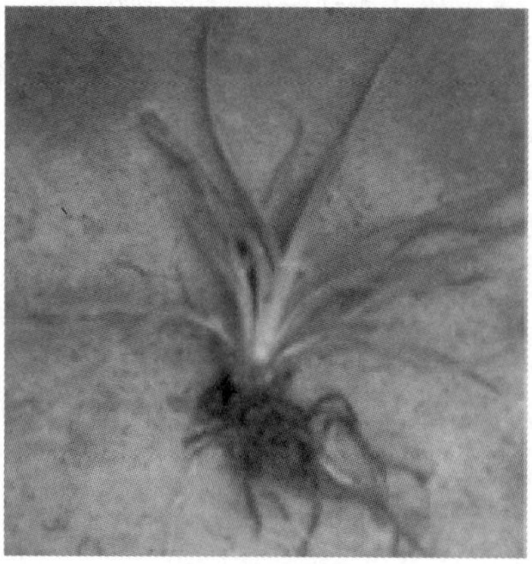

图 2-7　疏丛型

图 2-8　密丛型

5. 根茎-疏丛型

根茎-疏丛型饲草分蘖节位于地表以下，株丛本身为疏丛状草类的分蘖，株丛与株丛之间有短的根茎相连，形成稠密网状（图 2-9），可形成富有弹性的草皮，在放牧时不易被家畜破坏土壤或在草地上形成小丘，为放牧利用的理想草类。这类草在疏松的土壤上生长发育最好。如草地早熟禾、紫羊茅等。

6. 匍匐茎型

匍匐茎型饲草从根颈、分蘖节、叶腋等分生出横卧地面向前生长，匍匐于地表的匍匐茎（图 2-10）。匍匐茎的节处形成叶簇，在叶簇下面形成不定根，不定根可扎入土壤，形成新的植株。节部的腋芽向上产生枝条或继续产生匍匐茎，向各个方向生长。在利用上，由于此类草产量低（因其茎长，叶子小或发育不良），不能刈割调制干草，但它们的营养繁殖能力强，适于放牧，且较耐牧。如狗牙根、结缕草、白三叶等。

图 2-9　根茎-疏丛型

图 2-10　匍匐茎型

7. 鳞茎型

鳞茎型饲草在地面以下 5~10cm 处形成鳞茎盘，节间缩短的茎的节上着生着肉质叶片，上部叶腋处的腋芽发育为新枝条，肉质叶鞘间的腋芽可产生新的小鳞茎（图 2-11）。鳞茎盘下部生有许多不定根，主根死亡早，主要借助茎出不定根吸收养分，这种根每年更新。鳞茎既是繁殖器官也是贮藏器官，适应于干草原及半荒漠地区，尤其是高山草原地区及山地的旱生植物群落地区，具有大量死枯叶鞘保护处于土壤中的鳞茎。如葱属、百合属。

8. 轴根型

轴根型饲草具有明显的主根，主根上长出许多粗细不同的侧根，长度从 10cm 到 200cm 或 300cm 不等（图 2-12）。主根和茎的过渡处形成膨大的根颈。越冬时地上部分死亡，在根颈上形成许多休眠芽，越冬营养物质贮藏于直根和根颈中，春天萌发形成地上枝条，每个枝条产生分生侧枝，侧枝可继续分枝，形成发达的株丛。刈割和放牧后根颈上的更新芽和留在枝条上的潜在芽都可生长为新生枝条。豆科、菊科、藜科等草原植物均属此类。

图 2-11　鳞茎型

图 2-12　轴根型

9. 粗壮须根型

粗壮须根型饲草有短的分蘖节（根茎）和强烈分枝的侧根，形态上似禾本科的根，但比较粗壮，以种子繁殖与营养繁殖并重。如酸模、车前等。

（三）生长发育（禾本科、豆科、菊科）

1. 禾本科植物的生长发育

（1）出苗期（返青期）　种子萌发后幼芽露出地面时为出苗期，越年生、两年生和多年生禾本科饲草越冬后萌发，绿叶开始旺盛生长称返青期。禾本科种子为颖果，其果皮与种皮愈合不易分开，果中只有一粒种子，如小麦（图 2-13）、玉米（图 2-14）等。种子由种皮、胚乳、胚组成；胚乳含有大量营养物质，一般淀粉占 85%~90%，蛋白质占 10%~15%；胚包括胚根、胚芽、胚轴和子叶，禾本科只有 1 片子叶，着生于胚轴的一侧，被称为单子叶植物。萌发时芽伸出土壤，种子留在土壤内（图 2-15）。

图 2-13　小麦籽粒

图 2-14 玉米籽粒

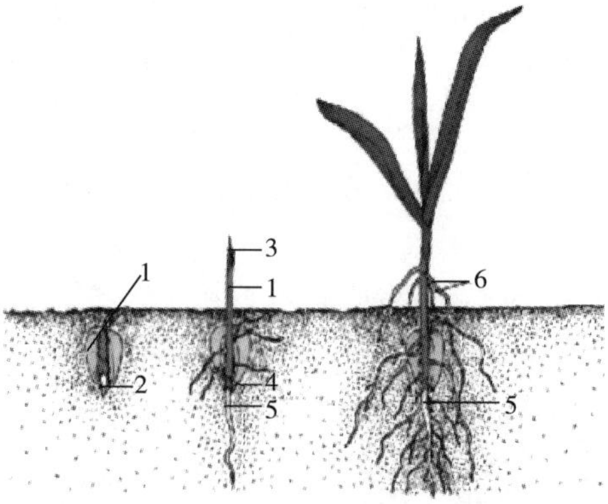

1—胚芽鞘；2—胚根；3—第一叶；4—胚根鞘；5—初生根；6—不定根。

图 2-15 玉米发芽过程

(2) 分蘖期 3 叶期后，植株基部分蘖节长出侧枝时为分蘖期，禾本科植物株丛的枝条大都是由分蘖节上的芽形成的。分蘖芽如同种子一样是产生新枝条的基础，但是芽又与种子在枝条形成的过程中存在着极大的差别。分蘖芽无论是在它形成的早期阶段，还是晚期，同母枝有机体无联系时，就不能正常地生长发育和更新，因为它在生长的最初阶段本身不具有根系，生长所需的水分和营养元素完全依赖于母枝的根系。分蘖芽在它的发育幼期为了形成自己的器官不仅需要矿物质，而且同样需要大量的有机物质，幼枝在最初形成阶段不具有自己的绿色器官，所以它本身也不能产生有机物质，而且在第一个叶片展开前，只有转化酶的水解作用，在第一个叶片展开时期，水解作用超过合成作用的 2~3 倍，只有在第三个叶片展开时期，合成作用才超过水解作用。因此，分蘖枝在它的生长初期和幼枝期的有机营养完全是由母枝来提供的。后期各分蘖可独立从土壤吸收所需的水分和矿物营养。

幼枝在不断的生长发育过程中基部可生出较多的不定根，逐渐形成了自己的根系和叶器官，随着发育，分蘖由部分自养过渡到完全自养阶段。枝条由于生长年限和形成时期不同，在生长季结束时其发育的程度和所处的阶段差异也较大。春季产生的枝条在当年始终处于营养状态，在秋季或在第二年春季开始时完全枯死。夏秋开花结实阶段产生的枝条，在冬季前处于短营养枝状态的枝条能够越冬，越冬的枝条在第二年春天一部分发育成生殖枝，结实后死亡，一部分则以营养枝的形式继续生活到生长季结束，部分在这个时期内死亡。

因此，属于冬类型的多年生禾本科植物，春季产生的枝条不具完全生长发育的条件，生的枝条不具完全生长发育的条件，不能形成生殖器官。属于春类型的禾本科植物，由于生殖枝大多数是由越冬枝形成的，在土壤肥力较高、水分条件好的地区能发育成生殖枝。同时，有些植物在分蘖时产生的枝条处于营养枝状态（幼年阶段）两年或较长时期，只有经过这个较长的生长发育阶段，才能过渡到生殖阶段，如早熟禾属的一些种类。

禾本科植物的枝条是由母枝分蘖形成的，当枝条生长发育完全成熟时便会同样产生分蘖，形成更多的枝条。分蘖增加了饲草的生物产量和数量（地下、地上植物量和种子），保证了物种的不断延续。但分蘖过多过快时也会影响到母枝的生长发育，加速母枝的衰老，进而影响到枝条的充分发育和生长。因此，减轻母枝对分蘖枝生长发育的营养供给负担，就能使母枝大量地贮藏营养物质，既保证了母枝的旺盛生长，又使一些冬类型禾本科饲草在播种的当年进入结实阶段。所以，限制过多的分蘖过程对形成生殖器官也有显著的作用。

（3）拔节期　植株主秆的第一茎节开始伸长，茎节已露出地面1~2cm。

（4）抽穗期　幼穗从茎秆顶部叶鞘中露出，但未授粉。

（5）开花期　穗中部小穗花瓣张开，花丝伸出颖外，花药成熟散粉，具有受精能力。

（6）结实期　籽粒形成后就进入灌浆期，光合作用产生的淀粉、蛋白质和积累的有机物质通过同化作用被贮存在籽粒里中。灌浆期可大概分为乳熟期、蜡熟期、完熟期等。乳熟期时籽粒接近正常大小，淡绿色，内部充满乳白色液体（图2-16）。蜡熟期时籽粒和颜色接近正常，内具蜡状硬度，易被指甲划破，茎秆除上部2~3节外，其余全部黄色。完熟期时茎秆变黄，穗中部籽粒接近固有形状、大小、颜色和硬度。

图2-16　燕麦籽粒乳熟期状态

2. 豆科植物的生长发育

（1）出苗期（返青期）　豆科植物的果实一般为荚果，荚果内含有多粒种子，种子由种皮、胚乳、胚组成；胚乳在发育过程中被胚吸收，营养物质贮藏在发达的子叶内。种子萌发时，一般子叶伸出土壤，少部分豆科植物的子叶留在土中（图2-17、图2-18），在子叶或真叶伸出地表时称为出苗，多年生豆科植物越冬后萌发，绿叶开始生长称为返青。

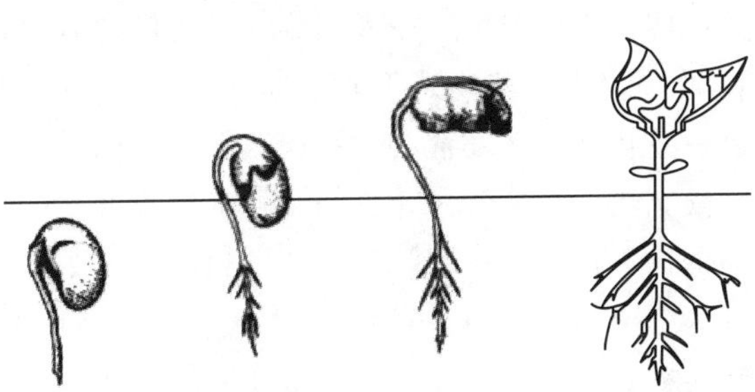

图2-17　子叶出土的豆科植物

（2）分枝期

萌发后植株在生长过程中主茎基部会有侧芽形成，侧芽上第一片小叶展开时称为分枝期。豆科植物枝条的形成类型大体有三种：一是由根颈上的芽发育而成，这是豆科植物形成枝条最主要的方式，其形成的株丛类似于疏丛状的株体，如紫花苜蓿的大多数品种；二是在匍匐茎的

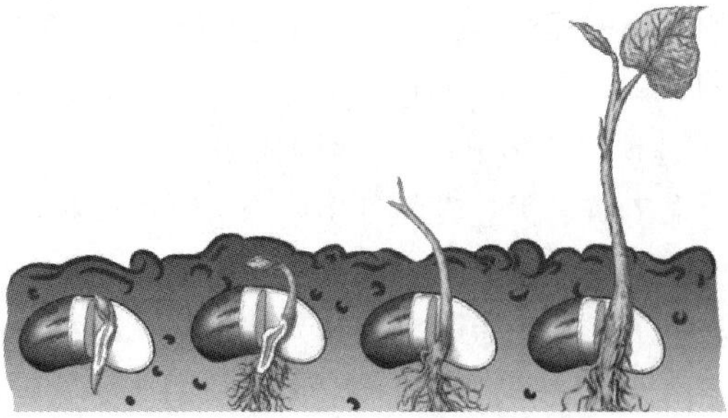

图 2-18 子叶留土的豆科植物

茎节上形成，如白三叶等；三是由根上形成，有些豆科植物不仅从根颈上和匍匐茎上形成枝条，根上也有，即从根上产生芽发育成枝条，如黄花苜蓿等。新生豆科植物的更新芽接近地面，枝条易受冻害死亡。在生长过程中随着植物年龄的增长根颈逐渐深入土中，这是一种对外界不良环境条件的适应，对越冬有益。豆科植物秋季从根颈上形成短而发育不全的枝条，这类枝条越冬后翌年春季继续生长发育，春季根颈也能形成新枝条。夏季干旱的地区，新枝条主要是在春季形成。

（3）现蕾期　上部叶腋开始出现花蕾。

（4）开花期　花朵旗瓣和翼瓣张开。

（5）结荚期　个别花朵萎谢，能见到绿色幼荚。

（6）成熟期　荚果脱绿变色（黄、褐、紫、黑等色），籽粒呈本种固有的形状、大小、色泽和硬度，用手压荚有裂荚声，有些种类摇动植株有响声。

3. 菊科植物的生长发育

菊科包含蒿属、凤毛菊属、鸦葱属、蒲公英属等。蒿属植物是典型的小半灌木，是荒漠和半荒漠地区绵羊、马、骆驼的主要饲用植物，具有十分重要的饲用价值。蒿属植物的根系属轴根系，在土壤表面发育有强烈分枝的根系。入土一般不超过 1cm，春季为了充分利用土壤中的水分，发育有短命根，这种根在干旱时期即枯死。蒿属植物由于初生枝条早期死亡，其地上部分主要是从根颈上形成的多年生木质化分枝，由每年春季产生的芽生长发育后形成。这些芽通常只在秋季生长发育成短枝，短枝越冬后在第二年气候条件适宜时发育成分枝，形成叶和生殖枝。在生长条件不良时，短枝会继续处于营养状态至下一年。在春季气候条件特别好时，母枝的芽也可不经过短枝状态直接发育成生殖枝。蒿属的枝条迅速生长和叶的形成主要是在春季。进入夏季，气候炎热、干旱时，叶片便逐渐干枯脱落，这时蒿属植物营养器官的生长基本停止，但花序的生长发育仍然在继续进行。菊科的菊苣、串叶松香草和蒲公英等是常见的栽培饲草。

（四）饲草营养物质动态

1. 贮藏营养物质积累的动态

植物在同化过程中所形成的有机物，一部分用于正在生长的器官，另一部分运送到贮藏器官贮藏起来，供植物在饥饿时或制造养分受到障碍时利用，称为贮藏营养物质。

（1）贮藏的营养物质　植物进行光合作用制造有机物，制造的有机物按用途可分为结构物质（戊糖苷、纤维素、半纤维素等）和营养物质（糖类、脂肪、蛋白质）两大类。

（2）营养物质贮藏的部位　一年生植物的营养物质贮藏在果实、种子中；两年生植物的营养物质，头一年贮藏在地下器官，第二年贮藏在种子中；多年生植物的营养物质主要贮藏在地下器官，包括根系、根茎、茎的基部、分蘖节（根颈）、鳞茎、块茎等，在以上器官中，根系中的营养物质贮藏量相对值（即百分比）少，但根系量大，故绝对值最大，其次是根茎，第三位是分蘖节。

（3）多年生饲草贮藏营养物质的动态规律　多年生饲草由于生长发育期的特点不同，故营养物质的动态规律也有所不同，同时各器官组织中贮藏营养物质的数量也不同，多年生饲草在未被利用时，其积累贮藏营养物质的过程大致如下：春天返青后，由于无同化作用，贮藏营养物质下降，大约75%被动用，当长出叶片后至分蘖—分枝期，可达第一个贮藏高峰；饲草拔节抽穗，需消耗大量营养物质，贮藏营养物质又开始下降，直至始花期后茎的强烈生长停止，贮藏营养物质的含量又开始上升，并一直延续到结实期，形成第二个高峰，成熟枯萎后又开始下降。

（4）依据贮藏营养物质的动态规律合理利用草地　贮藏营养物质的最大消耗量在萌发—分蘖期，即新枝条尚未获得光合能力的时期，因此开始放牧时期不得早于分蘖期。为过冬安全和获得翌年最大生物量，贮藏物质的最大贮藏量在晚秋，此时不可过牧，即饲草生长结束前30天需结束放牧。刈割干草在饲草开花结实期进行。在饲草整个生育期，放牧或刈割强度要适宜，否则会影响再生。因此，早春与晚秋是饲草生长的两个危机时期，这两个危机时期草地最好不放牧。

2. 多年生饲草贮藏营养价值的动态

（1）一年内干物质动态　一年中，饲草在春季生长发育较为缓慢，随发育阶段的进行和对生长环境的适应，生长逐渐加快，由营养状态转向生殖状态的过程中，生长速度达到最快，之后随发育阶段的进行，生长变慢，最后完全停止。

（2）一年内营养价值动态　一般蛋白质、脂肪、维生素等在饲草生长初期含量最高。可溶性碳水化合物随生长逐渐增加，至开花期大量消耗，以后逐渐减少。粗纤维随生长而增加，钙的含量比较稳定，磷逐渐降低。

从消化率看，抽穗—孕蕾前饲草的消化率几乎是稳定的，随饲草的进一步成熟，消化率每天大约下降0.5%，如以分蘖—分枝期为100%，则抽穗—蕾期90%～95%，开花期85%～90%，果后营养期25%～40%。

从适口性上看，适口性与各营养物质含量、消化率紧密相关，一般在饲草幼嫩时粗蛋白含量高、纤维含量低、消化率高，适口性好。此后，粗蛋白含量降低、纤维含量增加、消化率降低，适口性也随之降低。

（3）用干物质和化学成分动态看草地合理利用　草地放牧利用不应迟于抽穗期（禾本科）或孕蕾期（豆科），因为这两个时期是饲草消耗率的转折点，在这以前消化率高，以后则低。草地刈割草应在开花初期为好，因为此时营养物质的绝对量最高。

（五）饲草寿命与再生性

1. 饲草寿命

饲草根据寿命可分为一年生、两年生（越年生）和多年生。一年生饲草，当年即可完成整个发育过程，开花结实后死亡。两年生（越年生）饲草，当年不能开花结实，第2年才开花结实，之后死亡。多年生饲草的寿命为2年以上，根据寿命长短又分为短寿命饲草、中寿命饲草、长寿命饲草。短寿命饲草生长发育速度快，播种当年可形成生殖枝，第2年发育完全并可收获，饲草平均寿命3~4年，如披碱草、多年生黑麦、红三叶等，其产草量第1、第2年最高。中寿命饲草发育速度较慢，播种当年一般不形成生殖枝，第2~3年发育完全并可收获，饲草平均寿命5~6年，大部分禾本科饲草和豆科饲草都属于这一类，如猫尾草、苇状羊茅、鸭茅、白三叶等，其产草量第2、第3年最高，第4年产量下降。长寿命饲草发育速度缓慢，播种当年不形成生殖枝，在其生长的第3~5年产草量最高，平均寿命为10年或10年以上，一般利用6~8年，如无芒雀麦、冰草、苜蓿等。

2. 饲草的再生性和再生能力

（1）再生速度、再生次数与再生强度　饲草被刈割或放牧后，重新生长恢复绿色株丛的特性叫做饲草的再生性；这种重新生长的能力叫再生能力，它包括再生速度、再生次数、再生强度。再生速度即饲草被利用（放牧、刈割）后恢复到可被再次利用所需时间的长短或增长速度，第1、第2次速度快，以后降低。再生次数即一年的生长季节内饲草生长可供利用的次数，一般草甸草原4~5次，干草原3~4次，荒漠化草原2~3次，荒漠1次。再生强度即饲草被利用后，单位时间内生长的干物质重量，它的表示方法有两种，一种是以每次再生草的产量与第1次利用时的产量之比；另一种是以每次再生量占总量的百分比来表示，一般第1、第2次产量高，以后下降。

（2）再生草与再生草形成类型　再生草一般通过未受损伤的枝条继续生长、刈割刺激作用刺激休眠芽的生长或未受损伤的生长带（茎、叶）继续生长等方式形成。

（3）影响饲草再生能力的因素　影响饲草再生能力的因素较多，主要包括生物本身特性、气候、土壤、利用（时期、方式、强度）、管理等因素。不同饲草的再生能力差异较大，除此之外通过施肥灌水等栽培措施改善饲草生长条件，或制定合理的利用时期、利用强度等利用制度都会促进饲草的再生。

二、禾本科饲草

作为饲用植物，禾本科植物的意义很大，在家畜的粗饲料种类中禾本科植物居于诸科之首。禾本科植物是组成草原植物群落的主要草类，全世界有6000余种，我国有1000余种。在草原植被中，它的出现率和丰富度高，我国南方草坡中60%以上、北方草原地区40%~70%为禾本科植物。禾本科饲草是我国重要的栽培饲草，有青贮玉米、燕麦、小黑麦、黑麦草、苏丹草、象草等广泛种植的饲草作物。禾本科草类的饲用价值很高，其含有较多的碳水化合物和优质粗纤维，是牛羊养殖重要的粗饲料来源。禾本科可食植物的数量较多，家畜不喜食或不食的数量极少，有毒的亦很少，易调制干草和青贮。在调制干草时叶片不易脱落，茎叶干燥均匀。禾本科饲草由于含较多量的糖类，易于调制成品质优良的青贮料，青饲、放牧饲用价值大部分很高。栽培饲草中约75%为禾本科饲草。禾本科饲草适口性好，在调查的499种禾本科饲草中，家畜最喜食的有276种，占55.3%；喜食的有175种，占35.1%；可食性差或不采食的仅有48种，占9.6%。这就是说，在禾本科饲草中，最喜食和喜食的禾本科饲草可占90%以上，不可食的仅占9%以下。同时，禾本科饲草含有丰富的营养成分，特别富含糖类及其他碳水化合物，在放牧条件下，禾本科饲草可满足家畜对各种营养的要求。热带禾本科饲草与温带禾本科饲草的饲用品质明显不同。温带禾本科饲草一般具有较少的粗纤维，在瘤胃中滞留时间较短，粗蛋白较多，消化率较高。绵羊对热带禾本科饲草的随意采食量低于温带禾本科饲草。这种采食量差异与热带禾本科饲草的消化率低有关。例如，鸡脚草

（温带植物）的薄壁组织维管束鞘和表皮层组织降解迅速，而狗牙根（热带植物）则降解显著缓慢。

禾本科植物为须根系，无主根，由种子萌发的种子根及随后形成的分蘖节上长出的不定根组成，以不定根为主。一般根系入土较浅，在表土层20~30cm，有的可深达1m以上。茎秆多圆筒状，基部数节的腋芽长出分枝，成为分蘖。禾本科植物的茎具有分节，节的分生组织生长分化，使节伸长。基部节长较短而中上部较长。茎秆分为生殖枝和营养枝两种。禾本科植物的茎大多直立或斜上，匍匐地面者叫匍匐茎，横生土中者叫根茎。叶为单叶，互生成二纵列，由叶鞘、叶片和叶舌构成，有时具叶耳。叶鞘相当于叶柄，扩张为鞘状，包裹于茎上，边缘分离而覆叠，或部分结合，质地较韧，有保护节间基部柔软生长组织以及疏导和支持作用。叶片有平行的叶脉，扁平狭长呈线形，或披针形，叶片和叶鞘连接处内侧有叶舌，叶片基部两侧有叶耳。花序顶生或侧生，多为圆锥花序，或为总状、穗状花序。小穗是禾本科植物的典型特征，有颖片、小花和小穗轴组成。小花雄蕊3或1~6枚，子房1室，含1胚珠，花柱通常2，稀1或3，柱头羽毛状。果实通常为颖果，干燥而不开列，内含种子1粒。种子有胚乳，含大量淀粉，胚位于胚乳的一侧。

禾本科饲草具有较强的耐牧性，再生性强。除靠种子繁殖外，亦能无性繁殖，不少禾本科饲草还含有许多生长点，这些生长点无论是发育成根茎、匍匐茎、分蘖或枝条，均具有高度竞争力的生长习性，因而分布极广，从热带到寒带，从酸性土壤到碱性土壤，从高山到平原，从干旱的沙漠到湿地乃至积水的湿地都有禾本科饲草生长。生态环境作用巨大，禾本科饲草生境极为广泛，因此表现出相当强的生态适应性，尤其在抗寒及抗病虫害的能力上，远比豆科及其他饲草强。禾本科饲草在改善土壤结构，提高土壤肥力，防止冲刷，保持水土，绿化美化环境以及国土整治等方面均有很大的作用。

从属种数量分布来看，分布于我国草原地区的禾本科中数量最多的是鹅观草属、早熟禾属、羊茅属、针茅属、野青茅属、披碱草属、隐子草属和冰草属等。构成我国天然草地主要成分的有针茅属、早熟禾属、羊茅属、冰草属、披碱草属、鹅观草属等。

针茅属全属约有200种，广泛分布于热带、亚热带、温带地区的草原、荒漠草原和高寒草原。在我国现知有28种，西部和北部分布较为普遍，在平原或浅山丘陵地带，针茅属植物主要分布于内蒙古、宁夏、甘肃中部等黄土高原地区和东北平原，而在山地则主要分布于新疆的天山和阿尔泰山以及青藏高原的部分地区，是我国草原区重要的草地植被建群种和优势种。针茅属的部分植物在抽穗开花期因其具较长的芒和坚硬的基盘，对家畜可造成危害，因此，放牧应在抽穗前较为适宜。

早熟禾属植物是我国北方天然草地中最为重要的类群之一。它不仅种类数量多，而且分布广，适应性强。早熟禾属植物在草地组成中作为建群种的种类虽不很多，但作为优势种、常见种常见于各类草地中。早熟禾属植物草质柔软，适口性好，营养价值也高，大都属于优良饲草。

羊茅属植物在草原地区虽说种类不多，但紫羊茅、羊茅不仅分布广，而且是草地植被中重要的组成成分。羊茅属植物的主要特点是耐寒、耐旱、耐牲畜践踏，返青也早，株体茎叶柔软，营养成分含量高，属草地中的优良饲草。

三、豆科饲草

豆科是植物界中仅次于菊科种数的第二大科，包括17000余种，分布于全世界，我国有

1200余种，生产上多用蝶形花亚科。蝶形花亚科植物具有蝶形花冠（雄蕊是二体雄蕊），异花授粉，多总状花序，多数为羽状复叶或三出复叶，荚果。豆科植物根上具有根瘤，能固定大气中游离态的氮以供自身营养的需要和增加土壤的含氮量。该科很多植物具有重要的经济价值，有重要食用和饲料作物及饲草，如大豆、花生、紫云英、蚕豆、苜蓿等。在天然草地，豆科植物种类、数量均较丰富，但作为建群种的植物种类则不多，多作为禾本科植物的伴生种出现。只有锦鸡儿属、沙冬青属、槐属等属灌木成为灌丛草地的主要建群种。分布较为广泛的有黄芪属、棘豆属等属植物。豆科饲草最突出的优势是蛋白质含量高（14%~19%），适口性好，是养殖业廉价的蛋白质来源，在栽培饲草中具有重要地位。但豆科草类在调制干草时，叶片易于脱落，降低其饲用价值，同时因含碳水化合物较低，不易制作青贮，只能制作半干青贮饲料。

四、杂类草

杂类草是除禾本科、豆科、莎草科、菊科和藜科草类之外饲草的总称，有些科、属的植物饲用价值很高，如蓼科植物在山地草原中分类较广，其营养价值优于禾本科植物，籽实富含淀粉，适口性良好，各类家畜均喜食；百合科葱属植物具有特殊的饲用价值，绵羊采食后易于上膘，因其含有丰富的蛋白质，纤维素的含量低，水分含量高，所以，绵羊在葱属草地上放牧时，可以适当减少饮水量，增加采食、卧息的时间。杂类草种类数量非常丰富，包括许多可食饲草。但从总体讲，在利用上无论是放牧或调制干草，均不如禾本科、豆科和莎草科等植物。其适口性因家畜种类、饲草生长发育阶段的不同而有很大的差异。杂类草虽有某些缺陷或不足，但在天然草原上作为放牧家畜的饲草仍具有重要意义。

五、常见饲草

（一）紫花苜蓿

苜蓿属（*Medicago*）植物有60余种，一年生或多年生草本，分布在欧、亚、非三洲。我国有35种，其中一年生草本5种，多年生草本30种，分布在西北、华北、东北和西南等地。在农业生产上栽培的有紫花苜蓿（*Medicago sativa* L.）、黄花苜蓿（*Medicago falcata* L.）、金花菜（*Medicago hispida* Gaertn.）、截形苜蓿等，其中紫花苜蓿是栽培面积最大、经济价值最高的一种，享有“饲草之王”的美誉。紫花苜蓿原产于小亚细亚半岛、伊朗、外高加索和土库曼斯坦一带，中心产地为伊朗，分布范围极广，美洲、欧洲、亚洲及大洋洲均有分布。在我国主要分布在西北、东北、华北地区，江苏、湖南、湖北、云南等地也有栽培。紫花苜蓿的栽培历史非常悠久。据记载，苜蓿在我国的栽培历史已有2000多年，是由汉使张骞在公元前126年出使西域后带回，先在长安种植，后广布于民间。由于长期栽培、驯化和自然选择，形成了一大批有特色的地方品种和培育品种。紫花苜蓿为豆科苜蓿属多年生草本植物，直根系，主根粗大，入土深2~6m甚至更长；侧根多，根系主要集中分布在土壤0~30cm中；根系上着生大量根瘤菌，能固定空气中的氮素，故种植苜蓿不用施太多氮肥。在茎与主根交界处有膨大的根颈，是密生茎芽的主要地方。苜蓿茎直立或斜生，光滑或稍有毛，多分枝，株高60~120cm，根据品种不同，苜蓿有直立型、半直立型和匍匐型，生产中使用较多的为直立型，以方便机械化收割，但建立放牧型草地的主要为匍匐型。叶为羽状三出复叶，有的多叶品种有一定比例的4~5个或7个小叶，小叶倒卵形或长椭圆形，叶缘上1/3有锯齿，中下部全缘。花为短总状花序，有花20~30朵，花冠蝶形，花紫色或深紫色，主要为昆虫异花授粉，自花授粉率低。荚果螺旋形，一般为2~4回，每个荚果中有种子2~8粒，粒数与品种及栽培管理条件有关。种子为肾形，黄褐色，千粒重1.5~2.4g，由种皮、子叶和胚构成。种子寿命较长，一般为7~8年。

紫花苜蓿喜欢温暖半干燥气候。当地温达到5~6℃时，种子即可发芽，春季7~9℃时开始返青生长，生长的最适温度为15~25℃，开花的最适温度为22~27℃，气温低于5℃停止生长。抗寒能力强，一般能抵御-30~-20℃低温。抗热能力较差，夏季温度超过35℃生长不良。紫花苜蓿根系强大，入土较深，能吸收土壤深层水分，因而抗旱能力强。但紫花苜蓿又是需水较多的饲草，每形成1g干物质需要消耗800g左右的水分。缺水时影响苜蓿种子发芽出苗，故播种时要有良好的土壤墒情；分枝期到初花期是苜蓿快速生长阶段，需要有充足的水分供应，干旱时需要灌溉。在年降水量400~800mm的地区都能种植，其中适合紫花苜蓿生长的年降水量为600mm左右；不耐涝，在年降雨量超过800mm的地区和地势低洼地方不太适合种植苜蓿。近年来，在上海、南京等降雨较多地区，晚秋种植苜蓿，翌年刈割2次后改种水稻，避开了夏秋多雨期，即多年生苜蓿作为一年生或越年生用，取得了良好的效果。紫花苜蓿对土壤要求不严，沙壤土、壤土和轻黏土都能种植，但在重黏土、极瘠薄的沙质土壤生长不良。耐盐碱，适宜的土壤pH为6.5~8.0，可溶性盐分要求在0.3%以下，过酸、过碱的土壤及低洼内涝的土壤不适合栽培。苜蓿根部聚集根瘤菌，能够固氮，一般固定的氮素占其需要量的2/3，因此生产中追肥主要以磷钾肥为主、氮肥为辅。

秋眠性是苜蓿的生长对秋季日照长度缩短所产生的反应。在北纬地区，夏末秋季随着日照长度的缩短和温度下降，苜蓿植株出现生长速度下降和枝条匍匐生长的现象，这种特性即为苜蓿的秋眠性。按照苜蓿秋眠性9级分类，秋眠品种分为秋眠型（秋眠级1~3级）、弱秋眠或半秋眠型（4~6级）和非秋眠型（7~9级）。一般秋眠型苜蓿品种对日照长度缩短非常敏感，抗寒性强、春季返青晚，刈割后再生速度慢，秋季休眠早，产量尤其是秋季产量较低，适于北方寒冷地区栽培；非秋眠型苜蓿品种对光照缩短不敏感，温度降低对其生长有影响，春季返青早，刈割后再生速度快，秋季短日照条件下能保持旺盛生长，产量较高，适于在南方地区种植；弱秋眠型苜蓿品种生长特性介于上述二者之间。秋眠性是种植苜蓿时选择品种考虑的首要指标，在适宜的秋眠级范围内选择适宜的品种是必要的，主要种植秋眠级4~6的弱秋眠型品种，秋眠级7~8的非秋眠型苜蓿也可能成为未来生产的主推品种。

在适宜的土壤条件下，苜蓿种子的子叶一般7d左右出土，此为出苗。第一片真叶为单叶，第二片真叶以后，均为三出羽状复叶，也有的品种复叶有一定比例的4~5片甚至于7片小叶成为多叶型品种，多叶型品种往往有较好的饲草品质。在苗期紫花苜蓿地上部生长缓慢，而地下根系生长较快。秋播苜蓿有2~3片以上真叶时，一般情况下，能抵抗-10~-8℃的低温；当有3片真叶时，能正常越冬。当进入三叶期时，开始从腋芽生长出分枝。生长8~10周时，紫花苜蓿的茎基部形成冠状的根颈。苜蓿的下部腋芽常形成分枝，上部腋芽发育成花。紫花苜蓿再生性强。春季返青时枝条产生于根颈芽，刈割后的再生包括根颈芽和腋芽再生的枝条，但茎部腋芽产生的枝条对产量的贡献低于根颈芽再生的枝条。在黄淮海平原，当年秋播苜蓿，一般翌年2月下旬至3月初返青并进行分枝，4月上中旬现蕾，4月下旬至5月初达到初花期，5月中旬进入开花期，6月上旬进入结荚期，6月底至7月上中旬种子成熟，每亩（1亩=666.6m^2）种子产量10~20kg。第二个生长年的苜蓿，生育时期一般提前7~10d，每亩种子产量15~30kg。

新疆、内蒙古、黑龙江、吉林等北方地区，每年刈割 2~3 次，每亩干草产量 400~500kg；甘肃、宁夏、山西、陕西等地区，每年刈割 3~4 次，产量 600~700kg；河南、河北、山东、安徽等黄淮海地区，每年刈割 5~6 次，产量 800~1200kg。

（二）燕麦草

燕麦（*Avena sativa* Linn.）是一年生或越年生禾本科草本植物，又名玉麦、铃铛麦等，属早熟禾亚科（Pooideae）燕麦属（*Avena*），约有 29 个种。燕麦起源于地中海沿岸，作为杂草随着黑麦从地中海进入欧洲，经人工驯化后成为欧洲的主要栽培作物之一，后由西班牙和英国殖民者从欧洲引入北美地区，故欧洲与北美地区的燕麦具有相同的遗传背景。现在，人们将栽培燕麦根据外稃与籽粒的附着程度，分为皮燕麦（*Avena fatua* L.）和裸燕麦（*Avena nuda* L.）。中国 2000 多年前就已有燕麦栽培的史书记载，并在中国山西和内蒙古以及蒙古国发生突变，形成裸粒型燕麦，成为皮燕麦的一个亚种，并经人工驯化后形成中国特有的栽培类型，亦被称为莜麦，中国是裸燕麦的起源地。皮燕麦被一层坚硬的木质化的外稃所包被，即使成熟时也不易与籽粒分离，而裸燕麦相反，其外稃轻薄而柔软，成熟后很容易与籽粒脱离，裸燕麦籽粒和鲜草产量相对稍低，皮燕麦比裸燕麦品种叶量更丰富，作为饲草作物皮燕麦稍有优势。国外栽培的主要是皮燕麦，只有我国栽培裸燕麦，裸燕麦在西北、华北、东北、西南及江淮流域都有分布。

燕麦有二倍体（$n=7$）、四倍体（$n=14$）和六倍体（$n=21$）三种类型，目前栽培利用的主要为六倍体燕麦。栽培燕麦株高 60~160cm，最高可达 200cm 以上，大部分品种株高在 130cm 左右。燕麦的根为须根系，有初生根和次生根之分，初生根入土较深，深者可达 2m 以上，次生根多密集分布于地表 0~20cm 土壤中。叶片扁平，叶长 20~40cm，宽 8~12mm，叶有突出膜状齿形的叶舌，但无叶耳；植株疏丛型，秆直立，幼苗期有直立、半直立、匍匐 3 种类型。燕麦的叶相主要有平展型、上举型和下垂型三种类型，类型不同，叶片进行光合作用的强弱也不同，平展型更容易接受光的照射，叶相的光合作用强弱表现为平展型>上举型>下垂型。燕麦花序为圆锥花序，有紧穗型、侧散型与周散型三种穗型；花序分枝上着生 10~75 个小穗，小穗有 2 片稃片，内生小花 1~3 朵，偶有 4 朵，裸燕麦则有 2~7 朵，条件适宜时小花数和结实小穗数会增加；自花传粉，异交率低（0.4%~1%）。燕麦的果实为颖果，颖片 8~9 脉，外稃坚硬，有芒或无芒；果实常见的有纺锤形、卵圆形和筒形，一般长 0.8~1.0cm，宽 0.16~0.32cm，籽粒形状瘦长有腹沟，但与其他谷物籽粒不同的是腹沟在其胚的背面，成熟时不易脱落。燕麦籽粒颜色常见的有白色、浅黄色和黄色；籽粒大小因品种不同而有较大的差异，裸燕麦籽粒一般表面无稃，但有细小茸毛，冠毛较为发达，千粒重一般为 16~25g，皮燕麦籽粒紧裹在外稃和内稃之间，千粒重一般为 20~40g。燕麦籽粒中含有丰富的营养元素，其蛋白质、氨基酸、微量元素等营养成分均高于水稻、小麦和玉米等作物，是较好的营养丰富的粮食作物之一；裸燕麦比皮燕麦具有更高的营养价值，高质量蛋白质、可溶性纤维、不饱和脂肪酸等营养物质的含量均高于皮燕麦。

燕麦不仅是粮食作物也是理想的饲用作物，制成干草后茎秆柔软且品质优良，是禾本科植物中优质的饲草作物。作为一种粮饲兼用型作物在世界各地被大面积种植，分布在五大洲的 42 个国家，大多栽培在北部高纬度的温带地区，北纬 41°~43°被认为是燕麦的黄金生长纬度带，海拔超过 1000m、年平均气温 2.5℃、平均日照 16h，是燕麦生长的最佳自然环境。就全球燕麦产量来看，主产国有俄罗斯、加拿大、澳大利亚、美国、芬兰和中国等。我国燕麦大部分种植在华北地区北部和西北地区海拔高、纬度高的山区，其中内蒙古是种植面积最大的地区，占全国栽种面积的35%以上，与河北、山西统称我国的三大燕麦主产区，占全国种植面积的70%以上。作为饲草，燕麦产地主要分布在青海、内蒙古、甘肃三个地区，分别生产全国50%、30%、18%的燕麦商品草。

燕麦具有适应性强，耐寒、耐旱、耐贫瘠、耐适度盐碱的优点。由于燕麦对土壤质量要求较低，能够在多种不利的自然环境中保持良好的适应性。因为有发达的根系系统，可以很好地从土壤中汲取所需的水分和营养物质，故燕麦90%以上为旱地种植，属雨养农业。有资料表明，燕麦被看作是中度耐盐作物，一些燕麦品种可承受pH高于9.0的碱土环境，燕麦在重度盐胁迫下依然具有结籽能力，故燕麦常常被种植于其他作物难以适应的旱坡和盐碱区域。因燕麦抗逆性极强，具有久除不灭、耐贫瘠等特征，比其他类型禾本科植物更能适应各种不良自然条件，广泛分布在中国半干旱农牧区和高海拔地区等自然条件较差地区，是这些地区重要农作物和饲料来源。燕麦是长日照、短生育期作物，对积温要求较低，可在气温低、无霜期短和冷凉的气候条件种植。我国燕麦主产区多为干旱半干旱地区，年降水量少（250~400mm），地下水资源贫乏，无灌溉条件，有效积温低（1800~2500℃），无霜期短（70~130d），大风日数多（5级以上大风日在70d左右），自然气候条件恶劣。在高纬度地区，热量不足，气温相对较低，但降雨充足，这样的生长条件不利于其他谷物以收获籽实为目的的生产，更得不到高产稳产，然而，燕麦在这样的条件下却能够适应生长。在低温多雨的气候条件下，燕麦可以充分利用雨热同期的条件，在短期内迅速积累地上营养体，保证其优质、高产，不仅可以单一种植，也可与其他如豌豆等作物混播以提高养分，是保证寒区畜牧业可持续发展的最佳作物。燕麦相较于其他农作物光能转化率更高，且其青干草营养丰富，如加工成青贮料，营养损失率较小，饲用适口性好、消化率高。由于自然、地理条件差异，燕麦的栽培制度、品种类型以及生产中存在的问题都存在明显差异，因而形成了明显的自然区域。我国燕麦的自然区域划分为两个主区和四个亚区，即北方春夏播燕麦区（华北早熟裸燕麦亚区、北方中晚熟燕麦亚区）和南方秋播燕麦区（西南高山晚熟燕麦亚区、西南平坝晚熟燕麦亚区）。华北早熟裸燕麦亚区包括内蒙古自治区的土默特平原和山西省的大同盆地、沂定盆地等，年平均温度4~6℃，年降水量300~400mm；北方中晚熟燕麦亚区包括新疆中西部、青海省的湟水、甘肃省的贺兰山和六盘山南麓、宁夏的固原地区、陕西省秦岭北麓、内蒙古的阴山南北、河北省张家口坝上地区、山西省晋西北高原及太行山和吕梁地区、北京市的燕山山区和黑龙江兴安岭地区，年平均温度2.5~6℃，年降水量300~450mm，干旱、多风；西南高山晚熟燕麦亚区，主要分布在云、贵、川的大凉山、小凉山的高山地区和四川的甘孜、阿坝以及云南的高黎贡山等地，年平均温度5℃，年降水量1000mm左右；西南平坝晚熟燕麦亚区，包括云、贵、川大凉山、小凉山的平坝地区，气候条件与第三亚区相似。

（三）青贮玉米

玉米是禾本科玉米属一年生草本植物。在我国玉米分布极为广泛，主要集中在东北、华北和西南山区的13个省、自治区。玉米按用途和收获物可划分为三大类型，分别是籽粒玉米、青贮玉米、鲜食玉米。传统籽粒玉米追求籽粒产量忽视全株生物产量，青贮玉米品种生育期较长、植株高大、生物产量高，株高4~5m，亩产4.5~6.5t，但籽粒产量低、易发生倒伏。目前，青贮玉米的品种主要有三种，第一种为专用青贮型；第二种是粮饲兼用型，此种类型是我国目前应用最为广泛的一种青贮玉米，籽粒被当作是粮食或者是辅助饲料，而茎叶被用来青贮；第三种是粮饲通用型，即可以作为普通玉米，作为食物或者饲料，也可以作为青贮玉米品种，作为青饲料。现阶段，上述三种青贮玉米品种我国均有所利用，青贮玉米以粮饲通用型玉米品种为主。全株玉米青贮一般要求干物质含量≥30%、籽粒占比≥40%、淀粉含量≥30.0%。青贮玉米是把包括玉米穗在内的玉米植株全部收割下来经过切碎、加工后用发酵的方法制作成青贮饲料的玉米，用来饲喂牛、羊等牲畜，在北方牧区十分常见。玉米青贮料营养丰富、气味芳香、消化率较高，鲜样中含粗蛋白质可达3%以上，同时还含有丰富的糖类。用玉米青贮料饲喂奶牛，每头奶牛一年可增产鲜奶500kg以上，而且还可节省1/5的精饲料。玉米青贮料制作所占空间小，而且可长期保存，一年四季可均衡供应，是解决牛、羊、鹿等所需青粗饲料的最有效途径。

（四）黑麦草

黑麦草是禾本科一年生或多年生草本植物，须根系，茎直立，秆高30~90cm，栽培品种可达120cm，基部节上生根质软。叶狭长，叶片长10~20cm，宽6~8mm；叶舌长约2mm；叶片柔软，具微毛，有时具叶耳。穗状花序15~25cm，每小穗10~20个小花；小穗轴平滑无毛；颖披针形，边缘狭膜质；外稃长圆形，草质，平滑，顶端无芒；两脊生短纤毛。颖果长约为宽的3倍，花果期5~7月，种子千粒重1.5~2.0g。一年生的多花黑麦草和多年生黑麦草为世界上广泛栽培的饲草。黑麦草抗寒性强，适合利用冬闲田，冬季如气候温和亦能生长，在初冬或早春即可供应鲜草。黑麦草耐热性较差，一年生和多年生黑麦草在炎热的夏季会大量死亡。

多年生黑麦草根系发达，分蘖多，喜温湿性气候，10~25℃为生长适温，分蘖适温15℃，不耐旱，适宜年降水量1000~1500mm的地区生长，耐湿、耐割，再生能力强，可以反复收割，既可以割草使用，也适宜放牧利用。9~10月播种为宜，春季3月中旬也可播种，每亩播种量1.5~2.0kg，条播行距20cm，播深1.5~2cm，可与红三叶、白三叶、草木樨、苕子、紫云英等混种，适当增施氮肥，适时灌溉。黑麦草生长速度快，株高可达130cm，春播时，当年可刈割1~3次，亩产鲜草1000~2000kg；秋播时，冬前可刈割1次，第2年夏季前可刈割2~3次，亩产鲜草4000~5000kg，留茬高度不应低于5cm。刈割1次后可留种，基部叶变黄、穗呈黄绿色时及时采收，亩收种子75~105kg。

（五）小黑麦

小黑麦是由小麦属（*Triticum*）和黑麦属（*Secale*）物种经属间有性杂交和杂种染色体数加倍而人工结合成的新物种。它结合了小麦的高产、优质和黑麦的抗病、抗寒及赖氨酸含量高等特性，有巨大的杂种生长优势，可作饲料、酿酒和生物能源及粮食应用。其英文名称triticale是由小麦属名的字头和黑麦属名的字尾组合而成，1935年起已成为国际上的通用名称。小黑麦外部形态介于双亲之间，偏于小麦。须根系和分蘖节较小麦发达，增强了植株的耐旱、耐瘠能力。茎分蘖节成球状体，贮藏营养物质多，分化健壮新器官的潜力也比小麦强；各节长度和直径一般大于小麦。叶片较小麦长而厚，叶色较深，被茸毛，叶鞘有蜡粉层。麦穗比小麦大，小花数多，每一小穗有3~7朵小花，一般基部2朵小花结实，芒较小麦长。颖果较小麦大，红色或白色，角质或半角质。果皮和种皮较厚，因而休眠期长于小麦，一般遇雨不易在穗上发芽，且对胚和胚乳有较强的保护作用。小黑麦耐寒性较强，在海拔2400m的西南高寒地区能安全越冬；耐瘠、耐旱、耐干热风和耐荫力强，在气候条件多变、水肥条件较差的高寒地区，能显示其稳产优势，产量高于小麦；抗病性也较小麦强。但因植株高，在肥、水条件好的平原地区易倒伏；另外还存在成熟晚和难脱粒的缺点。

小麦属有二倍体的一粒小麦（染色体组为 AA）、四倍体的圆锥小麦（染色体组为 AABB）和六倍体的普通小麦（染色体组为 AABBDD）3 个不同的物种。因此，小麦与二倍体黑麦（染色体组为 RR）综合而成的小黑麦也有四倍体（AARR）、六倍体（AABBRR）和八倍体（AABBDDRR）3 种类型。国际上小黑麦的研究是从八倍体开始的。19 世纪 70 年代，英国 A. S. 威尔逊首先以小麦为母本、黑麦为父本进行杂交而获得真正的属间杂种。1888 年，德国育种家 W. 林保在普通小麦与黑麦的杂种不育株的一个穗上得到种子，长成的植株能自行繁殖后代，后被称为林保小黑麦（*Triticosecale rimpaui*）。当时在普通小麦的杂交育种中将黑麦选为亲本之一，是因为二者都起源于西南亚，并早已向欧亚广大地区传布；普通小麦是世界栽培面积最大的粮食作物，黑麦虽食味欠佳，但具有较强的抵抗逆境的能力。小黑麦兼具黑麦小穗数多和普通小麦每小穗小花多和自花传粉的特点。但由于当时人们并不了解小黑麦的多倍体性质，而将这项工作作为常规杂交育种来进行，杂交成功率极低；偶然得到的杂种，不是完全不育，就是其后代不出现分离现象，因而不能如一般杂种那样进行选育和改良。

1917 年丹麦 O. 温格提出：由种间杂交产生的结合双亲染色体数的多倍体，是自然界物种形成的一个途径。后来的研究证明：四倍体圆锥小麦是由二倍体一粒小麦与二倍体山羊草自然杂交后杂种染色体自然加倍而产生的；六倍体普通小麦是由四倍体圆锥小麦与另一种二倍体山羊草通过同样途径产生的。据此，八倍体小黑麦是由六倍体普通小麦与二倍体黑麦在人工控制下通过同样途径合成的。基于这个认识，从 20 世纪 30 年代起，小黑麦育种由常规杂交育种进入了多倍体育种的新阶段。这时，正在蓬勃发展的细胞遗传学使人们弄清楚了种间或属间杂种不育的原因，来自双亲的染色体组各不相同，不存在可以配对的同源染色体，因而杂种不是真正的二倍体，而是二元的或多元的单倍体，不能进行正常的减数分裂。只有经过染色体数加倍，才能成为可育的双二倍体。1937 年发现的秋水仙素，使人们获得了对染色体进行人工加倍的手段，从而大大推进了小黑麦的育种工作。然而，由普通小麦与黑麦杂交所得的八倍体小黑麦原始材料，普遍存在结实率不高、种子不饱满的突出缺点，因而无法在生产上直接利用。20 世纪 50 年代初，有人认为八倍体小黑麦的缺点不易去掉，是由于它的染色体数已经超过了最适宜的范围，因而转向研究染色体数目同普通小麦一样的六倍体小黑麦。1968 年加拿大育成了第 1 个六倍体小黑麦品种罗斯耐后，国际上的小黑麦育种工作都转向了六倍体类型。

中国对小黑麦的育种研究始于 1951 年，当时鲍文奎、严育瑞认为人工合成的八倍体小黑麦如通过常规杂交育种来改进其性状品质，缺乏足够数量的杂交组合。而用易与黑麦杂交的“中国春”小麦品种作为“桥梁”与各种普通小麦品种杂交，再以杂种 F_1 或 F_2 作母本与黑麦杂交，以杂种配子代替纯种配子，则不但克服了属间杂交的障碍，而且可使获得的每粒杂交种子经染色体加倍后都成为潜在的小黑麦原始品系，极大地丰富了小黑麦的人工资源和可能配组的杂交组合。1964 年，从八倍体小黑麦杂交组合后代中已能选出结实率 80%左右、种子饱满度达 3 级水平的选系。1973 年小黑麦 2 号、3 号等试种成功，并在中国西南山区一带推广。中国八倍体小黑麦栽培地区现主要分布在西南、西北高寒瘠薄山区。自然条件较复杂，海拔为 800～3000m，年平均气温 2～14℃以上，年降雨量和无霜期长短不一，耕作栽培技术也不相同。一年一熟制地区一般在 8 月底至 10 月初播种，次年 7 月成熟，全生育期 270～320d。一年二熟制地区可连作，与玉米、马铃薯等套作或与绿肥作物等间作。八倍体小黑麦对土壤要求不严，以土层深厚、肥沃的为宜；因根系发达，适当加深耕作层对提高产量有重要作用；因生育期长、分蘖力强，在瘠薄山区施足基肥常是丰产的关键；为防止倒伏，须合理密植和在拔节期间合理运用肥水，防止徒长；收获后脱粒不易，须用机械脱粒。八倍体小黑麦除有较强的抗逆性以外，籽粒的蛋白质含量平均为16%，而小麦仅含13%；赖氨酸含量平均为全蛋白质的3%~4%，也高于小麦。发酵烘烤性能和用以加工制成的面包、馒头等品质均佳。

（六）甜高粱、苏丹草、高丹草

1. 甜高粱

甜高粱为禾本科一年生草本植物，属粒用高粱的变种，源于非洲，魏晋时期经印度传至国内，作为饲用及糖料作物被长期栽种，有“北方甘蔗”之称，是一种仅次于饲用玉米的优质饲料作物。不仅产粮食，也产糖、糖浆，还可以做酒。其具有产量高、抗逆性强（抗旱涝、耐盐碱、耐瘠薄、耐高温、耐寒冷）、用途广泛的特点，而且具有较高的营养价值，饲用高粱和玉米一样为暖季型一年生饲料作物，不耐霜冻，在25℃以上时开始快速生长。甜高粱苗期分蘖力强，再生力强，刈割后可以再生，在一个生长季内可多次刈割利用，能弥补饲用玉米1次播种1次收获且不耐干旱等缺点，可延长干旱和半干旱地区反刍动物青绿粗饲料的供应时限。甜高粱单位面积的须根量大，根系的吸水能力强，但叶面蒸腾面积只有玉米的一半，比种植玉米节约1/3的用水。遇到严重的干旱，饲用高粱可以进入休眠状态，一旦干旱解除会马上恢复生长。须根较粗，常于秆的基部具支撑根。秆粗壮，高2~4m，基部直径2~2.5cm，多汁液，味甜。一般茎叶产量75000kg/hm^2，籽粒产量5250~6000kg/hm^2。甜高粱饲用时主要以青贮为主，在籽粒接近成熟时收割，与茎叶一起青饲或青贮，喂饲效果显著，特别适于大型奶牛和肉牛等养殖场种植。一般认为饲用高粱的营养价值较低，但通过比较青贮后的饲用高粱和玉米的营养价值，可以看出在饲用高粱的营养生长期，它的粗蛋白明显高于抽穗后的青贮玉米；能量含量和消化率与青贮玉米相当。但饲用高粱到结实期后，其蛋白和能量含量大幅下降，纤维含量大幅提高，总消化率由70%降至56%。因此，适时收割利用是保证饲用高粱营养价值的关键。

2. 苏丹草

苏丹草［*Sorghum sudanense*（Piper）Stapf］是高粱属一年生草本植物，别名野高粱。原产于北非苏丹高原地区，非洲东北、尼罗河流域上游、埃及境内都有野生种分布。我国于20世纪30年代开始引进，现已作为一种主要的一年生禾本科饲草在全国各地广泛栽培。根系发达，入土深达2m以上，60%~70%的根分布在耕作层，水平分布75cm，近地面茎节常产生具有吸收能力的不定根，能从不同深度土层吸收养分和水分，所以抗旱力较强。茎高1.5~3m，分蘖多达20~100个。植株可分为直立型、半散开型、散开型和铺展型。叶条形，长45~60cm，宽4~4.5cm，每茎有7~8枚叶片，表面光滑，边缘稍粗糙，主脉较明显，腹面白色，背面绿色。无叶耳，叶舌膜质。圆锥花序，长15~80cm，花序类型因品种不同分为周散型、紧密型和侧垂型三种。每枚梗节对生2个小穗，其中1个无柄，成熟时连同穗轴节间和另一个有柄不孕小穗一齐脱落，顶生小穗常3枚，中央的具柄，两侧的无柄。外稃先端具1~2cm膝曲的芒。颖果扁平，倒卵形，紧密着生于颖内，红黄褐色，千粒重10~15g。

苏丹草喜温暖气候，不耐寒，幼苗期更不耐低温，遇2~3℃气温即受冻害。种子发芽最低温度为8~10℃，最适温度为20~30℃。耐旱不耐涝，生长期遇极度干旱可暂时休眠，雨后即可迅速恢复生长。产量与生长期供水状况密切相关，尤其是抽穗开花期需水较多。不耐湿，水分过多，易遭受各种病害，尤易感染锈病。苏丹草再生力强，刈割后再生枝条发生于分蘖节、基部第一茎节以及未被损伤枝条的生长点，其中由分蘖节形成的枝条占全部再生枝条的80%以上。对土壤要求不严，只要排水良好，在沙壤土、重黏土、弱酸性和轻度盐渍土上均可种植，而以肥沃的黑钙土、暗栗钙土上生长最好。因其吸肥能力强，过于瘠薄的土壤上生长不良。播后7~8d齐苗。苗期根生长快而茎叶生长慢，当根系入土50cm时，地上株高才20cm左右。约1个月开始分蘖，而且整个生育期间能不断形成分蘖，最多时高达100个以上。此后茎叶旺盛生长。80~90d后开始开花，开花顺序是由圆锥花序顶端向下延伸，每个花序的开花期平均7~8d。其小花开放多在清晨和温暖的夜间进行，要求最适气温20℃，相对湿度80%~90%。由于分蘖多，整个植株开花延续很长时间，有时直至霜降为止。异花授粉，种子成熟极不一致。苏丹草为短日照植物，生育期100~120d，要求积温2200~3000℃。不择土壤，当表土层10cm处地温达12~14℃时即可播种，每公顷播量22.5~30.0kg，条播行距30~50cm，播深4~6cm，施足基肥。播前进行晒种，打破休眠，提高发芽率。在北方寒冷地区，为确保种子成熟，可采用催芽播种技术，即在播前1周，用温水处理种子6~12h，后在20~30℃的地方积成堆，盖上塑料布，保持湿润，直到半数以上种子微露嫩芽时播种。苏丹草对土壤养分和水分的消耗量很大，是多种作物的不良前作，尤忌连作，故收获后要休闲或种植一年生豆科饲草。分蘖前要多中耕除草，每次刈割后追施氮肥、灌水。玉米、麦类和豆类作物都是其良好的前作，但以多年生豆科饲草或混播饲草为最好。生产中，苏丹草可与秣食豆、豌豆和毛苕子等一年生豆科植物混种。四川盆地，3~4月播种，5月末拔节，6~7月开始抽穗和开花，8~10月种子不断成熟。生育期可刈割3~4次，第一茬适宜鲜喂或晒制干草，第二茬以后可用于放牧牛、羊，也是夏季喂鱼、猪的好饲草，在高度达50~60cm开始利用，不应晚至开花期以防氢氰酸中毒。

青饲苏丹草最好的利用时期是孕穗初期，这时，其营养价值、利用率和适口性都高。与豆科作物混播，则应在豆科草现蕾时刈割，刈割过晚，豆科草失去再生能力，往往第二茬只留下苏丹草。调制干草以抽穗期为最佳，过迟会降低适口性。青贮用则可推迟到乳熟期。放牧，以草高达30~40cm时较好，此时根已扎牢，家畜采食时不易将其拔起。在北方生长季较短的地区，首次刈割不宜过晚，否则第二茬草的产量低。收种，采种应在穗变黄时及时进行。因苏丹草是风媒花，极易与高粱杂交，故其种子田与高粱田应间隔500m以上。

3. 高丹草

高丹草由高粱和苏丹草杂交而成，高丹草综合了高粱茎粗、叶宽和苏丹草分蘖力、再生力强的优点。高丹草还结合了两者耐旱、耐涝和耐盐碱等方面的优点，表现出很强的抗逆性，其生物产量高，适口性较好，在我国北方每年可刈割2~3次，鲜草产量可达15万kg/hm^2。4~10月生长期中，一次播种多次刈割，亩产鲜草总量8~10t，肥水条件充足，总产量可达14~20t。高丹草以饲用为主，可进行青饲、干饲和青贮，这是一种高产优质的饲用高粱类型。制作干草时，适宜刈割期是抽穗至初花期，即播种6~8周后，植株高度达到1~1.5m，此时的干物质中粗蛋白质含量最高，粗纤维含量最低，可开始第一次刈割。由于茎秆较粗，干燥缓慢，所以需要用茎秆压扁机械处理，以加快干燥过程，使叶片和茎秆含水量同时下降。再次刈割的时间以3~5周后为宜，间隔过短会引起产量降低。放牧使用可以在播种后6~8周，株高达到45~80cm时，开始放牧利用，此时的消化率可达60%以上，粗蛋白含量高于15%，过早放牧会影响饲草的再生。需要采用较大的放牧强度，在10d内完成饲草采食，牧后以20cm的留茬高度将植物残体割去，以促进再生，再次放牧要等到3~4周以后。放牧可一直持续到初霜前。用于青贮时，多选择刈割一次的品种，籽实型品种在种子乳熟至蜡熟期刈割，青贮前应将含水量由80%~85%降到70%左右。

高丹草中褐色中脉品种的叶片中脉和茎秆髓部是褐色的，茎秆表皮呈淡褐色，与传统的白色中脉品种相比，其可消化的纤维素和半纤维素含量增加，而难以消化的木质素含量降低40%~60%，消化率得到大幅度提高，同样的饲喂量可获得更高的收益，这一特性在普遍消化率不高的暖季型饲草中尤其可贵。褐色中脉特性除提高了饲草消化率外，还极大地提高了适口性，各种放牧家畜特别喜食，大量试验证明，将普通品种与褐色中脉品种种植在相邻的地块中，家畜在其中自由采食，当家畜采食完褐色中脉品种的叶片后，没有去采食普通品种的叶片，而是继续采食褐色中脉品种的茎秆，最后才会去采食普通品种。褐色中脉特性是一种非常有价值的变异，它不仅为饲用高粱的改良提供了巨大的潜力，对整个饲草市场也产生了巨大的影响。

（七）象草、菌草

1. 象草

象草（*Pennisetum purpureum* Schum.）属禾本科狼尾草属（*Pennisetum*），别名紫狼尾草，产于非洲、大洋洲和亚洲南部等地，是热带、亚热带地区普遍栽培的多年生高产饲草。1931 年前，我国从印度、缅甸等国引入广东、四川等地试种，目前在我国南方各省已有大面积栽培利用。长江以北的河北、北京等地也在试种。象草为多年生草本植物，植株高大，一般为2~4m，高者达5m以上。须根，根系发达，分布于40cm左右的土层中，最深者可达4m。茎秆直立，粗硬，丛生，有气生根，分蘖能力强，通常50~100个。一般叶长40~100cm，宽1~4cm。叶面稀生细毛，边缘粗糙呈细密锯齿状，密生刚毛，中肋粗硬。叶鞘光滑无毛。圆锥花序圆柱状，长15~30cm，着生于茎梢或分枝顶端，金黄色或紫色。每穗约由250个小穗组成，每小穗有3小花，种子成熟时易脱落。种子结实率和发芽率低，实生苗生长极为缓慢，故一般采用无性繁殖。喜温暖湿润的气候和肥沃的土壤。适宜在南北纬10°~20°的热带和亚热带地区栽培。气温12~14℃时开始生长，25~35℃生长迅速，8℃以下时生长受抑制，5℃以下停止生长，经霜易遭冻害。根系发达，耐旱性较强，但只有水分充足，才能获得高产。在两广和福建等地区种植，一般3~12月均能生长，高温多雨季节生长最佳。云、贵、川、湘、赣等省生长时期稍短，以上地区一般均能越冬。浙、皖等省以北种植，生长期4~10月，一般不能越冬，需保苗越冬，第二年重栽。象草通常采用无性繁殖，选择土层深厚，疏松肥沃，排灌水便利的土壤种植。整地时深耕翻，施足基肥。山坡地种植，宜开成水平条田。新垦地应提前1~2月翻耕、除草，使土壤熟化后种植。选择粗壮，无病害的种茎切段，每段3~4节，成行斜插于土中，行距80cm，株距50~60cm，覆土4~6cm，顶端一节露出地面。亦可育苗移栽。植后灌水，经10~15d即可成苗。两广地区栽种期为2月，云、贵、川、湘、闽等省栽种期为3月，苏、浙、皖等省以4月为宜。1次种植后，能连续多年收割利用，5~6年更新1次。出苗后应及时中耕除草，注意灌溉，以保证全苗、壮苗。苗高约20cm时，即可追施氮肥，促进分蘖发生和生长。越冬用种茎选择生长健壮的植株，在能越冬地区，可使种茎在地里越冬，供第二年春季栽植；冬季较冷不能越冬地区，应在霜前，选干燥高地挖坑，割去茎稍，平放入坑内覆土50cm，地膜覆盖增温保种越冬，或可采用沟贮、窖贮或温室贮等办法越冬。

植后2.5~3个月，株高100~130cm时即可开始刈割，每隔25~30d即可刈割1次。南方一般每年可割5~8次。一般每公顷鲜草产量35~75t，高者可达150t左右。鲜嫩时刈割为宜，过迟刈割，茎秆粗硬，品质下降，适口性降低。象草不仅产量高，且营养价值也较高。适时收割的象草，柔嫩多汁，适口性好，牛、羊、马均很喜食，亦可养鱼。一般多用青饲，亦可青贮，晒制干草和粉碎成干草粉。

2. 菌草

菌草又名巨菌草，亦称为金牧粮草，属杂交狼尾草，是多年生禾本科密丛型草本植物，具有较强的分蘖能力。这是一种适宜在热带、亚热带、温带生长和人工栽培的高产优质饲草。杂交狼尾草是以二倍体美洲狼尾草和四倍体象草交配产生的三倍体杂种，其后代不结实。以狼尾草属御谷（美洲狼尾草）为母本，象草为父本的杂交种称杂交狼尾草，以象草为母本，御谷为父本的杂交种称皇草。杂交狼尾草植株高大，株高 3.5m 左右，根深密集，茎直立粗硬，丛生，分蘖 10 个左右，每茎 22~25 个节。叶边缘密生刚毛，上面也有稀毛，圆锥花序顶生，密集成穗状。小穗近无柄，2~3 枚簇生成束，每簇下方围以刚毛组成的总苞，种子比象草的大。喜温暖湿润气候，高温多雨也能正常生长，耐旱、耐湿，也耐盐碱，在土层深厚和保水良好的黏性土壤生长最好，适宜于我国长江流域以南种植，生产上采用分根和茎段扦插繁殖。栽种前稍平整一下土地，施些底肥，当气温达到 8℃以上时，每亩开 2500~2600 窝，每窝施复合肥 19g，斜插一个种节，种节与地面呈 45°，芽要向上，顶端外露出地面 1~2cm，埋土后踏实。用于保持水土的荒山、荒坡地，当春季气温 10℃以上时，沿等高线开沟，行距根据坡度大小确定，进而达到保墒保肥目的。干旱半干旱地区可用塑料营养袋保墒保肥法栽培。25°以下陡坡地自上而下，缓坡地自下而上，边开沟边将复合肥按 40cm 株距丢沟旁、每点用量 18g，如有农家肥每点 1kg 与复合肥混施更佳。预报干旱年，每肥点可增施磷肥 5g，丰水或平水年不增施磷肥，可增施氮肥 4g。将浸在 2%浓度保水剂溶液的种节取出，距肥点 5cm，芽朝上，外露 1cm，呈 45°埋土踩实。也可先温棚育苗，株高 10~30cm，降雨有墒时，用 10g/L 保水剂溶液蘸根 8h 后移栽。无论种节扦插或种苗移栽，都应及时沿沟覆盖秸秆、树叶或杂草，适当压土，以风吹不动为宜。覆盖地膜 7~10d 破孔露苗，覆盖秸秆、树叶或杂草 10~20d 拨开挤压幼苗的覆盖物。株高 30~40cm 时，可将上部 5cm 叶片与地面杂草割掉埋苗两旁，采用简易栽培法到此阶段，可每亩用 35kg 尿素呈东、北、西三角形，深 20cm 埋苗旁，以促进分蘖与生长。苗如出现干旱敏感现象，可浇或喷灌水 1 次。根据饲喂对象饲喂特点，株高 80~150cm 留茬 10~15cm，适时刈割，铡短至 2~3cm 或粉碎或打浆青饲利用。对再生草，每亩 35kg 尿素、50kg 磷肥拌匀，呈东、北、西三角形深 20cm 埋草旁。出现需水临界期可浇或灌或喷水 1 次。

杂交狼尾草产量高，一般每公顷产 150t 鲜草。叶比象草多，茎叶质地也较象草柔嫩，且苞叶上面毛较少。饲用价值亦高于象草，干物质中含粗蛋白质 8.5%~9.4%。但草质易粗老，叶片上密生刚毛，适口性较差。

（八）其他禾本科饲草

1. 鸭茅属

鸭茅（*Dactylis glomerata* Linn.）是禾本科鸭茅属（*Dactylis* L.）多年生草本植物、根系发达。疏丛型，茎基部扁平，光滑，高 1~1.3m。幼叶在芽中成折叠状，横切面成“V”形。基叶众多，叶片长而软，叶面及边缘粗糙。无叶耳，叶舌明显，膜质。叶鞘封闭，压扁成龙骨状。叶色蓝绿以至浓绿色。圆锥花序，长 8~15cm。小穗着生在穗轴的一侧，密集成球状，簇生于穗轴顶端，形似鸡足，故又名鸡脚草。每小穗含 3~5 朵花，异花授粉。两颖不等长，外稃背部突起成龙骨状，顶端有短芒。种子较小，千粒重 1.0g 左右。喜温和湿润气候，耐荫，抗寒能力及越冬性差。喜肥、耐瘠薄，适合生长于湿润肥沃的黏土或黏壤土，对氮肥反应敏感。6~8 年寿命，生长速度慢。四川 9 月下旬秋播，越冬时植株小而分蘖少，叶尖部分常受冻凋枯。次年 4 月中旬迅速生长并开始抽穗，抽穗前叶多而长，草丛展开，形成厚软草层。5 月上旬、中旬开花，6月中旬结实成熟。3月下旬春播者，生长很慢，7月上旬个别抽穗，一般不能开花结实。

鸭茅再生能力强，放牧或割草以后，恢复很迅速。早期收割，其再生新枝的65.8%是从残茬长出，34%从分蘖节及茎基部节上的腋芽长出。其干草和第一茬青草产量较无芒雀麦或猫尾草稍低，但在盛夏时，高于上述两种草，其再生草产量占总产量的33%～66%。鸭茅最适于作放牧之用，也可作为割草地，一年可刈割3～4次，青饲宜在抽穗前或抽穗期进行，作为刈割干草，收获期不迟于抽穗盛期。鸭茅叶量丰富，草质柔嫩，富含营养物质，各种家畜均喜食，抽穗期茎叶干物质中含粗蛋白质10.7%，粗脂肪4.7%，粗纤维29.5%，无氮浸出物45.1%，粗灰分8%，并含大量钙、磷。鸭茅再生草基本处于营养生长阶段，因此它的饲用价值仍很高。鸭茅由于春季返青早，秋季持续性长，因此放牧利用季节较长，放牧可在草层高25～30cm时进行。留茬高10cm左右，不宜过低，否则将严重影响再生。建植速度快、长势盛，产量高，生长在肥沃土壤条件下的鸭茅，每亩产鲜草可达4～5t。鸭茅适于大田轮作，又适于饲料轮作，与高光效饲草作物间作套作，可充分利用光照，增加单位面积产量。由于耐荫，在果树或高秆作物下种植能获得较好的效果，能积累大量根系残余物，对改良土壤结构，防止杂草滋生，提高土壤肥力有良好的作用。

2. 羊茅属

羊茅属（*Festuca* L.）又名狐茅属，全世界有百余种，广泛分布于寒温带地区，我国有23种，大都可饲用，我国北方主要栽培有苇状羊茅（*Festuca arundinacea* Schreb.）和草地羊茅。苇状羊茅别名苇状狐茅、高羊茅，原产于欧洲西部，天然分布于乌克兰的伏尔家河流域、北高加索、土库曼斯坦山地、西伯利亚、远东等地，我国新疆有野生种。20世纪20年代初苇状羊茅开始在英、美等国栽培，目前是欧美重要栽培饲草之一。我国于20世纪70年代引进，现已成为北方暖温带地区建立人工草地和补播天然草场的重要草种，尤其是作为草坪草种在全球显示出巨大的作用。苇状羊茅是多年生疏丛型禾本科饲草，须根入土深，且有短根茎，放牧或频繁刈割易絮结成粗糙草皮。茎直立而粗硬，株高80～150cm。叶条形，长30～50cm，宽6～10mm，上面及边缘粗糙。圆锥花序开展，每穗节有1～2个小穗枝，每小穗4～7朵小花，呈淡紫色，外稃顶端无芒或成小尖头。颖果倒卵形，黄褐色，千粒重2.5g。苇状羊茅耐旱、耐湿、耐热，在年降水量450mm以上的地区可旱作，可耐夏季38℃高温。但耐寒性差，低于-15℃无法正常生长，在东北和内蒙古大部分地区不能越冬。对土壤要求不严，可在pH 4.7～9.5的土壤上生长，但以pH 5.7～6.0、肥沃、潮湿的黏重土壤为最好。苇状羊茅为根深高产饲草，要求土层深厚，底肥充足。因此，播种前一年秋季应深翻耕地，并按每公顷30t厩肥施足基肥，使速效磷和速效钾分别不低于30mg/kg和100mg/kg，速效氮为40～60mg/kg。播前需耙耱1～2次。苇状羊茅容易建植，春、夏、秋播。一般冬季严寒地区春播，在早春地温达5～6℃时即可进行；春季风大干旱严重地方或春播谷类作物的土地上宜进行夏秋播，但要保证幼苗越冬前已分蘖。苇状羊茅短根茎具侵占性，宜于单播，也可与白三叶、红三叶、紫花苜蓿和沙打旺等豆科饲草混播。条播行距30cm，播量15.0～30.0kg/hm^2，混播则酌量减少。苇状羊茅苗期不耐杂草，所以除草是关键，除播前和苗期加强灭除杂草外，每次刈割后也应进行中耕除草。追肥灌溉是提高产量和品质的一个重要手段，尤其每次刈割后。单播应追施氮肥（每公顷75kg尿素或150kg硫酸铵），若能结合灌水效果更好。苇状羊茅枝叶繁茂，生长迅速，再生性强，水肥条件好时可刈割4次左右。每公顷产鲜草22.5～60.0t，干草750～1250kg，种子375～525kg。由于花后草质粗糙适口性差，需掌握好利用期，青饲以分蘖盛期刈割为宜，晒制干草可在抽穗期刈割。种用的苇状羊茅，可于早春先放牧，后利用再生草收种。60%～70%的种子变为黄褐色时应及时收种。值得注意的是苇状羊茅的种子寿命很短，贮藏4～5年后发芽率急剧下降，作种用时一定要检验其活力。刈割应在抽穗期进行，其鲜草和干草，牛、马、羊均喜食。该草耐牧性强，春季、晚秋以及收种后的再生草均可用来放牧，但要适度。一方面重牧会影响苇状羊茅的再生；另一方面苇状羊茅植株内含吡咯碱（Perloline），食量过多会使牛脱皮、皮毛干燥、腹泻，尤以春末夏初容易发生，称为羊茅中毒症。

3. 雀麦属

雀麦属（*Bromus* L.），我国有14种及1变种，其中广泛分布的无芒雀麦（*Bromus inermis* Leyss.）就是世界著名的、栽培最有前途的优良饲草之一。无芒雀麦原产于欧洲，其野生种分布于亚洲、欧洲和北美洲的温带地区，多分布于山坡、道旁、河岸。我国东北、华北、西北等地都有野生种，在内蒙古高原多生于草甸、林缘、山间谷地、河边及路旁草地。无芒雀麦具短根茎，多分布在距地表10cm的土层中，根系发达。茎直立，圆形粗壮光滑，高50～120cm。叶鞘闭合，叶片淡绿色，长而宽（6～8mm），一般5～6片，表面光滑，叶脉细。圆锥花序，长10～30cm。每花序约有30个小穗，小穗近于圆柱形，由4～8朵花组成。无芒雀麦第二年返青后50～60d即可抽穗开花，花期持续15～20d。开花顺序先从圆锥花序的上部小穗开始开放，逐渐延及下部。在每个小穗内，则是小穗基部的小花最先开放，顶部的小花最后开放，一个花序延续的时间为10～15d，以开始开放的前3～6d开花最多，随后逐渐下降。种子大而扁平，暗褐色，千粒重2.4～3.7g。无芒雀麦茎秆光滑，草质柔软，适口性好，一年四季为各种家畜所喜食，尤以牛最喜食，是一种放牧和打草兼用的优良饲草，即使收割稍迟，质地并不粗老。经霜后，叶色变紫，而口味仍佳。可青饲、制成干草和青贮。该草现已成为欧洲、亚洲干旱、寒冷地区的重要栽培饲草。我国东北1923年开始引种栽种，吉林已有几十年的栽培历史，随后各地普遍进行种植，近年来内蒙古、新疆、青海等地区也在进行大面积人工栽培，是北方地区一种很有栽培价值的禾本科饲草。在南方山区也有一定的栽培价值，南方一些地方也在试种，效果都很好。我国北方人工草地，每公顷产干草4.5～7.5t，一般连续利用6年，其寿命长达25～50年，在管理水平高时，可维持10年以上的稳产高产。由于根茎发达，再生性强，一般每年割1～2次制作干草，再生草作放牧用，利用效率高。无芒雀麦的地下根茎相当发达，易结成草皮，放牧时耐践踏，所以又是优良的放牧型饲草。草皮紧密，减少径流，是一种极好的水土保持植物。

无芒雀麦对气候条件的适应性很强，特别适于寒冷干燥的气候，而不适于高温高湿地区，一般土温20～26℃为根系和地上部分生长最适温度，在年均温度3～10℃、年降水量400～500mm的地区生长适宜。耐寒性强，在黑龙江有雪覆盖的条件下，-48℃的低温，越冬率仍达83%；在青海地区，当最低温度达到-33℃仍能安全越冬；在甘肃皇城海拔2500m，冬季最低气温-29℃时能安全越冬。耐旱性亦强，根入土深而且生长快，在播种当年分蘖期时，它的根系入土深度已达120cm，入冻前可达200cm。无芒雀麦细胞液的高浓度是它抗旱强的特点之一，其细胞渗透压随土壤含水量的减少而增大，也随土壤中可溶性盐的增加而增大。无芒雀麦对土壤的要求不严格，适宜在排水良好而肥沃的壤土或黏壤土上生长，在轻沙质土壤中也能生长，在盐碱土和酸性土壤中表现较差，不耐强碱或强酸性土壤，耐水淹的时间可达50d。无芒雀麦在适宜的生境条件下，播种后10～12d即可出苗，35～40d开始分蘖。播种当年一般仅有个别枝条抽茎开花，绝大部分枝条呈营养状态，在栽培施用磷肥的草地，促进根茎和分蘖的发育，当年可有10%以上的抽穗植株，并在根茎的末端发生新的分蘖苗。在我国北方栽培的禾本科饲草中，无芒雀麦的叶量高于其他一些禾本科饲草。无芒雀麦的叶量最多，占植株总量的 50%；其次为老芒麦和羊草，分别为 49.5% 和 48.5%；叶量最少的是冰草和披碱草，分别为 22.7% 和 21.1%。

4. 赖草属

赖草属（*Leymus* Hochst.）有 30 余种分布于北纬寒温地带，多数种产于中亚，少数产于欧美。我国有 9 种，主要分布于东北、华北和西北，多生长在草原和草甸草原地带。赖草属多为野生种，引入栽培的有羊草［*Leymus chinensis*（Trin.） Tzvel.］、赖草。羊草别名碱草，为广域性禾草，分布于北纬 36°~62°、东经 120°~130°，主要分布区为欧亚大陆草原东部，其中我国占一半以上，且集中分布于东北平原和内蒙古高原东部。羊草是根茎型多年生禾草，具发达的长根茎，达 1m；茎秆直立，具 3~7 节，高 60~90cm；叶片质厚而硬，扁平或干后内卷；穗状花序直立，长 12~18cm，两端为单生小穗，中部为对生小穗；种子为颖果，细小呈长椭圆形，深褐色，千粒重约 2g。羊草栽培历史较短，20 世纪 50 年代初在东北大面积试种成功，现已成为我国北方地区建立永久性人工草地的主要草种，在河北、山西、河南、陕西、宁夏、甘肃、青海、新疆等省（自治区）亦有分布。羊草是旱生或旱中生禾草，宜生长在年降水量 500~600mm 的地区，在降水量 300mm 的地方也能良好生长。但不耐涝，长期水淹引起烂根。羊草较喜温，耐寒性强，在冬季-42℃而又少雪的地方都能安全越冬，羊草早春解冻即可返青。对土壤要求不严耐盐碱，耐瘠薄，在 pH 9.4 的土壤上也能正常生长。羊草在第 5 片叶出现时开始形成根茎，当年 3~4 条，第 2 年发育成 5~10 条，并且随生长年限延长而累增，主要分布于 5~20cm 土层中。每株根茎有节 100 个以上，由这些节部潜芽发育形成新的地上植株，在生活 2~3 年后可形成茂密草群。但因地下根茎累年增加，形成稠密草皮，造成土壤通气恶化，影响地上部茎叶生长，草群生产力下降。用重型圆盘耙切割草皮，可切断根茎改善土壤通气状况，促进根茎分蘖能力，达到更新复壮草群的目的。

羊草叶量丰富，各种家畜喜食，夏秋能抓膘催肥，冬季能补饲营养。尤其用羊草调制的干草，颜色浓绿，气味芳香，是上等优质饲草。花期前粗蛋白质含量一般占干物质的 11% 以上，分蘖期高达 18.53%，且矿物质、胡萝卜素含量丰富。羊草产量高，再生性良好，可用于放牧，耐践踏，绿色期长，水肥条件好时一年可刈割 2 次，通常再生草用于放牧，产量以第 3~4 年最高，第 5 年后逐渐下降，为此需要采取更新复壮措施。旱作人工羊草地，干草产量 3000~4500kg/hm^2，灌溉地达 6000kg/hm^2 以上。羊草调制成干草后，粗蛋白质含量仍能保持在 10% 左右，且气味芳香、适口性好、耐贮藏。羊草属长寿命饲草，利用年限长，利用期达 10 年之久。羊草苗期生长缓慢，种床土壤深厚细碎，墒情适宜，播种前 1 年秋季深翻、耙耱和镇压，结合施基肥（厩肥量 37.5~45.0t/hm^2）效果更好，播前仍需耙耱，以破碎土块和平整地面，在盐碱地种羊草，应注意暗碱和地面碱化的程度，一般改良后方可种植。羊草种子发芽时要求较高温度和较多水分，在我国北方春季寒冷而干旱的地区常可夏播，以保证出苗后 80~90d 生长期，过晚不利越冬。杂草少、墒情好、整地精细的地区也可春播，以早春（4 月上旬）抢墒播种为宜。羊草种子发芽率低是生产中存在的另一个严重问题。前人研究证明羊草种子存在休眠现象，羊草的休眠类型为抑制物引起的生理性休眠，抑制物主要是脱落酸，主要抑制部位是胚乳。随着羊草种子贮存年限的延长，脱落酸的含量逐渐下降，种子发芽率则逐渐提高。羊草种子的休眠期为 4 年左右，5~6 年达到自然发芽率高峰，此后发芽率开始下降。利用各种物理化学方法可以破除羊草的休眠，采用磁处理、如激素处理等方法可以打破羊草种子休眠，对提高种子发芽率有一定作用。羊草因种子发芽率低，幼芽顶土力弱，播量较一般禾本科饲草多，为 30.0~52.5kg/hm^2，条播行距 30cm，覆土厚度 2~3cm，播后镇压。羊草除直接用种子播种建植人工草地外，也可用根茎建植。将羊草根茎切分成 5~10cm 的小段，每小段保留有 2~3 个节，按一定株距埋入已开好的播种沟内。根茎建植成活率高，生长快，当年见效，是建立羊草草地的有效途径。羊草因根茎侵占性强，不宜与豆科饲草混播。羊草苗期最易被杂草抑制，除播前注重灭除杂草外，特别注意苗期杂草的防除，当羊草具有 2~3 片叶子时，中耕除草。在有条件的地方，除施足基肥外，还可在返青后到快速生长时追肥，以氮肥为主，适当搭配磷钾肥，尤其是盐碱地增施磷肥，对提高羊草产量和品质有很大作用。追肥后结合灌水，效果更好。羊草一般不进入轮作制中，因为其根茎难于除尽。

5. 披碱草属

披碱草属（*Elymus*）饲草在全世界有 20 余种，我国有 10 种。多分布于北半球的温带和寒带，广泛分布于草原及高山草原地带，栽培种除老芒麦和披碱草外，尚有垂穗披碱草和肥披碱草。老芒麦（*Elymus sibiricus* L.）别名西伯利亚披碱草、垂穗大麦草，我国老芒麦野生种主要分布于东北、华北、西北及四川等地，是草甸草原和草甸群落中的主要成员之一，俄罗斯、蒙古、朝鲜和日本等国也有分布，我国最早于 20 世纪 50 年代由吉林开始驯化，目前已成为北方地区一种重要的栽培饲草。老芒麦为多年生疏丛型禾本科饲草，须根密集发达，入土较深；茎秆直立或基部稍倾斜，分蘖能力强；叶片狭长条形，粗糙扁平，无叶耳；穗状花序疏松而弯曲下垂；颖果长椭圆形，易脱落。老芒麦耐寒性很强，能耐−40℃低温，可在青海、内蒙古、黑龙江等地安全越冬。旱中生，在年降水量 400~600mm 的地区可旱作栽培，但干旱地区种植需有灌溉条件。老芒麦对土壤要求不严，在瘠薄、弱酸、微碱或富含腐殖质的土壤上均生长良好，也能在轻微盐渍化土壤中生长。老芒麦是短期多年生饲草，适于在粮草轮作和短期饲料轮作中应用，利用年限 2~3 年。后作宜种植豆科饲草或一年生豆类作物，也可与山野豌豆、沙打旺、紫花苜蓿等豆科饲草混播。老芒麦春播当年可抽穗、开花甚至结实，从返青至种子成熟需 120~140d。播种当年以营养枝占优势，几乎占总枝条数的 3/4，第二年后以生殖枝占绝对优势，达 2/3。老芒麦种子具长芒，播前应去芒。播种时应加大播种机的排种齿轮间隙或去掉输种管，时刻注意种子流动，防止堵塞，以保证播种质量。播前深翻土地，施足基肥，每公顷施 22.5t 厩肥和 225kg 碳酸氢铵。播前耙耱，使地面平整，春、夏、秋季播种均可。有灌溉条件或春墒较好地方，可春播；无灌溉条件的干旱地方，以夏秋季播种为宜。春播应防止春旱和一年生杂草的危害；秋播则应在初霜前 30~40d 播种，过晚则苗期时间短，养分贮备不足，易造成越冬死亡。宜条播，行距 20~30cm，收草者播量 22.5~30.0kg/hm^2，收种者 15.0~22.5kg/hm^2，覆土 2~3cm。老芒麦属上繁草，适于刈割利用，宜抽穗至始花期进行。北方大部分地区，每年刈割 1 次，水肥良好地区，可每年刈割 2 次，年产干草 3000~6000kg/hm^2。老芒麦种子极易脱落，采种宜在穗状花序下部种子成熟时及时进行，可产种子 750~2250kg/hm^2。老芒麦草质柔软，适口性好，各类家畜均喜食，尤以马和牦牛更喜食，是披碱草属中饲用价值最高的一种饲草。营养成分含量丰富，消化率较高，夏秋季节对幼畜发育、母畜产仔和牲畜增膘都有良好的效果。叶片分布均匀，调制的干草各类家畜都喜食。老芒麦返青早，枯黄迟，绿草期较一般饲草长 30d 左右，从而提早和延迟了青草期，对各类牲畜的饲养都有一定的经济效果。

（九）其他豆科饲草

1. 金花菜

金花菜［*Medicago deuticulata*（M. hispida）］别名南苜蓿、野苜蓿、黄花草子、刺荚苜蓿。

一年生或越年生草木，主根细小，侧根发达，有根蘖，茎匍匐或斜生，多分枝，茎长 30~100cm，无毛、光滑、有棱，略成方形。叶为三小叶，叶片倒心脏形，先端钝圆或稍凹，略有锯齿，长 1~1.5cm，宽 0.8~1.5cm；托叶裂成细长的锯齿。花为头状花序，花梗长 2~3cm，上部簇生 3~5 朵小花。荚螺旋形，边缘有刺状凸起，种子肾脏形，黄褐色。有一定耐寒性，喜湿润，但耐湿性次于紫云英，在干旱地区亦能生长。对土壤的适应性较广，pH 5.5~8.5 都能生长，以排水良好的黏土为最适宜。不论水旱田均可栽种，秋季 9~10 月间播种。播量每亩用带荚种子 5~7.5kg。荚和种子的质量比约为 1.5：1。种于水田者可于水稻收获后播种，行距 20~30cm，深度约 3cm，播前种子应浸水 1~2d，下种后略盖草木灰。种于旱田者，在棉区往往于立秋后撒播，在幼苗期每亩施草木灰 50~100kg。低湿地或水田种金花菜时要注意排水。春季须中耕 1~2 次，并施厩肥每亩 250~300kg。现在长江流域各地栽种的金花菜都用作绿肥，用作饲料者较少，幼嫩时摘取顶部枝叶作为蔬菜。作绿肥者宜在第三花种荚形成时刈割，或直接翻入土里。金花菜全株都可作为青饲料和干草，宜在盛花期收割，单纯用金花菜鲜草喂牛，容易得膨胀病，与禾本科饲草混合饲喂，可以防止此病的发生。

2. 白三叶

白三叶（*Trifolium repens* L.）又名白车轴草、荷兰翘摇等，多年生草本植物，原产于欧洲，它是世界上分布最广的一种豆科饲草。现广泛分布于温带及亚热带高海拔地区，在新西兰、西北欧及北美东部等海洋性气候地区，生长尤为适宜。我国四川、云南、贵州、湖南、湖北、江西、江苏、浙江、黑龙江、吉林、辽宁、新疆等地均有分布，长江以南各省区有大面积栽培。掌状三出复叶，叶互生，叶柄细长直立，长 15~25cm。小叶倒卵形至倒心形，先端圆或凹，基部楔形，边缘具细锯齿，叶面具“V”形斑纹；托叶细小，膜质，包于茎上。叶腋有腋芽，可发育成花或分枝的茎。头状花序，着花 20~40 朵，白或淡紫红色，长于叶腋，长于叶柄。荚果倒卵状矩形，每荚有种子 3~4 粒。种子近心形，黄色，有紫色和紫红色，千粒重 0.5~0.7g。一般生存 8~10 年。主根较短，侧根发达。根系浅，根群集中于 10~20cm 表土层，根上着生许多根瘤。主根细短，入土 1m，生长第二年即死亡，侧根集中分布在 15cm 土层中。白三叶喜温暖湿润气候，生长适宜温度为 15~25℃。能耐-20~-15℃的低温，在东北、新疆有雪覆盖时，均能安全越冬，耐热性也很强，35℃左右的高温不会萎蔫。适应性比其他三叶草广，耐热耐寒性比红三叶及绛三叶强。耐荫耐湿，在果园下也能生长。适于年降水量 800~2000mm 地区，能耐湿，可耐 40 多天的积水。对土壤要求不严，只要排水良好各种土壤皆能生长，尤喜富于钙质及腐殖质的黏质土壤。能耐瘠、耐酸，适宜土壤 pH 为 6~7，在土壤 pH 为 4.5 地区仍可生长。耐盐碱能力差。白三叶是各种三叶草中生长最慢的一种，9 月底秋播，次年 4 月下旬现蕾，5 月中旬盛花，花期长，可持续 2 个月之久。

茎枝匍匐，再生力强，茎细长，光滑无毛，主茎较短，具许多节，茎节着地生根，由节上生长出新的匍匐茎后，主茎停止生长，匍匐茎长 30~60cm，茎实心光滑细软，茎节生长长叶，于叶腋再生出新的匍匐茎向四周蔓延，形成密集叶层，侵占性强，单株占地面积达到 $1m^2$，耐践踏，为最适于放牧利用的豆科饲草，也是城市、庭院绿化与水土保持的优良草种。要在分枝盛期至孕蕾期，或草层高度达 20cm 时开始放牧，高度在 5~8cm 时结束放牧，放牧不宜过重，避免损害生机；每次放牧后，应停牧 2~3 周，以利于再生。

栽培白三叶时，结合深耕施足底肥，每亩施有机肥料 1500~2000kg，混入过磷酸钙 15~20kg，播种前再浅耕土壤，每亩施入 5~8kg 硝酸铵。每亩播种 0.4~0.5kg，播种深度 1~2cm，条播行距 20~30cm。混播占 40%~60%，有鸡脚草、草地羊茅、多年生黑麦草，其次是牛尾草、猫尾草、红三叶等。苗期生长缓慢，做好除草、施肥、病虫害防治。

3. 红三叶

红三叶（*Trifolium pratense* Linn.），又名红车轴草、红荷兰翘摇；原产于小亚细亚与东南欧。欧美海洋性气候地区栽培主要草种，在我国新疆、云南、贵州、湖北等地都有分布，而以鄂西山区分布较广。短期多年生草本植物，一般寿命 2~4 年。直根系，主根入土 60~90cm，侧根发达，60%~70%的根系分布在 0~30cm 土层中，着生多数根瘤。分枝能力强，单株分枝 10~15 个或更多。茎圆形，中空，直立或斜生，高 60~100cm。茎叶有茸毛。掌状三出复叶，小叶卵形或长椭圆形，边缘近全缘，叶面有灰白色“V”形斑纹。叶柄长，托叶阔大，膜质，有紫脉纹，先端尖锐。茎叶各部均具茸毛。头形总状花序，聚生于茎稍或自叶腋处长出，每个花序有小花 50~100 朵，花冠红色或紫色。荚果小，横裂，每荚含 1 粒种子。种子椭圆形或肾形，棕黄色或紫色，千粒重 1.5~2.2g。

红三叶喜温暖湿润气候，在夏天不过热、冬天又不太寒冷的地区最适宜种植。生长期适宜温度为 15~25℃，能耐-8℃低温，但耐寒力不及苜蓿和草木樨。不耐热，昼温 35℃、夜温 27℃时根中贮藏的养分减少，持续高温和昼夜温差小的时候，常成株死亡。喜湿润环境，耐湿不耐旱，适宜在年降水量 800~1200mm 地区生长。在云、贵、川地区表现良好，在昆明一带可生存 7~8 年。北方大部分地区，春播当年结实性差，能安全越冬。红三叶可分为晚熟型和早熟型两个类型。晚熟型根系发达、根颈入土深、茎高大、分枝多、株丛密、植株多毛，生长发育较慢，开花比早熟型晚 10~20d，花期长，再生性较差，年收割 1~2 次，产量高、质量差，需日照长，抗寒性强，为冬性发育类型，宜在生长季节较短、较高纬度或较高海拔地区种植。

红三叶因寿命较短，生长发育早而快，在混播草地中，常阻挠其他饲草生长。红三叶开花不一致，种子成熟不整齐，收种应在 70%~80%的花序变为黄褐色，花茎呈深黄色，种子棕黄色时进行。单播收草的红三叶，作青饲应在孕蕾至初花期刈割，晒制青干草的应在初花至盛花期刈割；放牧利用时宜在株丛高度达到 15cm 开始。每次放牧或刈割利用留茬高度不得低于 4cm。不论收草还是收种，红三叶一般利用 3~4 年。更新草地时，要在头茬草孕蕾至开花期根瘤固氮活性最高时刈割利用后，及时翻耕灌水，待根茬充分腐烂后，再安排改种一年生或多年生禾本科饲草等作物，加以充分利用。

红三叶根系深长而发达，根瘤众多，种后能遗留大量有机质于土中，增加氮素。宜短期轮作中利用，在长江以南一部分中性土壤中可作为水旱地冬季绿肥饲草。忌连作，一次种植以后须隔 5~6 年方可再种。亩施有机肥料 1500~2500kg，过磷酸钙 20~30kg。种子田在播种时再适当加施速效氮肥。保护作物宜选择生长期早、枝叶稀疏而需水较少者，如麦类、油菜等。保护作物的播种量为正常播种的 25%~50%。播种时期春秋皆可，而以 9 月播种最好。红三叶的播种量，如为春播，每亩可用种子 750~1000g，收种的可减少。当年种子发芽率最高。播种方式以条播为宜，行距 20~40cm，收草宜宽。覆土深度 1~2cm。未种过红三叶的地方第一次种植红三叶时接种根瘤菌的效果极为显著。红三叶在幼苗生长缓慢应行耘耥清除杂草，促其生长。以后每次刈牧之后，亦须及时耘耥，以刺激再生草的发育。红三叶在生长过程中，所需磷、钾、钙等元素较多，结合耙地每亩要追施过磷酸钙 20kg，钾肥 15kg 或草木灰 30kg。种子田如用 4%的氮、磷、钾盐溶液于盛花期喷洒，进行根外追肥，可提高种子产量。红三叶病虫害少，常见病害有菌核病，早春雨后易发生，主要侵染根颈及根系。施用石灰，喷洒多菌灵可以防治。生长2年以上的草地，在早春返青前和每次刈割或放牧后要耙地松土，改善土壤通透性，深度2~3cm。一般在草层高度达40~50cm时，无论秋播、春播或现蕾开花与否，均可考虑进行第一次刈割，早春播种的当年可刈割2~3次，亩产鲜草2000kg左右。秋播的当年和次年共刈割3~5次，亩产4000~5000kg或更高。一般应在盛花后25~30d种子发硬，花梗枯干，花序易抹落时收种，每亩可收种子15~40kg。

4. 紫云英

紫云英（*Astragalus sinicus* Linn.）又名莲花草、红花草等，原产于中国，日本也有分布，国内分布广，在长江流域以南的水稻区普遍栽种。紫云英根系发达，主根肥大，须根多，多密集于表土15cm以上土层内。侧根上密生绿色或褐色根瘤。茎棱形、中空、直立或匍匐、分枝多、有毛、高30~100cm。叶奇数羽状复叶，小叶7~13片。小叶小，全缘，倒卵或椭圆形，深绿色，顶端凹或微缺。叶面光滑或生稀毛，浓绿色，下面疏生软毛，色浅。总状花序近伞形，花梗由叶腋生出，很长。3~14朵小花，淡红色或紫红色。荚果细长，顶端腺状，横切面为三角形，成熟时黑色。每荚含种子5~10粒。种子肾形光滑，黄绿色，带黑纹，有光泽，千粒重3.2~3.6g。喜温暖潮湿气候，不耐寒，幼苗-7.5~-7℃时开始受冻害，部分死亡，生长最适温度15~25℃，气温过高生长不良。耐湿性中等，最忌积水，发芽遇积水易烂苗，开花结荚时积水会降低种子产量及质量。耐旱性差，久旱会使紫云英提早开花和减产。喜壤土或黏壤土，pH 5.5~7.5。一般作为绿肥作物与粮棉轮作，播种前一般不施底肥，少用种肥和生长期施用有机肥和磷肥。紫云英能培肥地力，改善土地耕作性能，改良土壤环境。增产效果也较明显，比没有种植紫云英田块亩增40~60kg，还可以减少商品肥30%以上。如果把免耕技术与紫云英生产相结合，就能有效地节省人工，减少投入，降低成本，从而提高生产效益。8~10月播种，播种量2~4kg（饲草），或1.5kg（收种），撒播为主，也可套作，混播。播后6d左右出苗，出苗1个月后形成6~7片真叶并开始分枝，开春前以分枝为主，开春后分枝停止，4月上中旬开花，5月上中旬种子成熟，生育期240~250d。苗期至春前施用灰肥或厩肥，可促进苗期生长、分枝。春后则利于茎叶生长，抽茎前氮、磷配合使用效果较好。冬春干旱时应适当灌溉，一般不进行中耕除草，但视播种方式而异，穴播或条播情况下可适当中耕除草。80%荚果变黑时收种，产量50~60kg。

（十）其他杂类饲草

1. 沙拐枣

沙拐枣为蓼科沙拐枣属（*Calligonum* L.），主要分布于甘肃、新疆、内蒙古等地。灌木，老枝呈灰白色，开展。1年生，枝草质，绿色，有关节。叶条形，托叶鞘膜质，花3朵簇生于叶腋。瘦果宽椭圆形。花期5~6月。极耐高温、干旱和严寒。萌芽性强，被流沙埋压后，仍能由茎部发生不定根、不定芽。多生于沙地、戈壁滩、干河床以及山前沙砾地。沙拐枣为防风固沙植物。花、果及老枝均有一定观赏价值，适宜点缀公园，也可盆栽。全株可入药。

2. 山荞麦

山荞麦为蓼科蓼属［*Persicaria*（L.）Mill.］，产于陕西、甘肃，内蒙古、山西等地也有分布。茎缠绕或近直立，初为草质，1~2年后变为木质或近木质，长达数米。叶互生或簇生，长圆状卵形，先端急尖，基部浅心形，两面光滑无毛。花序圆锥状，顶生。苞膜质，内含3~6朵花。花小，白色，花被5深裂。果实卵状三棱形，黑褐色。山荞麦开花时一片雪白，有微香，是良好的攀援和蜜源植物，可播种或扦插繁殖，发芽率很高。

3. 沙木蓼

沙木蓼为蓼科蓼属，多分枝。叶阔披针形，浅绿色，近革质，边缘常向下卷曲。总状花序，花瓣紫褐色。瘦果。花期5~6月。耐旱，抗寒，尤抗风蚀、沙埋，凡沙质地、流动沙丘以及河床上均见生长。沙木蓼花初开时鲜红，形若荞麦花。花为蜜源。嫩枝是羊、骆驼的好饲料。

第二节 饲草的栽培

一、饲草生长发育与环境关系

生长是指植物在体积和体重上的增加，是不可逆的量变过程；发育是指植物的形态、结构和功能上发生质的变化的过程。饲草的生长发育规律是长期在一定的光、温、水、肥、土等生态条件下形成的，因此，必须选择适宜的生态区、适宜的土壤及适宜的生长季节进行种植才能使其正常发育，使产品获得最佳品质。将不同种类的作物，根据其生长发育特点和对营养需求的差异，进行合理的间作、套作、轮作等，可以更充分地利用土壤肥力和光能。

二、饲草种植方式

饲草的种植方式与农作物大致相同，即根据不同的土壤、气候、管理水平和饲草的生物生态学特性采用不同的种植方式，达到优质高产的目的。饲草播种可采用单播、混播、间作、轮作、套作等方式。

（一）单播

种子萌芽对环境条件的要求取决于种子的生理成熟度，其次取决于适宜的外界条件（水分、温度和空气等）。播种期分为春播、夏播、秋播，主要取决于水热条件、杂草危害、利用目的等。播种量与种子的真实性、纯净度、千粒重、发芽势、密度、土壤厚度、墒情、整地质量、播种方法、幼苗保存率、地温、利用目的等因素有关。单播可分为条播、撒播、点播、精量播种。

1. 条播

条播是按一定行距，1行或多行同时开沟、播种、覆土一次完成的方式。有行距无株距，设定行距应以便于田间管理和能否获得高产优质饲草为依据，同时要考虑利用目的或栽培条件，一般收草为15~30cm，收种为45~60cm，灌木型和高大饲草可达100cm。条播的优点是草种分布均匀，覆土深度较一致，出苗整齐，通风透光条件好，可集中施肥，做到经济用肥，并利于田间管理等。

2. 撒播

撒播是一种把种子尽可能均匀地撒在土表并轻耙覆土的播种方法。其优点是单位面积内的草种容纳量大，土地利用率较高，省工和抢时播种。但种子分布不匀，深浅不一，出苗率低，幼苗生长不整齐，杂草较多，田间管理不便。所以撒播要求精细整地，并用镇压器压实，保证种床坚实，以提高播种质量和控制播种深度。撒播适于在降水量充足的地区进行，但播前须清除杂草。撒播有人力手工撒播、撒播机撒播和飞机撒播等。

3. 点播

点播又称穴播，是按一定的株行距开穴播种，种子播在穴内，深浅一致，出苗整齐。其优点是出苗容易，节省种子，集中用肥和田间管理方便，缺点是播种费工，主要用于种子田或稀有珍贵草种繁殖。

4. 精量播种

精量播种是在点播的基础上发展起来的一种经济用种的播法。它能将单粒种子，按一定的距离和深度，准确地播入土内，获得均匀一致的发芽条件，促进每粒种子发芽，达到苗齐、苗全、苗壮的目的。精量播种需要精细整地、精选草种、防治苗期病虫害和性能良好的播种机，才可保证良好的播种质量和全苗。

（二）混播

两种（品种）或两种以上的饲草同时在同一块土地上混合播种的种植方式称为混播。饲草混播主要是豆科与禾本科饲草混播。混播的产量高而稳定，利用年限明显延长；混播改善了饲草品质；便于收获和调制；改善了土壤结构，提高土壤肥力；减轻杂草和病虫的危害等。

混播方法有以下几种：同行播种，行距通常为15cm，各种饲草都播在同一行内；交叉播种，一种或几种饲草播于同一行内，而另一种或几种与前者垂直方向播种；间条播，又分窄行间条播及宽行间条播两种，前者行距为15cm，后者行距为30cm，当播种3种以上饲草时，一种饲草播于一行，而另两种播于相邻的另一行，或者分种间行播。

（三）间作

间作指在同一田地、同一饲草生长期内，分行或分带相间栽种两种以上饲草的种植方式。比如在青贮玉米地里分行种植紫花苜蓿等。间作可提高土地利用率，由间作形成的作物复合群体可增加对阳光的截取与吸收，减少光能的浪费；同时，两种作物间作还可产生互补作用，如宽窄行间作或带状间作中的高秆作物有一定的边行优势、豆科与禾本科间作有利于补充土壤氮元素的消耗等。但间作时不同作物之间也常存在着对阳光、水分、养分等的激烈竞争。因此对株型高矮不一、生育期长短稍有参差的作物进行合理搭配和在田间配置宽窄不等的种植行距，有助于提高间作效果。当前的趋势是旱地、低产地的田地及豆科、禾本科作物应用间作较多。

（四）轮作

在农作物（饲草）栽培过程中，人们有意识将不同作物（饲草）按一定原则排列成一定顺序，在一定田块上，依次周而复始轮流种植，称作轮作。轮作区田中，作物安排先后顺序的方式称为轮作方式。轮作方式中全部作物、饲草在同一田地上种植一遍所经历的年数称作轮作周期。时间的轮换种植即同一土地上在轮作周期内，按轮作方式种植各种作物、饲草；空间的轮换种植即将同一种作物、饲草逐年在各地块轮换种植，也就是把土地分成几个面积，相同或相似的轮作小区，按轮作方式逐年逐区轮换种植各种作物。草田轮作是农牧结合的纽带，其可充分用地、养地、减轻杂草和病虫危害、降低产品成本等。

（五）套作

一块土地上，前期作物收获之前，在其行间播下饲草，其播种期和收获期均不同，称为套作。粮草套作如大麦（谷子、芥菜）加无芒雀麦（山野豌豆）；套作充分利用了时间和空间，草种和作物避开矛盾、竞争，加强协作和种间扶持，达到增产效果；同时减轻病虫害，抑制杂草。

三、饲草的选择

饲草的种类非常多，选择时最主要的条件是生命力强、产量高、草质好、可提高畜产品产量和品质等。大部分是以豆科作物为主，还可以选择黑麦草、燕麦草、小黑麦、墨西哥玉米、皇竹草、甜象草等。但是，要根据自身农场所在地区的气候、土壤和利用方式等条件进行选择。

（一）根据动物种类选择饲草

首先，不同的动物对饲草适口性的要求不同，如牛喜食高大、多汁、气味纯正的饲草，而羊喜食有气味、苦味的草和树叶等，所以要根据动物来选择不同的饲草种类。其次，动物对饲草营养价值也有一定的要求，消化率高的饲草粗纤维含量较低，但给动物喂食粗纤维含量过高的饲草会造成其吃得越多营养损失越大；而饲草中粗蛋白含量稍高，会使饲喂效果较好。所以，要根据动物对饲草的适口性及饲草营养价值的要求，综合考虑选择饲草。

（二）根据产草季节选择饲草

根据各种饲草生长发育对温度要求的不同，大体上可以将饲草分成冷季型饲草和暖季型饲草 2 类。在饲草生产中如果是用于调制干草，则要尽量选择在晴热少雨的时节产草量高的饲草种类；如果是用于青饲或直接放牧，则要考虑全年平衡产草的问题。在低海拔地区，可以通过冷、暖季型饲草的搭配来调节四季产草量的平衡；在高海拔地区，冬季主要是利用贮藏草料。

（三）根据草地利用方式选择饲草

草地的利用方式一是放牧，二是刈割，三是牧刈兼用，与此相对应，饲草也可分为 3 种类型，即放牧型饲草、刈割型饲草、牧刈型饲草。放牧型饲草具有耐牧、耐践踏的优点，但不适合刈割利用，因为收获率很低，既不经济，收割操作也较困难。刈割型饲草分枝位置和叶片着生部位都位于地上茎节上，而且当植株被刈割或放牧利用后，其再生的枝条是从残留茎节上产生的。这种形态特征使得刈割型饲草既不耐牧，也不耐频繁刈割，刈割时留茬也不能太低。牧刈型饲草既适于刈割利用，也可放牧利用。如果这类饲草株型过于高大，则以刈割利用为宜；只有当每年最后一次刈割利用后，因生长季快结束，饲草不能再长到可以刈割利用的程度时，才可安排 1 次放牧；或者在春天分蘖分枝阶段，为了弥补放牧地青草产量的不足，也可安排 1 次放牧。

四、播期的确定

从理论上来讲，一年四季任何时期都可以播种。但在实际上，为了达到苗早、苗齐、苗全、苗壮，便于田间管理，利于度过严酷季节，以及高效利用土地，满足社会需求等目标，需要选择适宜的播种时期。一年生饲料作物多为秋播、春播或夏播，多年生饲料作物适于秋播。

五、整地

整地是作物播种或移栽前进行的一系列土壤耕作措施的总称。其目的是创造良好的土壤耕层构造和表面状态，协调水分、养分、空气、热量等因素，提高土壤肥力，为播种和作物生长、田间管理提供良好条件。整地主要包括浅耕灭茬、翻耕、深耕、耙地、耢地、镇压、平地、耖田、起垄、作畦等。

整地方式分为全面整地和局部整地。局部整地又分为带状整地和块状整地。全面整地是翻垦全部土壤，主要用于平坦地区。局部整地是翻垦部分土壤的整地方式，包括带状整地和块状整地。带状整地是呈长条状翻垦的土壤。在山地带状整地方法有水平带状、水平阶、水平沟、反坡梯田、撩壕等；平坦地的整地方法有犁沟、带状、高垄等。块状整地是呈块状的翻垦整地方法。

六、种子与播种

（一）种子选择

饲草种子的选择应遵循因地制宜的原则，要选择适宜本地区畜禽养殖的主要品种，以保障畜禽养殖的基本需求。要考虑所选种子是否适应本地区的气候条件、土壤条件、肥水条件，若差异过大，会引起饲草生长不良，产量下降，甚至导致种植失败。要严把种子品质关，确保所选择的饲草种子籽粒饱满，具有较高的纯净度，同时，饲草种子自身的状态符合相应的栽培需求，为了提高种子的发芽率，在进行播种前，应对休眠率高、纯净度差的种子，采取机械性处理、温水浸种处理、化学试剂处理、晒种处理以及热温处理等方法破除种子休眠期，清除种子的杂质，同时结合种子包衣技术，达到提高出苗率的目的。播种前还应测定发芽率，根据发芽率调整播种量，避免缺苗少苗。

（二）播种时间

播种时间应根据本地区的气候条件、土壤墒情、饲草品种特性以及利用方式等因素进行选择。温度是第一要素，只要土壤温度上升到种子萌发所需要的最低温度时，土壤墒情好，即可进行播种。栽种多年生饲草品种时，还应考虑到寒冷地区饲草越冬问题。播种深度主要是覆土厚度，具体厚度应根据饲草种类和萌发能力而定，不宜过深，避免种子子叶不能出土而闷死。通常小粒品种覆土 1~2cm 厚，中粒品种不宜超过 4cm 厚。另外，播种深度也要考虑到土质，轻质土壤稍深，黏性土壤稍浅。播种量的多少应以适量播种、合理密植为原则，播种量的多少与种子特异性、播种方式、播种时期等因素有关。通常粒大种子的播种量要多于粒小种子；用于收草的草地播量要多于收种草地；采取撒播方式播种的用种量多于条播，而条播多于穴播。种子质量差，土壤条件、气候条件等不良情况下，都应加大播种量。

七、田间管理

（一）施肥

施肥，是指将肥料施于土壤中或喷洒在植物上，提供植物所需养分，并保持和提高土壤肥力的农业技术措施。施肥的主要目的是增加作物产量，改善作物品质，培肥地力以及提高经济效益，因此合理和科学施肥是保障粮食安全和维护农业可持续性发展的主要手段之一。施肥的主要依据是土壤肥力水平、作物类型、目标产量、气候环境以及肥料特点，从而选择合适的肥料，估算所需要肥料用量，并确定施肥时间和施肥模式。依据施肥时间的不同，可分为基肥和追肥。

播种前结合土壤耕作施用肥料称为基肥。在一定限度内，有机肥施用量是多多益善。但在实践中，没有那么多有机肥供施用，通常以土壤有机质含量达到 2% 左右为度，对于中、上等土地，建议的具体施用量为 30~50m^3/hm^2，下等土地则要多施。

在植物的生长发育期间施肥称为追施。追肥通常以氮肥为主。追施的适宜时期为分蘖、分枝期至抽穗、孕蕾期；对于多年生草地（或一年生刈割草地）一般每次刈割后结合灌水追施。

（二）灌溉

灌溉是为了补充作物所需水分的技术措施。为了保证作物正常生长，高产稳产，必须供给作物以充足的水分。在自然条件下，往往因降水量不足或分布的不均匀，不能满足作物对水分要求。因此，必须人为地进行灌溉，以补天然降雨的不足。灌溉分为漫灌、喷灌、微喷灌、滴灌、渗灌等。

1. 漫灌

漫灌要挖沟渠，植物在畦和垄沟中排成行或在苗床上生长，水沿着渠道进入农田，顺着垄沟或苗床流入。也可以在田中用硬塑料管或铝管引水，在管上间隔距离开孔灌溉，用虹吸管连接渠道。但由于漫灌比较浪费水资源，需要较多的劳动力，并且容易造成地下水位抬高，使土壤盐碱化，在发达国家已经逐渐被淘汰。但由于只需要少量的资金和技术，在多数发展中国家中仍然被广泛使用。

2. 喷灌

喷灌是由管道将水送到位于田地中的喷头中喷出，有高压和低压的区别，也可以分为固定式和移动式。喷灌的缺点是蒸发也会损失许多水，尤其在有风的天气时，而且不容易均匀地灌溉整个灌溉面积，水存留在叶面上容易造成霉菌的繁殖，如果灌溉水中有化肥的话，在炎热、阳光强烈的天气会造成叶面灼伤。

3. 滴灌

滴灌是将水一滴一滴地、均匀而又缓慢地滴入植物根系附近土壤中的灌溉形式，滴水流量小，水滴缓慢入土，可以最大限度地减少蒸发损失，如果再加上地膜覆盖，可以进一步减少蒸发，滴灌条件下除紧靠滴头下面的土壤水分处于饱和状态外，其他部位的土壤水分均处于非饱和状态，土壤水分主要借助毛管张力作用入渗和扩散。但如果滴灌时间太长，根系下面可能发生浸透现象，因此滴灌一般都是由计算机操纵完成，也有由人工操作的。滴灌水压低，节水，可以用于生长不同植物的地区，对每棵植物分别灌溉，关键是控制调节压力和从水中去除颗粒物，以防堵塞滴灌孔。

（三）杂草防除

杂草是指人们不希望其生长的地方或时期生长着的草本植物。控制杂草的繁生与危害，改善农作物和人类生产、生活环境的措施即为杂草防除。

杂草种类繁多，生态适应幅宽，繁殖能力极强，种子寿命极长，休眠期也极长，传播途径多样。杂草防除是保护作物，避免杂草与之争夺日光、土地、水分和养分，减少病虫害，以及防止毒草的致毒等而采取的积极控制手段。目前常用的防除方法有人工除草、机械除草、化学除草、物理除草、生物除草、综合防除等。

1. 机械除草

机械除草使用畜力或机械动力牵引的除草机具。一般于作物播种前、播后苗前或苗期进行机械中耕耖耙与覆土，以控制农田杂草的发生与危害。工效高、劳动强度低。缺点是难以清除苗间杂草，不适于间作、套作或密植条件，频繁使用还会引起耕层土壤板结。

2. 化学除草

化学除草是指用除草剂除去杂草而不伤害作物。化学除草的这一选择性，是根据除草剂对作物和杂草之间植株高矮和根系深浅不同所形成的“位差”、种子萌发先后和生育期不同所形成的“时差”以及植株组织结构和生长形态上的差异、不同种类植物之间抗药性的差异等特性而实现的。此外，环境条件、药量和剂型、施药方法和施药时期等也都对选择性有影响。化学除草具有高效、及时、省工、经济等特点，适应现代农业生产作业，还有利于促进免耕法和少耕法的应用，以及密植程度与复种指数的合理提高等。但大量使用化学物质对生态环境可导致长远的不利影响。这就要求除草剂的品种和剂型向低剂量、低残留的方向发展，同时力求与其他措施有机地配合，进行综合防除，以减少施药次数与用药量。

3. 综合防除

农田生态受自然和耕作的双重影响，杂草的类群和发生动态各异，单一的除草措施往往不易获得较好的防除效果；同时，各种防除杂草的方法也各有优缺点。综合防除就是因地制宜地综合运用各种措施的互补与协调作用，达到高效而稳定的防除目的。如以化学防除措施控制作物前期的杂草，结合栽培管理促成作物生长优势，可抑制作物生长发育中、后期发生的杂草。

（四）病虫害防治

病虫害防治是为了减轻或防止病原微生物和害虫危害作物，而人为地采取的手段，一般可以分为采用杀虫剂等化学物质进行的化学防治和利用光或射线等物理能或建造障壁的物理防治。对于多年生饲草草地，病虫害控制是建植初期管理的关键环节。原因是多年生草种苗期生长非常缓慢，极易遭受病虫害侵袭，控制不好很可能造成建植失败。因此，苗期需要十分重视病虫害与杂草控制。病虫害的防治措施分为农业防治措施、物理防治措施、化学防治措施以及生物防治措施，目前常规生产中多采用化学防治措施。物理防治有黄板篮板、黑光灯、糖醋液引诱等方法，也可通过轮作、有机肥料的科学使用，科学管理，适合的栽培方法减少病虫害。生物防治主要是利用天敌，如赤眼蜂、丽蚜小蜂、一些生物菌类等。

第三节　常见饲草栽培技术

一、紫花苜蓿栽培技术

紫花苜蓿最适宜在地势平坦、土层深厚、中性和偏碱性的壤土或沙壤土上生长，轻黏土也能适应，避免种植在重黏土和过于沙质的土壤。可以在坡度为25°以下的各种地形和多种土壤中生长，但大面积机械化作业需要种植在平坦的土地上。苜蓿本身有自毒作用，种过4~5年苜蓿的田块，其根系向土壤中分泌了许多化感物质，抑制苜蓿的生长发育，必须和禾本科作物小麦、玉米等作物轮作1~2年（最少1年），才能够再种苜蓿。连作苜蓿严重影响其产量，病虫害严重。应该注意的是，苜蓿不适宜与大豆、花生等豆科作物轮作。鉴于玉米田使用莠去津除草剂对苜蓿发芽出苗和苗期生长有不良作用，拟种植苜蓿的玉米地，避免喷洒该除草剂或选择对莠去津不敏感的苜蓿品种。

（一）播前整地

苜蓿精耕细作才能获得高产。播前整地是出好苗、出齐苗的关键，而齐苗、壮苗是高产优质苜蓿生产的主要技术措施之一。基肥用优质厩肥或化肥。优质厩肥是最佳的施肥方式。每亩施入腐熟的优质厩肥量以肥料种类而定，一般为1500～5000kg，其中鸡、猪、牛厩肥量分别为1000～1500kg、2000～3000kg、3000～5000kg，或商品有机肥200～300kg。施用化肥时，每亩施磷酸二铵30～35kg、硫酸钾10～15kg，或每亩施氮磷钾复合肥50kg。具体用量依土壤肥力和饲草的干物质产量而定，可采用目标施肥法。如在中等肥力土壤上，想要获得每亩1.2t的苜蓿青干草产量且蛋白质含量为18%时，计算其氮肥的施用量应包括以下步骤：

（1）计算1.2t蛋白质含量为18%苜蓿青干草的氮产量；

（2）在耕作施肥前采集该土壤样品测定其含氮量及供氮量；

（3）计算根瘤菌每亩固氮量；

（4）氮肥或厩肥的施用量=（青干草的氮产量-土壤供氮量-根瘤菌每亩固氮量）/利用效率。

良好墒情是出苗整齐的关键，以土壤含水量占田间持水量的80%为宜。播前干旱时，应轻浇一次底墒水待适合耕作时再进行耕耙作业。一般，耕深25～35cm，基肥在耕地前施入，翻耕后耙细、镇压（用圆盘耙和镇压器）后播种。常种植农作物的耕地，也可以不深耕，旋耕、细耙、镇压后播种。

（二）播种

1. 种子预处理

在近年未种过苜蓿的田块接种根瘤菌，根瘤菌接种能提高第一年的产量。包衣种子在常温下贮藏，接种的根瘤菌存活期约为6个月，低温密封贮藏时，贮藏期也不超过1年。贮藏过久根瘤菌会失效，播种时应重新接种。同时用杀菌剂拌种，如福美双和甲基托布津拌种（1∶1；0.15g/mL水）。播前可用48%毒死蜱200mL兑水4～5kg拌100kg种子，主要防治包括地老虎、蝼蛄、蛴螬等地下害虫。

2. 播种期

播种有春播、夏播、秋播以及临冬寄籽播种几种方法。春播，可利用早春解冻后的土壤水分，在地温稳定达到发芽温度时，立即抢墒播种。春播要特别注意防除杂草。夏播，一般在6～7月，此时环境适宜，播种后出苗快，但由于此时杂草多，病虫害也多，且常有高温灼伤，影响幼苗生长。在高寒地区，往往因春旱等原因，延误播种时期而推迟为夏播。秋播，适宜于我国北方一年两熟地区，此时各种环境条件适宜，是苜蓿播种的最佳时期，正常在9～10月进行。临冬寄籽播种，是北方种植苜蓿的特殊播种期。具体做法是临冬前，在夜间已经结冰，白天又能化冻情况下进行播种。播后由于地温低，种子不能发芽，待到第2年初春天气回暖，地解冻，种子即开始发芽出苗，幼苗整齐健壮。

3. 播种量

收草用苜蓿地每公顷播种量为15～30kg，收种用以7.5～15.0kg为宜，播前必须进行纯净度和发芽率测定。紫花苜蓿栽培因各地不同自然条件、播种方式及利用目的而略有不同。增加播种量可提高第1年的产量，但并不利于提高以后年份产量，所以播种量应控制在适当范围内，不宜过高。

4. 播种方法和播种深度

撒播、条播、穴播均可，以条播为最佳。收草用行距为 15～20cm，收种用行距为 40～60cm。播种深度在紧实的黏重地上为 1.3cm，沙土则为 2cm。播后镇压，播种时墒情欠佳的，播后应进行喷灌以保证出苗。

5. 土壤封闭

苜蓿播种后 1～2d 内，推荐用二甲戊灵进行封闭，可防除冬春季杂草播娘蒿（米米蒿）、荠菜等。土壤墒情适宜时使用封闭型除草剂效果好。

（三）田间管理

1. 杂草防除

不同季节杂草种类各异，需要采用相应的除草剂，且防除杂草宜早不宜迟。冬春季杂草主要为播娘蒿、荠菜等，使用 5%咪唑乙烟酸（商品名：苜草净）。杂草较多且长势较旺盛时，要及早防除，秋播当年 12 月份或翌年 1 月份就应该进行喷药；杂草少且长势差时，2 月上中旬防除。5%咪唑乙烟酸在温度达到 12℃以上时效果好，低温效果欠佳，要选择连续几天较高温度时喷药。在婆婆纳杂草严重的地方，可以使用苜草净+唑嘧磺草胺，或苜草净+阔草清（主要成分也为唑嘧磺草胺），可以同时防除播娘蒿、荠菜和婆婆纳。晚春季节，容易发生藜（灰灰菜）等一年生阔叶杂草等的危害，用灭草松（苯达松）防除。夏秋季节是狗尾草、牛筋草、马唐、稗草等禾本科杂草的高发期，用 10.8%精喹禾灵防治。当有打碗花、刺蓟等多年生阔叶杂草和禾本科杂草伴生时，用 10.8%精喹禾灵和 25%灭草松混合防治。近年来我国西北地区繁育的苜蓿品种，有较多的菟丝子危害。菟丝子为寄生植物，能产生吸盘寄生在苜蓿上吸取营养，严重影响苜蓿生长，应抓紧采用相应的药物防治。

2. 施肥

施肥是提高苜蓿产量的重要措施。苜蓿施肥方法包括底肥、种肥和生长期追肥。底肥以农家肥为主，可加入肥效期较长的磷肥，农家肥的施用量一般在每亩 3000kg 左右。种肥是在播种时施的肥，一般每亩施 40～60kg 过磷酸钙做种肥。苜蓿为豆科作物，能利用根瘤菌固氮，但苜蓿根瘤菌固定的氮素一般只能满足其需要的 2/3 左右，故要保证苜蓿的高产，必须适量追施氮肥，但要严格控制氮肥的施用量，过量追氮肥可引起根瘤菌固氮下降和倒伏。苜蓿对磷肥的需求量大，应以施磷为主。但磷肥为迟效性肥料，应施足基肥，让其缓慢释放出来逐渐利用；生长季节也应酌情追肥，每年最后一次刈割后或冬季是追施磷肥的关键时期。一般土壤养分的正常含量范围为有机质 1%～2%，全氮 0.1%～0.2%，速效氮 100mg/kg，速效磷 15～20mg/kg，速效钾 100～120mg/kg。低于此范围应施肥，高于此范围可不施或少施。第 1、第 2 茬苜蓿收割后需追肥，春季和早夏是苜蓿生长最旺盛、对全年产量贡献最大的时候，故第 1 茬苜蓿和第 2 茬苜蓿收割后，均应进行追肥，保证前 3 茬苜蓿有较高的产量。每次每亩追施 6.5～7kg 磷酸二铵、3.5～4kg 硫酸钾。黄淮海平原第 1 茬苜蓿生长繁茂，植株较高，常引起倒伏，影响收割，故有人建议不施返青肥，改在第一茬刈割后追肥，可消除第 1 茬苜蓿倒伏的影响，通过提高第 2 茬产量进行补救。苜蓿在夏季炎热高温期，根瘤菌固氮受到抑制，每亩可酌情追肥 7～8kg 尿素氮肥，以满足夏季苜蓿对氮肥的需要。追肥方法一般包括漫灌或喷灌前用施肥机撒施，或用施肥机进行条施，尿素等粒状肥料可用播种机条施。

3. 灌溉

灌溉是提高苜蓿产量的主要措施，适时适量灌溉，以促进生长，增加产量。苜蓿从孕蕾到开花需要大量的水分，是灌溉的重要时期，另外，刈割后立即灌溉可提高产量，尤其是盐碱地。河南、河北、山东等黄淮海地区少雪，冬春季干旱经常发生，故冬灌（冬水春用）是提高第1茬苜蓿产量的关键措施之一。冬灌在冬至后进行。当年晚秋播种的苜蓿（10月），不宜采用漫灌式冬灌，会损伤细小的幼苗，但可以采用11月下旬喷灌。第1茬产量占全年产量的35%~40%，黄淮海地区春季干旱严重，返青期结合追肥灌溉（2月中下旬）能较大幅度提高产量。但冬季漫灌做得比较好的地方，也可以不浇返青水。根据河南、河北、山东等黄淮海地区的经验，苜蓿冬灌对提高产量的效果优于浇返青水。苜蓿耐旱怕涝，苜蓿地一旦出现24~36h的积水，会造成根系大量死亡。夏季高温多雨，土壤积水必须及时排除。

4. 病虫害防治

苜蓿受到病虫害危害后，往往引起茎叶枯黄，或出现病斑，叶片残缺甚至落叶，生长不良，使苜蓿产草量下降，品质变劣，利用年限缩短，因而在生产中造成很大损失。危害苜蓿的害虫主要有蚜虫、蓟马、黏虫、潜叶绳、甜菜夜蛾、盲椿象等。防治蚜虫、潜叶蝇、盲椿象、蓟马可用：高效氯氰菊酯或功夫菊酯+吡虫啉或4.5%高效氯氰聚酯乳油+氧化乐果，或虫螨腈、噻虫嗪、甲威盐，严重发生时可用艾绿士防治。防治甜菜夜蛾、造桥虫每亩用2.5%三氟氯氰聚酯乳油20~30mL。防治棉铃虫每亩用2.5%三氟氯氰聚酯乳油60mL 2000~3000倍液均匀喷雾，或用4.5%高效氯氰聚酯乳油30~50mL兑水40~50kg喷雾。

（四）收获

1. 收获期（刈割期）

饲草收获一般为全株刈割收获，因此收获期也称刈割期。饲草的收获期常依饲喂牲畜的种类而定。适宜收获期的确定需要考虑以下几个因素。

（1）畜禽种类　喂猪、禽、鱼宜在现蕾期—盛蕾期收获，喂反刍动物牛羊（包括草食动物兔）宜在初花期收获。

（2）秋眠级高的品种现蕾开花早，可以早收获；低秋眠级品种生长发育慢，宜晚收获。

（3）与栽培面积有关，苜蓿栽培面积较大时，应从现蕾期开始收获，到开花期结束；栽培面积小又有足够的加工机械时，可在初花期集中时间收获。

（4）每个生长年的第1茬苜蓿，其生长时期长、气候条件最适宜，产量高，收获晚易引起倒伏，株高达75cm时就应开始收获。

刈割期与苜蓿青干草质量密切相关，国内苜蓿生产企业高度重视适宜的刈割期，加工机械偏少、刈割期天气差往往是影响其品质主要的原因之一。冬前最后一次刈割在早霜来临前1个月进行，过迟不利于越冬和第二年的生长。

2. 刈割方法

在苜蓿的适宜刈割期，选择连续5~7d的晴朗天气，采用刈割压扁机刈割，根据草的产量高低调节机器平铺的草行宽度，阳光下干燥。大面积草品产业化企业和规模较大的种草养畜一体化企业均应采用刈割压扁机械，刈割压扁同时完成。采用刈割压扁机械收割时，夏季炎热季节刈割后2~3d（其余季节3~4d）即可进行打捆；养殖户或种植苜蓿面积较小的养殖企业，可采用小型刈割设备，但无压扁茎秆功能，刈割后4~5d才能进行打捆。刈割时留茬高度以7~8cm为宜，有利于降低草的灰分和提高夏季多雨季节的抗淹能力，每年最后一次刈割留茬高度放宽至8~10cm，有利于多贮藏营养物质和翌年春季的生长。

3. 翻晒和集拢

苜蓿刈割压扁后在田间阳光下薄层平铺晾晒0.5~1d（草层较厚使用摊晒机），使水分迅速蒸发，含水量由70%~80%减少到40%~50%时叶子还不易脱落，应使用搂草机进行集垄，然后在草垄内继续干燥1~2d；当草的含水量降低至30%左右时，进行翻草和继续干燥。为了减少翻草时的叶子脱落，最好在临近晚上或晚间露水较少时进行。农户小面积栽培苜蓿使用小型无压扁功能的割草机时，可采用初期（刈割后0.5~1d）铺成草行、后期集成小堆干燥的方法，使用小型搂草机或草叉等其他工具进行翻草作业。

4. 捡拾与打捆

当苜蓿水分减少到16%~18%时，即可用捡拾打捆机进行打捆，小型方捆每捆20~30kg，大捆可达到300~500kg。当草水分降低至合适水分（16%~18%）时可打成高密度草捆，密度为240~500kg/m^3；由于天气因素需要20%以上水分的草打捆时，可打成草捆密度为100~200kg/m^{3}的低密度草捆。大型方草捆需要在打捆时加入有机酸（丙酸盐类）或微生物防霉剂，能保持较好绿色并避免霉变；高温多雨的夏季，苜蓿草捆在库房贮存期间，容易回潮霉变，且颜色褐变，也推荐使用防霉剂。在捡拾打捆的过程中，为了减少叶片的损失，需要在晚间或早上进行。

5. 运输或二次加压

晒制好的干草捆运至草棚贮藏，露天贮藏时务必加盖帆布。当田间捡拾压捆机打成的青干草在草棚晾干至水分含量达15%以下时，可采用二次加压设备将其压成高密度草捆，以便于远距离运输。近距离运输者不必进行二次加压打捆。长期保存的苜蓿青干草，二次加压成高密度草捆有利于防止发霉变质。

6. 苜蓿青贮技术

（1）由于苜蓿的可溶性糖含量低、缓冲能值高，不容易调制成优质的青贮饲料。为了提高苜蓿青贮调制的成功率和青贮品质，必须采用半干青贮工艺。利用有害微生物对低水分条件耐受力差（生理干燥）的原理，将苜蓿含水量调节至60%~65%时，调制青贮饲料。同时添加乳酸菌剂和糖蜜，有利于乳酸发酵，调制优良青贮饲料。

（2）苜蓿半干青贮的方法步骤　苜蓿半干青贮与苜蓿干草收获时期和方式相同，刈割后的苜蓿水分含量为75%左右，在田间晾晒，含水量降低到60%~65%。晾晒时间依天气状况而定，夏秋高温期需要的时间长，为2~4h，春季和晚秋需要时间长，为1h左右。为了加快苜蓿干燥速度，可使用摊晒机。对晾晒后的苜蓿用机械捡拾切短，长度2~3cm。捡拾切碎过程中加入复合型乳酸菌剂（同型乳酸菌和异型乳酸菌），前者主要有利于乳酸发酵，利于调制优质青贮料；后者主要是有利于产生乙酸和丙酸，减少二次发酵。

青贮可采用窖贮、堆贮或裹包青贮等方式。窖贮时将切短后的苜蓿原料装填到青贮窖中，压实。从窖的一头开始，呈斜面向另一头逐层装填，边装填边压实，装填时每层厚度15~20cm。堆贮可选用一块硬化地面，此硬化地面高于常规地面，以便于下雨时自动排水，在地面上直接装填压实，其方法和窖贮相同。装填完毕后，采用覆盖塑料薄膜等措施实施密封，然后盖上废旧轮胎，防止空气进入。注意塑料薄膜的黑色部分向里，浅色部分向外，减少黑色吸收太阳光。裹包青贮一般包裹拉伸膜6层以上。打捆和裹包可分别用相应的机械进行，或用打捆和裹包一体机械完成。

二、燕麦草栽培技术

（一）整地

播种前土壤翻耕是保证播种顺利进行的必要操作，翻耕除增加土壤透气性减小容重外，还可提高土体储水能力和水分利用效率，且有消灭杂草作用，能提高根系质量，显著增加燕麦拔节期茎数、株高和叶面积指数，提高产量。整地前应保证土壤墒情良好，利于播种后种子正常发芽对水分的需求，如墒情较差，应在整地前进行浇灌。整地时每亩施入高氮中磷低钾的复合肥（含 N 为 24%左右，P_2O_5 为 12%左右，K_2O 为 4%左右）30kg 作为基肥。

（二）播种

1. 种子预处理

燕麦种子的发芽率受贮藏时间、温度和种子含水量等因素影响较大，播前应测定种子的纯净度和发芽率以保证出苗率。在播种前应用多菌灵或甲基托布津拌种，以防治燕麦坚黑穗病，用药量为种子重量的 0.2%。同时，应用 20%噻虫嗪按照药、种质量比 1∶40 剂量拌种，不仅可以防治蚜虫和红叶病，还可同时防治地下害虫，间接起到减轻环境污染，保护天敌，减少燕麦草药物残留的作用。

2. 播种期

燕麦喜凉但不耐寒，同时又忌高温干燥，抽穗期燕麦生长的适宜温度为 18℃，高温会大大加快其生育进程，从而造成减产；抽穗期到成熟期，燕麦的生长主要受降雨量和日照时间的影响。我国地域广阔，不同地区气候条件差异较大，适宜播种期因地区不同而存在差异。春季播种时，在水热条件适合情况下，适当早播可增加植株的生长时间，中南部可选择在 3 月，北方地区可选择在 4 月播种，充分利用有效积温，生长期长，有利于干物质积累，从而使产量增加。过早播种时，气温偏低，土壤含水量较低，导致裸燕麦种子发芽受阻；出苗后昼夜温差较大，且伴有轻微霜冻，造成燕麦幼苗受害，影响生长，使燕麦出苗后植株矮小；随播种期的推迟会由于较晚播种时降雨量增加，能够更好地满足其茎分化所需的生长条件，从而导致分蘖数和株高增加，生育进程加快。在青海南部地区燕麦最佳播种时期为 6 月中上旬左右，黑龙江夏播燕麦则在 6 月下旬播种时草产量较高。一般在夏初播种，随着播种期的推迟，燕麦的生育天数逐渐增加，由于气温逐渐升高，降雨量增加，播种期到出苗期时间逐渐减少，但出苗期至抽穗期的营养生长时间却逐渐增加，生育后期积温降低，光照减弱，导致产量降低。过晚播种时，气温较高，在出苗到分蘖期，过高的温度会阻碍分蘖，根系发育不良，会导致燕麦种子扎根浅，抗旱、抗倒伏能力差，影响燕麦苗期的生长，进而导致其有效分蘖和穗数降低。南方地区，秋播一般在 10 月中旬，不适宜过早，过早播种会增加根倒的倒伏率。在我国中南部地区由于冬季不是特别寒冷，一些抗寒性好的品种尤其是冬性燕麦的大部分植株可以安全越冬。虽然秋播燕麦冬季时叶片会萎蔫干枯，但并不会影响其安全越冬和春季返青。由于秋播燕麦分蘖期极长，有秋季和春季两个分蘖高峰期，所以分蘖数较高，尤其是可以形成有效穗的一级、二级分蘖较多，而且秋播燕麦生长期长，所以植株高度和产量均高于春播和夏播燕麦，产量可提高 50%。一般于 5 月收获，早于春播燕麦收获期，在一年两熟地区可为夏玉米种植提供更充足的时间。

3. 播种量

一般饲用燕麦每亩播种量为 6~20kg，不同地区适宜播量差异较大。在中南地区等水热条件较好地区每亩播种 8kg 即可，在西北等条件恶劣地区应增大播种量到 20kg 左右；秋播时，由于有较多分蘖，应减少播种量。在河南省燕麦草秋播最佳有效播种量 6kg/亩，随播种量增加，产量降低，更易倒伏。播种量的增大，使植株间对资源的竞争变得更加激烈，低播种量可以减小种间竞争，提高燕麦株高，但过低播种量会影响产量。通常随着密度增加，鲜草产量与干草产量均呈先升高后降低的变化趋势，燕麦单株分蘖数、茎粗、叶长、叶宽和单株生物量随播种密度的增加呈下降趋势，但株高和节长呈上升趋势。合理的播种量可缓和群体与个体之间生存资源竞争的矛盾，使通风透光良好，有利于提高群体光合效率，有利于饲草干物质积累，从而达到饲草的高产。

4. 播种方法和播种深度

播种方式是影响生产的重要因素，燕麦一般采用条播方式，条播比撒播增产效益明显，燕麦草播种行距一般为 20~25cm，播深 3~5cm。

（三）田间管理

1. 施肥

施肥是提高作物产量的有效措施。氮、磷、钾作为植物必需的大量营养元素，对燕麦草产量和品质有重要的影响。氮肥对燕麦生长的影响要显著高于磷肥、钾肥，是决定燕麦生产的第一施肥要素。氮素亏缺会导致燕麦叶片失绿而发黄，植株生长缓慢，施氮肥可以促进燕麦植株的生长，使光合作用增强，分蘖数增加及营养物质的制造和积累增加。随着施氮肥量的增加，燕麦的高度、叶长、穗长、分蘖数及各器官生物量也显著增加，并有延长燕麦生育期的趋势。但氮素施用过多会茎叶徒长，茎秆脆嫩而易倒伏，倒伏时间随着施氮量的增大而提早。就施肥时期来说，在燕麦生长早期，施肥对燕麦的生长无显著影响，燕麦株高的快速生长期在拔节至开花期，最大生长率出现在拔节至孕穗期，故拔节期至孕穗期是需肥的关键期，此时施肥有显著增产效应，一般在拔节期每亩施尿素 10kg。

2. 灌溉

适时和充足的水分供应是燕麦优质高产的保证，燕麦在缺水时，气孔导度降低，光合速率下降，会影响干物质积累造成减产。燕麦不同生育期阶段，对水的需求不同，苗期对水需求较低，拔节期、抽穗期燕麦对水分较敏感，耗水量最大，占全期 70%，一般需在分蘖期、拔节期、抽穗期灌溉。但实际生产中，拔节前期短暂缺水会增加细胞渗透调节物质，及时补水后吸水能力更强，有利于新生叶片的生长发育，增强燕麦的水分利用效率，从而节约水资源。因此，最佳浇灌时期是孕穗期，同时对燕麦进行施肥，以满足抽穗期和灌浆期快速生长对水分和肥料的需求，并可延续到收获期的水肥需求，避免在灌浆期灌水引起倒伏。对于秋播燕麦，应该 11 月下旬灌溉冬水，保证越冬和春季快速返青。

3. 杂草防除

燕麦种植时，杂草防除是一大问题。使用化学除草剂来防除田间杂草是目前成本低、见效快、切实可行的除草方法。但是，不同的除草剂在控制田间杂草的同时对燕麦作物的影响也不同，甚至产生一定的危害，影响燕麦产量和品质，所以除草剂在使用前应小面积试用，观察防除效果和药害。燕麦地常见的杂草主要有灰菜、荠菜、米米蒿、刺藜、萹蓄、卷茎蓼、甜苣菜、草地凤尾菊、马齿苋、籽粒苋、打碗花和狗尾草等。播前 5 天每亩可用 48% 仲丁灵 375mL 兑水喷施，播后 5 天每亩可用 96% 金都尔 90mL 兑水喷施。在燕麦和杂草未出土前，用水喷湿 2mm 土层后，按田普（主要成分为二甲戊灵）原液 2500mL/hm^2，兑水 960kg/hm^2 均匀喷施于土表，对藜科、蓼科、禾本科、苋科杂草效果较明显，尤其是对藜科杂草的防治效果最好，最高的达到了100%，而对马齿苋科、菊科、旋花科杂草效果不好。燕麦出苗20d后每亩用40%二甲溴苯腈100g兑水喷洒可有效防除燕麦田间杂草。燕麦三叶至四叶期，每亩用20%使它隆50mL兑水喷施。在燕麦拔节前，阔叶杂草的防治可以每亩用20%氯氟吡氧乙酸乳油30mL，同时配合助剂如农药导航（青皮桔油，促进药物快速吸收）等使用，喷药2h后降雨不影响药效。禾本科杂草防除，每亩可用“72%异丙甲草胺130mL+33%二甲戊灵130mL+25%辛酰溴苯腈130mL”“50%丙草胺65mL+10%的吡嘧磺隆33g+25%辛酰溴苯腈130mL”“48%氟乐灵130mL+10%的吡嘧磺隆33g+25%辛酰溴苯腈130mL”或“2.5%五氟磺草胺33mL+10%的吡嘧磺隆33g+25%辛酰溴苯腈130mL”兑水30L，在燕麦出苗以后禾本科杂草2叶1心之前田间喷雾，对非禾本科杂草亦能起到显著的防治效果。

4. 燕麦虫害防治

播前拌种是防治病虫害的最佳方式。燕麦没有专一性的害虫，危害燕麦的害虫都属于麦类、禾谷类的杂食性害虫，主要有黏虫、地下害虫、蚜虫等，防治方法亦与麦类作物类似。

（1）草地贪夜蛾　为害燕麦时表现为低龄幼虫取食叶片和钻蛀心叶；高龄虫咬食茎秆和分蘖基部，造成分蘖减少、成穗折断，严重时大幅减产甚至绝收。出苗期至分蘖期多为低龄幼虫为害，拔节后低、高龄幼虫均有，抽穗灌浆期则以高龄幼虫为主。垂直方向上幼虫分布和为害具有规律性：1~2龄幼虫喜欢栖息于上部幼嫩的叶片或钻蛀心叶取食；3龄幼虫少量停留于麦苗中部叶片、叶鞘上，麦苗近地表面的分蘖着生处常见；4~6龄幼虫多数躲在麦丛基部和表层土壤下1cm左右的根茎连接部或缝隙中，与地下害虫的为害特征相似，不易发现，少量聚集在着生分蘖的麦蔸内，麦株上部和中部很难查见。防治草地贪夜蛾应“治早治小、全力扑杀”，以保幼苗、保心叶、保产量，在成虫发生高峰期，集中连片使用灯诱、性诱、食诱和迷向等措施，诱杀迁入成虫、干扰交配繁殖、减少产卵数量、压低发生基数、控制迁出虫量。扑杀幼虫时，抓住草地贪夜蛾1~3龄的最佳用药窗口期，选择在清晨或傍晚，对作物主要被害部位施药。草地贪夜蛾是我国重点防控的全国性害虫，危害各种作物，农业农村部推荐的单剂有甲氨基阿维菌素苯甲酸盐、茚虫威、四氯虫酰胺、氯虫苯甲酰胺、高效氯氟氰菊酯、氟氯氰菊酯、甲氰菊酯、溴氰菊酯、乙酰甲胺磷、虱螨脲、虫螨腈、甘蓝夜蛾核型多角体病毒、苏云金杆菌、金龟子绿僵菌、球孢白僵菌、短稳杆菌、草地贪夜蛾性引诱剂，复配制剂有甲氨基阿维菌素苯甲酸盐·茚虫威、甲氨基阿维菌素苯甲酸盐·氟铃脲、甲氨基阿维菌素苯甲酸盐·高效氯氟氰菊酯、甲氨基阿维菌素苯甲酸盐·虫螨腈、甲氨基阿维菌素苯甲酸盐·虱螨脲、甲氨基阿维菌素苯甲酸盐·虫酰肼、氯虫苯甲酰胺·高效氯氟氰菊酯、除虫脲·高效氯氟氰菊酯。

（2）黏虫　又名粟夜盗虫、五花虫、行军虫等，是我国禾谷类作物的毁灭性害虫之一，对燕麦危害极大，幼虫黄褐色或黑褐色，白天潜伏，夜间活动，常咬食叶片和幼穗。幼虫应消灭在3龄前，每亩可用2%钾胺磷粉剂1~1.5kg，或0.04%二氯苯醚菊酯粉剂每亩1.5kg，喷粉处理。

（3）地下害虫　地下害虫种类繁多，常见的有蝼蛄、地老虎、金针虫和蛴螬等，发生时间参差不齐，食性复杂，主要取食发芽种子和幼苗，也取食成株。一般采用播种时药剂拌种和毒饵结合诱杀防治，药剂拌种时每吨种子用20%甲基异柳磷乳油3~5kg，或50%辛硫磷乳油1kg加水拌种，毒饵用谷物或玉米糁炒至半熟加辛硫磷、甲胺磷粉拌匀随种子撒入。

（4）蚜虫　俗称腻虫，是燕麦常见虫害，在苗期、分蘖期、灌浆期和成熟期均可发生，并可传播燕麦红叶病，使燕麦的产量和品质有所下降，给燕麦生产造成了巨大的损失。燕麦蚜虫常见的有麦二叉蚜、禾谷缢管蚜、麦长管蚜等。播前通过拌种预防，是一种非常有效的措施，省时省工，用20%噻虫嗪或16%噻戊燕麦种衣剂（噻虫嗪15%～20%、戊唑醇0.05%～0.1%、分散剂2%～7%、抗结剂1%～4%、助悬剂1%～6%、成膜剂0.1%～3%、填料1%～10%、防腐剂1%～3%、着色剂3%～5%、余量为水）按照药种质量比1∶40剂量拌种，不仅可以防治蚜虫和红叶病，还可同时防治地下害虫，减轻环境污染，保护天敌，减少燕麦草药物残留。叶面喷施防治蚜虫可在蚜虫危害时，用2.5%天达高效氯氟氰菊酯乳油1500倍液加3%天达啶虫脒乳油1000倍液；50%辟蚜雾可湿性粉剂，每亩用量10～12g，兑水15～30kg；一遍净（10%吡虫啉）10～20g/亩，兑水30～40kg；蚜净（3%啶虫脒）2500～3000倍液喷雾。

5. 燕麦病害防治

病害常由虫害传播病菌引起，因此播前拌种是防治病虫害的最佳方式。常见的燕麦病害有白粉病、红叶病、黑穗病、锈病、叶斑病等。

（1）燕麦黑穗病　又名黑疸、乌霉等，本病病原包括燕麦坚黑穗病菌和燕麦散黑穗病菌，是我国燕麦产区的主要病害，是真菌性病害，发病率常在10%以上。种子发芽时病菌也发芽，带病植株抽穗初期以前无明显症状，灌浆后期病穗的结实部分变成黑褐色粉末状的孢子堆。坚黑穗病菌孢子堆常黏成坚硬小块，不易破裂，故又称坚黑穗病。散黑穗病菌在燕麦成熟前易破裂散出黑粉，称为散黑穗病。拌种是最有效的防除方法，可在播种前按种子量的0.3%用甲基托布津、50%菌丹、25%萎锈灵或多菌灵进行拌种。对植株目前主要使用化学药剂进行防治，但效果不如拌种，而且化学农药的长期和大量使用易引起农药残留问题。不同品种对黑穗病感染程度有较大差异，目前有较多对黑穗病免疫或高抗品种，可以选用。

（2）燕麦红叶病　燕麦红叶病的病原是大麦黄矮病毒，近年来，在我国间歇性流行，尤其是5月气温高，湿度小，气候较干旱时，主要由麦二叉蚜、禾谷缢管蚜、麦长管蚜及麦无网长管蚜等传播，能引起燕麦茎叶发红发紫、光合作用减弱、植株矮化、分蘖减少乃至小穗不孕等。蚜虫及其传播的红叶病成为燕麦生产上的常发性主要病虫害，严重影响燕麦的产量和品质，其中红叶病造成燕麦产量损失30%～50%。燕麦红叶病的防治主要是对蚜虫的控制，方法同蚜虫防治方法，也可选用一些抗蚜品种。

（3）燕麦白粉病　由禾布氏白粉菌引起，是影响燕麦生产的重要病害之一，是典型的气传病害，其主要危害叶片及叶鞘，影响植株功能叶片的光合作用。白粉病在幼苗期发病，导致生长发育受阻，严重时植株死亡；分蘖期主要抑制根系发育、减少分蘖形成；抽穗及开花期发病，引起穗粒数减少，籽粒饱满度和粒重下降。据报道，白粉病会导致产量区域性减少13%～34%，非常严重时可减产50%以上。生产中主要使用以三唑酮为代表的三唑类化学药剂防治白粉病，还可用新型甲氧基丙烯酸酯类杀菌剂、多菌灵、甲基硫菌灵、腈菌唑、苦参碱、大黄素甲醚和枯草芽孢杆菌等药物，在发病初期开始喷施，间隔7d喷第二次，可有效控制白粉病的发生危害。

（四）燕麦草的收获

1. 燕麦干草的收获时期

饲草生产追求的是较高的产量和优良的营养品质，但饲草作物干草产量高峰期和营养最佳期不一致，收获越晚产量越高，但会导致饲草中可利用的养分含量降低。刈割时间过早，营养价值较高但草产量低，需要权衡产量与品质的平衡点，选择最佳刈割期使干草产量和营养品质的组合达到最优。有一些学者认为燕麦的最佳刈割期为乳熟末期到蜡熟期，而国内大部分学者认为燕麦的最佳刈割期应提前，为抽穗期和灌浆期。分别在抽穗期、灌浆期和乳熟期进行收获，随着生育期的延迟，干物质含量逐渐升高，收割过早，不利于形成最大生物量，而收割过迟，内含营养物质会快速流失。作为评价饲草品质的重要指标，粗蛋白的含量与干草产量呈负相关，燕麦干草在花期平均蛋白含量最高，随着刈割期的推移，燕麦植株中的粗蛋白含量会明显下降。研究表明，麦类作物在开花期以前会将蛋白质贮存在植物体内，而之后会将这些蛋白质以水解的方式形成氨基酸供给种子灌浆。因此，为了维持最大生物量与保持较高的粗蛋白含量，应在灌浆期收割。此外，酸性洗涤纤维和中性洗涤纤维含量也是衡量饲草品质的两个重要指标，随着生育时期的推移，二者含量随着刈割时期的推后表现为先增加后减少的变化规律，这是因为灌浆期的燕麦籽粒酸性洗涤纤维和中性洗涤纤维的含量低，提高了燕麦草整体的品质。综合来说，饲用燕麦在灌浆期刈割较为适宜，但如遇到倒伏情况可考虑提前收获。

燕麦具有一定的再生能力，有部分地区对燕麦采取二次刈割或多次刈割收获，刈割时保留较高的留茬有利于燕麦的补偿作用促进再生。不过，早期刈割虽然再生性强但第一茬草产量较低，如推后至抽穗期至乳熟期刈割，第二茬草产量较低，不具有实用价值，故燕麦干草生产一般不采用多次刈割。

2. 燕麦青贮

燕麦调制干草采用自然晾晒的方式受天气影响较大，青贮通过乳酸菌发酵产生乳酸以长期保存青绿饲料，不受天气影响，青贮料营养价值优于干草。获得优质青贮应有充足的水溶性碳水化合物含量，水溶性碳水化合物是乳酸菌生长繁殖的底物，燕麦鲜草的水溶性碳水化合物含量较高，易于制成高品质青贮料。在青贮时需要注意，含水量对青贮品质影响较大，含水量过高会引起梭菌发酵产生气味不佳的丁酸降低适口性，还会有大量营养成分渗出造成损失；含水量过低会限制青贮有益菌群的生长，使乳酸菌菌落变小，降低产生的乳酸量，pH 难以下降到适宜水平，同时不易压实，容易引发霉变。燕麦乳熟后期，含水量 60%～75%，为青贮发酵的适宜含水量，能显著抑制不良发酵，提高青贮饲料营养价值，无须晾晒可直接青贮。抽穗期和灌浆期虽然鲜草品质较高，但干物质含量低，不利于青贮，需刈割后晾晒，增加了操作环节。

3. 燕麦青刈

青绿饲草是水分含量大于 60% 的幼嫩青绿植株、茎秆和叶片等，其含水量较高、热能较低，动物可以直接大量取食，其中含有的酶、有机酸、激素等，相较于干草更有助于畜禽消化，反刍动物可消化 75%～85%，马 50%～60%，猪 40%～50%。青绿饲料蛋白质含量按干物质计算达到 13%～15%，可以满足动物对蛋白质的基本需求，其中还含有各种必需氨基酸，以赖氨酸和色氨酸居多，对于动物肉质以及营养的提高具有较好的效果。青绿饲草纤维素含量低，适口性佳，消化率高，在现代化农场中常大规模种植青绿饲料以供牲畜放牧使用，青绿饲料叶片中的叶绿蛋白氨基酸组成类似于酪蛋白，泌乳动物如奶牛摄入之后很容易转化成乳蛋白，所以对泌乳动物喂食青绿饲料极为有利。青绿饲料也是矿物质的良好来源，一般矿物质占 1.5%～2.5%，在依靠青绿饲料为食的动物体内不易缺钙，相对而言，其钙磷比例在青绿饲料中较为适宜。

三、青贮玉米栽培技术

全株玉米青贮，是把包括玉米穗在内的玉米植株全部收割下来经过切碎、加工后用发酵的方法制作成青贮饲料，用于饲喂牛、羊等草食动物。玉米青贮料营养丰富、气味芳香、消化率较高，鲜样中含粗蛋白质可达3%以上，同时还含有丰富的糖类。用玉米青贮料饲喂奶牛，每头奶牛一年可增产鲜奶500kg以上，而且还可节省1/5的精饲料。玉米青贮料制作所占空间小，而且可长期保存，一年四季可均衡供应，是解决牛、羊、鹿等所需青粗饲料的最有效途径。选择青贮专用的玉米品种可获得较高的产量，但其生育期较长，籽粒产量较低，大部分情况是人们把普通的籽粒玉米提前收割用于青贮，虽然产量较低，但可根据经济效益选择收获籽粒，具有较大灵活性优势。一般在中等地力条件下，专用青贮玉米品种亩产鲜秸秆可达4.5~6.3t，普通籽实用玉米2.5~3.5t。种植2~3亩青贮玉米即可解决一头高产奶牛全年的青粗饲料供应。

（一）播种

1. 种子处理

（1）晒种催芽　晒种2~3d可提高种子发芽率13%~28%，提早出苗1~2d，并且减少玉米丝黑病。

（2）浸种催芽　用温水（55~58℃）浸种6~12h。应注意的是土壤干旱，无灌溉条件下不能浸种，因为浸过的种子胚芽已经萌动，播在干旱的土中易造成种子死亡。

2. 播种期

播种期与大田作物播种期相同，分为春玉米和夏玉米，在东北、西北等北方地区一般一年只能种植一季作物，玉米在5月上旬播种。在黄淮海平原等“一年两熟”地区，春玉米于4月播种，8月收获，夏玉米于6月播种，9月收获。

3. 播种量与播种方法

密植有利于高产，玉米一般采用精量点播机播种，每亩保苗数为5000~6000株。播种时，行距60cm，株距15~25cm，单条播或双条播都可，但双条播可获得较高产量。播种时，施种肥（高氮低磷低钾的玉米专用肥）50kg/亩，播种后如土壤墒情不足要及时浇蒙头水。播种后出苗前，使用乙草胺、异丙草胺、二甲戊乐灵、莠去津或复配除草剂等均匀喷施于地面封闭杂草，需在浇蒙头水后进行，避免浇水破坏土壤药膜层。

（二）田间管理

1. 适时间苗、补苗、定苗

播后及时检查苗情，凡是漏播的，在刚出苗时就要立即催芽补苗或移苗补栽，力争全苗。为合理密植提高产量，收籽和青贮玉米要及时间苗和定苗。间苗在3~4针叶出现时进行，间去过密的弱苗，每穴留1~2株大苗、壮苗。定苗在5~6片真叶时进行，每穴留1株。间定苗应在晴天进行。

2. 除草治虫

玉米不耐杂草，玉米出苗后及时中耕除草是青贮玉米增产的重要条件。青贮玉米在苗期一般中耕除草2~3次，苗高8~10cm以后每隔10~15d都应中耕除草1次，或者在玉米3~5叶期喷洒莠去津、烟嘧磺隆等玉米除草剂。在大喇叭口期用虱螨脲25mL/亩或甲维盐100mL/亩防治钻心虫。

3. 追肥、灌溉

玉米通常追施苗肥、拔节肥、穗肥和粒肥。在基肥施足的情况下，可不施苗肥，但施足拔节肥，每公顷 75~150kg 硫酸铵。

（三）收获

玉米在蜡熟期（1/2 乳线期前后）收获进行青贮为最佳。此时籽粒中的干物质最高，而秸秆仍鲜绿多汁，适口性好。

四、黑麦草栽培技术

（一）播种

1. 播种期

黑麦草喜温暖湿润的气候，种子发芽适宜温度 13℃以上，幼苗在 10℃以上就能较好的生长。因此，黑麦草的播种期较长，既可秋播，又能春播。秋播一般在 9 月中、下旬至 11 月上旬，主要看前茬作物。若专用饲料的可以早播，以便充分利用 9、10 月有利天气，提高黑麦草产量。

2. 播种量

在一定面积范围内，播种量少，个体发育较好。但合理密植，能够充分发挥黑麦草的群体生产潜力，才能提高单位面积产量。每亩播种量 1~1. 5kg 最适宜。生产上，具体的播种量应根据播种期、土壤条件、种子质量、成苗率、栽种目的等而定。一般秋播留种田块、每亩要有 350000~400000 的基本苗，约需播 1kg，作饲草用，并需要提高前期产量时，可多播一些，每亩 2. 5~3kg。

3. 播种方法

黑麦草种子细小，要求浅播，稻茬田土壤含水量高、土质黏重，秋季播种时往往连续阴雨，或者因秋收季节而劳力紧张。为了使黑麦草出苗快而整齐，有条件的地方，可用钙镁磷肥 10kg/亩，细土 20kg/亩与种子一起拌和后播种。这样，可使种子不受风力的影响，避免因水稻生长繁茂，细小的黑麦草种子不易落地的问题，确保播种均匀。

（二）田间管理

多年生黑麦草幼苗一般生长比较缓慢、细弱，最容易受杂草危害。所以要加强田间管理，促进幼苗生长发育。首先要及时中耕除草，严防杂草侵入，力争把杂草除早、除小、除了。其次要适时适量浇水。多年生黑麦草对水分条件反应比较敏感，在分蘖、拔节、抽穗期适当灌水，增产效果比较明显。在南方夏季炎热天气灌水可降低地温，有利于多年生黑麦草越夏。第三，结合灌水适当追施肥料，尤其要注意氮肥供应，若在微酸性土壤上种植，可加施磷肥，每公顷施磷肥 150~230kg。

黑麦草系禾本科作物，无固氮作用。因此，增施氮肥是充分发挥黑麦草生产潜力的关键措施，特别是作饲料用时，每次割青后都需要追施氮肥，一般尿素 5kg/亩，从而延长饲用期限。随着氮肥施用量增加鲜草总产量增加，日产草量也增加，草质也明显提高，质嫩，粗蛋白多，适口性好。留种田一般不施氮肥，若苗生长特别差，应适当补施一点氮肥。

（三）收获

多年生黑麦草最适宜的刈割期为抽穗到乳熟期，可保持较高的消化率。如果刈割过晚，则茎基部老化，养分含量降低，适口性变差。一般每公顷产鲜草45000～75000kg，产种子750～1000kg。多年生黑麦草种子落粒性较强，当穗子变成黄色，进入蜡熟期时，即可收获。

黑麦草再生能力强，可以反复刈割，因此，当黑麦草作为饲草时，就应该适时刈割。黑麦草刈割次数的多少，主要受播种期、生长发育期间气温、施肥水平而影响。秋播的黑麦草生长良好，可以多次刈割。另外，施肥水平高，黑麦草生长快，可以提前刈割，同时增加刈割次数；相反，肥力差，黑麦草生长也差，不能在短时间内达到一定的生物量，也就无法刈割利用。适时刈割，也就是当黑麦草长到25cm以上时就刈割，若植株太矮，鲜草产量不高，刈割作业也困难。每次刈割时留茬高度约5cm，以利于黑麦草残茬的再生。

（四）利用技术

多年生黑麦草既可刈割青饲、晒制干草，也可放牧利用。一年生黑麦草再生迅速，春季刈割后6周即可再刈割，且耐牧，在重牧之后仍能迅速恢复生长。在我国南方，秋播一年生黑麦草可刈割3～4次，亩产鲜草3000～5000kg。青贮的最佳刈割时期为孕穗期至抽穗中期，调制干草的最佳刈割时期为抽穗中期至盛花期，直接放牧宜在株高25～30cm时进行。

第四节　饲草收获与调制

一、青刈

青刈青饲是最科学、最经济的有效利用方式，用以解决夏秋季节畜禽饲草饲料。青刈的关键技术是刈割期、刈割留茬高度和最后一次刈割时间，青刈饲草草种应选择再生快、高产优质青绿饲草饲料作物，如黑麦草、一年生的籽粒苋、苦荬菜、冬牧70、墨西哥玉米、御谷、朝牧一号稗子、苏丹草等及多年生饲草菊苣、苜蓿、串叶松香草、鲁梅克斯、俄罗斯饲料菜等。

刈割期一般是株高50～70cm时，苜蓿初花期刈割，朝牧一号稗子在孕穗前刈割。也要根据畜禽种类而定，养禽要适当早刈割，保持青绿多汁、叶量大、柔嫩；养牛羊适当少刈割、晚刈割，注意获得更多生物量，要灵活掌握。一般留茬高度5～10cm，个别饲草为15cm，因草种具体情况而定，串叶松香草、籽粒苋留茬高度相对高一些，最好留1～2片功能叶以利再生。菊苣、苜蓿最后一次刈割不要晚于初霜期前一个月，确保根部积累营养，以利于越冬。苏丹草、高丹草幼苗不能利用，刈割后应晾晒以防氢氰酸中毒。苜蓿含皂素，上午刈割下午利用，带露水草不能直接喂牛羊，以防得臌胀病。

二、干草收获与调制

（一）饲草的收割时间

确定饲草的最佳刈割期，需要考虑多方面的因素，比如饲草种类，饲草的生长发育规律，外界环境条件，再生草的生长，对越冬的影响，饲喂畜禽的种类和市场需要的变化等，只有对以上各方面进行综合考虑，因地制宜，因事而异，灵活处理才能确定出最佳刈割期，获得较高的生物量和质量，最终取得最大和长期的经济效益。

1. 影响饲草刈割期的因素

饲草在幼苗及营养生长初期，营养价值较高，但此时的生物量却较低；当饲草生物量达到最高值时，营养价值却不一定很高。在饲草的一个生长周期内，只有同时兼顾生物量和营养价值，二者的综合价值达到最佳时，才是最适刈割期。

（1）饲草种类　饲草和饲料作物的种类不同，最适刈割时期也不尽相同。饲草的最适刈割期为现蕾期—开花盛期，而饲料作物（青贮玉米）的最适刈割期则多在籽实成熟中期（蜡熟期）。不同种类的饲草由于其生长发育规律的不同，其刈割期也不同，比如豆科饲草，往往在初花期—盛花期综合生产指标最高，而大部分禾本科饲草的生产指标最高时期是在抽穗期—开花期。

（2）外界环境条件　外界环境条件对确定饲草的最适刈割期是至关重要的，它直接影响到能否按期刈割、合理调制和安全贮藏。外界环境条件对干草调制的影响更大，在刈割后至打捆前一旦遇到雨淋，就会很快叶片脱落、发黑变质，发生霉变，失去饲用价值。在晾晒过程中避开雨淋最常用的做法是根据当地的气象变化规律和天气预报的结果来确定具体的饲草刈割日期。

（3）饲草的再生和越冬　对于可再生的一年生或多年生饲草，不同的刈割时期，直接影响到再生草的再长速度和产量，一般认为从拔节期至结实期收割，有利于再生草的生长，而在苗期和结实后期刈割则不利于再生草的生长。此外，末茬草的刈割时期对多年生饲草的越冬率有直接的影响，试验表明，多年生饲草的末茬刈割期应在停止生长前一个月进行，即在刈割之后，应保证饲草有一个月以上的生长期，才能保证多年生饲草安全越冬。

（4）饲养动物的种类　不同的家畜种类对饲草中纤维素的消化能力是不同的，反刍动物（特别是奶牛）需要较高的粗纤维，粗纤维不足往往会影响这些动物的生长和生产，而单胃动物对粗纤维的消化率较低，日粮中随粗纤维含量的增加，有机物的消化率会逐渐降低。因此用于饲养反刍家畜时饲草的刈割期可适当晚些，而用于饲养单胃动物时饲草的刈割期则要适当提前，使之纤维含量不至于过高。

饲草适时刈割的一般原则如下：最适刈割期饲草单位面积内的营养物质总量或总消化养分应该最高；有利于饲草的再生，有利于多年生或越年生饲草的安全越冬和返青，并对翌年的产量和饲草寿命无影响；根据不同的利用目的确定刈割期，如为生产蛋白质、维生素含量高的苜蓿干草粉，则应在孕蕾期进行刈割。虽然产量低一些，但可以从优质草粉的经济效益和商品价值上得以补偿；天然割草场的刈割期，应以草群中主要饲草品种（优势种）的最适刈割期为准。

2. 不同草地类型及不同饲草种类的刈割期

（1）天然割草地的适宜刈割期　在草地植被的组成中，一般把植被中主要禾本科饲草的最适刈割期确定为草地的最适刈割期。确定天然割草地适宜刈割期主要应考虑以下两个因素：一是当年的饲草产量和饲草营养价值，二是对下年草地产量的影响。对大部分一年刈割一茬的割草地，其适宜刈割时期应在草地植被中主要饲草的开花期。

不同草地类型的最适刈割期如下：黑龙江三江平原低湿地区小叶章草地为抽穗至开花期；我国北方干旱地区羊草草地多为 8 月上旬和中旬进行；以针茅为主的割草地应在针茅草的芒针

形成和出现以前进行刈割；一些蒿类草地，为了减少苦味，最好在降霜以后，在部分已枯黄时刈割。

(2) 人工栽培饲草的刈割期　在早春刈割幼嫩的豆科饲草对生长是有害的，原因是过早刈割会大幅度降低根系中养分的含量，不利于饲草再生草的生长；同时由于根冠和根部在越冬过程中受到损伤，过早刈割不利于其很好恢复生长，从而影响饲草的产量。在我国北方地区，要特别注意，豆科饲草最后一茬的刈割期，要在当年早霜来临前（初霜期一般为 11 月中下旬），以保证在越冬前使其根部能积集足够的养分，保证安全越冬。豆科饲草的最适刈割期应为现蕾盛期—始花期。

根据多年生禾本科饲草的营养动态，同时兼顾产量、再生性以及下一年的生产力等多因素，大多数多年生禾本科饲草在用于调制干草或青贮时，应在抽穗期—开花期刈割。秋季在停止生产以前 30d 刈割。一年生禾本科饲草在孕穗初期刈割，既可获得较高的生物量，又可获得较高的营养价值。

(3) 饲料作物的收获期　禾本科一年生饲料作物，多为一次性收获。如果有两次或多次刈割，一般根据草层高度来确定，即 50cm 左右时就可刈割。专用青贮玉米即带穗全株青贮玉米，最适宜刈割期应该是在乳熟末期—蜡熟中期。粮饲兼用玉米，多选用在籽粒成熟时其茎秆和叶片大部分仍然呈绿色的玉米品种，在蜡熟末期采摘果穗后，及时抢收茎秆进行青贮或青饲。

(二) 饲草的刈割方法及调制

1. 人工刈割

常见的人工割草工具是钐刀，是一种刀片宽达 10~15cm、柄长 2.0~2.5m 的大镰刀，它是靠人的腰部力量和臂力抡动钐刀，达到割草的目的，并可直接集成草垄。适用于小面积割草场或者地势不平的草场使用。一个熟练的劳动力每人每天可割草 0.5~0.7hm^2。

2. 机械化收割

(1) 割草机　割草机在饲草生产机械化中占有重要位置，割草机一般都应满足以下要求，一是割幅要合适，拖拉机行走轮或割草机地轮在作业过程中不压草；二是传动部件有足够的离地间隙或防护措施，以防堵塞和缠绕；三是对地面仿形性好，割茬高度适宜，以便尽可能提高收获量；四是挂接迅速，操作方便，安全装置齐全。动力割草机又分为牵引式、悬挂式、半悬挂式和自走式。

(2) 压扁机　饲草压扁就是将饲草茎秆压裂，破坏茎的角质层以及维管束，并使之暴露于空气中，茎内水分散失的速度就可大大加快，基本能跟上叶片的干燥速度。这样既缩短了干燥期，又使饲草各部分干燥均匀。目前，常用的茎秆压扁机有两类，即圆筒型和波齿型。圆筒型压扁机装有捡拾装置，压扁机将草茎纵向压裂；而波齿型压扁机有一定间隔将草茎压裂。

(三) 饲草的留茬高度与再生

饲草刈割时留茬太高，一方面会导致饲草产量的降低，饲草产出物质未能全部有效收获；另一方面，含有大量营养物质的基层叶片未被收获，影响了饲草的质量，特别是下繁草。饲草刈割时留茬太低，可能当年草的产量会较高，但常会造成割掉生长点，既影响了饲草地上部分的生长，又影响了地下部分的生长，导致新枝条生长减弱，饲草整株存活力下降。多年生饲草连续的低茬刈割会引起饲草生长的急剧衰退。在使用机械割草时，当时的风力和风向都可影响割草高度，从而影响饲草的产量。随着风力的增加，割草的高度也随之增加，当风力达到5级以上时，应该停止割草。风向也能影响割草的收获量，逆风割草，割草后留茬高度较低，饲草损失较小，顺风割草时饲草的损失较大。在气候恶劣，风沙较大或地势不平、伴有石块和鼠丘的地区，饲草的刈割高度应适当提高到达8~10cm，可有效保持水土，防止沙化。

（四）干草的调制与加工

1. 优质干草应具备的条件

干草是指青草或栽培青饲料在未结实以前，刈割经日晒或人工干燥而制成的干燥饲草。制备良好的干草仍保留一定的青绿颜色，所以也称为青干草。干草调制的目的与青贮相同，主要是为了保存饲草的营养成分，便于随时取用。从饲养的角度要求，优良的干草应当含有家畜所必需的各种营养物质和较高的消化率与适口性。优良干草应当有以下的特点：第一，天然草地调制优良干草其草群在品质上要求属于中上等，在数量上要求有较多的禾本科草和适量的豆科饲草；第二，调制优良干草必须在适宜期刈割，这样才能获得最高的可消化营养物质收获量，做到饲草的量、质兼顾；第三，优良干草应当叶量丰富，并具有较多的花絮与嫩枝；第四，优良干草应具有深绿的颜色和芳香的气味，干草颜色的深浅可作为判断干草品质优劣的依据。

2. 干草的调制

（1）干草的种类　干草按饲草种类分为豆科干草（苜蓿、三叶草、草木樨、大豆干草等）、禾本科干草（羊草、黑麦草、无芒雀麦、苏丹草等）、谷类干草（玉米、大麦、燕麦、谷子等）、混合干草（以天然割草场及混播饲草草地刈割的青草调制的干草等）、其他干草（以根茎瓜类的茎叶、蔬菜及野草野菜等调制的干草等）。

干草按干燥方法分为自然干燥干草和人工干燥干草。自然干燥干草即通过自然晾晒或阴干调制而成的干草，这是目前普遍使用的一种干草，但营养物质损失较多。人工干燥干草即利用各种能源，如常温鼓风或热空气进行人工脱水干燥而成的干草，其缺点是成本较高，且部分维生素会被破坏。

（2）干草的营养价值　干草的营养价值取决于制作原料的饲草种类、刈割时期、调制方法及贮藏技术等。干草不仅是草食家畜最基本、最主要的饲料，而且还是一种贮存形式，可调节青饲料供给季节性不平衡，缓解枯草季节青饲料的不足。优良的干草具有较高的饲用价值，不仅蛋白质中氨基酸较全，而且各种营养物质的含量与比例比较平衡，是草食家畜能量、蛋白质、维生素的重要来源。

（3）干草调制的方法　饲草干燥方法的种类很多，但大体上可分为三类，即自然干燥法、人工干燥法和综合干燥法。

①自然干燥法可分为地面干燥法、草架干燥法和发酵干燥法三种。

地面干燥法：我国东北、内蒙古东部以及南方一些山地草原区等湿润地区的干草调制，其刈割期正值雨季，应注意使饲草迅速干燥。饲草刈割后就地干燥4~6h，其含水量降至40%~50%时，用搂草机搂成草垄继续干燥。当饲草含水量降到35%~40%、饲草叶片尚未脱时，用集草器集成草堆，经2~3d可达到完全干燥。豆科饲草在叶子含水分26%~28%时叶片开始脱落；禾本科饲草在叶片含水量为22%~23%时，叶片开始脱落。为了保存营养价值高的叶片，搂草和集草作业应在叶片尚未脱落以前，饲草含水量不低于35%~40%时进行。饲草在草堆中干燥，不仅可以防止雨淋和露水打湿，而且可以减少日光的光化学作用造成营养物质的损失，增加干草的绿色及芳香气味。

干旱地区干草的调制，必须尽量缩短饲草受日光直射的时间，可实行割草和搂草联合作业，或割倒后就地晾晒 2~3h 后，搂成草垄，在饲草水分降到 35%~40% 时，用集草器堆成草堆，在草堆中继续干燥 2~3d，即可调制成干草。在低产草地上，因为饲草产量低，搂成的草垄厚度不够，可将割草和聚草同时进行。

高寒牧区燕麦冻干草的调制是一种较新的方法，在高寒牧区调制冻干草具有如下优点：第一，调制冻干草可以避开 7、8 月由于阴雨连绵对调制干草造成的困难和损失；第二，冻干草的调制简单易行，节约劳力，且由于霜冻来临时进行，避免了打草季节争夺劳力的问题；第三，冻干草品质好，适口性强，色绿，气味正，保存有大量的叶片和花序，因而家畜喜食。调节饲草播种期，在生长季结束时，使燕麦恰处于开花期。霜冻后 1~2 周内进行刈割，其茎秆经过霜冻后，变成脆而易割。刈割后的草垄，铺于地面，不要翻转，直接在地面上冻干脱水，大约 1 周后当其含水量在 17% 以下时即可打捆或拉运堆垛。

草架干燥法：在多雨地区采用较多。饲草刈割后扎成小捆或直接运往草架干燥。草架用木杆、竹竿或金属管建造成单面梯形或分层式棚架。架上的青草根部向上，堆成圆锥形或屋脊形，厚度不超过 80cm。

发酵干燥法：在湿润多雨地区，不能按照地面干燥法调制优良干草，可采用发酵干燥法调制成棕色干草。其调制方法为将饲草刈割后，经短期晾晒，当水分降至 50% 左右时，即可堆积成 3~6m 高的草堆，层层踏实，使之发酵 30~60d。草堆内产生高温，以不超过 60~70℃ 为适中。堆中饲草的水分由于受热通风蒸发，逐渐干燥而成棕色干草。

②人工干燥法的原理是扩大饲草与大气间的水分的差距，使失水速度加快。由于空气的高速流动，带走了饲草周围的湿气，并且减少水分移动的阻力。目前常用的人工干燥法有风力干燥法和高温快速干燥法。

风力干燥法：把刈割后的饲草压扁并在田间预干到含水 50% 时，装在设有通风道的干草棚内，用鼓风机或电风扇等吹风装置，进行常温吹风干燥。

高温快速干燥法：用饲草烘干机加工豆科饲草，先将鲜草切短，通过高温空气，使饲草迅速干燥。干燥时间的长短，决定于烘干机的种类和型号，从几小时到几分钟，甚至数秒钟，使饲草的含水量从 80%~85% 下降到 15% 以下。接着将干草进行粉碎制成草粉或经粉碎压制成颗粒饲料。

③综合干燥法是将刈割后的鲜草在田间晾晒一段时间，当鲜草含水量降至某种程度，因气候条件不允许继续晾晒下去，或因空气湿度较大，不可能在短期以内使水分降低到安全水分时，需将这些半干草通过人工进行干燥，并加工成所需的草产品。烘干时所耗能量较小，固定投资和生产成本均较低，可提高生产效益。

在生产实践中，优质青干草的品质鉴定主要是根据其外观而加以鉴定的。优质的青干草应呈绿色，叶片多而柔软，有芳香味，水分含量在 17% 以下，毒草及有害草含量不超过 1%，且不含霉烂变质的干草。

三、青贮收获

干草的收获与调制受天气影响较大，需要一周以上无雨天气，往往因天气原因无法在最佳时期收割，造成饲草品质降低，晾晒过程中也会造成叶片丢失、营养物质分解，如晾晒时遇降雨，会造成极大损失。青贮收获受天气影响较小，可做到适时收获，保证饲草的品质。青贮调制过程中无需晾晒或晾晒时间短，叶片丢失和营养物质分解少，青贮过程可保证更多营养物质被保存下来，品质更好。

青贮是解决畜禽冬春饲料的主要途径之一，是饲养户不可缺少和必需的。青贮的关键是切碎压实，排净空气，封闭要好，以保持厌氧条件，要注意掌握方法、原理，确保不霉烂变质。许多作物都可用于制作青贮，目前以玉米及其秸秆为原料的青贮饲料是我国青贮饲料产业的最主要类型。还有以饲草（苜蓿、燕麦、小黑麦、猫尾草、牛茅草、三叶草等）、向日葵、甜菜叶、谷物收获后副产品、食品加工（甜玉米、绿豆、绿豆角等）下脚料等为青贮原料的青贮饲料。

（一）玉米和高粱青贮

目前，我国青贮饲料产业的主要类型是以玉米及其秸秆为原料的青贮饲料。青贮玉米，是目前畜牧养殖户喜爱的一种绿色饲料，具有收获成本低、生产风险低、产量高、品质好及收获方便等优点。玉米和高粱青贮占全国总青贮饲料产量的75%，其余的25%主要是豆科和禾本科饲草及其他作物青贮。

1. 收获时期

青贮玉米收割期为籽实乳熟期至蜡熟期，外表观察玉米穗胡须变黑，玉米穗粒有浆变硬。一般最适收获期为乳熟末期至蜡熟初期，全株含水率平均为65%~70%，干物质含量达到30%以上。如以籽粒乳线位置作为判别标准，则乳线处于1/3~1/2时最宜。收获过早，则植株含水量高、干物质低；收获过晚，酸性洗涤纤维增高、消化吸收率降低，同时因水分降低，不易压紧，导致青贮发霉变质，品质下降。收获时应选择晴好天气，避开降水。青贮玉米一旦收割，应在尽量短的时间内完成青贮，不可拖延时间，避免因降雨或本身发酵而造成损失。

2. 收获方法

一般大面积青贮饲料地采用机械收获，随收割随切短随装入拖车当中，拖车装满后运回青贮窖装填入窖。小面积青贮饲料地可采用人工收割，把整棵的玉米秸秆运回青贮窖附近后，切短装填入窖。收获时一定要保持青贮玉米秸秆有一定的含水量，正常情况下要求青贮玉米的含水量为65%~75%，如果青贮玉米秸秆在收获时含水量过高，应在切短之前进行适当的晾晒，晾晒1~2d后再切短，装填入窖。

3. 装填、镇压、封闭

切短的青贮饲料在青贮窖内要逐层装填，随装填随镇压紧实，直到装满窖为止。装满后要用塑料膜密封，密封后再盖30cm的细土。为了防冻，还可在土上再盖上一层干玉米秸秆、稻秸或麦秸。一般玉米青贮料经过20d左右发酵即可完成，再经过20d的熟化过程即可开窖饲喂。此时的青贮料气味芳香、适口性好、消化率高，是牛、羊等的极好饲料。

联合收割机收获后的残余物包括玉米秸、玉米苞衣、玉米芯以及一些籽实也可用于青贮。经过进一步粉碎和添加水分，可以提高奶牛采食量，降低奶牛拒食玉米芯的损失。像玉米一样，高粱秸秆也可用于放牧、收获晒干或作青贮饲喂。由于高粱在秋后仍然可以保持绿色，所以在高粱青贮过程中可以不加水。

（二）禾本科、豆科饲草（干草作物）青贮

此类青贮的原料包括任何可用于放牧或制作干草的作物，如禾本科饲草（猫尾草、牛茅草等）、豆科饲草（苜蓿、三叶草等）、禾本科豆科混合饲草、谷物（燕麦等）。青贮可以最大程度地减少禾本科和豆科饲草晾晒、收获和贮藏过程中的营养损失，也尽可能降低饲草采收对气候的依赖。禾本科饲草碳水化合物含量较高，易于制作青贮，干物质含量25%～35%时均可制成优质青贮料。豆科饲草碳水化合物含量较低，一般使用半干青贮，先将苜蓿等豆科饲草刈割，在田间晾晒至含水量60%左右时搂成草条，采用捡拾切碎机粉碎再进行青贮。直接收割并青贮的禾本科、豆科饲草没有经过田间干燥，所以其水分含量超过70%。对成熟玉米和高粱，直接收割并青贮是最普遍的操作方式，但并不推荐用于禾本科、豆科饲草青贮，因为后者在水分含量高的情况下难以保证贮藏效果，而且营养物质损失大（由渗出引起）。水分含量越高，保证正常贮藏效果所需要的pH越低。所以，直接收割并青贮禾本科、豆科饲草常导致大量蛋白质降解、不良气味、液体渗出造成过多的营养损失以及对青贮窖容器挡板等设施的腐蚀。此外，和经过晾晒萎蔫的青贮或低水分青贮相比，如果将直接收割青贮的饲料作为主要粗饲料饲喂，常导致奶牛干物质采食量降低和动物生产性能下降。禾本科、豆科饲草青贮饲料一旦从青贮窖内取出，必须在12～24h内饲喂以防止腐败。除非使用控氧青贮窖，否则天气炎热时，每天的青贮饲料取用量必须达到10cm深，以防止青贮窖内的饲料腐败。

当制作直接收割青贮时，要选合适的成熟期且避免在有露水时或雨后收割。青贮窖必须有良好的排水设施以便排出青贮渗出液，应该使用添加剂或防腐剂（粗粉碎的谷物除了可以提供用于发酵的糖类之外，还可以吸收多余的水分）。最后，青贮原料必须在青贮窖内均匀分布、压实，用塑料等合适的材料遮蔽严实。

第五节　混播放牧地建植与管理技术

放牧是最经济有效的一种家畜管理方式，管理成本低，家畜还能吃到营养价值最好的新鲜饲草。

一、混播放牧地草种的选择

（一）多年生饲草放牧地

草种的选择是放牧地建植成功与否的首要条件，选择混播饲草时，应当选择最适合当地土壤、气候条件的当家饲草品种，并根据利用目的和利用年限，选择2~3种或4~5种饲草组合混播。大量的生产实践表明，混播饲草大多由禾本科饲草和豆科饲草两大类组成。在大田轮作中为了恢复土壤肥力和生产优质饲草料，混播饲草通常利用2~3年，一般多用上繁的疏丛型禾本科和豆科饲草，如苇状羊茅和紫花苜蓿；在饲料轮作中以刈割饲草为主，利用期为3~5年，多采用再生性较强的上繁疏丛型禾本科饲草和豆科饲草混播，如披碱草、老芒草、黑麦草、冰草和紫花苜蓿、红豆草、沙打旺等；以放牧为主的改良草地则以下繁型禾本科饲草和豆科饲草为

主，如多年生黑麦草、无芒雀麦、草原早熟禾和白三叶、紫花苜蓿、百脉根等。目前在我国西北地区以紫花苜蓿为主的混播，有紫花苜蓿和苇状羊茅、紫花苜蓿和无芒雀麦、紫花苜蓿和披碱草等。在黄淮海平原建植多年生放牧地时一般不选择黑麦草，因为春、秋季节黑麦草的竞争能力太强，会压制其他饲草的生长，导致其他饲草生长较弱。黑麦草喜阴凉气候，黄淮海平原黑麦草在夏季高温下很快衰退，一年生和多年生黑麦草均无法越夏，黑麦草衰退时其他饲草未形成优势群体，导致放牧地裸露。建植放牧地时亦不适宜选择白三叶，白三叶属匍匐茎型饲草，侵占性强，在混播草地的占比会越来越大，影响其他饲草生长，且白三叶消化率比苜蓿低，茎叶稍粗糙，影响其适口性。建植多年生放牧地时可选择鸭茅、苇状羊茅和苜蓿混播，这些草种的寿命、抗寒抗热性均较强，可形成长期稳定的放牧地。但是，这些草种耐涝性较差，要注意及时排除积水。

（二）一年生饲草放牧地

黄淮海平原冬季寒冷、夏季炎热，一般北方饲草无法越夏，暖季型饲草无法越冬，草种选择较困难。在黄淮海平原建植放牧地时可选择黑麦草和苜蓿搭配，黑麦草抗寒性强，适合利用冬闲田，在 9 月播种后，可在初冬、冬季或早春供应鲜草。黑麦草耐热性较差，在夏季会大量死亡，此时可利用天然生长的禾本科杂草放牧。

二、放牧地建植

（一）播种期

根据饲草的生物学特性及土壤、气候条件决定适宜的播种期。我国春季一般较干旱，不利于饲草苗期的生长，同时，春季杂草危害较严重，种植的饲草一般竞争不过当地的杂草，放牧地建植应选在秋季，此时温度降低，雨水较多，杂草开始休眠，利于饲草苗期生长和在无竞争环境中形成放牧地。如禾本科与豆科饲草同为冬性或春性饲草，可以在秋季或春季同时播种，否则应分别秋播和春播。由于禾本科饲草苗期生长较弱，易受豆科饲草抑制，可以秋播禾本科饲草而在第 2 年春播豆科饲草，如无芒雀麦与苜蓿混播，适宜秋播无芒雀麦，第 2 年早春播种苜蓿。

（二）播种量

混播草的播种量应比单播时的稍多一些，如 2 种饲草混播，可按其单播量的 70%～80% 计算，3 种饲草混播则同类的两种饲草各用其单播量的 35%～40%，另一种用其单播量的 70%～80%。如 2 种豆科饲草和 2 种禾本科饲草混播，则各用其单播量的 35%～40%。由于利用目的、利用年限不同，构成混播饲草的比例也有差异，利用年限短的割草地，豆科饲草可以多一些，禾本科饲草起保护作用；利用年限长的放牧地则豆科饲草的比例要少一些，因为禾本科饲草的寿命比豆科饲草要长一些，如果豆科饲草所占比例过大，在其衰退后容易引起草地裸露，杂草蔓延，可引起草场的退化。

种子播种量按下列公式来计算：

$$实际播种量 = 种子用价为 100\% 时的播种量 / 种子用价（\%）$$

$$种子用价（\%）= 净度（\%）\times 发芽率（\%）\times 100\%$$

（三）播种方法

饲草混播需要使各种饲草在空间上合理的配置，可以选择同行播种，行距为 15cm，将多种饲草播种在同一行；还可以交叉播种，是将一种或者几种饲草播在同一行内，另一种饲草与前者垂直播种。此外，还可以将多种饲草的种子混合均匀后进行撒播或者条播。

三、放牧地管理

（一）杂草防除

加强田间管理工作，首先要做好杂草防除，放牧地建成后，杂草危害是最大问题。一般放牧地由禾本科和豆科饲草混播建成，无法使用除草剂防治杂草。如混播草地为条播，中耕除草是田间管理的基本措施，其作用是疏松土壤、消灭杂草、改善土壤通气状况、保蓄土壤水分、减少病虫害。多年生人工草地应在早春进行耙地，这对消灭杂草、改善土壤通气状况、保蓄土壤水分很有利。刈割后也要根据杂草生长情况进行中耕除草。中耕深度，苗期宜浅，以后可稍深。如放牧地为撒播建植，因放牧地种植的饲草一般刈割后再生性较好，杂草抗刈割能力较差，可通过刈割防治杂草。

（二）施肥

禾本科饲草和豆科饲草对营养的需要量，既有共同点，又各有其不同点。禾本科饲草对氮肥的需要更为迫切，对施用氮肥的反应更为敏感，对土壤中硝酸盐反应良好，尤其是根茎型（无芒雀麦、草地早熟禾）和疏丛型（鸭茅、老芒麦、苇状羊茅）等禾本科饲草，对氮肥的反应最敏感。而豆科饲草由于有根瘤，能固定空气中的氮素，所以对氮肥的反应不如禾本科饲草那样敏感，而对磷、钾等元素则非常敏感。在禾本科饲草和豆科饲草混播的草地，首先要多施磷肥，促进豆科饲草根瘤的形成，固定氮素，进而促进禾本科饲草的生长。在饲草的不同生育时期，其需肥量亦有不同，禾本科饲草吸取养料最多的时期是分蘖到开花期，而豆科饲草是分枝到孕蕾期。应根据不同肥料的特性，适时适量施用以满足饲草的需要。还可以通过施肥来影响放牧地豆禾饲草的比例，多施氮肥可以增加禾本科饲草的比例，多施磷钾肥可以提高豆科饲草比例。

（三）灌溉与排水

当土壤含水量为田间最大持水量的50%～80%时，饲草生长最为适宜。如果水分过多则及时排水。否则由于土壤水分过多，通气不良，就会影响饲草根系的呼吸作用以致烂根死亡。水分过少会影响饲草的正常发育，因此，灌溉是为了补充土壤水分，以满足饲草丰产稳产的需要，禾本科饲草从分蘖到开花前、豆科饲草从现蕾到开花前需水量最大，这就是饲草的灌溉期。

（四）病虫害的防治

饲草对病虫害的抵抗能力较强，病虫害的发生也比较少，但还是要注意。饲草的病害包括由细菌引起的苜蓿枯萎病等，由真菌引起的三叶草的霜霉病等，还有寄生生物引起的菟丝子和线虫病等。病虫害的防治应实行“预防为主，综合防治”的方针。常用的方法有植物检疫、农业防治、化学防治和物理机械防治等。

（五）划区轮牧

家畜长期在同一放牧地放牧容易引起寄生虫病，一般同一放牧地不能超过7d。优质的放牧地需要及时施肥和灌水。

复习思考题

1. 多年生草类生长发育有哪几个物候期？
2. 依据多年生草类新枝形成（分蘖，分枝）特点，可分为哪些类型？
3. 饲草混播有哪些好处？
4. 收割饲草确定适宜的收获时期应考虑哪些因素？
5. 影响饲草再生能力的因素有哪些？
6. 饲草在干燥过程中影响水分散失因素有哪些？
7. 多年生饲草营养价值的动态有何特点？
8. 紫花苜蓿、燕麦和青贮玉米有何优点？
9. 收获干草或青贮对天气的要求有何不同？
10. 放牧地建植有哪些需要注意的？

参考文献

[1] 洪绂曾．苜蓿科学［M］．北京：中国农业出版社，2009.

[2] 曹致中．草产品学［M］．北京：中国农业出版社，2005.

[3] 董宽虎，沈益新．饲草生产学［M］．北京：中国农业出版社，2003.

[4] 南京农学院．饲料生产学［M］．北京：中国农业出版社，2002.

[5] 韩建国．草地学［M］．3 版．北京：中国农业出版社，2007.

[6] 孙吉雄．草地培育学［M］．北京：中国农业出版社，2000.

[7] 玉柱，贾玉山．牧草饲料加工与贮藏［M］．北京：中国农业大学出版社，2010.

[8] 曹广才，王崇义，卢庆善．北方旱地主要粮食作物栽培［M］．北京：中国气象出版社，1996.

[9] 侯向阳，时建忠．中国西部牧草［M］．北京：化学工业出版社，2003.

[10] 任长忠，胡跃高．中国燕麦学［M］．北京：中国农业出版社，2013.

[11] 杨海鹏，孙泽民．中国燕麦［M］．北京：中国农业出版社，1989.

[12] 曹丽霞，赵世锋，石碧红，等．6 个饲用燕麦品种不同刈割期的产草量比较［J］．河北农业科学，2017，21（06）：11-16.

[13] 陈鹏飞，白史且，杨富裕，等．添加剂和水分对光叶紫花苕青贮品质的影响［J］．草业学报，2013，22（02）：80-86.

[14] 崔荟萍，赵桂琴，刘欢．3 种除草剂对燕麦田杂草的防除效果研究［J］．草原与草坪，2013，33（01）：45-49.

[15] 刘忠宽，秦文利，刘振宇，等．河北省农区草业产业化现状及对策研究［J］．河北农业科学，2009，13（03）：110-113.

[16] 李慧莹，张晓霞，卢家顶，等．河南省牧草种子质量调查［J］．家畜生态学报，2022，43（12）：74-80.

[17] 姚晋，何云，卢家顶，等．河南省秋播饲用燕麦的越冬率、分蘖特性及其生产性能

[J]. 草地学报，2023，31（02）：528-539.

[18] 卢家顶，杨旭，朱晓艳，等. 河南地区21个粮饲兼用型青贮玉米品种综合评价 [J]. 草地学报，2021，29（09）：1950-1958.

[19] 刘晓，王博，朱晓艳，等. 21个粮饲兼用型青贮玉米在河南的品种比较试验 [J]. 草业学报，2019，28（08）：49-60.

[20] 娄春华，王博，李德锋，等. 黄河滩区16个春播燕麦品种的生产性能和营养品质 [J]. 草业科学，2019，36（07）：1843-1851.

[21] 王彦华，王成章，李德锋，等. 播种量和品种对紫花苜蓿植株动态变化、产量及品质的影响 [J]. 草业学报，2017，26（02）：123-135.

[22] 李德锋，傅彤. 郑州地区14个黑麦草品种生产性能比较试验 [J]. 河南畜牧兽医（综合版），2010，31（12）：10-11.

CHAPTER 3

第三章 饲草物理加工

在深入探讨“饲草物理加工”这一主题时，我们不难发现，机械与设备作为其核心驱动力和技术载体，与物理加工过程存在着紧密且递进的联系。物理加工是指通过物理手段对饲草原料进行形态、结构或性质的改变，以提升其饲用价值、便于储存及运输。而这一过程的高效实施，离不开先进机械与设备的支持与应用。

机械作为人类智慧的结晶，其设计初衷便是为了替代或辅助人力完成各种复杂任务。在饲草物理加工领域，各类机械设备如切割机、粉碎机、压粒机、打包机等，正是通过精确控制机械力的大小、方向和作用时间，实现了对饲草原料的精确切割、细致粉碎、紧密压粒及高效打包等操作。这些操作不仅显著提高了饲草加工的效率和精度，更在极大程度上保留了饲草的营养成分，减少了加工过程中的损失。

因此，可以说机械是饲草物理加工得以实现的技术基础，而物理加工则是机械设备在饲草产业中发挥作用的具体表现形式。两者相辅相成，共同推动了饲草加工技术的不断进步和发展。在探讨饲草物理加工时，我们不仅要关注其加工效果和应用价值，更要深刻理解机械与物理加工之间的这种递进关系，以更好地指导实践、优化工艺、提升效率。

第一节 饲草收获机械

一、割草机

（一）割草机的分类及农业技术要求

割草机按动力源可分为手动割草机和动力割草机，手动割草机基本上已淘汰。动力割草机按与配套动力的挂接方式分为牵引式、悬挂式、半悬挂式和自走式。割草机按切割器工作原理分为往复式割草机和旋转式割草机。

往复式割草机具有动力消耗较小、割茬低而整齐、重割率低、饲草损失较少等特点，但其振动不易平衡、作业速度相对较低。当饲草稠密或呈缠连状态时，易出现堵刀等故障。旋转式割草机切割速度高，可实现高速作业，适于高产饲草的收获。在湿度和密度大、倒伏严重等恶劣条件下也能可靠工作。但重割率高、割茬不整齐，单位割幅功率消耗较大。

割草机的农业技术要求：①割茬调节范围应满足饲草特性的要求；②割茬应整齐，起落机构应灵活，遇障碍物时能在1~2s之内提起切割器；③饲草被切割后应能整齐均匀地铺放于地面，应避免被轮子碾压；④切割器要有很好的地面仿形性能；⑤往复式切割器的平均切割速度应为1.6~2.0m/s，旋转式切割器的切割速度应为50~90m/s。

（二）往复式割草机

1. 总体结构及工作过程

往复式割草机应用剪切原理切割饲草，属于有支撑切割。往复式割草机有牵引、后悬挂、前悬挂、侧悬挂、半悬挂等多种类型。牵引往复式割草机按动力源分为拖拉机驱动和地轮驱动2种形式。往复式割草机按切割器类型又可分为单动刀（有护刃器）割草机和双动刀（无护刃器）割草机。作业时，单动刀割草机割刀作往复运动，与定刀片形成切割副进行切割。双动刀割草机上下割刀作相反往复运动，动刀片之间组成切割副剪切饲草。

（1）往复式割草机由切割器、机架（或悬挂架）、传动机构、起落机构等部件组成。往复式切割器　切割器是割草机的主要工作部件。我国往复式割草机采用GB/T 1209—2009《农业机械　切割器》中的Ⅰ型切割器。

Ⅰ型切割器主要由动刀片、定刀片、护刃器、刀杆、压刃器、摩擦片等组成。动刀片用铆钉或螺栓固定在刀杆上构成割刀，定刀片固定在护刃器上构成切割副。在正常情况下，两刀片前端的间隙为零，但无压力，允许间隙不大于0.5mm。后端间隙为0.5mm，允许最大间隙为1mm。

Ⅰ型动刀片呈对称六边形，两斜边为刀刃。刀刃与垂直中心线的夹角称为切割角（28°~40°），具有产生滑切和省力的作用。刃口斜面与刀片底面夹角称为刃角（18°~25°），小刃角可以降低切割阻力，大的刃角可以提高刀片寿命。按刃口形式分为光刃和齿刃2类，齿刃刀片又分为上开齿刃和下开齿刃2种。光刃刀片有制茬整齐、动力消耗小等优点，但刀片易钝化，需经常磨刀。齿刃刀片制造复杂，功率消耗比光刃大，但有自磨锐功能，不需磨刀，同时对饲草的钳制作用也比光刃刀片大。

定刀片为齿刃刀片。护刃器用以固定定刀片和保护动刀片。切制时，护刃器还可将饲草分成小束，有利于切割。我国生产的护刃器材料采用可锻铸铁，有良好的韧性。压刃器用来保持动刀片与定刀片的应有间隙，从而保证正常切割。摩擦片用来支撑割刀运动，保持与定刀片的相对位置，具有很好的耐磨性。刀杆用于固定动刀片，在护刃器和压刃器间作往复运动。

（2）往复式切割器切割速度、进程和切割图

①切割速度：往复式切割器必须要有一定的切割速度才能对饲草顺利切割。切割速度太低，切割冲击力不够，会导致割茬不齐或割不断茎秆而堵刀；反之，虽切割阻力变小，但割刀惯性力增大，会引起机组剧烈震动。故切割速度要适宜。通常以割刀平均运动速度来表示切割速度。往复式割草机割刀平均速度通常为1.6~2.0m/s，高速割草机的割刀平均速度可达2.0m/s以上。

②切割器进程：割草机作业时，割刀的运动是割刀自身相对于机器的往复运动和随机组前进运动的合成。在割刀完成各行程的切割时间内机组前进的距离称为切割器进程。采用Ⅰ型切割器的割草机，其进程一般为59~74mm。

③切割图：图 3-1 为切割器的工作过程，通过它可粗略地分析切割器的工作性能及影响因素。

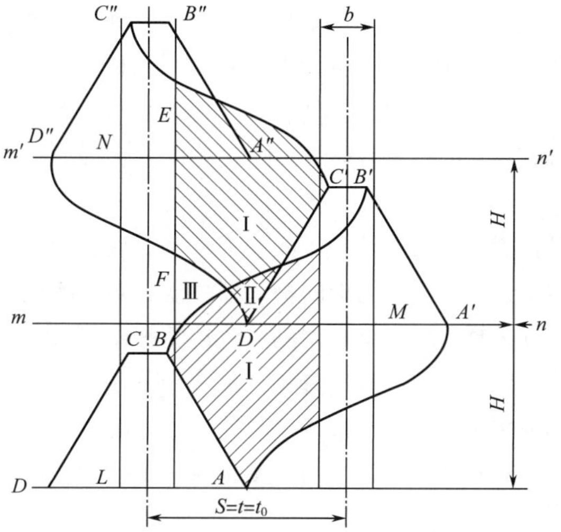

图 3-1　往复式切割器切割图

设定刀片为矩形，t_0 为两相邻定刀片的中心线距离，b 为定刀片的宽度，mn、$m'n'$之间的距离表示进程 H，A、B、C、D 表示动刀片。

当机器工作时，割刀一方面相对于机器作横向往复运动，另一方面随同机器作直线前进运动。在曲柄一转时间内，割刀往返各一个行程。刀片首先由位置 L 移至位置 M，而后由位置 M 移至 N，沿前进方向移动了 $2H$。刀刃 AB 扫过的面积为 $ABA'B'$，刀刃 CD（$C'D'$）扫过的面积为 $C'D'C''D''$。从图中可看出，刀片扫过的面积可分为 3 个区域。Ⅰ区为切割区，该区茎秆被刀刃 CD 推至 EF 线处进行切割。Ⅱ区为重割区，该区刀刃通过 2 次，有可能再次切割残茬。Ⅲ区为空白区也称作漏割区，切割性能好的切割器应当是切割区大，重割、漏割区小。从切割图的分析可以看出，在刀刃高度一定时，重割区和漏割区的大小与机器前进速度和曲柄转速（割刀往复速度）有密切关系。当曲柄转速不变时，机器前进速度越大，漏割区也越大而重割区越小；反之，则相反。当前进速度不变、曲柄转速增加时，重割区变大，漏割区变小；反之，则相反。

④切割器惯性力的平衡：往复式切割器的割刀作往复运动，产生较大的惯性力。为了减轻机器的振动，提高零部件的使用寿命，使切割器在高速作业时保持稳定的切割质量，需要在曲柄盘上相对于曲柄销的一端增加平衡块，以平衡割刀的惯性力。

（3）切割器驱动机构　往复式切割器的驱动装置使割刀实现往复运动，产生加大的惯性力。为了减轻机器的振动，提高零部件的使用寿命，使切割器在高速作业时保持稳定的切割质量，需要在曲柄盘上相对与曲柄销的一段增加平衡块，以平衡刀的惯性力。

往复式切割器的驱动装置常采用曲柄连杆机构、摆环机构、曲柄摆杆机构或液压马达。曲柄连杆机构曲柄转速一般为 715～1000r/min，由它驱动的切割器割幅能达到 2m 以上。摆环机构结构紧凑、工作平稳，但制造工艺较复杂，由它驱动的后悬挂割草机割幅可以达到 3m 以上。这种驱动装置另一个优点是适用于坡地作业，当切割器与水平面呈 90°和 30°角时也能正常割草。

2. 牵引往复式割草机

牵引往复式割草机目前在我国使用较多，主要用于天然草场的饲草收获作业，代表机型有9GJ-2.1型牵引式割草机和92GQJ-2.1A型牵引式胶轮割草机等。

（1）9GJ-2.1型牵引式割草机　9GJ-2.1型牵引式制草机是我国最早生产的饲草收获机械之一。由于其具有适应性强、工作可靠、使用调整方便、可同时连接2~3台机器作业的特点，目前仍然是我国天然草场饲草收获的主要机具。

9GJ-2.1型牵引式割草机由机架、切割器、传动机构、起落机构、倾斜调整机构和牵引及转向装置等构成。

①切割器：割刀组件由刀杆、铆在刀杆上的动刀片和刀头组成。割刀由曲柄连杆驱动作往复运动。刀梁组件包括刀梁、固定在刀梁上的护刃器、压刃器、摩擦片及铆合在护刃器上的定刀片等。刀梁两端设有内外滑掌，用于支撑切割器。挡草板组件安装在外滑撑上，作用是将割下的草向左推动一段距离，留出适当空道，避免下一次割草时拖拉机右轮或割草机右轮碾压已割饲草。切割器通过它的内滑掌与挂刀架铰接，而挂刀架又借助前后拉杆与主机架铰接。这样，切割器可绕挂刀架转动，又能随同挂刀架相对于主机架上下摆动，以满足其升降和地面仿形的要求。

②传动机构：9GJ-2.1牵引式割草机靠行走轮提供动力。传动机构用来把行走轮的动力传给切割器。它由行走轮、棘轮装置、齿轮传动和牙嵌式离合器等组成。

行走轮由铸铁制造，用滚柱轴承滑套在轴端，以支持机器工作。在轮缘上铸有10~15mm高的纵、横凸起，可防止行走轮打滑。

棘轮装置位于行走轮和轮轴之间，由棘轮、卡爪和弹簧组成。棘轮和行走轮的轮毂铸为一体，卡爪盘则固定在行走轮轴上，3个卡爪和弹簧分别装入卡爪盘的凹槽内。当行走轮向前滚动时，轮毂的棘齿顶住卡爪，通过卡爪盘使行走轮轴转动，动力传至割刀。当行走轮反转（倒退）时，卡爪被顶起并压下弹簧，棘齿滑过卡爪，行走轮空转，停止驱动割刀。当机器转弯时，上述机构起差速作用。齿轮传动由1对圆柱齿轮和1对圆锥齿轮组成，传动比为22.7，最终由小锥齿轮通过曲柄和连杆驱动割刀运动。

牙嵌式离合器包括离合器、拔叉、拉杆和踏板等零部件。离合器用花键安装在大锥齿轮轴上，位于大锥齿轮右侧。当抬起离合器踏板时，离合器在弹簧作用下左移，离合器棘齿与大锥齿轮棘齿结合，带动大锥齿轮转动，将动力传给割刀。当踏下踏板时，通过拉杆、拨叉作用，离合器压缩弹簧右移，离合器棘齿与大锥形齿轮棘齿分离，割刀动力被切断。

③起落机构：当遇到障碍或机器运输时，可用起落机构将切割器升起。切割器起落机构的手杆、踏杆、齿板、钩杆、大摇臂安装在机架上，小摇臂、拉板、调节拉杆、弯杆等固定在挂刀架和内滑掌上，安装在机架和挂刀架的零部件通过双头钩杆连接组成起落机构。当遇到障碍物时，向后扳动手杆（或踩动踏杆），通过各构件作用，切割器按顺序升起。当钩杆钩到齿板第二齿时，形成起落位置Ⅰ——短途运输位置。此时，应将切割器动力切断，避免损坏零件。需要降落切割器时，向前推动手杆。当钩杆离开齿板上的齿时，切割器靠自重落下。长途运输状态运输时，在位置Ⅰ的基础上上继续向后扳动手杆，切制器继续升高。

起落机构中的补偿弹簧用来减轻内外滑掌接地压力和减轻拉杆上的作用力。通常手杆上作用力为200N。踏板上的力不大于400N。

④倾斜调整机构：主要是用来调节切割器俯仰。它由倾斜调整手杆、扇形齿板、调节杆等

组成。当向前、向后扳动手杆时，通过调节杆作用，使挂刀架在后拉杆上朝前或朝后转动，于是切割器下俯或者上仰。一般在平地工作时，切割器可水平或下俯，以利于低割。地面不平时，切割器应上仰，避免护刃器插入土中。调节范围上仰角为15°，下俯角为5°~10°。切割器的前倾角由前拉杆调节。

⑤牵引及转向装置：主要用来实现割草机与拖拉机及多机作业时割草机之间的连接，并操控手转动舵轮，通过蜗轮蜗杆机构改变割草机的行走方向。割草机需要改变方向时，操作手转动拖轮。

（2）9GQJ-2.1型牵引式胶轮割草机　它是一种以胶轮为支撑的牵引式割草机。该机与9kW以上带有侧置或后置动力输出轴的拖拉机配套，主要用于平坦或小坡度天然草场或种植草场的饲草收获。该机是目前国内饲草收割机具中常用的机型。

9GQJ-2.1型牵引式胶轮割草机主要由机架、传动系统、提升和倾斜调节部分、切割器总成及行走轮五部分组成。拖拉机动力经万向节传动轴、一二级皮带轮传递给曲柄连杆机构，驱动割刀进行割草。提升机构有机械式和液压式2种。机械提升系统由大摇臂、小摇臂、拉伸弹簧和升降杆等组成。液压提升系统由油缸、支臂和支臂座等组成。提升和倾斜调节装置及切割器总成与9GJ-2.1型割草机基本相同。

3. 悬挂往复式割草机

悬挂往复式割草机常见的形式有单刀悬挂和三刀悬挂等，其中以单刀后悬挂应用最多。割草机安装在悬挂机架上，通过三点悬挂装置与拖拉机挂接，用液压系统操纵起落，由拖拉机动力输出轴驱动切割器，结构简单，机动性和适应性好。

前悬挂和侧悬挂割草机一般用于多刀悬挂组合式割草机，一般用于天然牧场。我国内蒙古海拉尔牧业机械总厂曾生产过悬挂式三刀割草机。目前，欧洲有些地区生产小马力拖拉机配套的前悬挂割草机。前悬挂割草机有单动刀切割器和双动刀切割器，割刀驱动一般采用摆环、曲柄摆杆机构，多用于小型农场或草坪割草。

92GH-2.1A型后悬挂割草机是我国定型生产的悬挂往复式割草机之一。该机可满足丘陵、坡地等不同条件下收获天然和种植饲草作业的需求。该机与18~33kW拖拉机配套。92GH-2.1A型后悬挂割草机由悬挂架、传动部分、切割器总成等组成。作业时，驾驶员将液压手柄搬到下降位置，割草机靠自重自行降落。下降的速度可通过调节手柄调节。曲柄盘与小皮带轮制成一体，当结合拖拉机动力输出轴时，动力通过万向节传动轴、皮带传动、曲柄连杆机构驱动割刀进行割草作业。切割器部分与9GQJ-2.1型割草机相同。当驾驶员将液压升降手柄搬到上升位置时，升降臂转动，割草机被提升，同时提升链被拉紧。此时，固定在机架上的提升三角转动一个角度，使切割器上升。长途运输时，割草机提升到最高位置，并要锁住提升臂。

4. 半悬挂往复式割草机

半悬挂往复式割草机与拖拉机液压悬挂装置挂接，本身有一个支撑轮，承受割草机部分重量。它具有挂接方便、机组稳定性好、机动灵活等特点。9GB-2.1型半悬挂往复式割草机与9~11kW带有侧置或后置动力输出轴的拖拉机配套，用于天然草场或种植草场的饲草收获作业。拖拉机动力通过万向节传动轴、皮带传动、曲柄连杆机构驱动切割器进行割草作业。该机可实现切割器倾斜角的调节、割茬高度的调节和切割器对地压力的调节。该机配有液压提升装置，遇障碍物时可通过液压提升装置提起割刀。尾轮采用自位结构，转弯半径小，适宜小块草场作业。

5. 双动刀割草机

双动刀割草机在欧美国家使用较多，主要用于收获高产人工种植饲草。双动刀割草机切割器的上、下割刀间距38mm，刀片底部宽58mm。由于上、下割刀作相对运动，切割速度相对较高，割草机工作速度可达13km/h以上，切割能力大为增强，割茬损失小，切割质量明显高于其他往复式切割器。双动刀切割器没有护刃器，采用能随刀片运动的弹性压刃器（上支撑臂）和托刃器（下支撑臂）支撑割刀，使用维护方便。这种割草机制造要求高，功率消耗大，机器价格较高。

双动刀割草机通常采用前悬挂或后悬挂形式与拖拉机挂接。根据悬挂方式和割幅不同，割刀驱动有前悬挂中央曲柄摆杆机构驱动、前悬挂一侧曲柄摆杆或曲柄连杆机构驱动、两侧曲柄摆杆或曲柄连杆机构驱动、液压马达曲柄摆杆机构驱动、水平垂直全液压驱动等多种形式。

奥地利Busatis公司生产的BM系列割草机是典型的双动刀割草机。与单动刀切割器比较，切割能力和切割质量都有明显提高，割茬更加整齐。切割速度的提高使单位割幅生产率随之提高。由于割刀相对运动，整机平衡问题得到很好的解决，省去了平衡结构。在恶劣条件下（密植、作物缠绕等）都能很好地完成切割，很少发生堵刀现象。该机除适用于收割饲草外，还可用于青贮饲料、谷物、豆类、麻类等作物的收获。在正常情况下，每米割幅消耗功率2.2kW左右。BM系列割草机割幅为1.15m、1.5m、1.7m、1.9m、2.25m。

意大利Tonutti公司生产的FID、FBR系列割草机采用无护刃器的双动刀切割器，割幅为1.2~2m，配套动力9~15kW。拖拉机动力经输出轴、皮带传递，该机采用三点悬挂装置与拖拉机挂接，配有液压提升机构。工作时能方便地升降、浮动切割器。该机双动刀切割器的压刃器与前述不同，采用间隙可调的宽压刃器，刀片间隙稳定，工作可靠。

美国约翰迪尔公司生产的SB1106、SB1107双动刀割草机结构原理与Busatis公司BM系列双动刀割草机相同，割幅和配套动力相对较大。

（三）旋转式割草机

1. 总体结构及工作过程

旋转式割草机采用高速旋转的切割器，速度达50~90m/s，可以实现高速作业。旋转式割草机按切割器旋转方向不同可分为垂直旋转和水平旋转2类。割刀在垂直面内旋转的割草机，包括甩刀式割草机，目前在饲草收获中应用范围较小，多用于青饲收割和草坪割草。水平旋转割草机按传动方式不同分为上传动割草机和下传动割草机。下传动割草机一般由机架、传动系统、切割器、提升仿形机构、防护罩等组成。上传动割草机也称滚筒割草机，切割器通常由2~6个成对反向旋转的转子（滚筒）组成。每个转子装有铰接的刀片2~4片，割幅0.4~1.2m。下传动割草机也称盘式割草机，切割器一般由4~8个成对反向旋转的刀盘组成，每个刀盘装有铰接的刀片2~3片，割幅为0.4~0.8m。

（1）切割速度　旋转式割草机作业时，铰接在切割器上的刀片在离心力的作用下稳定于工作位置进行割草，其切割速度是刀盘刀片转速与机器前进速度的合成。假设刀片稳定在刀盘的径向位置，则刀片刃线上任意一点的切割速度为该点圆周速度和机组前进速度的矢量和。它的大小随刀片运动位置的不同而变化。刀片切割速度的最小值为刀片运动方向与机器前进方向相反时刀片根部的切割速度。

（2）切割器及驱动方式　盘式切割器刀盘有三角形、椭圆形或圆形，每个切割刀盘装有2~3片割刀，目前双刀片椭圆形刀盘应用最多。直齿圆柱收轮和直齿圆柱齿轮传动扭矩大，制造精度要求更高，且中间齿轮功率损耗大。斜齿圆柱齿轮传动平稳，可减小齿轮厚度及切割器高度，使其结构更加紧凑。目前生产的切割器多采用模块化封闭油浴结构，拆装和维护方便，齿轮和轴承润滑充分，使用寿命长。由于刀盘高速旋转，对转动平衡要求较高，其平衡品质等级达到 G16 以上。

锥齿轮传动的优点是齿轮数量少，传动可靠。但结构不紧凑会增加刀梁高度。一般意义的液压驱动是指动力源的动力通过液压传输到与切割器连接的液压马达上，由液压马达驱动齿轮箱等工作部件。目前，国外有液压马达直接驱动上传动割草机滚筒的机型，对液压系统的稳定性、同步性要求较高。

(3) 刀片　旋转式割草机的刀片较往复式割草机刀片简单。目前使用的主要是双刃快换刀片。

2. 上传动割草机

上传动割草机由机架、传动装置、切割器和升降仿形机构等组成。上传动割草机一般由皮带传动或齿轮传动组成传动装置驱动切割器运动。切割器包括滚筒、刀盘、仿形滑盘等。滚筒用于传递动力，成对反向旋转的滚筒对已割饲草起导向和成条作用。刀盘与滚筒刚性连接，其上装有刀片，刀片与刀盘铰接且有一定的摆动量。仿形滑盘主要起支撑机器、调节割茬和地面仿形作用。

皮带传动滚筒割草机的传动及切割器部分具有结构简单、造价低等优点；缺点是皮带换向传动易老化，传动不可靠，需经常调整。该结构用于我国较早的滚筒割草机，目前主要采用锥齿轮传动、链传动或齿型皮带传动。

(1) 9GX-2.0 型旋转割草机

①整机结构：9GX-2.0 型旋转割草机是我国较早生产的上传动割草机之一。该机主要由机架、传动机构、切割器总成、提升仿形机构等部分组成。该机通过人字形机架三点悬挂于拖拉机后部，切割器由拖拉机动力输出轴驱动切割饲草。割后草从两切割器中间通过，并形成整齐疏松的草条。

②传动机构：9GX-2.0 型旋转割草机通过两侧带有反向输出轴的锥齿轮箱，分别带动两级皮带传动，驱动 4 个切割滚筒两两反向旋转。这种传动方式结构不紧凑，效率也相对较低，且驱动第一个切割滚筒的皮带长度短，易疲劳失效。传动机构由拖拉机动力输出轴经两级皮带和两级齿轮增速。当动力输出轴转速为 540r/min 时，切割器转速可达 1920r/min。这种机构传动可靠，结构紧凑，但制造较复杂。完全采用三角皮带传动的方式。该传动系统靠张紧轮实现三角皮带半交叉传动并改变旋转方向，此方式多应用于 2 个滚筒的旋转式割草机。

③切割器：切割器由滚筒、刀盘、仿形滑盘和刀片等组成。滚筒有圆柱形和圆锥形 2 种。圆柱形滚筒由两半圆筒铆合而成，铆接处通常留有 10~15mm 的凸缘，以利于推送饲草。滚筒的高度与饲草高度相关，一般以收获饲草平均高度的 1/3 作为滚筒高度的设定值。滚筒的直径取决于饲草的生长密度和滚筒之间的间距。当饲草生长密度大，如果滚筒间距太小，易造成堵塞，导致机组前进阻力增加。一般滚筒直径为 0.3~0.5m。圆锥形滚筒底部大，上部小，以增加底部线速度，使割后草在输送过程中被滚筒升起向后输送，避免饲草前倾被二次切割。9GX-2.0 旋转式割草机采用两端向下弯曲呈 15°角的刀盘，避免端部铰接刀片损坏后飞出。此外，上传动割草机还采用其他多种形式的刀盘。为了使割刀在高速作业时遇到障碍不致损坏，旋转式割草机的刀片采用铰接安装，保证割刀遇到障碍物时向后摆动。工作时，靠离心力作用保持在

工作位置。为了方便更换刀片，大都采用快卸结构。

（2）国外上传动旋转割草机　上传动割草机在欧洲使用较多，有前悬挂、后悬挂和侧牵引等形式。滚筒一般为2~4个，直径40~1200m，割幅1.85~3.05m。配套动力22~40kW。切割器采用锥齿轮或链条驱动。

①奥地利波特格（Pottinger）CAT190型后悬挂滚筒式割草机：奥地利波特格公司的CAT190型后悬挂滚筒式割草机采用上传动切割器，该机配套动力为29.4kW，工作幅宽1.85m。CAT190割草机机架与悬挂架铰接，可提高机器的地面仿形性能，改善对不同地面形态和坡堤地带作业的适应性。同时，可以均衡地支撑切割器，减小切割用力和牵引侧向力。调整切割器滑盘和机架铰接点高度，可调节机器的割茬高度。该机切割器由2个切割滚筒组成，每个滚筒装有3片割刀。拖拉机动力输出轴经万向节传动轴、锥齿轮驱动切割滚筒作业，运转平稳。该机装有自动脱离装置，机具遇到障碍时自动脱离装置打开，机器向后摆动，能够保护切割器避免损坏。CAT190型割草机还具有维护方便、更换刀片容易、传动系统卸载保护等特点。

②德国道依茨-法尔（Deutz-Fahr）后悬挂滚筒式割草机：道依茨-法尔公司KM400系列上传动割草机割幅为2.65~3.30m，整机由悬挂架、机架、传动机构、切割器、安全机构、升降机构和防护罩等部分组成。该机具有结构紧凑、制造精度高、使用安全可靠等特点。传动机构由自张紧皮带和螺旋锥齿轮机构组成，结构紧凑，传动平稳，传动扭矩大。切割器由3~4个切割滚筒组成。当机器遇到障碍物时。安全机构使机器自动断开动力或后摆，越过障碍后在回位支架的作用下，机器自动回到工作位置。

③意大利马斯（Masar）TF型前悬挂滚筒式割草机：意大利马斯TF4型是前悬挂上传动割草机架构，该机机架和悬挂架刚性连接，挂接于拖拉机前悬挂架上。切割器由4个切割滚筒组成。该机单筒割幅为0.67m，整机割幅为2.65m。拖拉机前置动力输出轴经万向节传动轴，带动安装在每个滚筒上的锥齿轮机构，驱动切割滚筒。割后的饲草作通过调节的挡草轮形成1.2~1.6m的草条。该机的特点是结构紧凑，传动可靠，仿形性好，草条长度和割茬高度调节方便，田间操作灵活便捷。

3. 下传动旋转割草机

下传动旋转割草机也称盘式割草机，具有结构紧凑，传动可靠，使用维护方便，是我国市场上割草机械的主要产品。盘式割草机有牵引、后悬挂和前悬挂等形式，割幅为1.65~3.4m，配套动力为18.4~51kW。一般配有液压提升和弹簧减压仿形装置。

盘式割草机多采用后悬挂方式，后悬挂盘式割草机由悬挂架、液压提升机构、机架、切割器、挡草板（轮）、传动机构和防护帘等组成。工作时，草由刀盘抛过刀梁经挡草板（轮）形成草条。液压提升机构由悬挂架、减压弹簧、液压提升油缸、安全后摆机构等组成。减压弹簧和液压提升油缸控制切割器的对地压力、切割器仿形以及割台升降。当遇到障碍时，安全后摆机构可自动开启，使割草机整体后摆避免损坏机器。下传动旋转割草机的传动机构设在切割器下面的封闭式传动箱（切割器梁）内，由齿轮传动机构驱动刀盘。盘式割草机多采用椭圆或缺口螺旋形刀盘结构，一组刀盘装在同一切割器梁上，切割器梁由滑盘支撑。每个刀盘装有2~3片双刃刀片，均可快速拆装。盘式割草机一般配有挡草装置，分离割后草并向草条中间集中，留出一定空地避免下一作业行程碾压已割饲草。挡草装置有板式和轮式2种，轮式结构相对复杂但挡草效果较好，通过调节挡草板（轮）可改变草条宽度和形状。

（1）9GZX-1.7旋转割草机　9GZX-1.7旋转割草机为下传动割草机。9GZX-1.7旋转割草机的传动箱固定在切割器内侧壁上，由1对锥齿轮和3个圆柱斜齿轮构成，用以增速和改变旋转方向。驱动刀盘的4对锥齿轮均装在箱式切割器梁内。主动锥齿轮两两相对地固定在六方主轴上，4个被动齿轮固定在刀盘立轴下端。当机器工作时，动力经万向节传动轴、皮带、齿轮箱、刀梁内的锥齿轮，驱动4个刀盘成对反向旋转进行割草作业。

切割器结构：刀盘立轴借助于轴承安装在锥齿轮座内，上部固定着刀盘座和导草罩，下端固定小锥齿轮。刀盘、刀片夹持器、防尘罩均固定在刀盘座上，并随刀盘立轴一起回转。刀盘用薄钢板冲压成形，其上有若干倾斜的螺旋形开口，以利于割后草顺利通过刀梁。螺旋角一般为3°~5°。其角度太小，对饲草的抓取能力减弱，易使饲草滑落；如果将螺旋角增大，抓取能力虽增强，但将饲草输送到切割器后面时不易抛出。刀片借助于刀片夹持器铰接在刀盘上，当刀盘旋转时，刀片在离心力作用下，使其稳定于工作位置进行割草。当遇到障碍物时，刀片倾斜通过，免于损坏。刀片两侧均有刀刃，当一侧刀刃磨损后，将左右刀盘上的刀片换装可继续使用。导草罩固定在刀盘上，它使割后草立即沿刀盘螺旋面上升，同时向后输送，避免重割或塞刀。外侧的刀盘上装有圆锥形分草轮，强制把割后饲草与未割饲草分开，以免饲草相互牵连影响切割。

由于切割器高速回转，周围空气产生涡流，造成未割饲草倾斜，导致割茬增高，这会产生二次切割，增加功率消耗。为了避免这种情况，切割器切割前倾斜一个角度。通常前倾角不超过3°，否则割后草呈波浪形，割茬不整齐。

由于下传动割草机的刀盘和割刀驱动机构均安装在刀梁上，刀梁要有足够的刚度和强度。

（2）MDM1300、MDM1700型圆盘式割草机　MDM圆盘式割草机是上海世达尔公司生产的下传动割草机。MDM1300型为双圆盘割草机，MDM1700型为四圆盘，割幅分别为1.25m和1.65m。MDM圆盘式割草机适用于各类饲草如苜蓿、黑麦草、燕麦草等的收获作业，也适合于收割较高的饲草作物。升降系统装有螺旋手柄，容易升降。采用双弹簧悬挂，能适应地面的凹凸情况，不损伤草地。该机装有安全装置，作业中，碰上障碍物或遇异常力时，割草机往后摆动，使机器免受损坏。

（3）库恩GMD702F、GMD802F型前悬挂圆盘式割草机　GMD系列前悬挂圆盘式割草机采用拖拉机前端悬挂，要求拖拉机前端配置动力输出轴和液压输出接口。

GMD系列圆盘割草机采用四连杆仿形机架，装有强力浮动弹簧和液压提升机构，仿形能力强，机动性好，对地面压力小，操作灵活，适用于丘陵、果园等田间作业。

二、搂草机、摊晒机

搂草机的作用是将割后铺放在田间的散草搂集成草条，以适应后续作业的需要。摊晒机的作用是摊散、翻动晾晒到一定程度的散草或草条，加速饲草的干燥，并使其干燥均匀。

（一）农业技术要求

搂草作业损失率应不大于3%；形成的草条应连续、均匀、松散、外形整齐，每米草条重量应满足后续作业的要求；形成草条后饲草应清洁，尽量减少陈草、泥土等混杂物；作业过程中饲草的移动距离要小，对草的作用柔和。

（二）分类

搂草机按草条形成方向不同分为横向搂草机和侧向搂草机。横向搂草机搂集草条形成方向与机组前进方向垂直，侧向搂草机草条形成方向与机组前进方向平行。侧向搂草机按结构分为滚筒式、指轮式、水平旋转式和传送带式等几种类型。摊晒机的形式和侧向搂草机基本相同。

目前市场上几乎没有单一功能的侧向搂草机或摊晒机，往往具有多种功能。既可进行搂草作业，也可用于摊草、翻草和翻条作业。

1. 横向搂草机

横向搂草机作业时，饲草移动距离大，草条连续性较差。由于搂齿触地，搂集草条陈草较多，易被泥土和其他异物污染。对于一些天然草场，搂齿端部容易划伤草地，影响饲草再生。横向搂草机单机工作幅宽较大，国产机型搂幅最大可达 9m，每米草条重量由人工控制，在低产天然草地也能搂集较大的草条。横向搂草机在畜牧业发达国家已被淘汰，目前仍是我国天然草地饲草收获作业中的主要搂草机械。国内市场主要有 9L-2.1、9L-6、9L-9 等定型产品。

（1）整机结构及工作过程　横向搂草机主要由搂草器、升降机构、传动系统、行走轮和机架等部分组成，如图 3-2、图 3-3 所示。

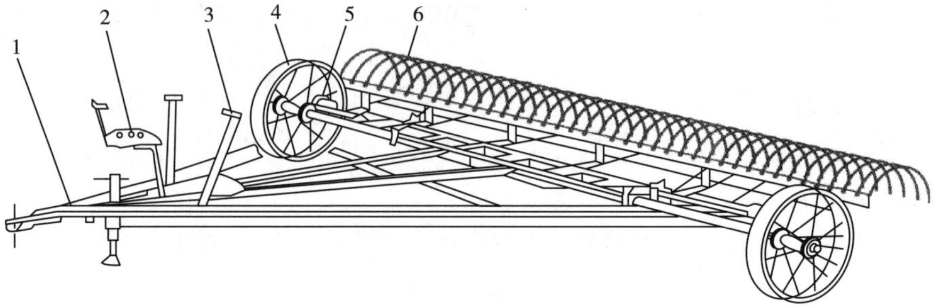

1—机架；2—座位；3—操纵手柄；4—行走轮；5—升降机构；6—搂草器。

图 3-2　9L-6A 型横向搂草机结构示意图

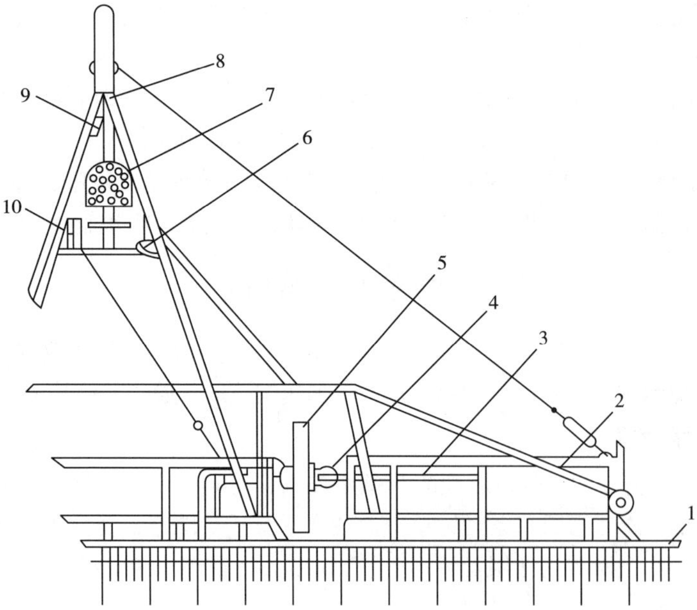

1—搂草器；2—机架；3—升降机构；4—万向节接头；5—行走轮；6—扶手；7—座位；8—牵引架；9—工具箱；10—操纵手柄。

图 3-3　9L-9 型横向搂草机结构示意图

搂草作业时，搂草器弹齿相对于机架不动，可随地面起伏上下做一定量的浮动。当草条搂集到所需量时拉动操纵手柄升起搂草器，释放草条后搂草器落下继续搂草。每次释放的草条连接起来形成一个连续的草条。横向搂草机草条形成过程见图 3-4。一排并列的弧形弹齿在整个搂幅内形成一个曲面。搂草机前进，饲草进入弹齿前段［图 3-4（1）］，然后沿曲面上升［图 3-4（2）］。当到达极限高度时，在重力的作用和后续饲草的推动下降落［图 3-4（3）］，先落下的饲草向中心卷入，后续饲草依次卷在外层而形成卷状草条［图 3-4（4）］。搂集饲草达到要求时升起搂草器放草成条［图 3-4（5）］。实际工作中草条形成质量受弹齿参数和材质、饲草特性、工况、机器前进速度等诸多因素的影响。

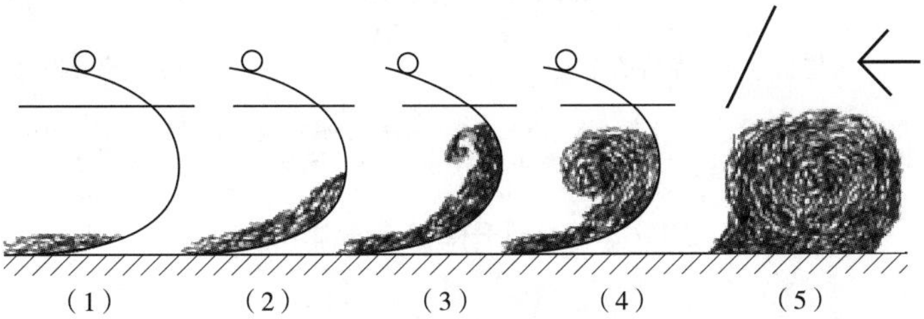

图 3-4　横向搂草机草条形成过程示意图

（2）主要部件　搂草器是横向搂草机的主要工作部件，它由搂草器梁、弹齿、齿托和除草杆组成。9L-6A 型横向搂草机的搂草器分左、右两段，通过搂草器梁与机架后端的支架铰连。机架后部等距离固定有一组除草杆，当升降机构将搂草器升起时，除草杆强制草条脱离搂草器。弹齿有 2 种形状。图 3-5（1）为圆弧形弹齿，由 1 段直线和 1 段圆弧组成。另一种为螺线形弹齿［图 3-5（2）］，它的曲率半径自下而上逐渐减小。螺线形弹齿工作性能比圆弧形弹齿好。

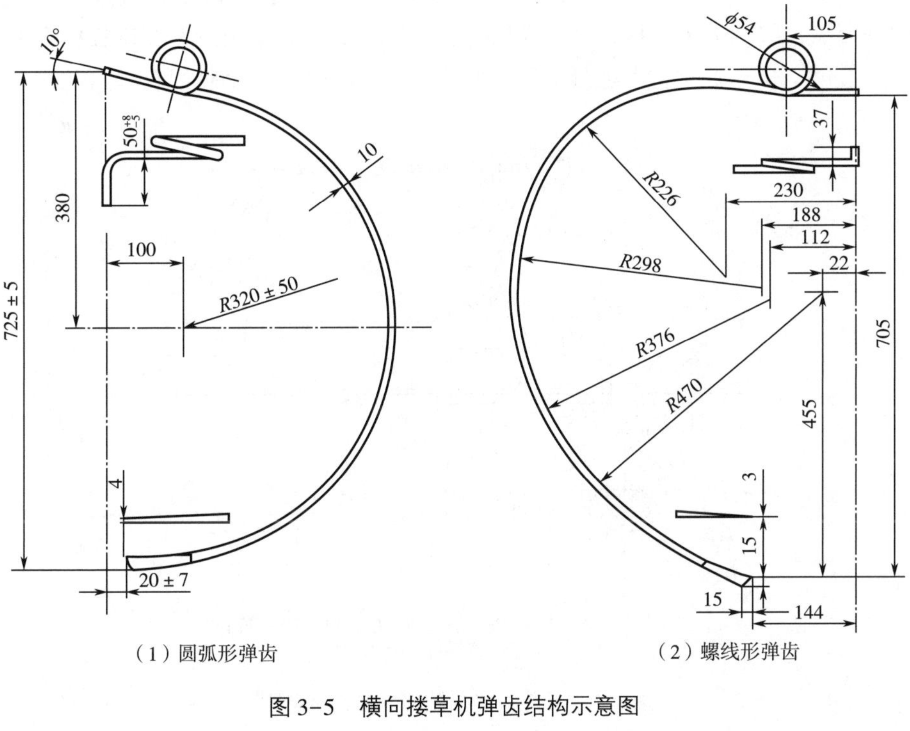

图 3-5　横向搂草机弹齿结构示意图

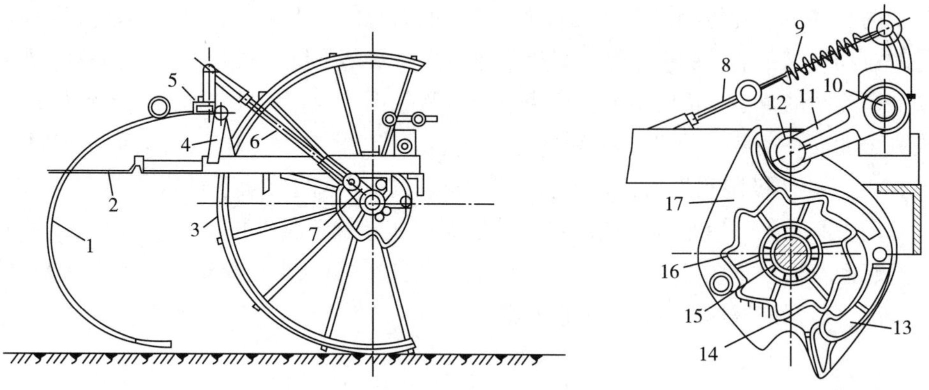

（1）升降机构与搂草机的连接　　（2）升降机构驱动部分

1—弹齿；2—除草；3—行走轮；4—支架；5—齿托；6—连杆；7—曲柄；8—拉钩；9—大拉簧；10—控制轴；11—控制杠杆；12—滚轮；13—棘爪；14—小拉簧；15—行走轮轴；16—棘轮；17—双口盘。

图 3-6　搂草机升降机构结构示意图

升降机构（图 3-6）分左、右 2 组，分别装在机架两侧，控制操纵手柄可使两组一起动作。行走轮滑套在轮轴上，轮轴上固定棘轮，内侧有固定在行走轮轴上的双口盘，在双口盘上销连棘爪，棘爪端部拉着小拉簧。棘爪尾部保持与控制杠杆上的滚轮接触，强制棘爪与棘轮处于分离状态。升降机构控制部分（图 3-7）安装在机架内侧。它的闸杆和拨爪均装在闸盒内。闸杆的收缩由固定在行走轮轴上的拨杆控制。升降机构的工作过程如下：拉动操纵手柄时，杠杆的下臂抬起，并搁置在控制闸杆上。同时，棘爪［图 3-6（2）］在小拉簧作用下与棘轮咽合，行走轮的转动扭矩通过棘轮机构、双口盘传给行走轮轴，再通过曲柄和连杆［图 3-6（1）］使搂草器升起。当行走轮转过 210°时，行走轮轴上的拨杆（图 3-7）拨动拨爪，使闸杆回缩，杠杆失去支撑，在大拉簧［图 3-6（2）］的作用下，控制杠杆上的滚轮与双口盘凸缘接触，搂草器靠自身重量下落到原始位置。同时，滚轮回到双口盘的凹口内，推

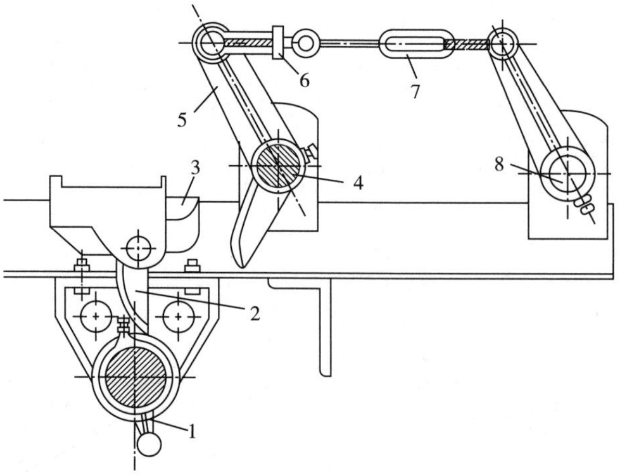

1—拨杆；2—拨爪；3—闸杆；4—控制轴；5—杠杆；6—接叉；7—操纵杆；8—中间轴。

图 3-7　升降机构控制部分结构示意图

动棘爪尾部，使棘轮与双口盘分离，行走轮轴停止传递扭矩。至此，搂草器完成一个升降过程。当搂草机转入运输状态时，拉动手柄，使控制杠杆［图3-6（2）］上的滚轮离开双口盘凹口，棘爪与棘轮结合，并随行走轮转动，使搂草器升起。当行走轮转180°时，滚轮落入双口盘的另一缺口内，推开棘爪，使棘轮与双口盘分离，搂草器便保持在升起位置，机器处于运输状态。由运输状态转入工作位置，只要再拉动一下操纵手柄即可。

2. 侧向滚筒式搂草机

侧向滚筒式搂草机简称滚筒搂草机，分直角滚筒式和斜角滚筒式2种（图3-8、图3-9）。斜角滚筒式也称平行齿杆式，实际应用较多。滚筒搂草机大多采用牵引方式与拖拉机挂接，滚筒搂草机可单机作业或多台并机作业，具有搂草、摊草和翻晒作业功能。它与横向搂草机相比，搂集的草条蓬松，通风好，干燥均匀，生产效率较高。但它结构比较复杂，机器单位幅宽重量大。直角滚筒搂草机的滚筒旋转面与齿杆之间的夹角（滚筒角）$\beta=90°$，而滚筒旋转面与机器前进方向之间的夹角 α（前进角）为45°～50°。斜角滚筒搂草机滚筒角 β 小于90°，一般为30°～60°，前进角 α 大于45°，一般选择70°～100°。机器工作速度 $v_m=3.216$km/h，单幅工作幅宽2.1～3.2m。v_n 为机器前进速度。

（1）结构及工作过程　滚筒搂草机主要由机架、搂草滚筒、传动机构、升降机构和地轮等部分组成。搂草滚筒由滚筒轴、十字架、偏心轮、齿杆等组成。为了使弹齿在搂草时与地面保持一定角度，在滚筒的一侧设有弹齿运动定向机构，一般采用曲柄偏心机构，如图3-8（8）所示，保证搂草弹齿在运动中齿端向下。通过它可调整弹齿倾斜角度，以适应不同湿度和长度的饲草。工作时，饲草在弹齿作用下，随机器前移的同时向侧面滚动，在搂草滚筒的尾部形成与机器前进方向平行的草条。

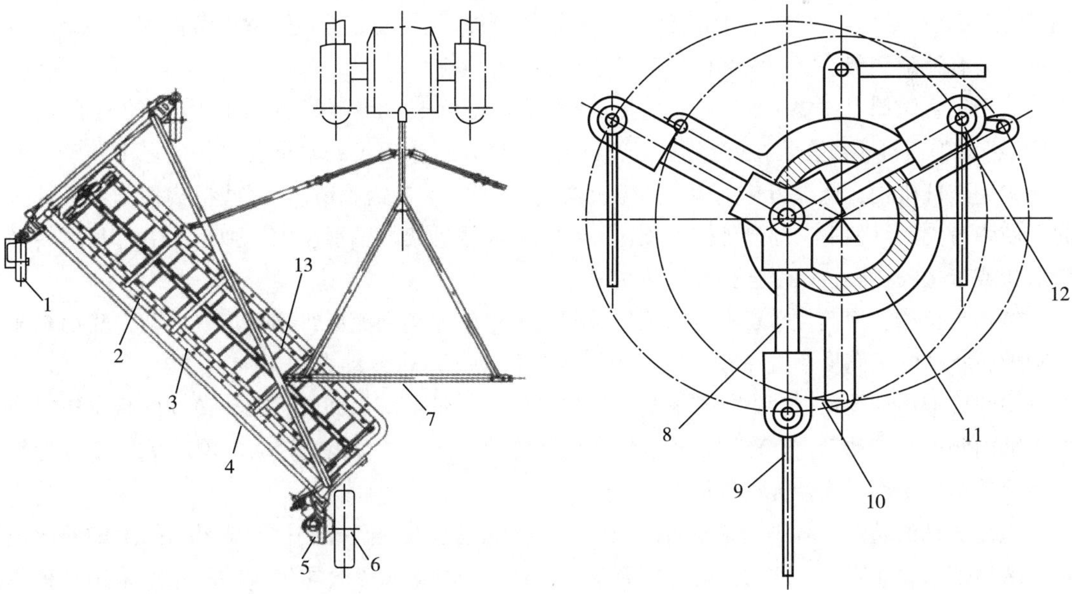

1—支撑轮；2—搂草滚筒；3—搂草滚筒架；4—升降机构；5—传动箱；6—地轮（驱动轮）；7—机架；8—偏心辐条；9—搂草弹齿；10—曲柄；11—主动辐盘；12—弹齿杆；13—除草杆。

图3-8　直角滚筒搂草机结构示意图

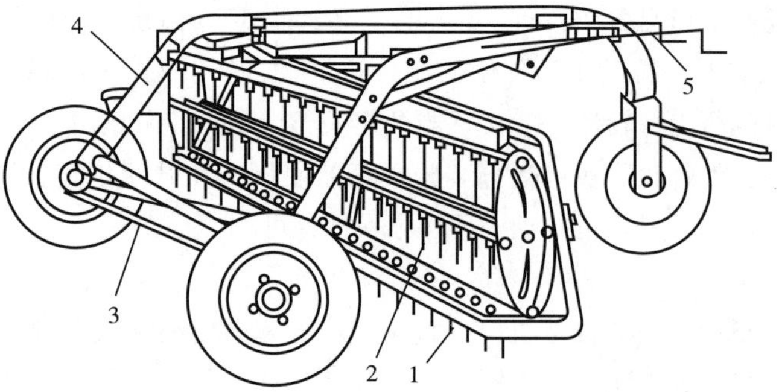

1—搂齿；2—搂草滚筒；3—传动机构；4—机架；5—升降机构。

图 3-9 斜角滚筒搂草机结构示意图

①直角滚筒搂草机弹齿运动轨迹：弹齿在工作过程中相对机架作平面平行运动。机器工作时，弹齿的运动轨迹是弹齿相对于机器的圆周运动和机器前进运动的合成。

②斜角滚筒搂草机弹齿运动轨迹：弹齿工作时，随齿杆依次工作，即第一根齿杆上的弹齿搂草后，第二根齿杆上的弹齿接着搂草。机器工作时，弹齿的运动轨迹是弹齿相对于机器的圆周运动和机器的前进运动的合成。以上 2 个运动轨迹的条件是弹齿端部线速度［回转速度与机器前进速度之比=1.3（一般为 1.23~1.33)］，机器前进速度为 1.94m/s。从上述 2 个运动轨迹可以看出，斜角滚筒搂草机弹齿对饲草作用力使饲草更接近于横向移动，饲草运动距离短，搂草性能更好。

（2）主要部件

①机架：一般用钢管、型钢或异型钢组成。机架由 2~3 个地轮支撑，除草杆装在刚性机架（直角滚筒式）或滚筒架上（斜角滚筒式）。除草杆的作用是防止作业过程中滚筒被草缠绕。机架上还装有地隙调节手柄和滚筒倾斜度调节机构。

②滚筒：滚筒是主要工作部件，它由两端的辐盘、齿杆和弹齿等部分组成。滚筒通常有 4~6 根齿杆，弹齿等距离安装在齿杆上。齿杆的一端装在一个辐盘的轴承孔内，可自由转动；另一端采用连杆机构、行星齿轮机构、凸轮机构或专用轴承与辐盘相连。这些机构控制着齿杆方向，使弹齿尖始终朝下。辐盘外有轴颈，装在机架或悬吊架的轴承座内。弹齿的上部呈扭转弹簧形状或带橡胶托座，以增强弹性，防止损坏。

③传动机构：滚筒搂草机有动力输出轴驱动、地轮驱动和液压驱动等形式。动力输出轴驱动和地轮驱动的滚筒搂草机一般采用三角形皮带传动。地轮或动力输出轴带动第一级皮带轮，经过中间皮带传动装置把动力传到滚筒幅盘皮带轮上，带动滚筒回转。地轮传动的搂草机，在地轮轴内侧设有传动箱，其作用是改变传动比和传动方向，驱动滚筒转动。国产 9LG-2.8 型斜角滚筒搂草机采用了这种传动机构。

液压驱动的基本方式是由拖拉机液压系统直接驱动装在辐盘外侧机架或悬吊架上的液压马达，从而带动滚筒回转。这种传动比较简单、可靠，约翰迪尔等公司生产的新机型采用这种传动方式。

（3）性能特点　斜角滚筒搂草机作业性能优于直角滚筒搂草机，是常用的搂草作业机具之一，具有如下特点：通用性强，调节滚筒转速、倾斜度和变换旋转方向，可完成田间搂草、摊草和翻草等所有的作业形式（图 3-10）；工作时弹齿不触地，草不易受沾污，草条蓬松、清洁，适用于种植草地和高产天然草地；斜角滚筒搂草机搂草时，草更趋近于横向移动，受弹齿打击次数比同幅宽的直角滚筒搂草机减少 1/2，饲草机械损失小；直角滚筒搂草机调节弹齿的后倾程度，即可控制饲草的抛撒强度，摊晒效果好。

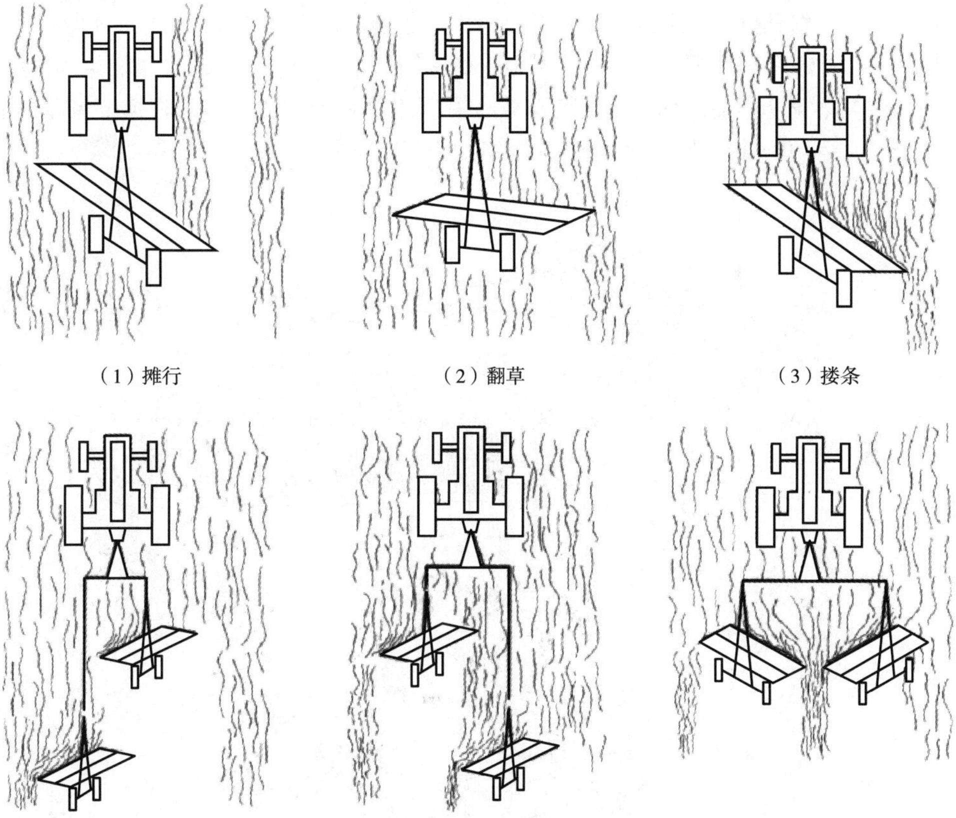

（1）摊行　（2）翻草　（3）搂条

（4）联机同向搂草　（5）联机同向搂双条　（6）联机对称搂草

图 3-10　斜角滚筒搂草机摊搂草作业示意图

（4）美国约翰迪尔公司 705 型双滚筒搂草机　约翰迪尔 705 型双滚筒搂草机如图 3-11 所示。其工作部件为双列斜角滚筒，每个滚筒配有 6 根齿杆。滚筒由液压驱动、液压升降。工作幅宽 6.57m，工作幅宽和草条宽度可通过液压机构调节。该机是一种技术先进、结构合理的机型，它可以将割幅为 3m 的割草调制机的 2 个草条搂集成一个大而蓬松的草条，以适应现代饲草压捆机、压块机的作业要求。约翰迪尔 705 型双滚筒搂草机可通过调整前后轮架上的调节手柄来调节滚筒离地高度。调整每个滚筒上的调节螺杆，可改变弹齿的倾角以适应不同地形、饲草、密度和作业速度。根据产草量不同，可通过拖拉机液压系统调节搂草机滚筒转速和草条宽度。该机的重型搂草弹齿安装在橡胶托座内，具有很好的柔度和弹性，可越过障碍立即回位，有效地提高了弹齿的使用寿命。通过液压系统提升搂草滚筒、收拢机架和前轮，可方便地将机器转为运输状态。

（5）意大利 Repossi 小型自走式斜角滚筒搂草机　意大利 Repossi 公司专业生产侧向滚筒、带式、水平旋转等多种形式的搂草机。70 型侧向斜角滚筒搂草机是该公司生产的自走式搂草机械，具有良好的机动性，可以稳定地在斜坡草地进行搂草作业。整机结构如图 3-12 所示，主要由轮式自走底盘、斜角滚筒搂草器、传动机构、控制机构和悬挂机构组成。自走底盘有3个橡胶轮胎，前轮较小，主要起支撑和导向作用。自走底盘配有9.3kW发动机和2个位置的液压分配器。搂草滚筒有4弹齿杆和5弹齿杆2种形式，位于前、后轮之间。机器中央位置控制杆和方向盘，使操作员具有良好的视野，并可方便地对机器进行快速调整。滚筒由液压马达驱动，转速可调。因此，驾驶员可以根据饲草的质量和产量选择最佳工作速度。该机的弹齿系统，可以垂直插入饲草并水平移动饲草而不破坏草地，确保饲草被完全、干净地搂集。柔和地移动饲草有效地保证饲草花叶不被破坏，蓬松的草条也有利于茎秆的干燥。弹齿杆换上特制的刷子，即可用于公园、运动场的搂草及其他场合作业，如用于欧洲橄榄的收集。

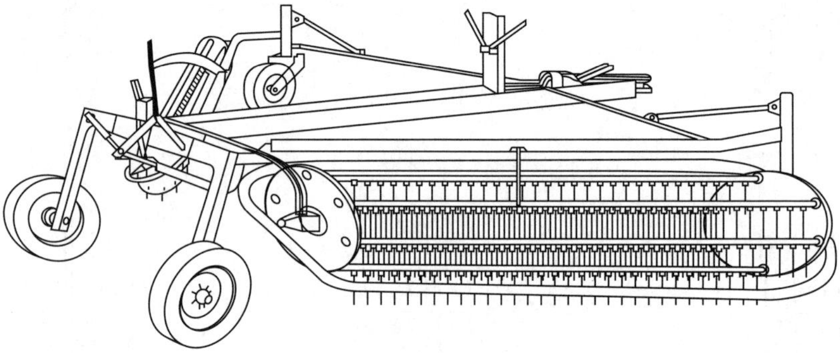

图3-11　双滚筒搂草机

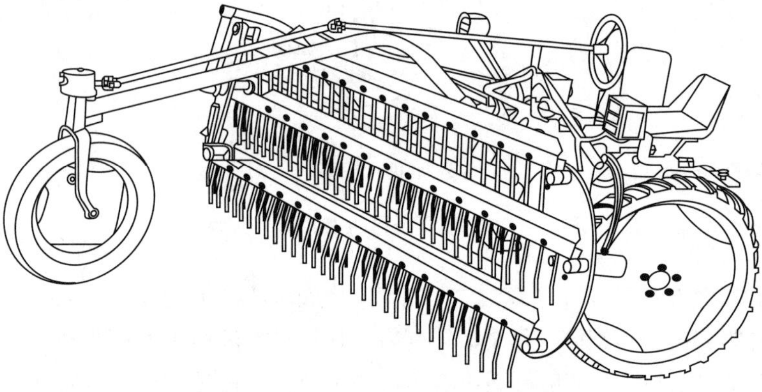

图3-12　意大利Repossi小型自走式斜角滚筒搂草机

3. 指轮式搂草机

（1）分类　指轮式搂草机按挂接方式分为牵引式和悬挂式，按有无动力驱动分为随动型和驱动型。随动型指轮搂草机不需要动力传动系统，结构简单、造价低、维护保养方便，推广使用较多。驱动型应用很少。国际市场上指轮式搂草机正在向大型化（16轮）、液压电子控制化方向发展。随动型指轮搂草机通用性较强。搂草的作业速度一般为8~14m/h。翻草作业速度可稍高于搂草作业。搂草时，草的移动距离短，花叶破碎损失小，适用于高产草地作业。指轮式搂草机对于摊晒高密度大草条适应性较差。由于弹齿触地工作，在轻型土壤地面作业易污染饲草。

（2）结构及工作过程　牵引式指轮搂草机的指轮数和工作幅宽较悬挂式大。指轮式搂草机结构如图 3-13 所示，由机架、指轮、地轮（牵引式）和升降调节机构等部分构成。指轮是搂草机的工作部件，由轮圈、弹齿和轮毂等构成，通过曲拐轴与机架梁连接。每台机器可以有 4~16 个指轮。双列指轮搂草机工作幅宽为 5.09m。指轮直径（按弹齿端部计算）一般为 1.2~1.5m。曲拐轴的一头装在指轮的轮毂内，另一端装在机架梁上的轴承孔内。这样，指盘既能绕自身轴心旋转，又能绕机梁上的轴承孔摆动，随地面呈浮动状态。指轮旋转平面与机器前进方向间有一定的夹角中，通常为 125°、135°。作业时，由于弹齿端部与地面接触作用，在弹齿端部产生一个分力，驱动指轮把草拨向下一个指轮的作用范围内，依次拨向最后一个指轮，在最后一个指轮的外侧形成草条。改变指轮与前进方向的夹角，使上一个指轮拨动的草不能到达下一个指轮的作用范围，机器便处于翻草工作状态。

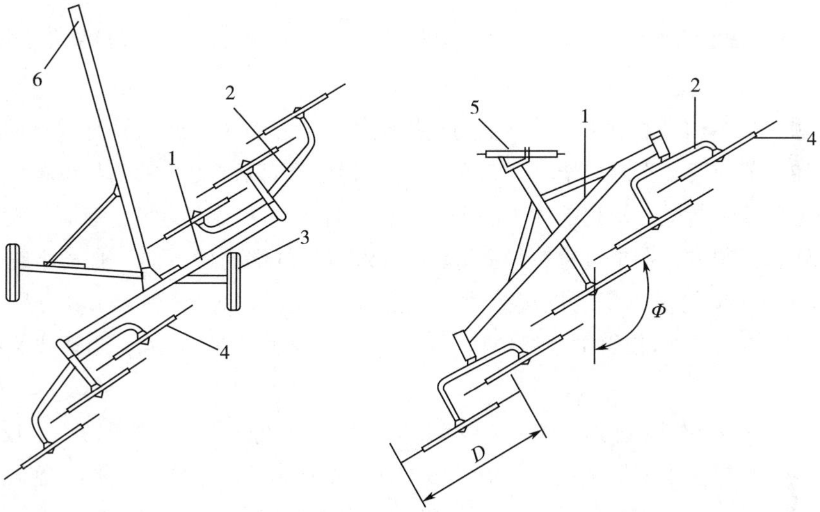

（1）牵引式单列指轮搂草机　　（2）悬挂式单列指轮搂草机

1—机架；2—指轮支架；3—地轮；4—指轮；5—悬挂架；6—牵引架。

图 3-13　指轮式搂草机结构示意图

（3）调节机构

①仿形调节：各个指轮，除通过各自的曲拐轴加吊挂弹簧单独仿形外，有些机器还有洞节机构，这种机构既可单独调节每个指轮，也可同时调节所有指轮，实现对地面的仿形调节。从拖拉机的驾驶座位用拉绳控制地轮和提升机构的离合，地轮驱动提升机构，通过钢丝绳、拉杆、弹簧和指轮轴使指轮升起或下降。单独调节各个指轮时改挂链节即可。弹簧起缓冲作用。

②地轮行走方向调节：一般牵引式指轮搂草机有 2~4 个支撑轮，超大幅宽（10m 以上）的机型有 6 个支撑轮。双列牵引式指轮搂草机中间有 2 个固定的导向轮，这种行走轮的方向不用调节。处于斜梁上的支撑轮的方向有时需要调节。例如，改变工作幅宽或变换作业项目时，斜梁的角度有变化，支撑轮的角度要随之变化。地轮立轴上固定有圆盘，与机架上的定位圆盘重合，但可相对转动。2 个定位圆盘上有几个定位销孔，可利用定位销把地轮立轴圆盘固定在不同的相对位置，使行走轮按要求方向行驶（图 3-14）。

③指轮与机架夹角的调节：有的机器主机架与前进方向夹角固定，靠调节指轮平面与机架夹角变换作业目的。角度小时呈搂草状态，角度大时呈摊草状态。

（4）9LZ-4.8 型双列悬挂指轮式搂草机 9LZ-4.8 型双列悬挂指轮式搂草机主要由悬挂架、机架、指轮轴、指轮等部分组成（图 3-15）。它没有传动机构和起落机构，由拖拉机提升机构和弹簧控制机器的工作位置，具有结构简单、轻便、仿形性好等特点。

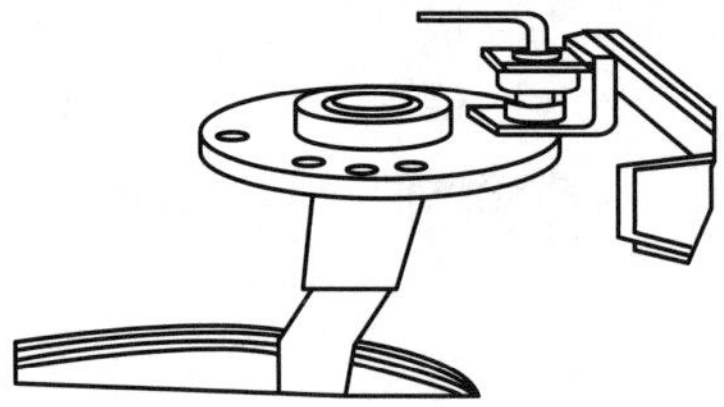

图 3-14 定位圆盘细节图

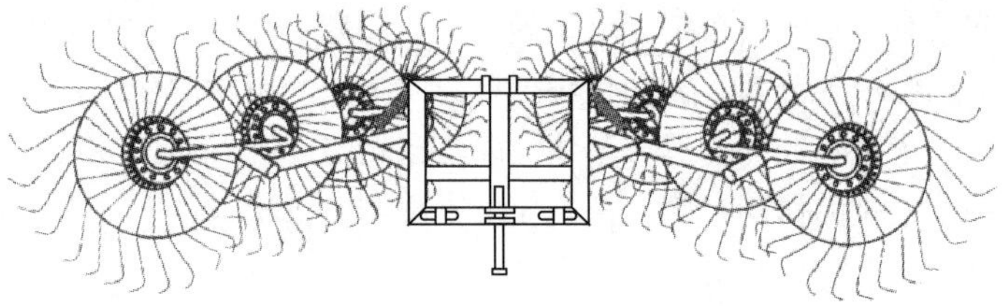

图 3-15 9LZ-4.8 型双列悬挂指轮式搂草机结构示意图

悬挂架为矩形结构，通过上下挂接点与拖拉机挂接。左右主机架由管材焊接而成，借助于具有 4 个孔的调节板安装于悬挂架上，改变调节孔位置，可以改变主机架与悬挂架之间的相对位置，以便调节草条宽度。指轮是该机的主要工作部件，它主要由弹齿、齿圈、轮毂等部分组成。弹齿由弹簧钢制成，在小直径轮毂上呈辐射状配置，外端向后弯曲，有利于越过石头、土块等障碍，同时可减轻对饲草的机械损伤。指轮为左、右两列，每列 4 个，分别呈阶梯状安装在各自的指轮轴上，指轮组中心线与机器前进方向呈 40°、70°夹角。调整弹簧控制指轮的接地压力。

（5）9LZ-2.6 牵引式指轮搂草机 9LZ-2.6 牵引式指轮搂草机由内蒙古华德牧草机械有限责任公司生产。它属于小型搂草机，与 12~15 马力（1 马力 = 745.700W）小型拖拉机配套。该机的特点是机组转弯半径小，机动性好，适用于不规则小地块作业。另一特点是由搂草转换成摊草作业比较方便。其工作部件指轮由装有辐板的指轮圈和 40 个扭转弹簧式弹齿组成，有利于饲草移动。这种结构的指轮当弹齿触及地面后与地面和饲草接触面积较大，工作阻力小，对饲草作用柔和。

（6）意大利 Tonutti 公司 Eagle 系列指轮式搂草机 该系列搂草机如图 3-16 所示，与 15kW 拖拉机配套，最大工作幅宽可达 7m。整机由可伸缩牵引臂、机架、行走轮、中央指轮、升降机构、左右列指轮、折叠仿形机构、平行四连杆液压升降机构等部分组成。工作时，中央指轮将中部饲草搂翻，左右列指轮将饲草向中央搂集，形成整齐蓬松的草条。

该系列机具的液压升降机构由平行四连杆机构、升降油缸及吊杆、与平行四连杆机构铰接的可折叠吊臂等部分组成。当机器由工作状态转为运输状态时，提升机构通过液压油缸和吊杆提升平行四连杆机构，使左右列指轮升起，通过折叠拉杆将左右列指轮折回锁定即完成。左右列指轮梁与可折叠吊臂由套管式吊轴连接，可通过调节螺杆调节角度。套管式吊轴与指轮梁铰接，铰接点两侧装有仿形弹簧，指轮梁及指轮可沿铰接点摆动实现仿形。中央指轮安装在机器中后部，指轮及指轮轴与机架铰接，用弹簧和吊链控制指轮弹齿的接地压力，并使指轮实现地面仿形。该机指轮具有较高的地隙，有利于通过沟渠、土丘等障碍。左右两列所有指轮都安装在机架内侧，不易缠草，适于翻搂稠密株高的高产饲草。

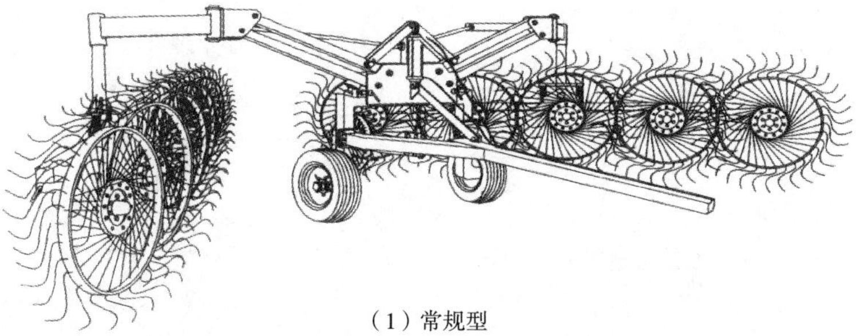

（1）常规型

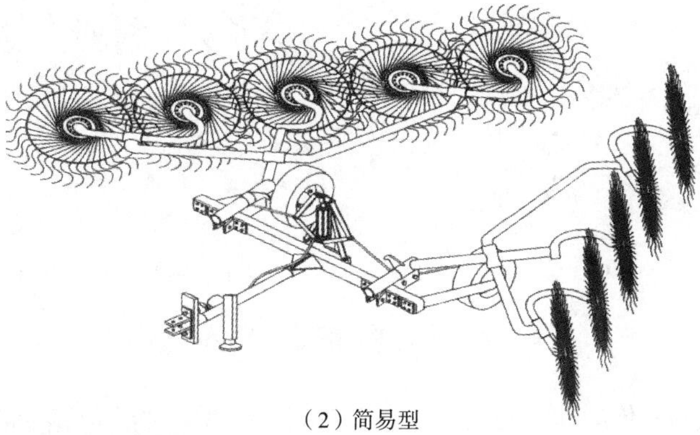

（2）简易型

图 3-16　意大利 tonutti 公司 Eagle 系列指轮式搂草机结构示意图

4. 水平旋转搂草机

水平旋转搂草机是目前市场上搂草质量较好、作业效率较高、广泛使用的一种搂草机。水平旋转搂草机有单转子、双转子和多转子几种配置。与拖拉机挂接有悬挂、半悬挂和牵引等形式。国际市场上的新机型多配有液压升降和电子控制系统。水平旋转搂草机功能比较单一，去掉挡草耙后可进行摊晒作业。单转子水平旋转搂草机工作幅宽一般为 3～5m，多转子水平旋转搂草机工作幅宽可达 12m。搂草作业速度为 12km/h 左右。这种搂草机作业时，草的移动距离较短，草条形状规整而蓬松，泥土污染轻。

（1）单转子水平旋转搂草机

①结构和工作过程：单转子水平旋转搂草机既适用于人工种植草地，也适用于高产的天然草地。单转子水平旋转搂草机由机架、传动机构、控制机构、搂草转子等组成（图 3-17）。单转子水平旋转搂草机一般由拖拉机动力输出轴通过一对锥齿轮驱动转子旋转。水平旋搂草机的工作过程见图 3-18。转子旋转时，借助凸轮机构控制搂耙的抬起和下落。机组前进时，搂耙将前方的草搂向机器一侧。当靠近一侧边缘时，搂耙抬起、释放饲草，在挡草帘的作用下，形成草条。越过草条后，搂耙下落恢复搂草状态。一般水平旋转搂草机有 8～15 个搂耙。连续搂草形成蓬松的草条。搂齿端部与地面保持一定距离，避免了将地面杂物搂进草条。

②机架：机架由悬挂架（或牵引架）、支撑轮及其高度调节机构、挡草帘支架及其位置调节机构等组成。单转子水平旋转搂草机多采用悬挂式。双轮转子支撑轮有单轮和三轮等形式。单轮式通过调节立轴上的销孔或弯轴的角度调节转子高度。双轮式两轮轴之间有弹簧和调节螺杆，可以调节转子高度并能柔性仿形。搂齿高度通过调节手柄调节。有些大型水平旋转搂草机支撑轮高度和挡草帘位置采用液压调节。

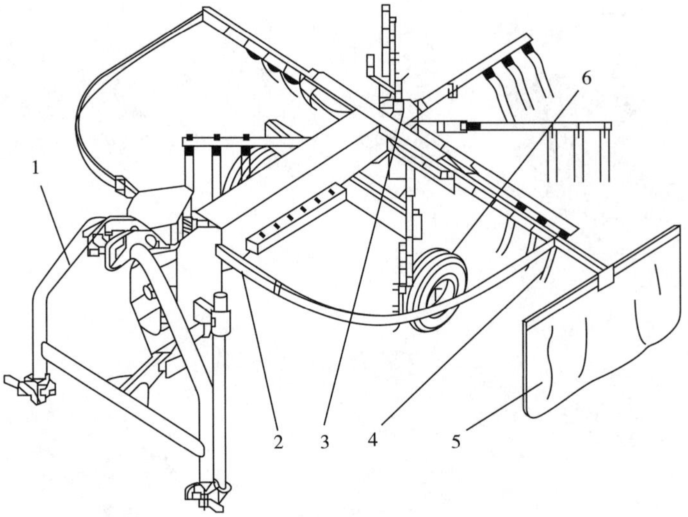

1—悬挂架；2—机架；3—传动销；4—搂草转子；5—挡草帘；6—地轮。

图 3-17　单转子水平旋转搂草机结构示意图

③传动和控制机构：传动和控制机构安装在机架上，由传动轴、轴承及开式齿轮传动、轨迹控制凸轮机构等组成（图 3-19）。传动机构一般采用大传动比的锥齿轮副驱动转子，也有采用锥齿轮改变传动方向再由较大传动比的直齿轮驱动转子的。传动机构的下面是安装搂耙臂的转盘，转盘与传动箱的输出端连接并一起转动。搂耙臂套装在转盘上的空心套管内。转盘的下面是控制机构，它的功能是控制搂耙的起落。控制机构由凸轮导轨和滚轮组成。凸轮导轨控制机构一般采用双限位凸轮机构［图 3-19（2）］。

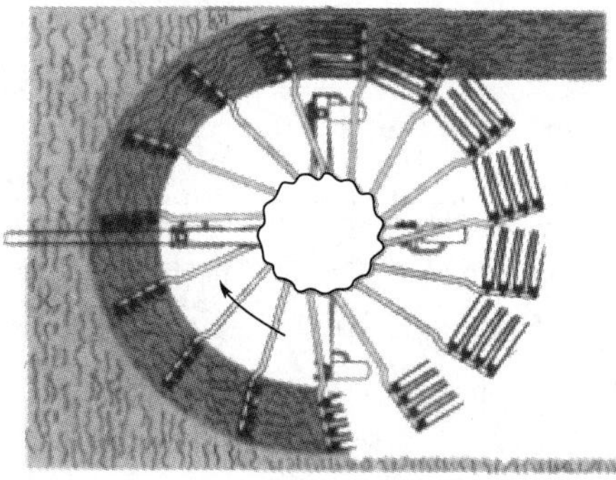

图 3-18　水平旋转搂草机作业示意图

④搂草器：搂草器由搂耙臂和搂耙构成。搂耙臂外端安装搂耙，搂耙臂在转盘套管内可以转动，而轴向是固定的。搂耙臂沿转盘的切向安装。搂耙由 3~4 副双联弹齿组成，弹齿结构如图 3-20 所示，弹齿的内曲结构保证了搂草器能有效而干净地拨草。搂齿的线速度一般为 10~13m/s。

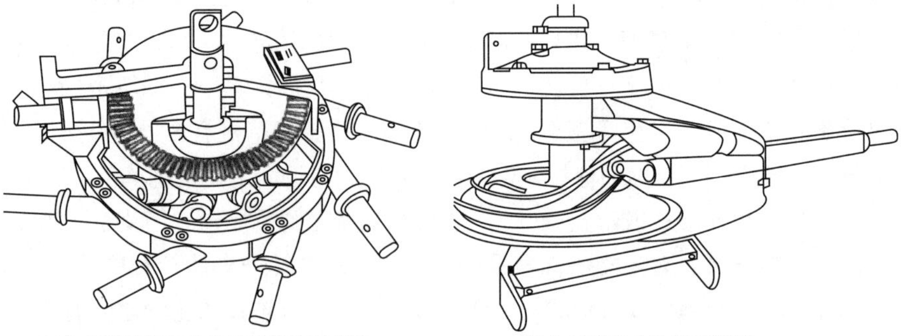

（1）传动及定向凸轮机构结构示意图　　（2）双限位凸轮机构简图

图 3-19　水平旋转搂草机传动及定向凸轮机构简图

（2）多转子水平旋转搂草机　多转子水平旋转搂草机一般由2~4个单转子组成，采用双联或四联配置。转子动力由拖拉机动力输出轴或液压输出，各转子由液压或机械控制升降，并通过液压或弹簧机构实现仿形。有些双联和四联机型可以通过机械或液压机构调节工作幅宽。多转子水平旋转搂草机作业时可形成单草条或双草条，大部分机器可通过机械或液压机构调节草条宽度。奥地利Pottinger 1251A型四联水平搂草机前面2个转子由液压马达驱动，转子的内外伸缩、弹齿高度、挡草帘位置及升降、各转子的浮动和升降都由液压和电子系统控制，在驾驶室内操作，实现了高度的自动化。多转子水平旋转搂草机工作幅宽最大可达12m，适用于大型草场。

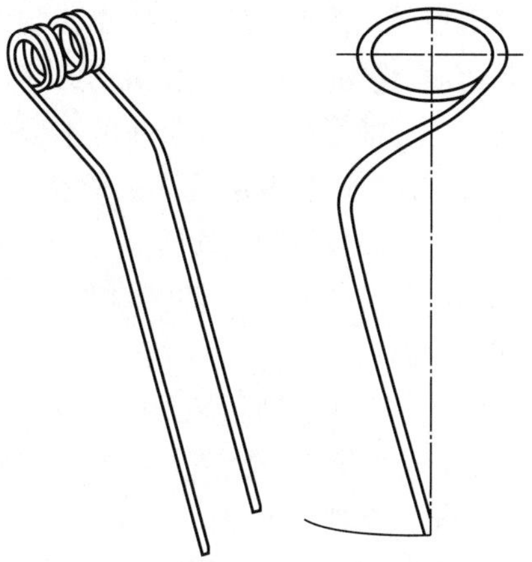

（1）弹齿结构　（2）弹齿工作图

图3-20　弹齿结构图示

（3）多转子水平旋转摊晒机　摊晒作业是使割后饲草快速、均匀干燥，提高干草质量的重要技术措施之一。目前在高产草场广泛应用。

①整机结构：多转子水平旋转摊晒机有悬挂式和牵引式2种。悬挂式一般配4~6个转子（图3-21），牵引式最多12个转子（图3-22），工作幅宽达12m以上。多转子水平旋转摊晒机通常幅宽在6m以上。作业速度一般为12km/h，最高可达20km/h。该机是一种适用于高产草地的饲草收获机械。多转子水平旋转摊晒机通常采用可折叠式分段机架。转子采用专用附件改变转速后，搂草效果与前述多转子水平旋转搂草机相似。在摊晒机与传动轴（其前端与拖拉机动力输出轴连接）结合处设有一个变速箱。该变速箱设有2个输出轴。与不同输入轴连接即可改变变速箱输出转速，低转速用于搂草。多转子水平旋转摊晒机用于搂草作业时，饲草从两侧向中央集中，草移动距离短，破碎损失小，污染轻，但形成的草条较小。每个转子的工作幅有一定重叠（图3-23），弹齿臂交错，饲草受一定程度的折弯，有利于加速干燥。

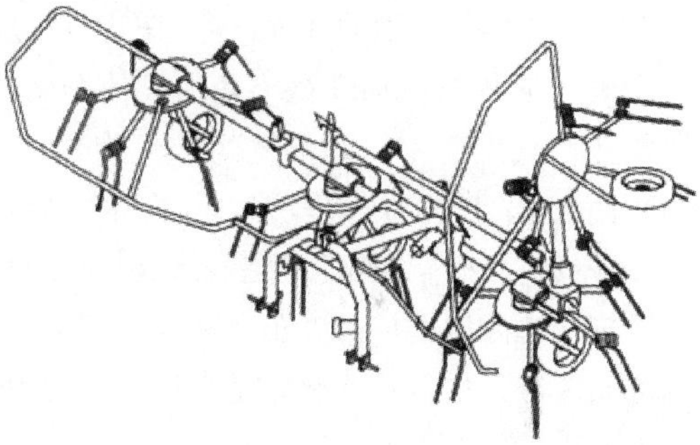

图3-21　悬挂式四转子翻晒机整体结构示意图

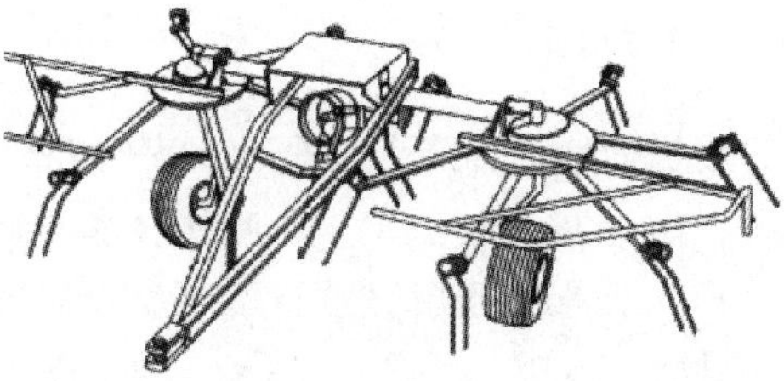

图3-22　牵引式翻晒机结构示意图

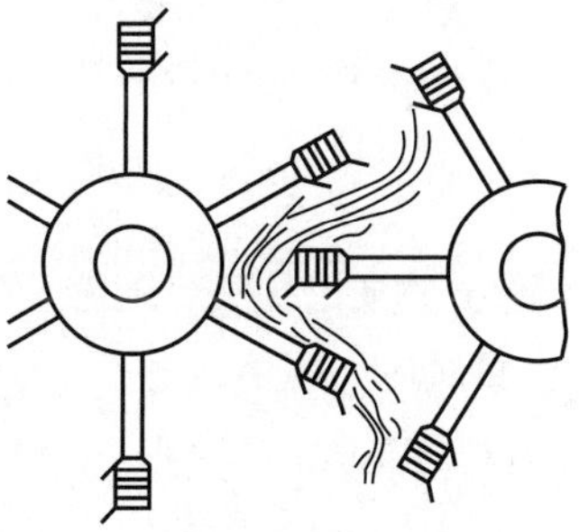

图3-23　转子工作示意图

②机架及传动系统：机架多为管式铰接，以保证转子较好的仿形，也便于翻晒机从工作状态到运输状态的转换。拖拉机动力通过中央锥齿轮传动机构驱动空心机架内的万向节传动轴，万向节传动轴再通过每个转子的锥齿轮传动机构驱动转子旋转。

③液压升降控制系统：机架安装有液压油缸用于控制转子仰角（饲草稠密时增大角度）。机架上还安装有控制外端转子升降的液压油缸，使外端转子可以便捷地呈工作状态或运输状态。立轴的倾角可调。其正常摊草状态是立轴上端前倾，弹齿旋转平面呈 20°~30°。弹齿转到前面时接近地面。

④摊草转子：摊草转子由转盘、弹齿臂和弹齿等构成。摊草转子由各自的地轮支撑，仿形性好。每个摊草转子上有 4~7 个弹齿臂，每个弹齿臂的外端安装 1 副弹齿。摊草转子把草向后上方抛出。立轴还可以上下调整，以改变摊草器的离地间隙。摊草转子直径一般为 1.2~1.4m。搂草作业时弹齿端部的线速度为 3.5m/s 左右，摊草作业时为 12m/s 左右。

⑤地轮：地轮为充气支撑轮，均为自位式安装，支撑各自上方的摊草转子并控制仿形。任何工作幅宽的摊晒机都能实现每个摊晒转子单独仿形，从而保证在起伏不平的地面工作时的作业质量。

5. 侧向带式搂草机

侧向带齿式搂草机既可搂草也可用于摊晒作业。这种搂草机搂净率高，纵向尺寸小，机动性强，适合在不规则地块作业。搂草时，草接近于横向移动，破碎损失低。摊晒时，可将机器调成横向倾斜状态，加大抛出角度，使抛出饲草的一侧略高，以增强摊散效果。这类机器可高速作业，其生产率与同幅宽的水平旋转搂草机相近。但作业幅宽一般不超过 3m，因此在小面积高产草地作业效果较好。侧向带式搂草机由机架、传动机构、弹齿传送带和地轮等构成（图 3-24）。机架通常用型钢及钢板焊接而成。拖拉机动力输出轴的动力，经万向轴传给弹齿传送带。弹齿传送带有链条式和皮带式 2 种，上面装有成排的弹齿，每排 4~6 根弹齿。机器的两侧安装有大皮带轮或链轮带动搂草齿带回转作业。

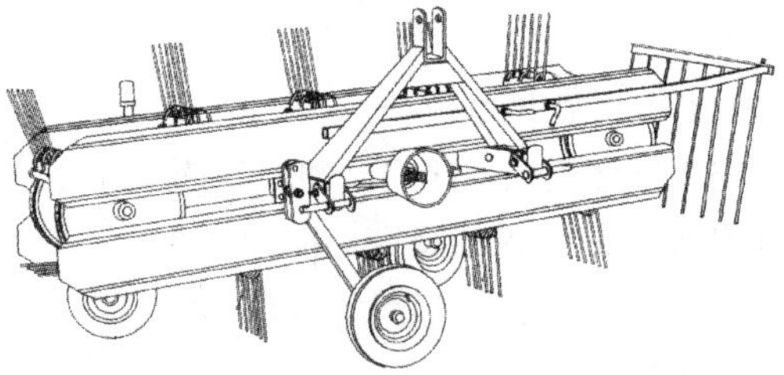

图 3-24　侧向带齿式搂草机结构示意图

三、割草调制机

割后草营养物质的损失将随着干燥时间的增加而增大，降到安全含水率时养分损失高达 23%~54%。自然风干饲草，茎、叶干燥速度不一致，如豆科牧草，当叶片含水率降到 15%~20%时，茎秆所含水分仍为 35%~40%。加快茎秆的干燥速度能缩短饲草的整体干燥过程，有助于制备优质青干草。割草调制机可以同时完成割草、调制（压扁）、集条 3 项工序。使用割草调制机收获饲草，通过折弯、压裂、梳刷和击打，破坏茎秆及其表面结构，可促进其内部水分的散失，并尽可能使茎、叶干燥，使饲草田间干燥时间缩短50%左右。用割草调制机收获饲草能提高生产率，最大限度地减少花叶损失，大幅度地提高干草品质，是目前饲草收获机械的主流产品之一。在畜牧业发达国家，割草调制机正逐步取代单一功能的割草机。

（一）牵引式往复割草调制机

1. 牵引式往复割草压扁机

（1）工作过程　牵引式往复割草压扁机的工作过程如图3-25所示。作业时，割草压扁机在拖拉机的牵引下前进，动力由拖拉机动力输出轴或液压系统提供。机组前进时，饲草在推草杆的作用下，植株向前倾斜。拨禾轮的弹齿插入饲草茎秆之间，将割前草导向切割器。饲草被切割器割断后，割后草在拨禾轮和切割器后侧斜面的作用下，被送向压扁辊。割后草的根部首先进入2个高速相对旋转、有较强抓取能力的压辊中间，在不损伤花、叶的情况下，饲草的茎秆被弯折、压裂，维管束被破坏。调制后的饲草被均匀流畅地抛向集草板，落地后形成整齐蓬松的草条。草条的宽度和厚度由集草板和挡草板调节。当不需要形成草条时，也可以将调制后的饲草均匀地平撒在地面割茬上。

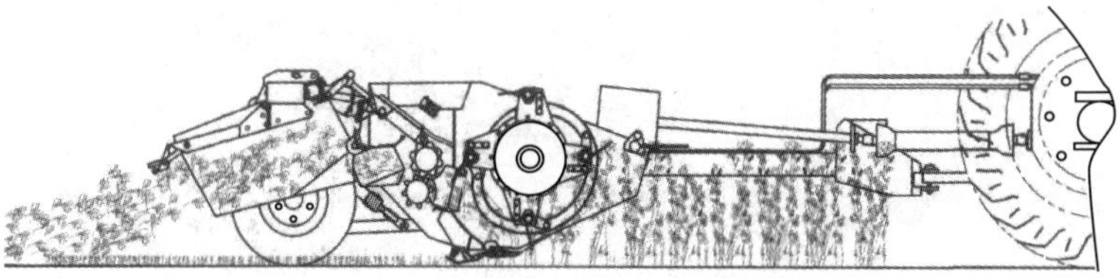

图3-25　往复式割草调制机工作过程简图

（2）总体结构和特点　以9GBQ-3.0型切割压扁机为例，该机适用于收获高产、多水分的种植饲草。9GBQ-3.0型切割压扁机主要由牵引架、机架、割台、传动系统、液压系统、集草板和行走轮等部分组成（图3-26）。9GBQ-3.0型切割压扁机的割台由切割器、推草杆、拨禾轮、分草器、滑掌和压扁器组成，是机器的核心系统（图3-27）。割台通过上、下拉杆和悬挂弹簧与机架连接。机架、行走轮架和起落油缸构成起落三角形。割台、上拉杆、下拉杆和机架构成仿形四边形。起落三角形和仿形四边形构成起落仿形机构。当机器处于工作状态时，起落

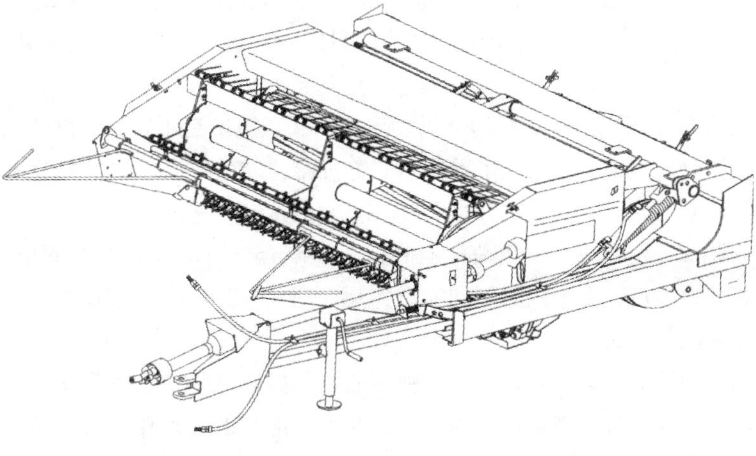

图3-26　9GBQ-3.0型切割压扁机总体结构示意图

油缸缩短，割台处于下限位置，割台通过仿形四边形随地面浮动。当机器转为运输状态时，起落油缸伸长，机架被抬起，机架抬起的同时下拉杆将割台支起。切割器采用国家标准Ⅰ型切割器。割刀通过曲柄摆杆机构驱动做往复运动。在切割器的上方安装有拨禾轮。拨禾轮上装有拨禾弹齿，它们能抓取、梳理并拨送饲草，使饲草利于切割，并进一步将割后草向压扁辊输送。拨禾轮的高低、前后位置以及弹齿的运动轨迹均可调节，以适应收割不同类型的饲草，并提高输送能力。由于拨禾轮的主要作用是拨送饲草，其弹齿与切割器的距离较小，一般为10~15cm。拨禾轮通过链条、皮带驱动。推草杆的高度有较大的调节范围，一般调至植株高度的2/3为宜。推草杆同时还起到固定切割器左右侧板的作用。

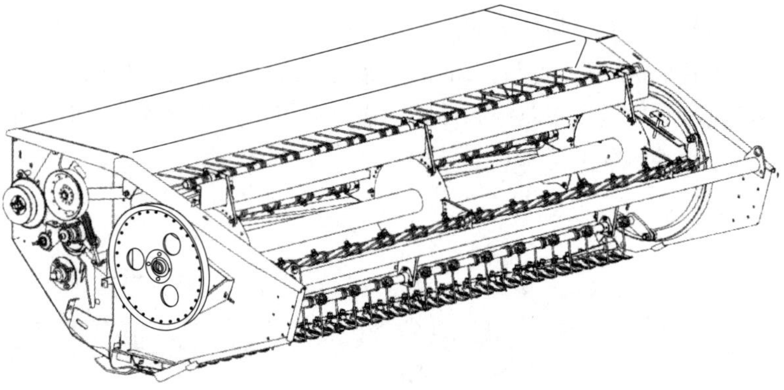

图3-27　9GBQ-3.0型切割压扁机割台结构示意图

调制机构可选用压辊式或指杆式。压辊式调制器［图3-28（1）、（2）］主要用于豆科饲草，通过挤压使饲草茎秆折弯、开裂。指杆式调制器［图3-28（3）］主要用于禾本科饲草，通过指杆的梳刷划破饲草茎秆表皮蜡质。指杆结构有直杆和“V”形指杆等形式，材质一般为钢或尼龙。压扁辊的材质有橡胶和钢制2种。压扁辊有2种组合形式：一种是1个光辊和1个齿辊组合，主要起压扁作用；另一种是1对齿辊组合，同时具有压扁和折弯功能。9GBQ-3.0型切割压扁机的压扁辊由1对带“人”字形间隔凸纹的宽幅橡胶压辊构成，具有较强的抓取、折压能力。通过1对压扁辊的相对运动，可以高效、柔和地折弯、压扁饲草茎秆，并抛向集草板，形成蓬松而又相互交织的草条。9GBQ-3.0型切割压扁机的传动系统包括万向节传动、齿轮传动、皮带传动、链条传动、曲柄摆杆传动等，分别驱动压扁辊、拨禾轮和切割器。

（3）往复式割草压扁机的调节机构　仍以9GBQ-3.0型切割压扁机为例介绍往复式割草压扁机的调节。在作业过程中，必须正确操作和调整机器，以达到机器性能指标，保证作业质量，实现农业技术要求。

①离合器的调节：机器在正常负荷作业时，发现离合器滑动或离合器磨损后也需要调节。离合器太松机器动力不足，太紧则起不到安全作用。对于9GBQ-3.0型切割压扁机而言，一般情况下离合器弹簧调到39mm为宜。

②仿行滑掌接地压力的调节：调节浮动弹簧的工作拉力来调节仿形滑掌的接地压力。调节时，通过调节弹簧拉杆的长度来实现。调节后，左、右滑掌的对地压力应一致。滑掌接地压力一般为314~441N。

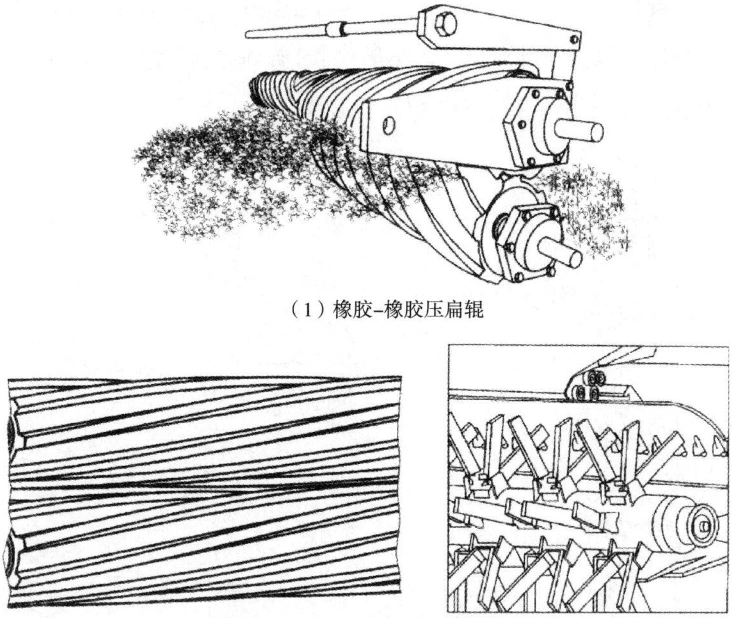

（1）橡胶-橡胶压扁辊

（2）橡胶-钢压扁辊

（3）指杆式调制器

图 3-28 调制机构示意图

③草条宽度的调节：草条宽度和形状直接影响割后草在田间的干燥速度及所获得的青干草品质。因此，在作业过程中，应根据饲草品种、长势以及后续作业要求，合理调节以获得最佳草条形状和宽度。通过调节集草板和挡草板，完成上述调整。

④切割器的调节：切割器技术状态正常与否对切割压扁机作业质量和功率消耗影响明显。因此，在机器作业时，应注意检查调节切割器，保持良好的技术状态。切割器调整参阅往复式割草机切割器的调整。改变切割器与滑掌的安装位置，可以控制割茬高度。为了适应不同饲草生长状态和地表情况，应调节切割器的前倾角度。

⑤拨禾轮调节：2 个外球面球轴承支撑，沿垂直和水平方向均可调节，以适应不同的作业条件。如收获高而粗的饲草，拨禾轮应向前调节；收获低矮而稀疏的饲草，则向后调节。收获正常生长的饲草时，应尽量沿垂直方向调低拨禾轮，使之靠近切割器。在收获缠绕倒伏的饲草时，应升高拨禾轮。调节拨禾轮时，应注意两端等量调节，同时向后或调低拨禾轮时注意不要让拨禾轮弹齿接触到切割器。拨禾轮的转速可通过改变传动皮带轮的直径加以调节，通常拨禾轮的线速度应比机器的前进速度快约 20%。在拨禾轮轴左端装有凸轮机构，可根据不同的田间作业条件调整拨禾轮弹齿运动轨迹。通常，将拨禾轮调整到弹齿运行最低点时，弹齿尖端与护刃器的间隙为 13mm，而弹齿运行至与上压扁辊最近点时，其尖端与上压扁辗的距离为 25mm 为宜。

压扁器的调节作业时，应根据饲草品种不同恰当调整压扁器压辊之间的啃合间隙。压扁辊压力过大时，需要增大压扁辊的啃合间隙。在调节压扁辗时，应保证全幅宽间隙均匀一致且运转同步。压辊之间如有互相擦碰，会导致机具严重损坏。因此，压辊之间最小间隙不能小于 2mm。应根据饲草品种不同，调节压扁辊压力，以提供压扁饲草所需的合适压力。对于脆嫩饲草应适当降低压力，避免折断压碎饲草。收获粗壮饲草时，则需要提高压辊压力。一般槽形压辊的最小压力为 1570N/m^2。为了实现理想的压扁效果和保证向集草板抛送饲草的能力，压扁辊的表面线速度应为机器前进速度的 3.5 倍左右，通常压扁辊的表面线速度为 7~9m/s。工作一段时间后，应及时清理压扁辊表面的泥土、碎草等黏着物，避免导致压扁辊间隙变化，影响压扁效果。常用的压扁辊压力调节机构见图 3-29。

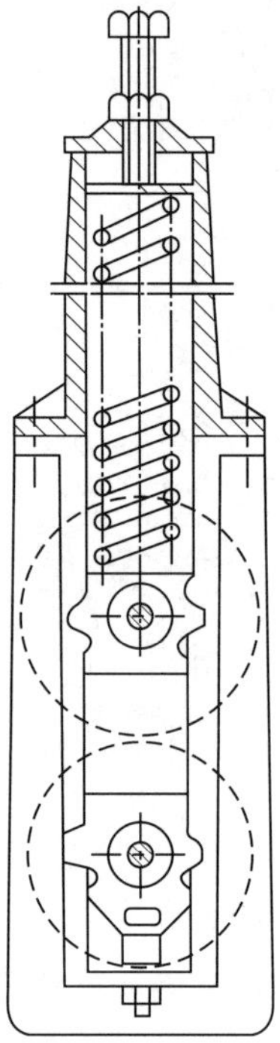
（1）长销压簧式

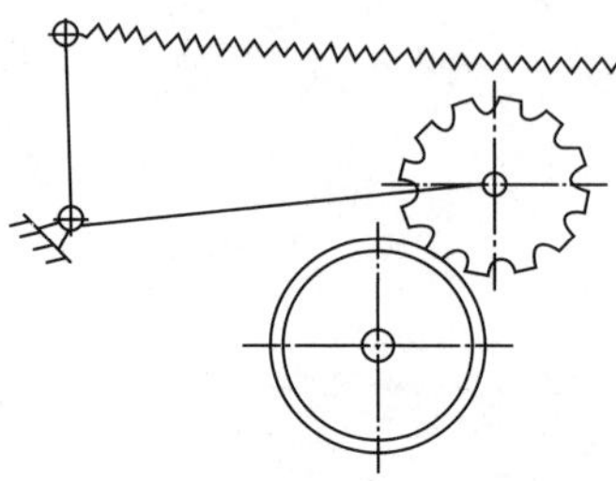
（2）拉簧式

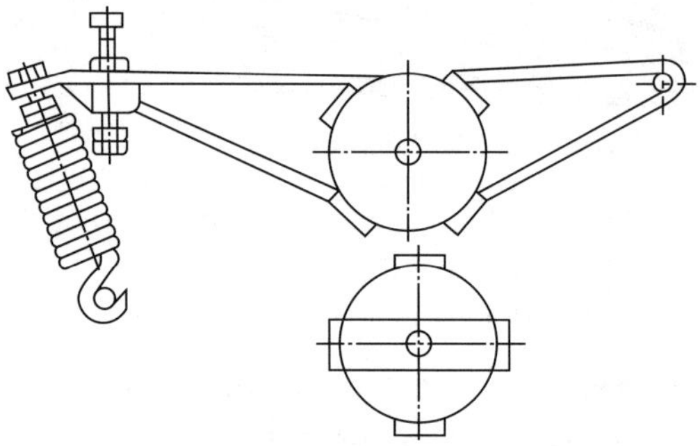
（3）杠杆式

图 3-29 压扁辊压力调节结构示意图

2. 牧神 M-3000 型牵引式苜蓿压扁收获机

牧神 M-3000 型牵引式苜蓿压扁收获机主要用于苜蓿等人工种植饲草的收获。该机的设计充分考虑了提高调制性能，可更好地保持饲草的营养成分。同时，可减少土壤压实次数，加快下一茬作物生长。该机割草幅宽 3m，割刀驱动装置为封闭式摆环机构。拨禾轮采用 5 杆机构，可均匀地输送饲草。压扁辊结构为 1 对“人”字形凸纹啮合橡胶压辊，通过平稳、有序、螺旋啮合实现在纵向及横切方向对饲草的压扁处理。压扁后，饲草在集草板作用下形成蓬松、交织的草条，促使饲草迅速、均匀地干燥，缩短田间晾晒时间，减少花、叶损失，提高饲草质量。该机要求与大于 29.4kW 的拖拉机配套。

牧神 M-3000 型牵引式苜蓿压扁收获机结构见图 3-30，由拨禾轮、切割器、压扁器、集草板、牵引架、传动系统等主要部件组成。牧神 M-3000 型牵引式苜蓿压扁收获机采用油浴式封闭摆环机构驱动切割器工作。采用摆环机构驱动切割器具有结构紧凑、工作噪声低、运转平稳、可实现高速作业的特点。该机压扁辊专为收割苜蓿等带有嫩叶的饲草而设计，结构为 1 对带有“人”字形凸纹的橡胶压辊。较其他结构的压扁器压扁饲草更柔和，能有效减少花叶损失。压扁辗间隙、压力以及压扁辊啃合均匀性调节方便。在收获苜蓿类饲草时，压扁辊之间的间隙一般调节为 2mm 左右，压扁辗压力则应调节到 85% 苜蓿茎秆被压裂，而叶片损伤最小。其工作过程见图 3-31。该机采用了比较新型的牵引装置。牵引杆与机架的结合点在机架的左上方，使牵引杆与机架之间的角度调节更加方便。

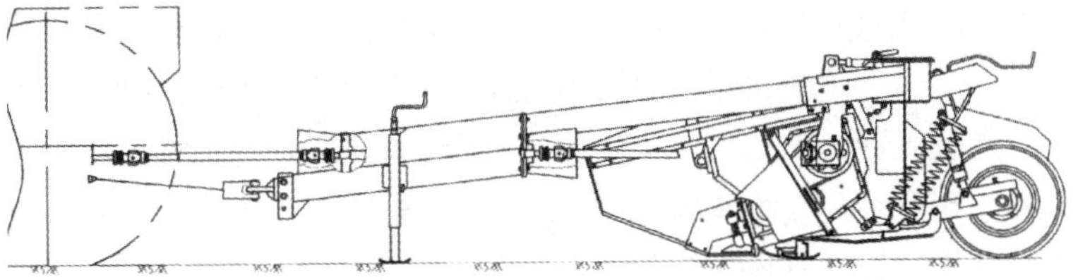

图 3-30　M-3000 型牵引式苜蓿压扁收获机总体结构示意图

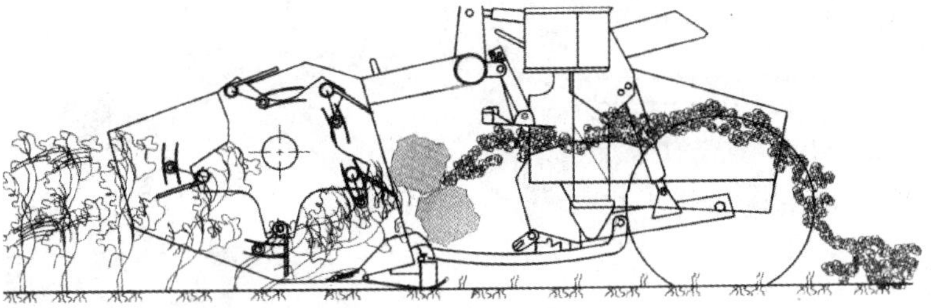

图 3-31　M-3000 型牵引式苜蓿压扁收获机工作过程示意图

3. 中央牵引式往复割草调制机

中央牵引式往复割草调制机具有机动性和田间操作控制性好、可适应各类地形作业等优点。目前，国际市场上的此类机具多采用液压和电子调节控制。割台配置有单绞龙或双绞龙输送机构，切割器采用单动刀或双动刀结构。调制器可选配压辊式或指杆式。牵引臂较长，牵引点位于机器顶部中央。机器动力由拖拉机液压系统或动力输出轴经联轴器提供。

Hesston1476 型中央牵引式往复割草调制机整机由牵引架、导向机构、行走轮、仿形机构、液压动力输出机构、割台组成。割台包括切割器、拨禾轮、输送绞龙、压扁器及传动系统等。该机采用全液压系统驱动和控制机器，由液压马达驱动割刀、拨禾轮、搅龙及压扁辊。方向控制油缸和割台仿形油缸在驾驶室内控制，操作便捷。该机采用中央驱动双动刀切割器，由双曲柄摆杆机构驱动割刀，切割频率 1820 次/min，切割平稳可靠，不易堵刀。压扁器由 1 对橡胶辊组成，压辊间隙和压力均可方便地调节，压扁器安全机构能保证压辊遇到异物时迅速分离，避免设备损坏。压扁辗采用凸轮机构控制压扁辊的自动分离。当有异物堵塞或通过压扁辊时，不用停机清理，凸轮受压自动转离中心限位，两压扁辊之间压力减小而分离，使堵塞物迅速通过压扁辊。待异物通过后，压辊张紧系统逐渐增加压力，使凸轮回到中心限位，机具照常作业。

4. 牵引式旋转割草调制机

牵引式旋转割草调制机有压辊式和指杆式调制 2 种，如图 3-32 所示。这类机器割幅一般为 2.84m，多采用盘式切割器，机器动力由拖拉机动力输出轴或液压系统供给，作业速度一般可达 10km/h 以上。

(1) 整机结构及工作过程　牵引式旋转割草调制机主要结构包括牵引架、机架、行走轮、切割装置、调制器（指杆式或压辊式）、传动系统和仿形调整机构等。割台可通过液压和弹簧实现垂直及水平方向浮动。作业时，盘式切割器高速切割饲草，割后草进入压扁器或指杆调制器进行调制，调制后的饲草经挡草板形成整齐蓬松的草条。

（2）主要部件　牵引式旋转割草调制机牵引架一般配备扩展连接杆和双速动力输出齿轮箱（540r/min、1000r/min），以适应机器不同的转速需要。牵引架与机架铰接，两者的角度目前多采用液压控制，增加了机器的机动性，可实现小角度转弯，遇到障碍物、树木或田边角也能直角转弯而减少漏割。转弯时，传动轴始终与拖拉机保持一条直线，安全性较好。牵引装置一般距地较高，可以顺利地跨越草条和障碍物。

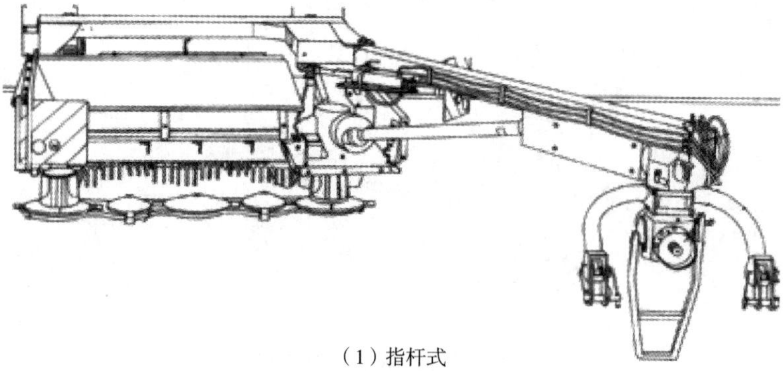

（1）指杆式

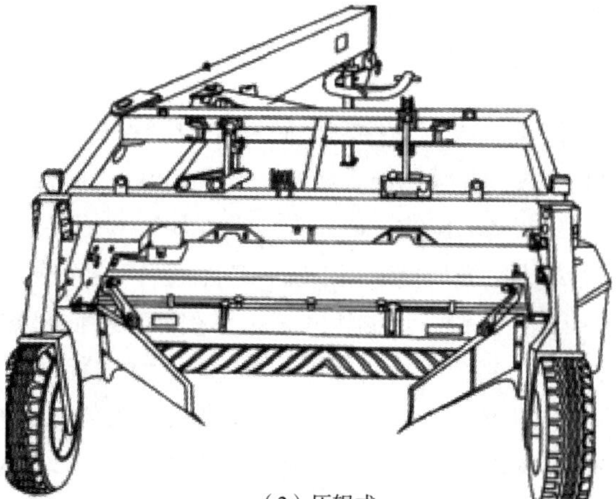

（2）压辊式

图 3-32　牵引式旋转割草调制机总体结构示意图

（二）悬挂式旋转割草调制机

悬挂式旋转割草调制机是目前欧洲应用较为广泛的机型，有前悬挂、后悬挂、侧悬挂以及多机组合悬挂等形式。切割器多为盘式（下传动），也有滚筒式（上传动）。割台由液压控制，配有气液浮动仿形装置。调制器可根据用户需求选配压辊式或指杆式。

1. 前悬挂式旋转割草调制机

（1）前悬挂式旋转割草调制机主要由悬挂架、机架、传动系统、割台、液压调节系统等部分组成。工作割宽一般在 2.8~3.2m，切割调制后的饲草经挡草器铺放于拖拉机两轮之间。前悬挂式旋转割草调制机通常用平行四连杆机构或球形仿形连接器悬挂于拖拉机前端（图 3-33）。前悬挂式旋转割草调制机的特点是视野好、操作灵活，可直接进入草场工作，无需考虑拖拉机压草的问题。前悬挂旋转割草调制机既可单机作业，也可与侧悬挂、后悬挂及牵引式割草调制机配套作业。

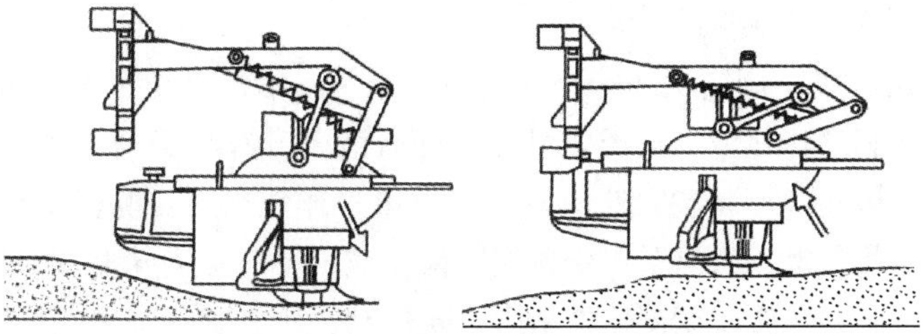

图 3-33　四连杆悬挂结构示意图

（2）奥地利 Pottinger Eurocat 276 型前悬挂式滚筒割草调制机　Eurocat 276 型是较新型的前悬挂式滚筒割草调制机，整机结构如图 3-34 所示。该机由球形连接前悬挂架、动力传动系统、液压调节系统、切割器总成和调制器等组成。工作时，饲草被切割后，由滚筒抛送到指杆式调制器进行调制，调制后饲草由挡草轮在拖拉机轮间形成均匀蓬松的草条。

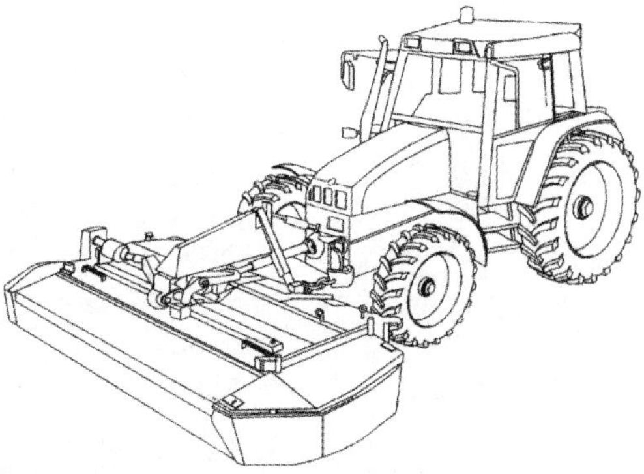

图 3-34　Eurocat 276 型前悬挂式滚筒割草调制机结构示意图

前悬挂架由与拖拉机挂接的三角架、球形连接器和连接杆、中央可伸缩液压吊杆和中心浮动弹簧等组成。中央可伸缩吊杆可调节割台仰角和割茬高度，球形连接器和浮动弹簧保证了割台在横向和纵向的稳定性和仿形性，其最大自由度为 60。与主轴箱连接的电子控制液压油缸和缓冲储气罐共同控制割台接地压力，割台接地压力在 70~100kg。该机仿形平稳，越过土丘或运输时割台无摆动。Eurocat 276 型前悬挂式滚筒割草调制机，动力从拖拉机前置动力输出轴输出，经主轴箱向割台两侧输出，一侧驱动切割器，一侧驱动调制器。驱动系统配置自动卸载装置，以避免设备损坏。切割器和调制器分别由皮带轮驱动，皮带传动设有调节范围较宽的张紧轮，以保证动力可靠传递到工作部件。每个模块化滚筒切割器由刀梁内的锥齿轮驱动。针对三叶草和紫花苜蓿，调制器可选择 940r/min 和 480r/min 两档转速。Eurocat 276 型前悬挂式滚筒割草调制机割台由切割器梁、齿轮传动和滚筒切割单元组成。割台两端由机架支撑，保证切割器梁不会在重力作用下变形或扭曲。滚筒式切割器单元由小直径的内筒、大载荷轴承、锥齿轮、割茬高度无级调节器、刀盘、刀片及立轴等组成。外滚筒安装刀片进行切割。立轴与底部盘形滑掌连接，通过立轴上端的调节机构调节割茬高度。通常各切割器外滚筒的直径一致，但在四滚筒割草调制机上，2 个外侧的滚筒较 2 个内侧的滚筒直径稍大，利于割后饲草向调制器输送。调制器由调制器罩、调制辊及传动机构组成。该机标准配置为“V”形指杆式调制器，有钢制指杆和尼龙指杆。钢制指杆配有缓冲橡胶垫，以实现对饲草的柔和调制，并避免指杆损坏。尼龙指杆弹性较好，适用于花叶较多的饲草调制。“V”形指杆在调制器轴上以螺旋线排列，可保证对饲草的均衡调制。调制器罩上焊有调制导板，有利于饲草被充分有效地调制。对饲草的调制强度可通过安装在罩板上的调节杆进行调节。挡草装置为双轮挡草器。挡草轮由便捷安装插脚和可调节挡草轮组成。挡草轮可根据要求调节，保证饲草顺畅通过并形成符合用户要求的草条。某些设备也采用单轮结构的挡草轮。

2. 后悬挂式旋转割草调制机

（1）后悬挂式旋转割草调制机结构相对简单，操作灵活，机动性好，对地块适应性较强，可在田边或河堤等倾斜地块作业。这类机具一般配有液压升降和安全后摆装置，割幅 3m 以上的机具还设有气液一体化仿形装置。这类机具既可单机作业也可与侧牵引机组多联组合作业。切割器多采用锥齿轮箱传动，刀盘采用密封式锥齿轮或随动星形齿轮驱动。调制器可依作业需要选配压辊式或指杆式，压辊式调制器常采用链轮传动，压力和间隙采用扭力杆螺栓或液压油缸调整。挡草器为板式或轮式。后悬挂式旋转割草调制机由悬挂架、动力及液压输出系统、传动及控制系统、割台等组成，见图 3-35。割台由切割器、调制器、挡草器和安全护帘等组成。

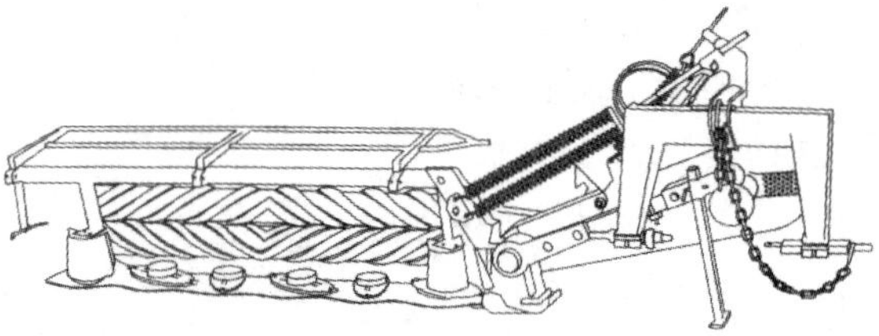

（1）压辊式

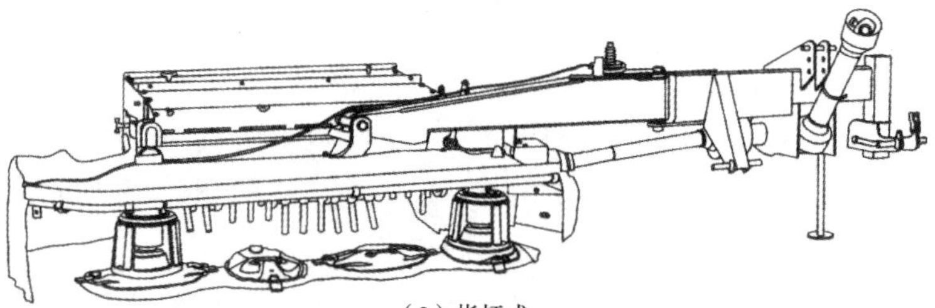

（2）指杆式

图 3-35 后悬挂式旋转割草调制机结构示意图

（2）牧神 9GXY-2.4 型后悬挂旋转割草压扁机　主要用于苜蓿等人工种植饲草的收获。该机割台由悬挂架、机架、盘式切割器、压扁器、挡草板、传动系统等主要部件组成。该机作业时，高速旋转的切割器首先切割饲草，然后被刀盘抛向压扁辊。高速旋转的压扁折弯、压裂植物茎秆，压扁处理后被抛向挡草板回落地面，形成良好透气性的草条。

主要结构特点：该机采用全液压浮动悬挂装置（图 3-36），由液压油缸、液压蓄能器、液压阀体、压力表、管路系统、悬挂架、悬挂臂和浮动油缸等组成。液压蓄能器控制割台仿形浮动，增加蓄能器的压力即可增加浮动量，反之亦然。液压-气压蓄能器还可操控割台的升降。如果机器在前进过程中碰到障碍物，割台向后侧摆动，增加蓄能器的压力，同时减小对地压力，使割台升起越过障碍物，然后自动恢复到工作位置。割台向后摆动量最大可达到 25°。压扁辊专为收割苜蓿等带有嫩叶的饲草设计，其结构为 1 对“人”字形凸纹橡胶辊。压扁辊前旋啃合实现在纵向及横切方向对饲草的压扁处理。压扁辗具有较高的转速，其表面线速度为 7~10m/s，比机器前进速度高 3 倍以上。高速旋转的压扁辊有利于向后抛送饲草。压扁器采用扭杆弹簧控制压扁辊压力。该装置由调节臂、连接管、扭杆弹簧、压扁辊、调节杆、连接座和控制臂组成。

扭杆弹簧的单位体积变形能力大，结构简单而紧凑，不需另加其他弹簧就可起到缓冲和提供压力的作用，减轻了重量，缩小了占用空间。增加扭杆弹簧的扭矩即可增加压力，反之亦然。调节压扁器压力时，可通过调节臂和调节杆将扭杆弹簧扭转一定的角度，随着角度的增大，扭杆弹簧的扭矩增大，从而达到提高压力的目的。

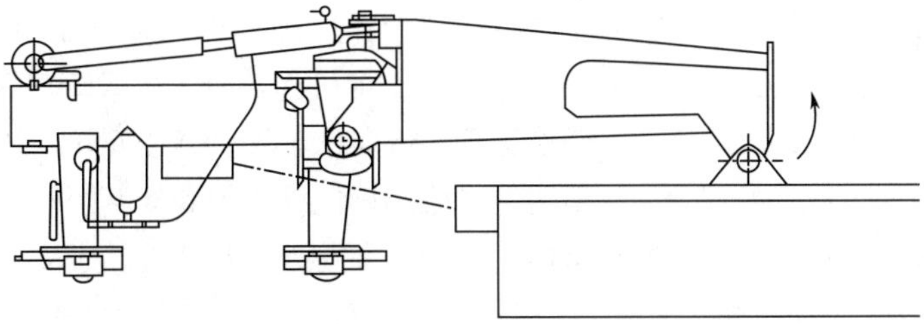

图 3-36　牧神 9GXY-2.4 全液压悬挂装置示意图

(三) 自走式割草调制机

自走式割草调制机，即自带动力源和行走系统的割草调制机。自走式割草调制机割幅较大，一般在 5m 左右。前进速度 8~10km/h，配套动力为 100~200kW，多采用全液压动力输出。割台可实现液压浮动、升降，适用于大面积高产的人工草场收获作业。自走式割草调制机按切割器不同可分为往复式和旋转式。近年来，我国也开始生产全液压往复式割草调制机。

1. 自走式往复割草调制机

(1) 结构及性能特点　自走式往复割草调制机结构如图 3-37 所示，配套动力相对较小，作业速度较旋转式低，一般在 8m/h 左右。切割器可选配单动刀或双动刀，调制器可选配压辊式或指杆式。这类机组自动化程度高，一般采用静液压传动系统控制行走系统和割台运动，并可实现割台的浮动控制。自动化程度高的机型在驾驶室配备液压和电子控制系统，可完成机器主要功能的监控和调整，有些机型还配有自动故障诊断系统。通用自走底盘发动机采用涡轮增压技术，动力强劲。行走系统配有大直径宽幅轮胎，对地面压力小，可在不同作业场地平稳运行。自走底盘轴距可调，以适应不同的作业要求。同时，还配有强力照明系统，夜间也能照常作业。

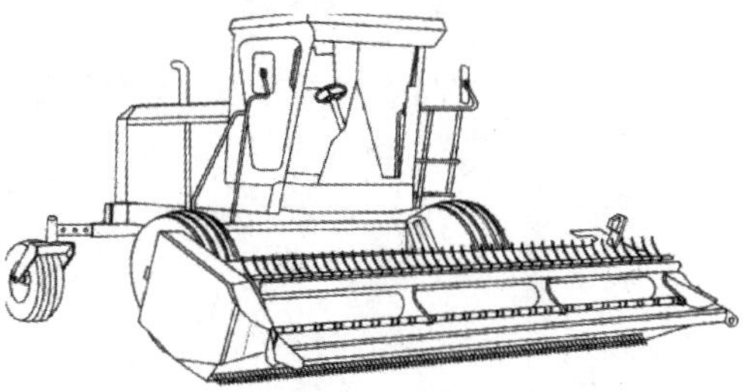

图 3-37　自走式割草调制机结构示意图

一体化割台由拨禾轮、切割器、喂入绞龙、调制器、挡草器、机架及液压浮动仿形系统等部分组成。拨禾轮有四杆式和五杆式等形式，一般由液压马达直接驱动，也有部分机型的拨禾轮由液压马达通过链轮或皮带轮驱动。其上下、前后位置及弹齿轨迹均可通过液压系统调节。往复式割刀驱动采用摆环或曲柄摆杆机构，由液压马达驱动，一般装有速度传感器。国外新型的自走式往复割草调制机，多采用输送绞龙机构。输送绞龙有单绞龙和双绞龙，双绞龙输送装置上下绞龙直径和转速不同，可对饲草产生更好的梳理，更加均匀地向调制器输送。绞龙一般采用链传动。自走式往复割草调制机多采用压辗式调制器。

(2) 牧神 M3600 自走式全液压割草压扁机　我国自主研制生产的自走式往复割草压扁机有

9GS-4.0 型和牧神 M3600 型。牧神 M3600 型自走式全液压割草压扁机主要用于苜蓿和高产禾本科饲草等人工种植草地的饲草收获作业。该机可实现割台全面仿形，使饲草收获率提高 3%左右。

牧神 M3600 型自走式全液压割草压扁机整机结构如图 3-38 所示，由一体式割台、割台仿形悬挂装置、静液压驱动轮、驾驶台、驾驶室、操纵系统、液压系统、分动箱、发动机、后桥、行走底盘组成。其中，一体式割台（图 3-39）由拨禾轮、割台体、切割器、喂入绞龙、压扁辊和导向板等组成。牧神 M3600 型自走式全液压割草压扁机作业时，拨禾轮首先把饲草向后拨送并引向切割器，切割器将饲草切割后，经输送绞龙推向压扁辊。高速旋转的压扁辊折弯压裂茎秆并破坏天然蜡质层，压扁处理后的饲草均匀平稳地排向导向板和集草板。由于底盘下的集草板位置高，压扁处理后草条按抛物线轨迹抛送，饲草回落地面形成蓬松、齐整、具有良好透气性的草条。

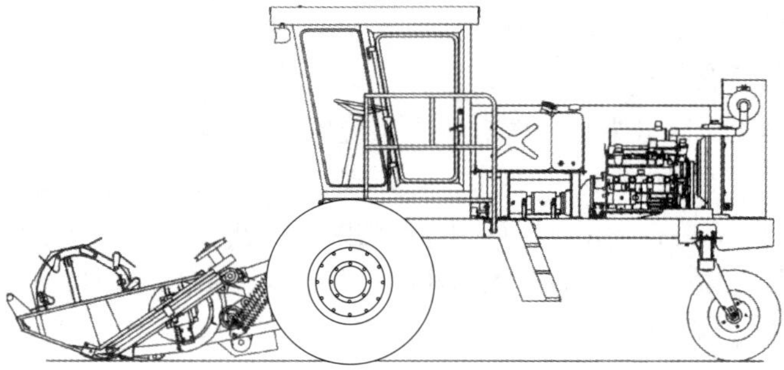

图 3-38 牧神 M3600 型自走式全液压割草压扁机整机结构示意图

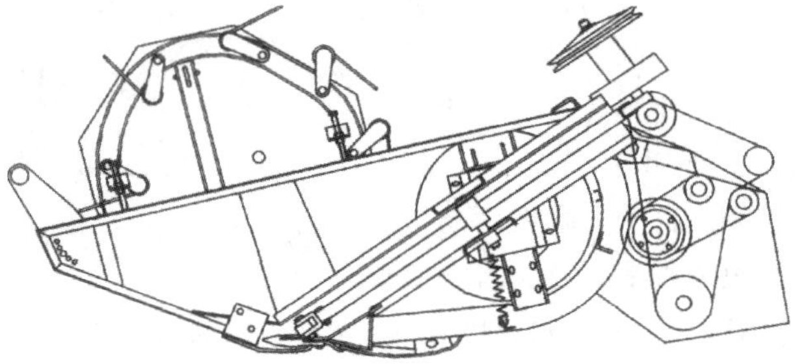

图 3-39 牧神 M3600 型自走式全液压割草压扁机割台结构示意图

牧神 M3600 型自走式全液压割草压扁机割台全浮动悬挂机构，可实现割台地面仿形，确保割茬最低，同时使驾驶员操作更方便。液压反吐装置能够在饲草堵塞情况下吐出堵塞物。行走转向靠静液压驱动，行走速度 18km/h，最小转弯半径近似于零，可实现原地 360°回转。行走系统实现全程无级变速，操作简便。割茬高度与护刃器角度均可方便地进行调整。

2. 自走式旋转割草调制机

自走式旋转割草调制机适于收获稠密缠绕、倒伏严重的饲草。通用自走底盘与自走式往复割草调制机相同。相对于自走式往复割草调制机，旋转式割草调制机作业速度更快（可达 12km/h 以上）、生产率更高。而且，自走式旋转割草调制机不需要拨禾装置，割台结构紧凑。但自走式旋转割草调制机动力消耗远高于往复式机器。

自走式旋转割草调制机割台由液压油缸控制升降，可垂直、水平浮动，垂直浮动范围 2°~10°，即使机组行进时也可调整。当需要更换割台时通过提升臂提起割台，15min 即可完成更换。自走式旋转割草调制机割台配置全油浴模块化盘式切割器。切割器安装在带有加强梁的托架上，有利于切割器的正常运转和平稳切割。美国挑战者（Challenger）公司生产的自走式旋转割草调制机由 2 台液压马达从割台两侧驱动，保证了切割器在全幅宽上扭力的均衡传递。

自走式旋转割草调制机通常选配压辊式调制器，压辊间隙和压力可调。压辊压力由液压油缸和氮气储能罐控制，当遇异物或草料堵塞时，无需停机压辊即可迅速分离，排除异物后恢复工作。新型的二次调制系统采用二次调制工艺，第一对钢辊压扁器把切割后的饲草初步折弯压裂，第二对橡胶辊压扁器对饲草进行再调制，以挤出茎秆中的水分。2 对调制辗间隙均可通过液压或液压气动系统调整。

四、方草捆捡拾压捆机

（一）概述

方草捆捡拾压捆机是指能把散状饲草经压缩后打成长方体草捆的设备，简称压捆机或方捆机。

1. 压捆机的发展简史

现代自动打捆压捆机是在固定式压捆机的基础上研制开发的。世界上第一台固定式压捆机于 1870 年诞生。典型的固定式压捆机主要由具有矩形截面的长方体压捆室和直线往复运动的活塞构成。早期生产的固定式压捆机除对物料的压缩外，物料的输送、喂入和打捆等作业工序均由人工作业完成，因此要耗费大量的人力。经过近半个世纪的不断改进，至 1920 年固定式压捆机的结构设计和制造工艺已较成熟，在生产中获得普遍推广应用。1930 年，由美国几家公司率先研制出牵引式压捆机。早期的牵引式压捆机能自动完成物料的捡拾、输送、喂入和压缩等作业工序。但是，最关键的打捆作业工序仍需由人工完成。1930 年以后，欧美工业发达国家的某些公司开始尝试把割捆机用绳打结器引用到牵引式压捆机上，由绳打结器自动完成打捆作业工序。割捆机的打结器最初配置在摆动活塞式压捆机上。但是，田间试验结果表明，不经任何改进，把割捆机用绳打结器直接配置在压捆机上，打结器会频繁发生故障。

自 20 世纪 30~40 年代以来，经过十几年的不断改进，摆动活塞式压捆机的性能和可靠性有了很大的提高。第二次世界大战结束后，田间自动打捆压捆机获得了普遍推广使用。至此，牵引式压捆机全面取代了固定式压捆机。

当时，按草捆密度的高低，牵引式压捆机分为低密度压捆机和高密度压捆机。前者的典型结构型式为圆弧摆动活塞式压捆机，而后者的典型结构型式为直线往复活塞式压捆机。由于结构和性能上存在缺陷，自 20 世纪 60 年代初期摆动活塞式压捆机基本被淘汰。20 世纪 60 年代以后，牵引式小方草捆压捆机的结构设计和制造工艺已较成熟，整机性能稳定可靠。约翰迪尔、纽荷兰、威利格尔（Welger）、克拉斯（Claas）和麦赛福格森（Massey Ferguson）等公司的产品自成系列，各具特色。各大公司还陆续开发了自带发动机、自走式压捆机和钢丝打捆压捆机等新产品。

1976 年，美国惠斯顿（Hesston）公司首先开发研制出了大方草捆压捆机。该机对小方草捆压捆机的输送喂入机构、打结器等主要工作部件进行了重大改进。在整机上配置了具有预压缩功能、并将预压缩的草片一次喂入到压捆室内的输送喂入机构和在一个工作循环中能完成两次打结功能的双结打结器。该机压制的大方草捆的截面尺寸为1.22m×1.30m，草捆最大长度为2.50m，草捆密度（麦秸）高达150~180kg/m^3。由于大方捆机具有生产率高、草捆密度大、成捆率高、机器承受的冲击载荷小、工作平稳、故障率低、经济效益好等优点，在欧、美等地区发达国家得到迅速的推广应用。

当前，大方捆机的产销量在逐年稳步增长，而小方捆机的产销量在逐年减少。由于世界各国农业机械化发展水平不同，农业生产的经营方式和规模不同，因此在发展中国家和发达国家的小型农场，小方捆机在今后相当长的时期内将会继续受到欢迎。我国农牧业生产以个体经营为主，耕地和草场的使用权分散在农户。因此，像大方捆机这样的大型、高效、价格昂贵的设备目前不可能占据市场的主导地位。但是，随着我国农村、牧区经济体制的改革，农业生产技术的进步和机械化水平的提高，大方捆机的需求量将会逐年增加。

2. 压捆机在饲草收获工艺中的作用

草捆压捆机主要用来对各种牧草和稻麦秸杆进行成捆收获。成捆收获工艺是当前普遍采用的收获工艺。据有关资料报道，美国牧草总产品每年大约1.0×10^{8}t，自1955年以来75%以上的牧草以成捆方式收获。近年来，在我国牧区以成捆方式收获的饲草迅速增加。小方草捆压捆机打成的草捆，其尺寸和重量适度，便于人工和机械装卸、码垛存贮和饲喂。高密度、外形整齐规则的草捆不仅有利于长途运输、降低运输成本，而且节省运输和贮存空间。压捆机以其适用范围广、操作灵活方便、性能稳定可靠、高效低成本、投资回报率高等诸多优点受到广大用户的普遍欢迎。在提高饲草收获机械化水平、促进农业生产的发展等方面正在发挥着十分重要的作用。值得注意的是，近年来随着农作物秸秆应用领域的扩大，生物能发电、燃料乙醇生产、建材加工和造纸行业对压捆机的需求量正在迅速增加。可以预见，压捆机为上述产业的发展必将作出应有的贡献。

3. 压捆机的分类

压捆机可以有多种分类，如按草捆尺寸、密度、捆扎材料等方面分类，也可以按作业方式和配套动力等分类。下面简要介绍几种常见分类。

（1）按草捆尺寸不同，分为小方草捆压捆机和大方草捆压捆机。小方草捆的截面尺寸（高×宽）主要有以下几种：31cm×41cm、36cm×46cm和41cm×46cm。草捆长度在30~130cm范围内可调。大方草捆的尺寸都很大，常见的草捆截面尺寸（高×宽）系列有80cm×90cm、120cm×90cm和130cm×120cm，草捆长度一般在1.0~3.0m范围内可调。

（2）按草捆的捆扎材料不同，压捆机可分为绳打捆压捆机和钢丝打捆压捆机。国外生产的压捆机在同一型号的产品上一般都配置两种型式的打捆机构，以满足不同用户的使用要求。在国内，只有内蒙古宝昌牧机厂生产92FG-1.4型钢丝打捆压捆机。由于用钢丝打捆压捆机捆扎的草捆密度高，因此更适合于商品草的长途运输。

（3）按作业方式不同，压捆机分为固定式压捆机和牵引式压捆机。固定式压捆机一般以电动机和内燃机为动力，能自动完成喂入和压缩工序，而草捆的捆扎由人工完成。固定式压捆机能压制密度很高的草捆，但生产率低，作业成本高。牵引式压捆机由驾驶员一人操作，能自动完成捡拾、喂入、压缩和打捆等作业工序，生产效率高，作业成本低。

4. 农业技术要求

（1）在捡拾、输送喂入和压缩等作业环节中对物料造成的损失少，其总损失率应不大于3%。

（2）打捆机构工作稳定可靠，在一个作业季节内的成捆率应不小于 99%。

（3）草捆长度和密度具有可调性。草捆长度一般应在 30~130cm（小方草捆）、1.0~3.0m（大方草捆）范围内可调；草捆密度应不低于国家行业标准规定的下限值。

（4）草捆外形整齐规则，草捆各边长度尺寸的最大值与最小值之差一般应不大于边长平均值的 10%。

（5）草捆应具有良好的抗摔性能，在装载、运输、卸载和码垛过程中不易散捆。

（6）草捆在露天贮存的条件下，至少在一年内不会因为捆绳老化而导致散捆。

（7）在凹凸不平的田间作业时，压捆机应具有较好的仿形缓冲性能和地面适应性。

（二）小方草捆捡拾压捆机

小方草捆捡拾压捆机包括侧牵引式压捆机和正牵引跨行式压捆机。

1. 总体结构及工作过程

（1）侧牵引式压捆机　侧牵引式压捆机主要由牵引梁、捡拾器、输送喂入机构、活塞、压捆室、打捆机构、草捆长度和草捆密度调节装置和传动系统组成。

压捆机由拖拉机牵引，其工作部件的动力由拖拉机动力输出轴提供。在田间作业过程中，随着机器的运转，捡拾器的弹齿将地面草条捡拾起来，并提升到捡拾器后方的输送喂入平台。设置在输送喂入平台上方的双叉式输送喂入机构将物料横向输送喂入到压捆室内。往复运动的活塞在工作行程中其动刀片与压捆室的定刀片配合，把堆积在喂入口处的物料切断分离，并压实压捆室内的物料。随着物料在压捆室内被压缩并逐渐向后移动，带动草捆长度调节装置的计量轮转动。当被压缩物料的长度达到预先调定的草捆长度时，打捆机构离合器自动结合，启动打捆机构运转。打捆机构在其工作循环中，依次完成送绳、拨绳、夹绳、绕绳打结、割绳和脱扣等一系列打结工序，将包络草捆的两道捆绳打成绳结。捆扎好的草捆在后续物料的推动下逐渐移动到压捆室出口，经放捆板跌落到地面。

侧牵式压捆机的主要特点：第一，在总体结构布局上，侧牵式压捆机将喂入口设置在压捆室的侧面、捡拾器设置在压捆室右前方，相应地把输送喂入机构设置在捡拾器后上方行驶；第二，物料在输送喂入过程中由纵向流动转换为横向流动，由压捆室右侧的喂入口横向喂入压捆室内；第三，定、动切草刀片分别安装在压捆室喂入口后侧和活塞的侧面；第四，由于喂入口设置在压捆室右侧板上，喂入口底面距地面较高，因此捡拾器滚筒直径尺寸比较大。不同型号侧牵引式压捆机的总体布局结构基本相同。目前侧牵引式压捆机的传动系统大多数采用链条-皮带传动结构。与链条-皮带传动系统相比，轴-齿轮传动和轴-皮带传动系统及其在整机上的布局具有非常鲜明的特色。拖拉机的动力通过动力输出轴、传动轴、摩擦式安全离合器、飞轮传递到齿轮箱。齿轮箱的两级螺旋锥齿轮传动和齿轮箱外的传动系统构成 3 条动力传动路线，将动力分别传递到压捆机的各工作部件。

轴-齿轮传动系统的主要优点是运动精度高，能确保各运动件的转速和运行速度稳定。传动件具有良好的综合机械性能，在使用中不易发生弯曲变形和早期磨损失效等故障，能确保机器各工作部件长期正常稳定工作，有利于提高整机的寿命和可靠性。轴-齿轮传动系统虽然具有上述许多优点，但也存在一定的缺点。与链条-皮带传动系统相比，轴-齿轮传动系统结构复杂，对零部件的制造装配精度要求高。侧牵引式压捆机轴-皮带传动系统的结构型式与轴-齿轮传动系统基本相同。两者的主要区别在于轴-皮带传动系统在齿轮箱输出轴的外侧设置了皮带轮，采用三角皮带传动装置驱动捡拾器主轴。当捡拾器堵塞时，通过皮带打滑防止捡拾器过载。

此外，输送喂入机构的传动系统安装在该机构前方的机架上，打捆机构的传动系统则配置在打结器主轴的左侧。

（2）正牵引跨行式压捆机

①总体结构：图 3-40 为由内蒙古华德牧草机械有限责任公司生产的 9YFQ-1.9 型正牵引跨行式压捆机总体结构示意图。该机主要由牵引梁、捡拾器、螺旋输送器、喂入机构、活塞、压捆室、打捆机构、草捆长度和密度调节装置和传动系统等组成。拖拉机的动力通过传动轴、摩擦式安全离合器、飞轮、齿轮箱和链条-皮带传动系统传递到各工作部件。

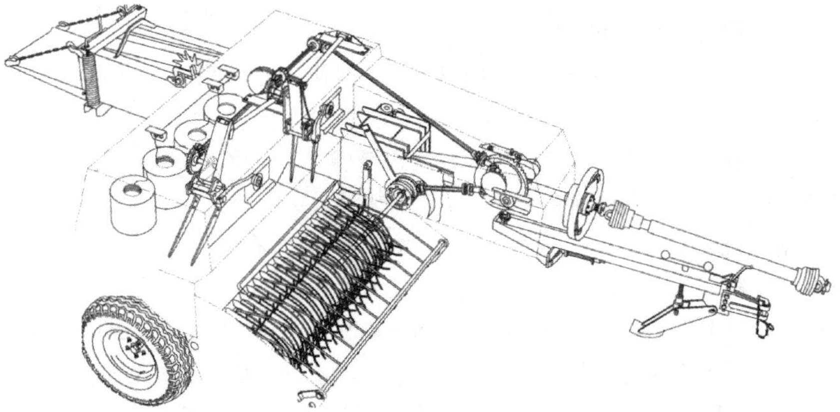

图 3-40　9YFQ-1.9 型正牵引跨行式压捆机总体结构示意图

捡拾器、螺旋输送器配置在压捆室正前方。捡拾器采用 3 排弹齿杆滚筒式结构，其弹齿的运动轨迹由凸轮-定向滚轮机构控制。捡拾器与机架连接，并用浮动弹簧悬挂。捡拾器高度调整装置采用梯形螺纹副结构，其高度可进行无级调节。输送器采用螺旋输送装置，对称布置在捡拾器后方。喂入机构采用曲柄摇杆机构，由钢板焊合而成的 4 根拨草叉位于喂入室正上方。

压捆室采用整体焊接结构，并构成机架主体。在压捆室内配置由曲柄连杆机构驱动的往复运行的活塞。活塞与压捆室的配合采用滚轮-导轨结构。

2 台 DC Deering 型打结器配置在压捆室中部上方。草捆长度调节装置采用计量轮-计量杆控制机构，可对草捆长度进行无级调整。草捆密度调节装置采用拉伸弹簧手动调节装置。在压捆室左右侧板内侧设置阻草门和阻草板，以满足用户对草捆密度的特殊要求。齿轮箱采用一级降速圆弧锥齿轮传动机构。在传动轴与齿轮箱之间设置摩擦式安全离合器。在传动系统的适当位置设置了过载安全保护装置。

②在田间作业时，随着捡拾器的运转，弹齿将地面草条捡拾提升到输送喂入平台。在捡拾器正后方对称布置的螺旋输送器将物料自平台两侧收拢到喂入室前方。拨草叉在其工作行程中将物料自压捆室下方的喂入口填入到压捆室。活塞在工作行程中，其动刀片与压捆室的定刀片配合，切断分离堆积在喂入口处的物料，然后进一步压实喂入到压捆室内的物料。物料在被压缩的过程中，在压捆室内逐渐向后移动，并带动草捆长度调节装置的计量轮旋转。当被压缩物料的长度达到预先调定的草捆长度时，打捆机构离合器自动结合，启动打捆机构工作，将包络被压缩物料的两道捆绳打成绳结。捆扎好的草捆在后续草捆的推动下逐渐移动到压捆室出口，

经放捆板落到地面。

正牵引跨行式压捆机具有以下特点。

a. 总体结构紧凑，饲草工艺流程与侧牵引式压捆机不同。由于捡拾器和输送喂入机构设置在压捆室正前方，因此在捡拾、喂入、压缩、打捆以及草捆跌落到地面的过程中，物料始终沿着机器纵向轴线流动。与传统的侧牵引式压捆机相比，饲草工艺流程更合理。

b. 捡拾、喂入阻力小，饲草流动更流畅，有利于提高喂入量和生产率。饲草在压捆室内分布均匀，草捆形状更整齐规则。

c. 整体焊合的机架，结构工艺性更为合理，机架强度高，不易变形。

d. 由于喂入口设置在压捆室底部，故可缩小捡拾滚筒尺寸，捡拾器结构更紧凑。与侧牵引式压捆机相比，在压捆室截面尺寸相同的情况下，增加了捡拾器工作幅宽和喂入口的尺寸。

e. 切草刀片设置在活塞和压捆室的底部，活塞在工作行程中不受侧向力，载荷均衡、运行平稳。

f. 在作业和运输过程中不必转换牵引杆的位置，机组转弯半径小，操作灵活、方便。

g. 与侧牵引式压捆机相比，在场地进行固定作业时，不便于从捡拾器正面人工喂入物料。

h. 喂入机构在工作行程时引起的惯性力较大，对喂入机构工作平稳性有一定的负面作用。

2. 压捆机的主要工作部件

(1) 捡拾器　捡拾器的结构和性能应满足如下饲草收获工艺要求：捡拾草条要干净，捡拾损失率一般应不大于2%，捡拾起来的物料中陈草及其他杂质要少；弹齿对牧草的打击要轻，牧草花、叶的损失少，要具有良好的地面仿形和缓冲性能；当草条被捡拾提升到捡拾器护板上方、弹齿收缩到护板内部时，弹齿应不拖带饲草。

①捡拾器的结构及基本参数：按结构不同，滚筒式捡拾器可分为弹齿式和刚性伸缩指式两种。在压捆机上普遍采用弹齿滚筒式捡拾器。当前，国内外各种型号压捆机的捡拾器，其结构型式基本相同。

国产9YFQ-1.9型压捆机捡拾器结构如图3-41所示，它主要由凸轮盘、曲柄、滚轮、横梁焊合、捡拾器轴、固定盘、弹齿梁、弹齿和护板等组成。以上零件经组装后构成凸轮一定向滚轮机构和滚筒-弹齿杆组件，由它们共同完成捡拾提升和输送草条的作业。

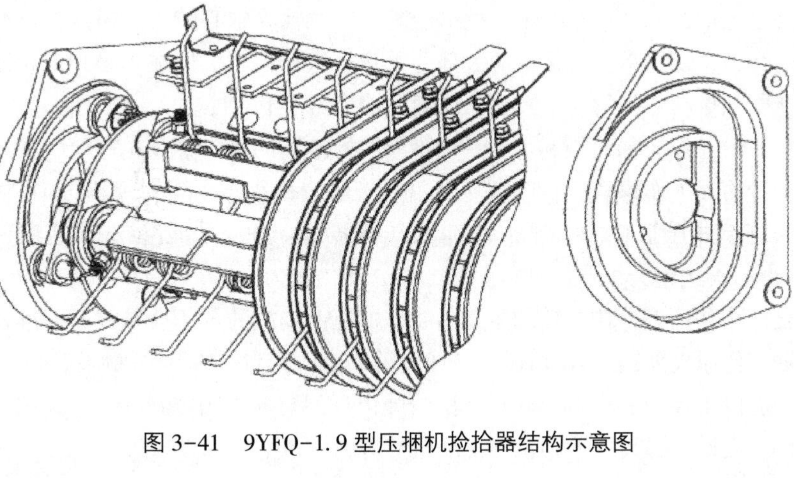

图3-41　9YFQ-1.9型压捆机捡拾器结构示意图

捡拾器一般都配置地面仿形、浮动装置和捡拾器高度调整装置。9YFQ-1.9 型压捆机捡拾器地面仿形装置如图 3-42 所示。它主要由仿形轮、轮轴梁、固定板、支撑管和螺栓等组成。固定板焊接在支撑管的端面，轮轴梁通过螺栓与固定板连接。固定板后方的一个螺栓孔是长孔，以便上下调整仿形轮的离地高度。仿形轮的轮轴穿过轮轴梁前端的圆孔后用螺栓固定在捡拾器护罩的外侧。

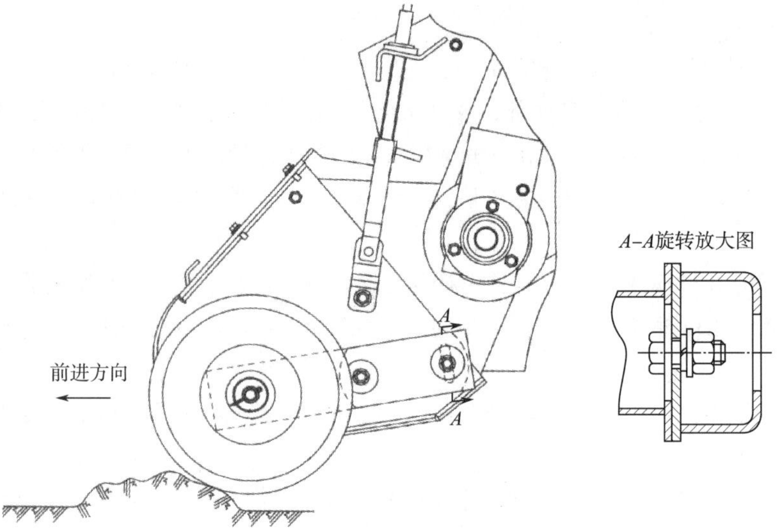

图 3-42 捡拾器仿形装置结构简图

在作业过程中，仿形轮的离地高度一般要调整到比弹齿齿端离地高度更小一些。在地面比较平坦的情况下，仿形轮一般不会与地面接触。只有在凹凸不平的田间作业时，仿形轮若遇到地面障碍物，则将行驶在障碍物之上。此时，在地面反作用力的作用下捡拾器向上浮动，避免弹齿齿端搂刮地面或与障碍物碰撞。

9YFQ-1.9 型压捆机捡拾器浮动装置结构如图 3-43 所示，它主要由浮动弹簧、弹簧挂接板、拉杆螺栓和调整螺母等组成。浮动装置配置在捡拾器右侧板外侧，拉杆螺栓通过调整螺母和锁紧螺母与机架相连，浮动弹簧两端的挂钩分别与挂接板和拉杆螺栓上的孔挂接。浮动装置通过浮动弹簧把捡拾器悬挂在机架上，捡拾器能以绞龙轴为中心转动。通过拧动调整螺母可改变浮动弹簧的张力，使其承受捡拾器的大部分重量。这样，当机器在不平坦的田间作业时，既能承受捡拾器剧烈振动导致的冲击力，又能确保捡拾器上下浮动。

由于压捆机的总体布局结构和尺寸系列不同，捡拾器的基本参数也有所不同。捡拾器基本参数的选择：捡拾器工作幅宽应大于草条宽度，一般应不小于 1.4m；弹齿间距为 70mm 左右；弹齿杆数量为侧牵式压捆机 4~6 根，正牵式压捆机 3~4 根；弹齿齿端线速度一般为 1.74~2.55m/s（弹齿齿端速度为机器前进速度的 1.4~2.4 倍较为合适）。

②捡拾器的工作原理：捡拾器的主要功能是把地面铺放的草条捡拾提升后推送到输送喂入平台。捡拾器工作原理如图 3-44 所示。从图中可以看出，当捡拾器主轴旋转时，弹齿杆在固定盘的作用下沿着以半径为 R 的圆周转动。随着弹齿杆的转动，固定在曲柄一端的滚轮沿着凸轮盘的滑道滚动。因此，弹齿的运动轨迹由凸轮滑道制。

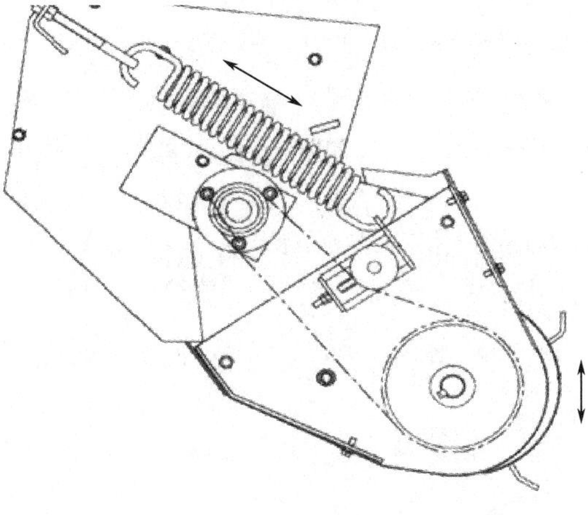

图 3-43 捡拾器浮动装置简图

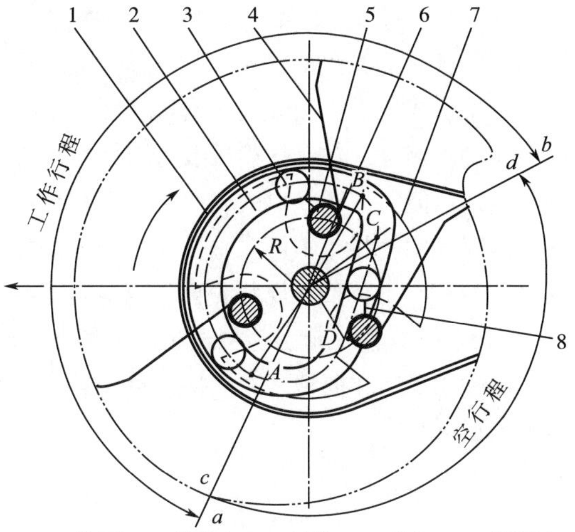

1—护板；2—凸轮盘；3—滚轮；4—弹齿；5—弹齿杆；6—捡拾器轴；7—固定盘；8—曲柄。

图 3-44 捡拾器工作原理示意图

凸轮盘滑道由圆弧段 *AB*、直线段 *CD* 以及过渡曲线段 *BC* 和 *DA* 4 个部分组成。图中以粗双点划线绘制的封闭曲线为弹齿齿端的运动轨迹，其中，*ab* 段为弹齿的工作行程轨迹，*de* 段为弹齿的空行程轨迹。在工作行程中，弹齿将完成捡拾、提升和卸草等 3 个工序。在弹齿杆的驱动下，当滚轮由凸轮滑道的曲线段 *DA* 过渡到圆弧段 *AB* 时，弹齿齿端逐渐从护板的下方伸出。当齿端与草条开始接触时，弹齿便进入其工作行程，把饲草捡拾提升到护板上方。随着弹齿杆的继续转动，弹齿将沿着护板上方表面推送饲草，直至其齿端从护板上方缩回到护板内侧。弹齿在推送饲草的行程中，其齿端与护板的相对速度明显减少，运行方向几乎垂直向下，将饲草卸放在护板末端，避免继续推送饲草而堵塞于护板缝隙中。在空行程的起始阶段，滚轮在凸轮滑道的直线段运行，弹齿的相对速度迅速增加，其齿端从护板下方的缝隙中迅速伸出，直至弹齿接近于径向重新恢复到工作行程。

各种结构型式的割草机留茬高度为 50~70mm，而捡拾器弹齿齿端与地面的间隙通常不大于 50mm。捡拾器的弹齿杆数量和弹齿间距也完全满足要求。在实际作业过程中，由于长茎秆作物搂集成的草条宽大厚实，相互缠结牢固，故一般都能被干净地捡拾起来，遗漏很少。但是，短茎秆作物搂集成的草条稀疏松散，相互缠结也不牢固，故在割茬高度以下，以及在遗漏区内的碎草有可能被遗漏。根据国内外田间试验数据，捡拾遗漏率通常不大于 2%。

滚筒式捡拾器的缺点是当弹齿运行至护板上方时，在输送物料的区段以及弹齿回缩到护板内部的卸草段，护板上方的物料一般保持静止状态。

凸轮盘、滚轮和弹齿是捡拾器的重要零件，而且，在尘土和作物碎屑飞扬的恶劣环境中工作。因此，在设计和制造中必须慎重选择其材料，确保零件的强度、硬度和尺寸精度，滚轮轴承的密封性应满足零件工况要求。

（2）喂入装置 在作业过程中，经捡拾器捡拾提升的物料由螺旋输送器横向推送到喂入叉下方，再由喂入叉填入到压捆室内。螺旋输送器由螺旋叶片和叶片轴焊合而成。喂入装置是一曲柄摇杆机构，喂入叉端部的运行轨迹以及工作原理与双叉式输送喂入机构的喂入装置基本相同。

双叉式和绞龙-单叉式输送喂入机构都设置了喂入叉的若干个安装调整位置，作业时可根据草条的具体情况调整喂入叉伸入压捆室的尺寸，以便使喂入的物料均匀地分布在压捆室内。由于侧牵引式压捆机的喂入口设置在压捆室侧面，经捡拾器捡拾起来的物料由纵向流动转变为横向流动。因此，物料的输送喂入阻力大，通过喂入口实际流入压捆室的物料往往少于喂入口的额定通过能力，喂入口的利用率只有35%～45%。此外，由于草条不可能总是那么均匀一致，从侧面喂入的物料也不可能总是均匀合理地分布在压捆室内。因此，侧牵引式压捆机打成的草捆的外形有时不够整齐规则，会出现扇形草捆。

9YFQ-1.9型正牵引跨行式压捆机绞龙-单叉式输送喂入机构结构见图3-45。它主要由左右螺旋输送器、左曲柄、右曲柄、草叉轴、拨草叉、连接臂、摇杆、传动板、安全螺栓和传动装置组成。

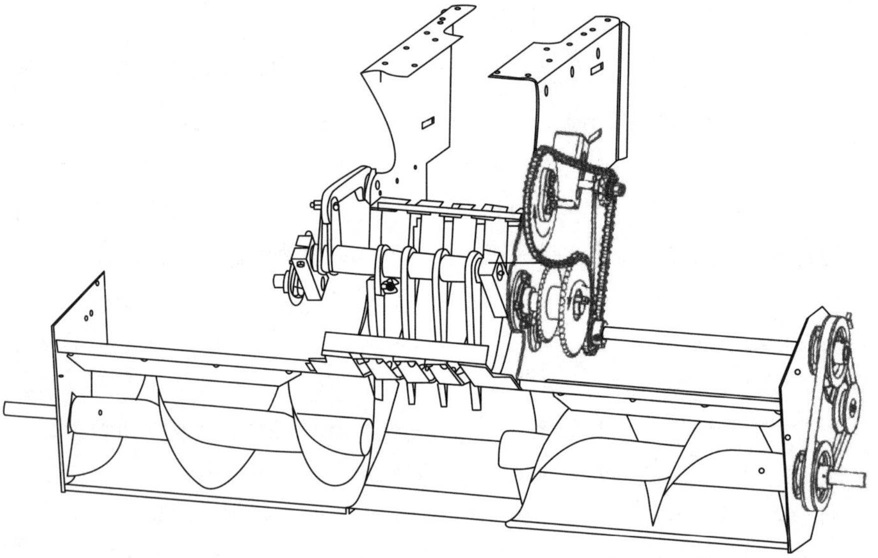

图3-45 绞龙-单叉式输送喂入机构

在作业过程中，经捡拾器捡拾起来的物料由左右螺旋输送器横向输送到喂入室前方。随着草叉轴的运行，拨草叉在其工作行程中把堆积在喂入室前方的物料从压捆室下方的喂入口填入到压捆室。

螺旋输送器安装在捡拾器后方的机架上，左右对称分布，并由皮带传动装置驱动。左右螺旋输送器螺旋叶片的螺旋角相反，叶片外径330mm，螺距360mm，长度780mm，螺旋轴转速312r/min，叶片与外壳的间隙为6～10mm。在作业过程中，若因物料堵塞而超载，皮带将打滑，以免零件损坏。喂入机构的主体是左曲柄、右曲柄、遥杆、连接臂和拨草叉构成的曲柄遥杆机构。左、右曲柄分别位于草叉轴的左右两端，在左曲柄轴的轴端装有驱动链轮。摇杆的一端通过销轴与连接臂连接，另一端安装在压捆室右侧板销轴上。4根喂入钢叉与草叉轴焊合，喂入机构由固定在压捆室左、右侧板上的2个外球面轴承支撑。在齿轮箱输出轴轴端的主驱动链轮上，设置了喂入机构超载安全保护装置。超载时，安全螺栓被剪断，喂入机构传动链的动力被切断，从而避免零件被损坏。

德国威利格尔公司AP-42型侧牵引式压捆机双叉式输送喂入机构和输送、喂入叉安全保护装置结构及其输送、喂入叉的运动轨迹与前述双叉式输送喂入机构基本相同。两者不同点在于超载安全保护装置，AP-42 型侧牵引式压捆机设计配置了板弹簧式自动安全保护装置。这种安全保护装置结构独特，反应灵敏，工作可靠。超载时，堵塞物料的反作用力通过喂入叉推动曲柄轴座围绕曲柄轴以顺时针方向转动。在曲柄轴座的作用下，连接板推动销轴在调节板的长孔内滑动，喂入叉随曲柄轴座偏转，并使前后板弹簧产生弹性变形。当喂入叉越过堵塞物料后，曲柄轴座在板弹簧产生弹性变形后贮存的反作用力推动下带动喂入叉返回到工作位置。在实际作业过程中，迫使喂入叉和输送叉偏转的力矩分别为 6860~7840N · m 和 5880~7840N · m。

（3）活塞、压捆室　国内外生产的不同型号压捆机的活塞结构型式基本相同。图 3-46 和图 3-47 所示分别为侧牵引式和正牵引式压捆机活塞的结构简图。二者的区别主要在于切草刀片的安装位置，前者的刀片安装在活塞体的侧面，后者的刀片则安装在活塞体的底面。活塞由曲柄连杆机构驱动，主要由活塞体、曲柄、连杆、活塞销、滚轮和切草刀片等组成。曲柄大端和小端孔中心距（曲柄半径 R）、连杆长度 L 是活塞的主要结构参数。现代压捆机的曲柄半径通常为 300~380mm。连杆长度尺寸则根据连杆长度与曲柄半径的比值（L/R）确定，通常 L/R=2.0~2.5。此外，连杆长度应满足当活塞处于工作行程死点时，活塞前端应越过喂入口后侧边缘 200mm 左右。

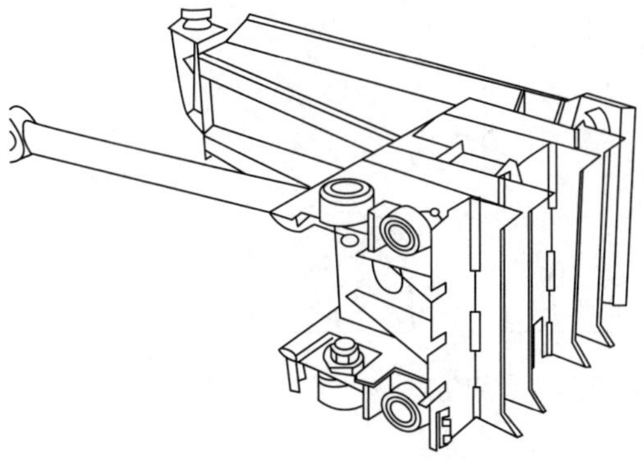

图 3-46　侧牵引式压捆机活塞结构简图

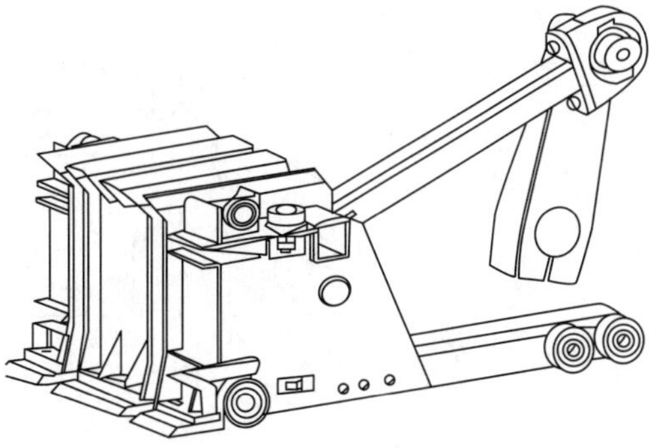

图 3-47　正牵引式压捆机活塞结构简图

活塞与喂入叉的同步调整是否正确、切草刀片刃口是否锋利直接关系到草捆的规则度和活塞消耗的功率。因此，在使用中必须确保活塞处于正确调整状态，保持刀片刃口的锋利。

9YFQ-1.9 型压捆机的压捆室的主体是由钢板焊合而成的长方形腔体，它主要由左侧板、右侧板、导轨和限草器等组成。压捆室的横截面尺寸与生产率和机型有关。国内外生产的压捆机的压捆室的截面尺寸有 30cm×41cm、36cm×46cm 和 41cm×61cm 等不同规格尺寸，其中最普遍采用的截面尺寸为 36cm×46cm。

活塞周边装有 8 个滚轮，在压捆室左、右侧板上装有 5 根导轨。两侧后下滚轮和左侧前下滚轮与两侧下导轨接触。前下滚轮与中导轨及上滚轮、侧滚轮与上导轨留有一定的间隙。滚轮和导轨的作用是支撑活塞，承受活塞运行中的冲击载荷。在活塞前端和压捆室中段底部装有切草定刀片和动刀片。在曲柄连杆机构的驱动下，活塞作直线往复运动。在活塞的工作行程中，动、定切草刀片相互配合切断堆积在喂入口的物料，然后再把压捆室内的物料压实，形成一个草片。在压捆室左、右侧板和打结器架体底板上装有限草器，其作用是活塞回程时阻止被压缩物料的反弹。

活塞与压捆室的配合精度在很大程度上依赖于滚轮与导轨、动刀片与定刀片间隙的控制和调整。若滚轮与导轨之间的间隙太大，活塞在运行中会产生剧烈的冲击和振动。刀片间隙失调，将会显著增加剪切阻力，或者导致动、定刀片相撞等严重故障。滚轮与导轨的间隙一般应控制在0.3~0.5mm。由于压捆机的总体布局和结构不同，动、定刀片的间隙存在一定差别。侧牵引式压捆机的刀片间隙一般应控制在0.1~0.8mm，而正牵引式压捆机的刀片间隙应控制在0.8~1.8mm。

刀片刃口角和动、定切草刀片刀刃形成的夹角即滑切角与剪切功率密切相关。如图3-48和图3-49所示，对于侧牵引式压捆机，动、定切草刀片的切割角 $\alpha=20°\sim25°$，滑切角 $\theta=30°\sim45°$；对于正牵引式压捆机，定刀片切割角 $\beta=60°$左右，动刀片的切割角 $\alpha=90°$，滑切角 $\theta=25°\sim30°$。刀片刃口角越小，刀刃越锋利，剪切阻力也越小。但是，刃口角太小，不仅影响强度，而且易于磨损，对刀片的制造材料和热处理工艺要求更高。故刀片刃口角不易太小，一般刃口角=25°~35°比较合适。

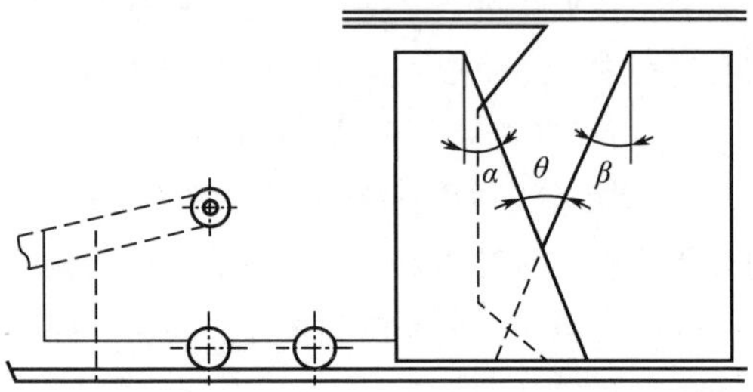

图3-48 侧牵式压捆机刀片滑切

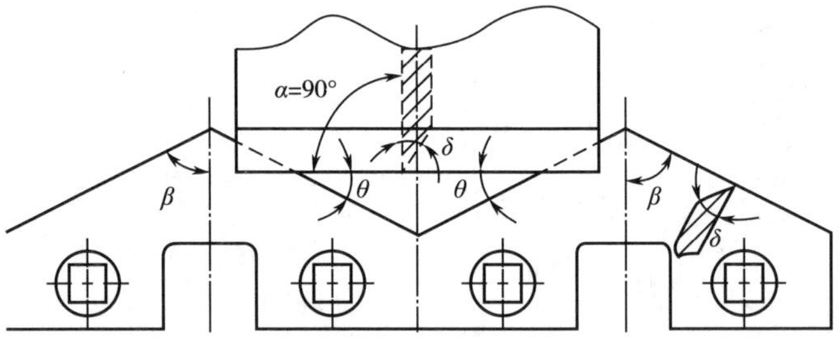

图3-49 正牵式压捆机刀片滑切角

为了提高活塞与压捆室的配合精度，降低活塞在运行中的冲击、振动，减小剪切和压缩物料所消耗的功率，提高机器的可靠性和延长使用寿命，在零部件加工制造过程中，必须严格控制活塞、压捆室各部分的尺寸精度、形位误差和焊接变形。

图3-50为9KJ-1.4A型压捆机活塞滚轮与压捆室导轨配合示意图。通常，压捆室的下导轨都是长方形平面导轨。在活塞往复运行过程中，下导轨只具备支撑活塞的单一功能，不能控制活塞的左右摆动。

如图所示，该机在压捆室的右侧设置了一根梯形导轨，安装在活塞体右侧下方带有梯形槽的下滚轮在梯形导轨上滚动。在活塞左侧和压捆室左侧板上分别装有侧滚轮和上、下导轨。其中，下导轨与侧滚轮接触，而上导轨可调，以便调整导轨与滚轮的间隙。

在活塞往复运行过程中，滚轮与梯形导轨无间隙配合。梯形导轨不仅支撑活塞，而且控制活塞的左右摆动，而左侧上、下导轨主要限制活塞上下跳动。这种结构设计的优点是结构简单，滚轮与导轨间隙的调整方便简捷。

（4）草捆密度调节装置　草捆密度是压捆机的重要性能参数。为了压制出松紧适度的草捆，在压捆机上均设置草捆密度调节装置。草捆密度调节装置的结构型式主要有弹簧加压手动调节式和液压调节式2种。其中，弹簧加压手动调节式又可分为拉伸弹簧加压式和压缩弹簧加

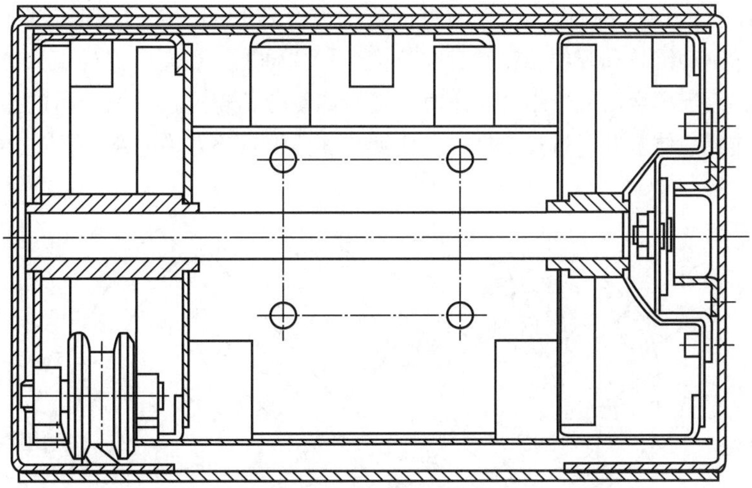

图 3-50 9KJ-1.4A 型压捆机滚轮与导轨配合示意图

压式2种。

弹簧加压手动调节式密度调节装置结构主要由上加压梁、下加压梁、拉伸（压缩）弹簧、调节手柄、左侧板、右侧板和上支架、下支架等构成。草捆密度调节装置设置在压捆室后部的密度调节室。密度调节室通过螺栓连接结构与压捆室连成一体，草捆密度调节装置的主体是由钢板焊接而成的长方形腔体，腔体的上、下两面为加压梁。拧转调节手柄，可增加或减少弹簧张力和加压梁的斜度。在作业过程中，当草捆在密度调节室腔体内向后移动时，由于上、下加压梁逐渐向内收拢，压捆室的高度变小，使草捆与腔体内壁的摩擦力逐渐增大。顺时针拧转调节手柄，草捆密度将增加；反之，草捆密度将减小。

除上述草捆密度调节装置外，在压捆机上一般都配置阻力板和阻草门，它们是密度调节辅助装置。阻力板设置在密度调节室的左、右侧板内侧，而阻草门则设置在压捆室左、右侧板的末端。阻力板和阻草门的作用是通过局部减小压捆室和密度调节室的宽度尺寸，增加草捆的摩擦阻力。而且，在活塞回程时，可阻止被压缩物料的反弹。

当对稻、麦秸秆或对含水率很低的禾本科饲草进行打捆时，可通过调整阻草门的开度和加装阻力板来提高草捆密度。当作物的茎秆粗壮、含水率较高时，应该拆除阻力板。草捆密度太高，压捆机经常在超载状态下工作，将会导致机器零部件的非正常损坏、早期磨损失效、捆绳被拉断和成捆率下降等一系列故障。

液压草捆密度调节装置为草捆密度的调整提供了更为简便的方法。它主要由液压油泵、油缸、贮油罐、压力表、油压调节器和液压油管等组成。液压油泵由压捆机的传动系统驱动，油泵出口端流出的高压油通过油管流入油缸。油压可通过调节器进行调整。

液压油缸安装在压捆室出口处的上加压梁的顶部，油缸柱塞的下端通过连接板与上加压梁连接。当需要提高草捆密度时，通过油压调节器使柱塞向下伸出。在柱塞的作用下，上加压梁将向压捆室内侧倾斜，从而增加加压梁表面与草捆的摩擦力，增大草捆密度。

（5）草捆长度调节装置　草捆在装载、运输、贮存和饲喂等一系列环节中，用户对草捆长度尺寸的要求需要草捆长度调节装置。如图3-51所示，草捆长度调节装置主要由计量轮、计量杆、滚花轴套、复位凸轮、杠杆、杠杆轴、分离卡爪、滚轮、链轮和拉伸弹簧等构成。草捆长度调节装置为凸轮-杠杆控制机构，它与打捆机构离合器联动，并控制离合器的结合与分离。打捆机构主轴的驱动链轮和复位凸轮空套在打捆机构主轴上。当离合器处于分离状态时，链轮在主轴上空转，而当离合器处于结合状态时，链轮和复位凸轮通过分离卡爪的滚轮与链轮内侧的挡铁接触后连成一体，并通过安全螺栓、曲柄和连接销将动力传递到打捆机构主轴。

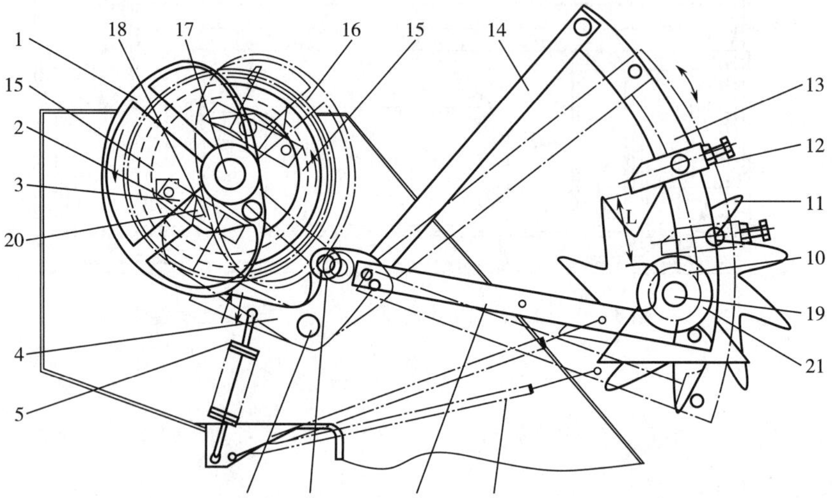

1—复位凸轮；2—分离卡爪滚轮；3—分离卡爪；4—复位杠杆；5—弹簧Ⅰ；6—杠杆轴；7—杠杆滚轮；8—连接杆Ⅱ；9—弹簧Ⅱ；10—滚花轴套；11—计量轮；12—挡块；13—计量杆；14—连接杆Ⅱ；15—挡铁；16—驱动链轮；17—打捆机构主轴；18—分离卡爪轴；19—计量轮轴；20—扭转弹簧；21—挡环。

图 3-51 草捆长度调节装置结构示意图

在作业过程中，计量轮的齿端嵌入压捆室内的草捆。草捆在向压捆室出口方向移动的过程中，带动计量轮和计量轮轴转动。在计量轮轴的轴端装有滚花轴套。在滚花轴套的外圆柱面和计量杆的内侧圆弧面上均刻有三角形齿纹。随着计量轮轴的转动，滚花轴套带动计量杆上升。当计量杆上升至使滚花轴套嵌入其下端的缺口时，复位杠杆在弹簧Ⅰ的作用下绕杠杆轴以逆时针方向转动，直至复位杠杆的左侧端面与分离卡爪不再相互接触（图 3-51 中实线位置）。分离卡爪脱开后，在扭转弹簧的作用下围绕分离卡爪轴以逆时针方向转动。随着驱动链轮旋转，其挡铁的斜面与滚轮表面接触，复位凸轮与链轮连成一体，并带动打捆机构主轴旋转，打捆机构开始工作。

当复位凸轮旋转至其外侧轮廓表面与杠杆滚轮接触时，在复位凸轮的作用下，复位杠杆绕杠杆轴以顺时针方向转动，使复位杠杆的左端面重新回到起始位置（图 3-51 中双点划线位置）。与此同时，复位杠杆在转动过程中推动连接杆Ⅰ、连接杆Ⅱ和计量杆向右移动，迫使计量杆下端缺口不再与滚花轴套接触。计量杆在自身重力作用下向下坠落，直至挡块的下部端面与挡环接触时停止下落，计量杆回落到其起始位置。同时，在弹簧Ⅱ的拉动下，计量杆向左移动重新与滚花轴套接触。当复位凸轮随打捆机构主轴旋转一周时，分离卡爪重新与复位杠杆的左端面相互接触，迫使分离卡爪以顺时针方向转动，分离卡爪滚轮不再与链轮内侧的挡块接触。至此，复位凸轮与链轮相互脱离，主轴的动力被切断，打捆机构完成了一次打结循环，链轮重新在主轴上空转。

在活塞的作用下，被压缩的物料将连续不断地被推向压捆室出口。因此，计量杆回到起始位置后，立即由计量轮轴带动重新上升，开始进行下一个工作循环。从上述草捆长度调节装置和离合器的工作原理可以看出，草捆长度取决于计量杆上升过程中的行程长度 L。L 可以通过上下移动挡块来调整。当 L 增加时，被压缩的物料需要相应地移动更长的距离。因此，L 越长，草捆也越长；反之，草捆就越短。

(6) 打捆机构　打捆机构是压捆机的主要工作部件。它的功能是用捆绳或钢丝将被压实的物料捆扎成草捆。按捆扎草捆的材料不同，打捆机构分为绳打捆机构和钢丝打捆机构。当前，国外各大公司生产的压捆机一般都配置两种型式的打捆机构，用户可根据需要选购绳打捆压捆机或钢丝打捆压捆机。绳打捆压捆机以其生产率高、作业成本低、草捆密度适度、便于饲喂等优点受到用户的普遍欢迎。钢丝打捆压捆机草捆密度高，在装载和运输过程中不易散捆。因此，当草捆需要长途运输时，钢丝打捆压捆机比较受欢迎。但是，遗留在草捆中的钢丝头容易被牲畜误食。

①绳打捆机构：主要由打结器、扇形齿凸轮盘（以下简称齿盘）、打捆针、U 形架、拨绳板组件、打捆针制动器、打捆机构主轴、离合器和支架等组成。打结器是打捆机构的核心工作部件。它的主要功能是将包络草捆的捆绳打成牢固可靠的绳结。按其结构不同，打结器可分为：Deering 系统打结器，简称 D 型打结器；Cormick 系统打结器，简称 C 型打结器；此外，麦赛福格森公司于 20 世纪 60 年代开发研制出一种新型打结器，简称 C-D 型打结器。

不同结构的打结器具有以下差异。

a. 打结钳嘴和夹绳器的传动虽然都采用不完全齿轮传动装置，但传动装置的繁简程度不同。D 型和 C 型打结器的打结钳嘴和夹绳器分别由 2 个小锥齿轮驱动，而 2 个小锥齿轮则由齿盘外缘上的不完全齿驱动。C-D 型打结器通过设置在支座和夹绳盘内的行星齿轮机构仅用一个小锥齿轮同时驱动打结钳嘴和夹绳盘。

b. 夹绳盘的结构型式不同。D 型和 C-D 型打结器采用盘式夹绳器。捆绳被夹持在相互交错配置的夹绳盘环槽和夹绳片之间的缝隙。C 型打结器采用锥面蹄块式夹绳器，捆绳被夹持在 2 个锥面之间。

c. 脱扣方式不同。D 型打结器采用强迫脱扣方式，绳结由脱绳杆从打结钳嘴上被脱下来。C 型和 C-D 型打结器则采用自然脱扣方式，随着草捆在压捆室内向后移动，绳结从打结钳嘴上被脱下来。D 型打结器打成的绳结为死结，而 C 型和 C-D 型打结器打成的绳结为活结。

②草捆的形成过程：如图 3-52 所示，作业前，从捆绳箱里抽出的捆绳穿过打捆针针尖处的穿绳孔后被夹持在夹绳器内。随着机器的行进，草条由捡拾器捡拾提升后喂入到压捆室内。活塞在其工作行程中，将物料压缩并推向压捆室后方。随着物料的向后移动，捆绳不断地从绳箱中被抽出，并逐渐包络草捆［图 3-52（1）］。当被压缩的物料达到预先调定的草捆长度时，打捆机构离合器自动结合，启动打捆机构工作［图 3-52（2）］。在活塞一次往复运行期间，打捆针把捆绳引向打结器，并与打结器共同完成一个打结循环，将被压缩的物料捆扎成草捆，打结器各运动件和打捆针返回到起始位置［图 3-52（3）］。

a. D 型打结器的打结程序。图 3-53 为在一次打结循环中 D 型打结器的工作过程示意图。为了便于更清晰地表示打结器工作原理，图中只绘制了与打结过程直接相关的零件。

打结前：作业前，捆绳按规定的穿绳路线穿过导绳器、打捆针穿绳孔等各个穿绳环节。然后，通过人工操作完成一个打结循环，使初级捆绳的绳头被夹持在夹绳器内［图 3-53（1）］。

送绳、拨绳、夹绳：打捆机构离合器结合后，首先打捆针由起始位置向上摆动，将次级捆绳引向打结器。当打捆针上升到打结器底板上方时，拨绳板将打捆针引上来的次级捆绳拨向打

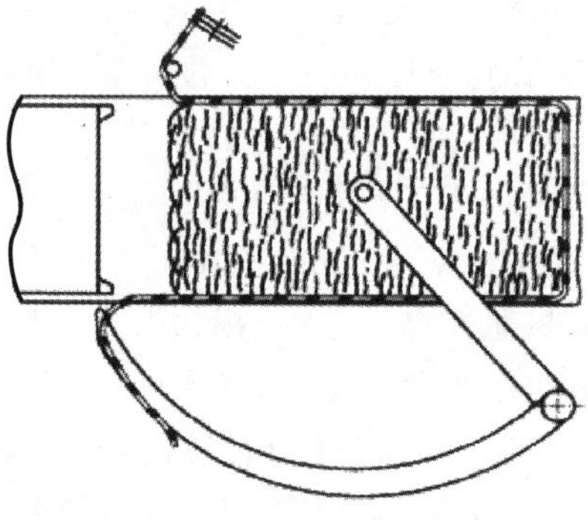

（1）物料在压捆室内被压缩

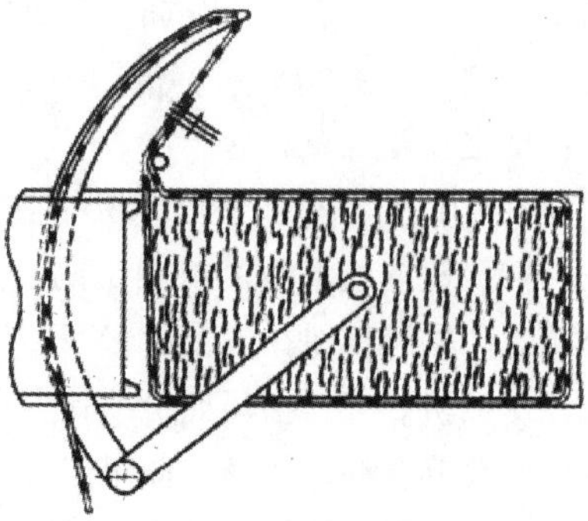

（2）打捆机构开始工作

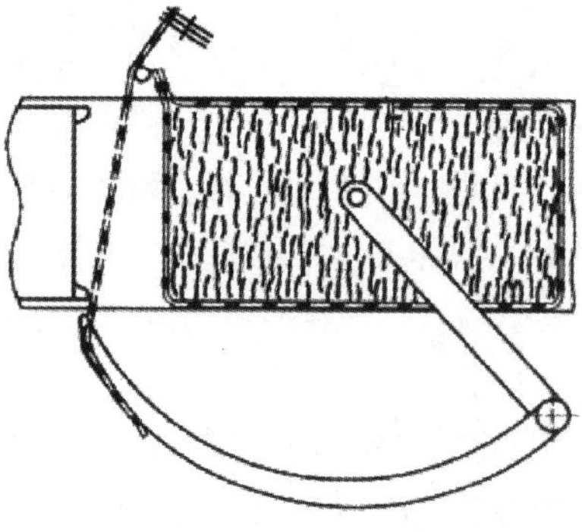

（3）完成了一个打结工作循环

图 3-52　草捆形成过程示意图

结钳嘴（以下简称钳嘴），使两股捆绳贴紧钳嘴表面，为钳嘴绕绳打结作好准备。当打捆针继续上升到夹绳器上方时，齿盘上的不完全齿与夹绳盘小锥齿轮啮合，驱动夹绳盘转动，并将打捆针引上来的捆绳夹持在夹绳盘环槽与夹绳片之间［图 3-53（2）］。

绕绳：打捆针引上来的捆绳被夹紧后，打捆针已上升至工作行程上死点，齿盘上的另一段不完全齿与钳嘴小锥齿轮啮合，驱动钳嘴开始传动。钳嘴在转动过程中抓住靠紧它的两股捆绳开始绕绳打结［图 3-53（3）］。

上卡爪张开、闭合：钳嘴旋转一定角度后，上卡爪滚轮与打结器架体上的外凸轮接触，使闭合着的上卡爪被强行打开［图 3-53（4）］。随着钳嘴和夹绳盘的继续转动，首先夹绳器下方的捆绳被引入上卡爪与钳嘴下腮之间，继而上卡爪滚轮与上卡爪压紧凸轮接触，使上卡爪强行闭合，从而紧紧咬住引入上卡爪下方的两股捆绳［图 3-53（5）］。至此，夹绳盘和钳嘴停止转动。

拉紧捆绳：脱绳杆位于钳嘴下方，钳嘴下方的捆绳从脱绳杆的导绳槽中通过。当脱绳杆处于静止状态时，导绳槽对捆绳起导向和定位作用。随着齿盘的转动，齿盘内侧的凸轮与脱绳杆上的滚轮接触，使脱绳杆自钳嘴后端向前摆动。缠绕在钳嘴上的捆绳自钳嘴下部后端向前滑动，并拉紧捆绳［图 3-53（6）］。

割绳、脱扣：随着脱绳杆的继续摆动，首先固定在脱绳杆上的割绳刀割断夹绳器下方的两股捆绳［图 3-53（7）］，然后再将缠绕在钳嘴上的捆绳脱下来［图 3-53（8）］。在脱绳过程中，由于捆绳被割断的那一头仍被夹持在上卡爪与钳嘴下腮之间。因此，只有缠绕在钳嘴上的捆绳完全脱下来之后，夹持着的绳头才能被拉出来。至此，绳结（死结）完全形成［图3-53（9）］。

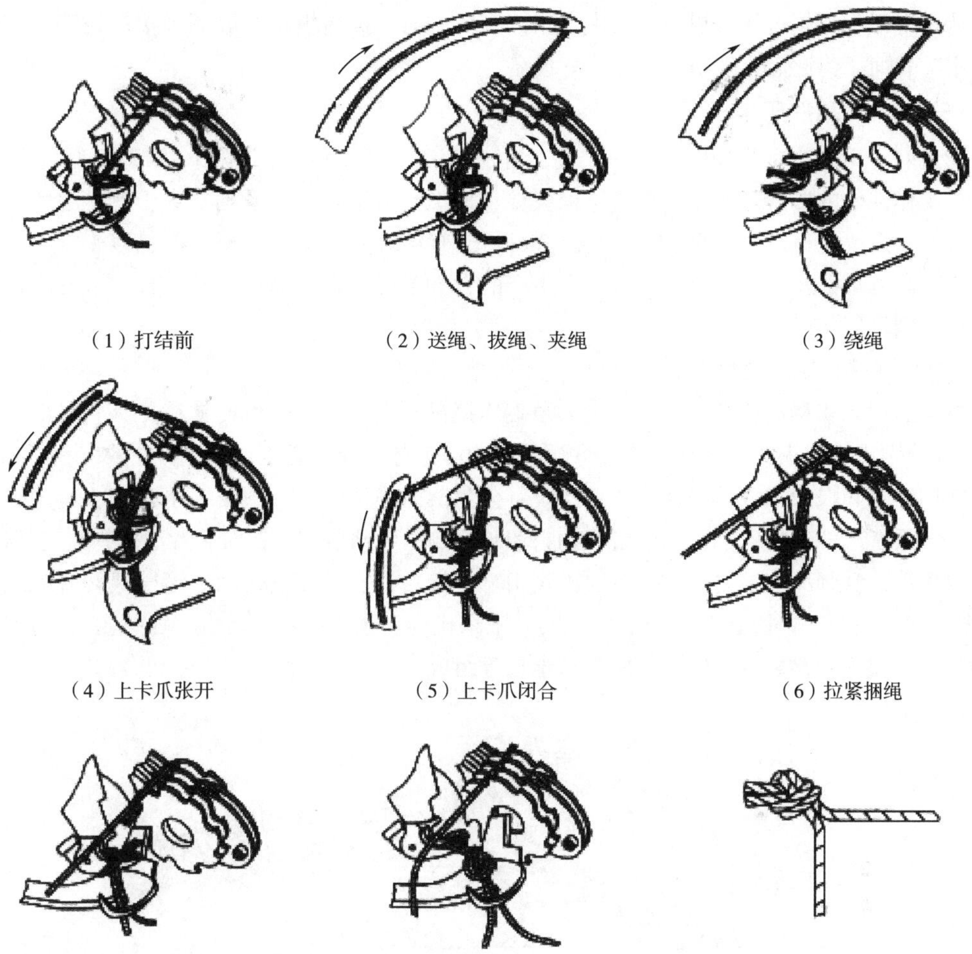

图3-53　D型打结器打结程序示意图

打捆针回位：当打捆针自起始位置上升到上死点时，次级捆绳已被夹绳器牢牢夹紧。此后，打捆针自上死点开始下降。随着夹绳盘的转动，打捆针在其下降过程中将捆绳引入到夹绳盘的下一个夹绳槽，捆绳又被夹绳器夹紧。打捆针经过压捆室后返回到起始位置，为打下一个草捆作好准备。

b. C型打结器的打结程序。C型打结器的打结程序与D型打结器基本相同，只是在某些程序上有所不同。

草捆的形成过程：田间作业时，Cormick系统打捆机构的草捆形成过程与Deering系统打捆机构完全相同。

打结前：作业前，捆绳箱内的捆绳按规定的穿绳路线穿过导绳器、打捆针的穿绳孔后通过人工操作完成一个打结循环，使初级捆绳的绳头被夹持在夹绳器内。

送绳、拨绳：机器开始工作后，草条被捡拾提升并喂入到压捆室。当压捆室内的被压缩物料达到预先调定的草捆长度时，打捆机构离合器将自动结合，启动打捆机构开始工作。首先，打捆针由起始位置向上摆动，将次级捆绳引向打结器。当打捆针上升到打结器底板上方时，捆绳将从导绳板下方越过导绳板前方右侧凸齿。与此同时，拨绳板将两股捆绳拨向钳嘴，使捆绳贴紧钳嘴表面，为此后钳嘴绕绳打结作好准备。

（三）大方草捆压捆机

通过对牵引式小方草捆压捆机的改进，特别是通过对预压缩输送喂入机构和双结打结器 2 个重要工作部件的试验研究，攻克了结构设计和加工制造工艺的一系列技术难题，为大方草捆压捆机的研发投产奠定了可靠的基础。自 20 世纪 70 年代大方草捆压捆机问世以来，各公司相继生产了大方草捆压捆机。目前，各公司生产的大方草捆压捆机品种齐全，技术成熟，性能稳定可靠，销量逐年增加。

1. 整机结构和工作过程

按输送喂入机构结构型式不同，大方草捆压捆机分为顶喂入式和底喂入式 2 种。图 3-54 和图 3-55 分别为底喂入式和顶喂入式大方捆机结构和工艺流程示意图。按物料在喂入预压缩室前是否被切碎，底喂入式输送喂入预压缩系统可分为滚筒式切碎喂入预压缩系统和旋转式输送喂入预压缩系统。两者的区别在于前者将物料切碎后输送到预压缩室，而后者不对物料进行切碎，直接输送喂入到预压缩室内。它们主要由牵引杆、捡拾器、螺旋输送器、滚筒式切碎喂入装置（底喂入式）、扒齿式输送装置（顶喂入式）、喂入机构、预压缩室、活塞、压捆室、打捆机构、草捆密度和长度调整装置、传动系统和行走轮等组成。

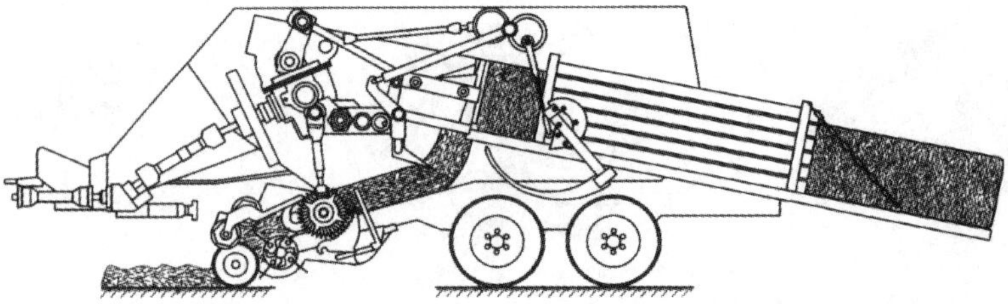

图 3-54　底喂入式大方捆机结构和工艺流程示意图

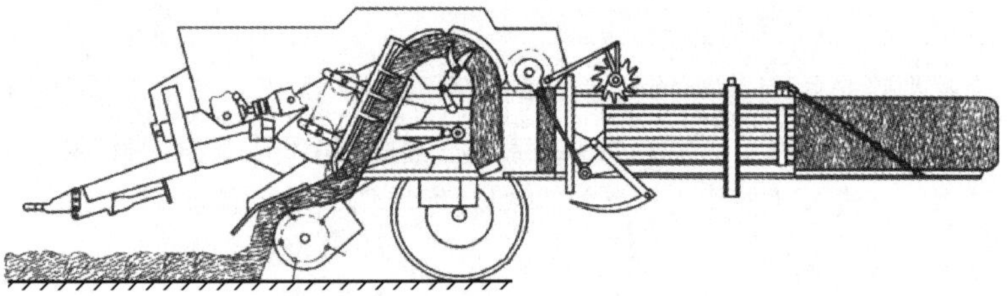

图 3-55　顶喂入式大方捆机结构和工艺流程示意图

在田间作业过程中，草条经捡拾器、螺旋输送器捡拾输送到预压缩室入口前方（底喂入式）或弧形输料腔下方（顶喂入式）。由于喂入口设置的位置不同，此后物料的输送喂入和流动过程亦不同。对于底喂入式大方捆机，由切碎喂入装置将物料连续喂入到预压缩室。待物料充满预压缩室后，再由喂入机构将物料从压捆室底部的喂入口填入到压捆室内。如不采用切碎装置，则由中间输送机构将物料填入预压缩室。对于顶喂入式大方捆机，则由扒齿式输送装置将物料沿着弧形输料腔提升到压捆室上方，再由双叉式喂入机构将物料从压捆室顶部喂入口填入到压捆室内。在活塞的作用下，物料在压捆室内进一步被压缩。被压实的物料由打捆机构捆扎成草捆后，经放捆板落到地面。

2. 主要工作部件

（1）捡拾器　大方草捆压捆机均配置滚筒式捡拾器，其结构与小方草捆压捆机基本相同。但是对捡拾器高度调整、地面仿形和传动装置进行了较大的改进。捡拾器的高度调整普遍采用液压调整装置，操作更加灵活方便。垂直轴摆动式仿形装置具有良好的仿形性能。当机器急转弯时，仿形轮左右摆动，可减少轮胎的磨损，延长使用寿命。在捡拾器传动装置中普遍设置安全离合器，以避免因超载而损坏。此外，弹齿的直径和间距、弹齿梁的数量、滚筒转速、捡拾工作幅宽等结构参数与小方草捆压捆机的捡拾器存在较大的差别。弹齿的排列更加密集，相邻两个弹齿的间距尺寸一般为55~70mm，弹齿直径为6mm，45根弹齿梁，捡拾幅宽不小于1.9m。弹齿齿端的线速度比传统的捡拾器高30%左右。上述改进增强了弹齿的强度，进一步提高了捡拾器的性能。

下面简要介绍克劳恩（Krone）公司研发生产的新型捡拾器（图3-56）。它主要由捡拾器轴、固定盘、弹齿梁、弹齿、护板和除草板等组成。

从图中可以看出，新型捡拾器取消了传统捡拾器用来控制弹齿运动轨迹的定向滚轮机构。在捡拾器运转过程中，弹齿齿端始终以捡拾器轴轴线为圆心作匀速圆周运动。捡拾器的主要功能是将地面铺放的草条捡拾提升，并推送至压捆机的输送喂入机构。为此，传统捡拾器在工作行程中应完成捡拾、提升和卸草3个工序。在捡拾提升阶段，对弹齿齿端的运动轨迹基本上没有特殊要求，只要沿着规定的半径作匀速圆周运动，即可将物料捡拾提升到护板上方。在卸草阶段，弹齿在沿着护板上方推送物料的过程中，其齿端与护板的相对速度应明显降低，运行方向应几乎垂直向下，以便将物料卸放在护板末端。在新型捡拾器中，为了完成卸草功能，将捡拾器上方护板设计成微微向上翘起的曲面形状，并在护板的上方设置了除草板，而且弹齿沿滚筒周向相对于滚筒径向向后倾斜一定的角度。因此，在卸草阶段，当弹齿运行到护板上方时，弹齿与护板的夹角将接近180°并从护板缝隙中回缩到护板内侧，物料不会被弹齿拖带而堵塞在护板缝隙中。新型捡拾器取消了传统捡拾器中结构复杂的定向滚轮机构，从而减少了捡拾器运动件的数量和部件的故障率，降低了维修和服务费用，显著提高了捡拾器的性能和可靠性。

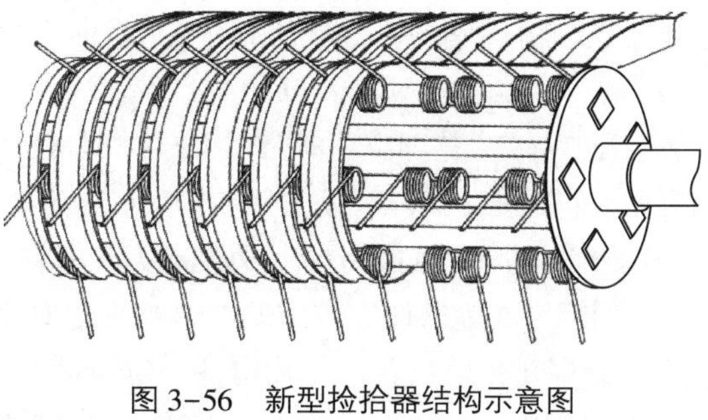

图3-56　新型捡拾器结构示意图

（2）输送、喂入和预压缩系统

①旋转式输送、喂入和预压缩系统：图3-57为底喂入式输送、喂入和预压缩系统结构和

工作过程示意图。它主要由左右螺旋输送器、旋转式输送器、喂入机构、预压缩室、挡草爪、驱动链轮和电子遥控装置等组成。

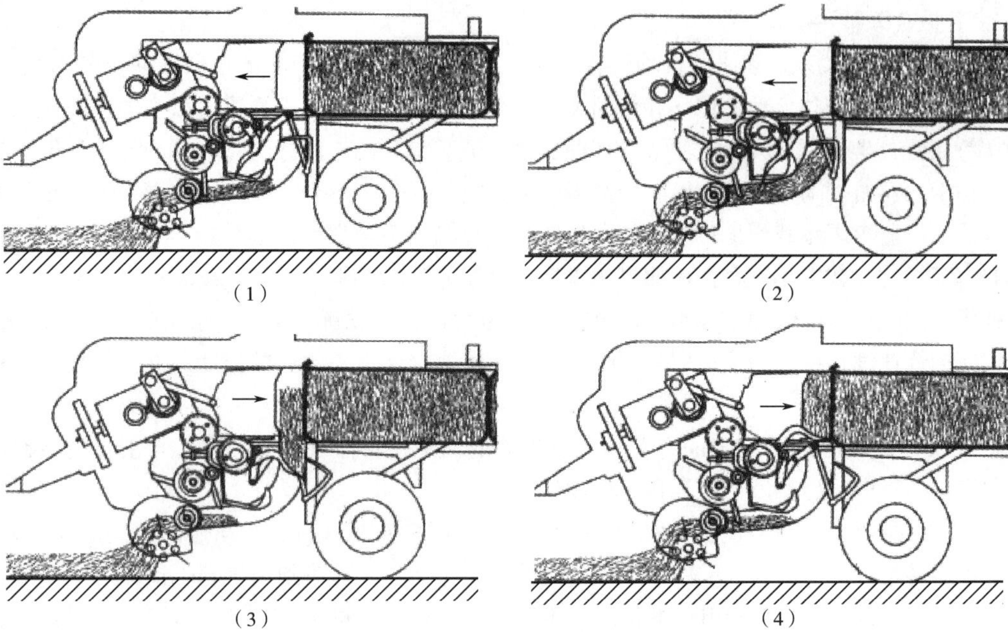

图 3-57　底喂入式输送、喂入和预压缩系统工作过程示意图

在田间作业过程中，螺旋输送器将捡拾器捡拾起来的物料横向输送到预压缩室下方的喂入口。在喂入口上方配置了装有 2 排输送叉的旋转式输送器。随着输送器的运转，输送叉将物料沿着预压缩室内壁推送至挡草爪的下方［图 3-57（1）］。

在预压缩室未填满物料之前，喂入机构驱动链轮在轴上空转。因此，喂入叉将停留在起始位置，物料在挡草爪的阻挡下被预压缩［图 3-57（2）］。

当物料在预压缩室内所受的压力达到预先设定的压力时，由设置在机器上的电子监控系统启动喂入机构运转。与此同时，预压缩室顶部的挡草爪也将被打开。由于喂入叉在工作过程中按预先调定的程序与活塞同步运行。因此，当活塞处于空行死点时，喂入叉将滞留在预压缩室内的草片一次性地喂入到压捆室内［图 3-57（3）］。

当活塞在工作行程中开始压缩物料时，喂入机构和挡草爪返回到起始位置，为下一个工作循环作好准备［图 3-57（4）］。

②滚筒式切碎喂入装置：图 3-58 为德国克拉斯公司生产的 QUADRANT 2200 型大方草捆压捆机切碎喂入系统结构示意图。它主要由旋转式动刀片和锯齿形定刀片组成。

图 3-59 为滚筒式动刀片装配示意图。如图所示，每把动刀片具有周向均匀分布的 4 个切割刃。安装时，每 2 把刀片为一组固定在滚筒体上，构成 1 副双联动刀片。沿滚筒纵向动刀片被划分为 4 个单元，每个单元中的相邻 2 副双联动刀片错开一定角度，使刀刃形成一条螺旋线。其中，第一、第三单元刀片的刀刃以右螺旋线方式排列，第二、第四单元刀片的刀刃以左螺旋线方式排列。动刀片数量因生产厂家的产品及其产品型号不同而有所变化。若装上全部的动刀片，物料切碎长度为 40~50mm。用户在打捆时，可根据各自的需求适当增减刀片的数量。滚筒

直径通常为550mm左右。

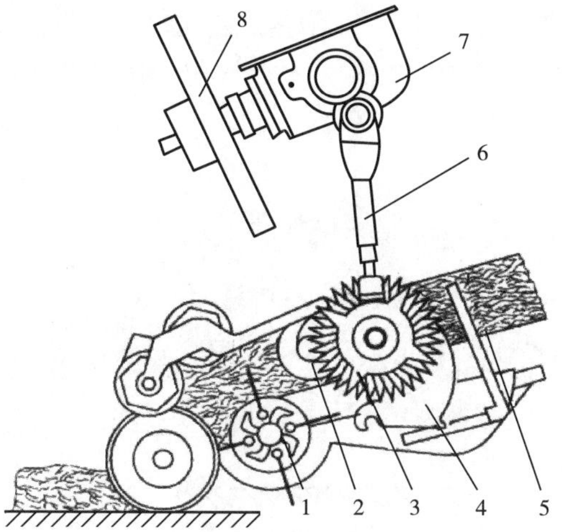

1—捡拾器；2—螺旋输送器；3—动刀片；4—定刀片；
5—预压缩室；6—传动轴；7—齿轮箱；8—飞轮。

图3-58 切碎喂入装置示意图

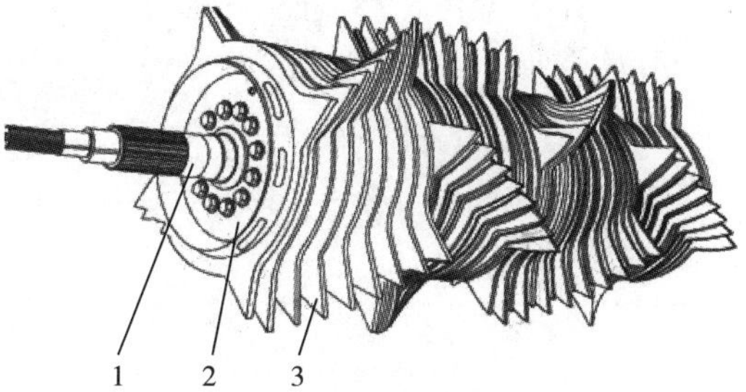

1—滚筒轴；2—滚筒体；3—动刀片。

图3-59 滚筒式动刀片装配示意图

滚筒式切碎喂入装置的优点是能一次完成切碎和喂入2个作业工序。物料被切碎后，有利于提高草捆密度，便于饲喂。在作业过程中，滚筒承受的载荷平稳，可降低动力消耗。同时，有利于提高切割效率和切碎质量，减小刀片的磨损，延长刀片的使用寿命。图3-60为滚筒式切碎喂入装置定刀片装配结构示意图，主要由定刀片、刀片底座、拉杆、摆臂和液压油缸等组成。如图所示，定刀片安装在刀片底座上。底座通过摆臂与拉杆和液压油缸连接。油缸可使摆臂上下摆动。摆臂向上摆动时，底座随之上升至工作位置；而摆臂向下摆动时，底座可降至最低点，使定刀片完全显露出来，以便于快速检查、维修和更换定刀片。

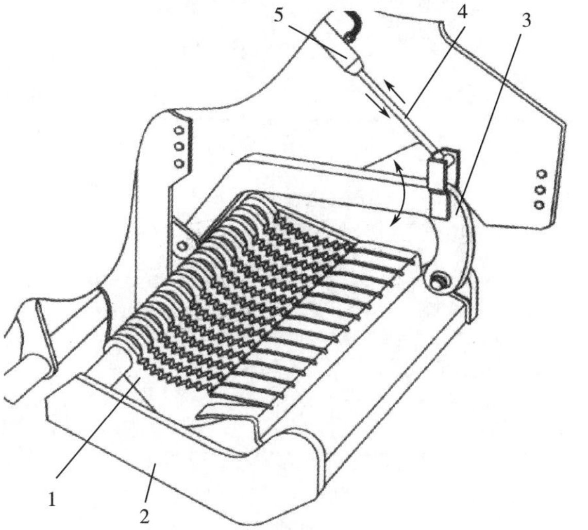

1—定刀片；2—刀片底座；3—摆杆；4—拉杆；5—液压油缸。

图3-60 定刀片装配示意图

③顶喂入式输送、喂入和预压缩系统：图3-61为顶喂入式输送、喂入和预压缩系统的结构和工作过程示意图。顶喂入式预压缩系统主要由螺旋输送器、一级旋转式输送器、二级旋转式输送喂入机构和预压缩室等组成。在作业过程中，螺旋输送器将捡拾器提升上来的物料输送至预压缩室下方的喂入口。在喂入口上方配置了装有4排拨草叉的一级旋转式输送器。随着一级旋转式输送器的运转，其4排输送叉依次将物料连续输送至二级旋转式输送喂入机构。物料

在被输送过程中每 2 个小草片合并成为 1 个中草片［图 3-61（1）、(2)、(3)］。紧接着由二级旋转式输送喂入机构的 3 排喂入叉依次将每个中草片沿着预压缩室的圆弧形内壁输送至压捆室的喂入口上方，最终将 3 个中草片合并成 1 个大草片。此时，喂入口恰好被活塞遮挡。而且，由于草片在被输送过程中，只有克服了预压缩室内壁对其施加的摩擦阻力才能进一步向前推进。因此，草片在输送喂入过程中将被预压缩［图 3-61（3）、(4)、(5)、(6)］。

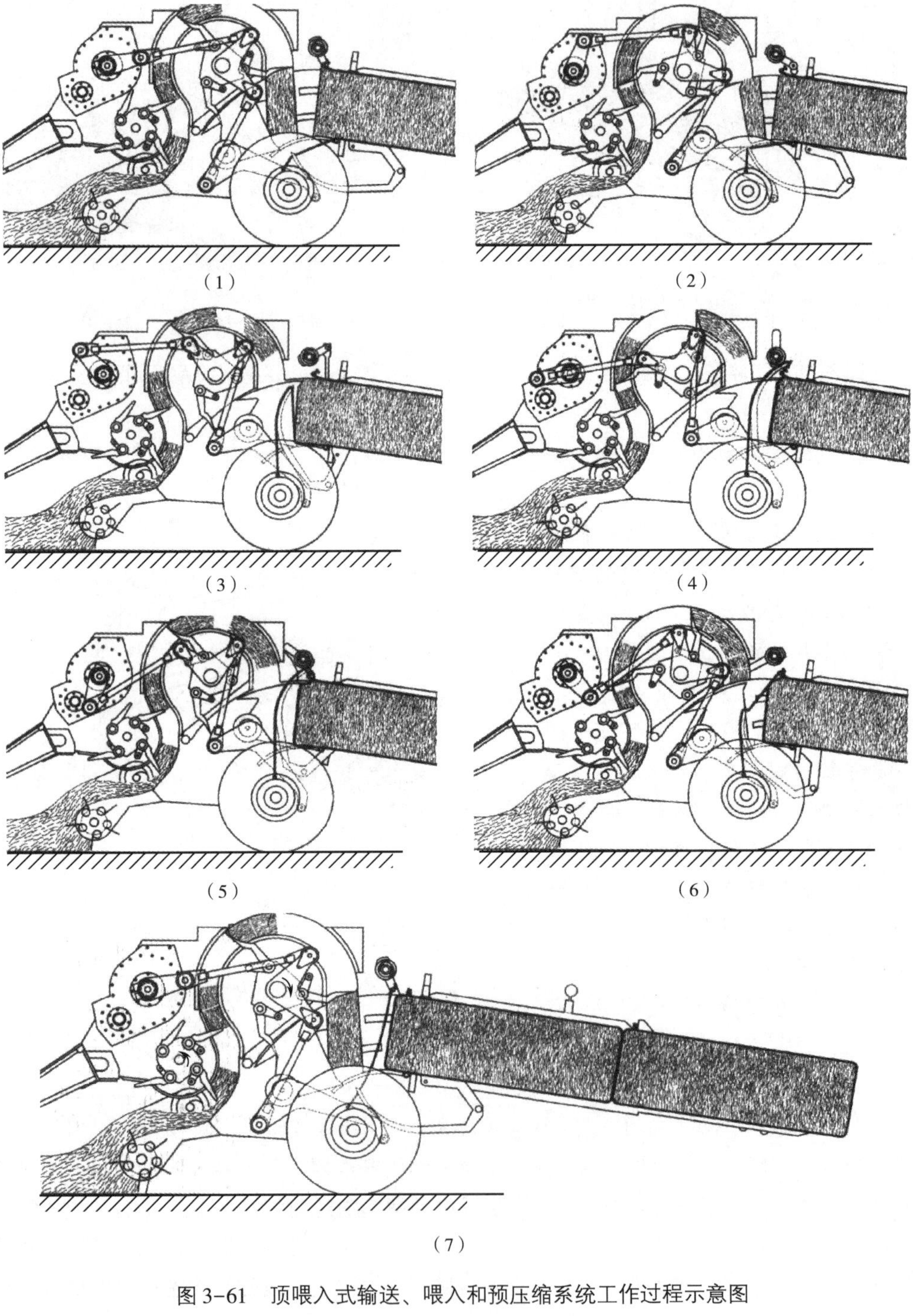

图 3-61　顶喂入式输送、喂入和预压缩系统工作过程示意图

二级输送喂入机构的喂入叉将压捆室喂入口上方的大草片一次性喂入到压捆室内。与此同时，活塞将运行至压缩行程，进一步压缩喂入到压捆室内的物料［图 3-61（7）］。

图 3-62 为克劳恩公司生产的大方捆机切碎喂入装置动刀片和定刀片装配示意图。如图所示，装配时，每把定刀片置于每副双联动刀片之间，使定刀片的两侧刀刃与动刀片组成切割副。随着动刀片的旋转，物料被切碎后连续喂入到预压缩室。

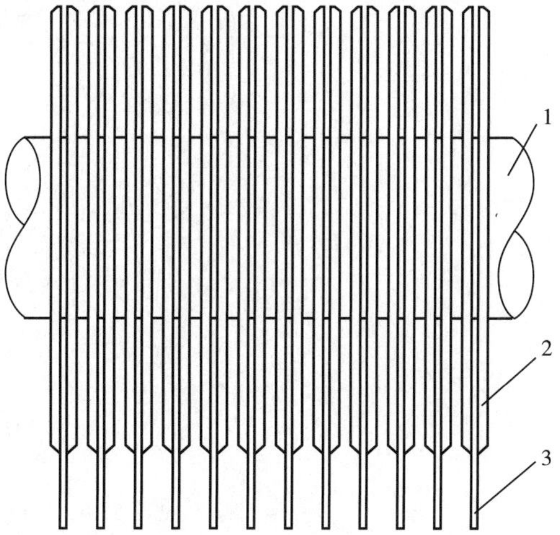

1—滚筒轴；2—动刀片；3—定刀片。

图 3-62　动、定刀片装配示意图

（3）活塞　大方草捆压捆机活塞的结构型式与小方草捆压捆机活塞基本相同，只是外形尺寸比小方草捆压捆机的活塞更大。大方草捆压捆机活塞结构主要由活塞体、刀片、滚轮、推齿和挡板等构成。活塞的动力来自齿轮箱，并由双曲柄连杆机构驱动。按活塞的运动方式不同，大方草捆压捆机的活塞有直线往复式和圆弧摆动式 2 种。活塞每分钟往复次数通常为 25~60 次。

为了保证活塞与压捆室的配合精度，在活塞上设有水平和垂直方向的调整装置。在活塞体的两侧装有滚轮，以支撑活塞的重量。在往复运行过程中，滚轮在压捆室的导轨上滚动，以降低活塞运行中的阻力。

（4）压捆室　它主要由左右侧板、液压油缸、弹簧、压板和加压梁等构成。压捆室的主体是由方管焊合而成的具有矩形横截面的长方形腔体。压捆室的截面（宽×高）尺寸主要有以下几种规格：80cm×90cm、120cm×70cm、120cm×90cm 和 120cm×130cm。草捆长度可调，调整范围通常为 120~250cm。在液压油缸的作用下，压捆室的左右侧板和上加压梁能向腔体内侧倾斜，以便于调整草捆密度。在左右侧板和上加压梁外侧还设有缓冲回位弹簧。

（5）草捆密度调控系统　大方草捆压捆机上都配置了先进的液压草捆密度自动控制系统。例如，克劳恩公司在 Big Pack-1230 型大方捆机上配置了包括 6 个油缸在内的液压草捆自动控制系统。在作业过程中，油缸对压捆室的左右侧板和顶板施加压力。在压捆室左右侧板上装有压力传感器。传感器能自动监测草捆对侧板的压力，并通过电子监测系统将信号传递至设置在拖拉机驾驶室内的遥控器。遥控器将操作者预先设定的草捆密度与传感器反馈的信息比较后自动调整液压油缸对压捆室左右侧板和顶板的压力，以保持设定的草捆密度。

（6）双结打结器　双结打结器是对传统的单结打结器进行改进后研发出的新产品。双结打结器由惠斯顿公司率先设计生产，并配置在惠斯顿 4800 系列大方草捆压捆机上。图 3-63 为双结打结器及其齿盘结构示意图，双结打结器所包含的零件与单结打结器基本相同。但是，对主要零件局部结构和尺寸、零件的相互位置和尺寸以及齿盘的结构和尺寸进行了改进。

双结打捆机构与单结打捆机构的区别有以下几个方面。

①传动系统和安全装置：大方草捆压捆机的传动系统的结构型式与小方草捆压捆机基本相同，采用链条-皮带传动或全轴-齿轮传动系统。全轴-齿轮传动系统运转稳定可靠，操作方便舒适，避免了链条-皮带传动装置易于磨损、断裂和经常维护保养等缺点。

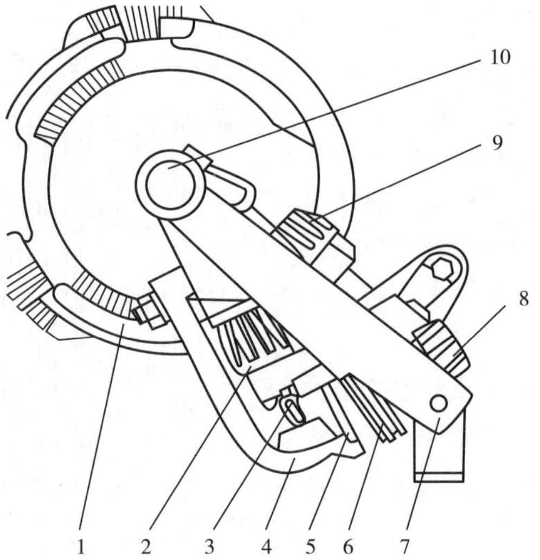

1—齿盘；2—打结钳轴驱动齿轮；3—打结钳嘴；4—脱绳杆；5—割绳片；6—夹绳器；7—架体；
8—夹绳盘驱动蜗轮；9—夹绳器驱动齿轮；10—打结器轴。

图 3-63 双结打结器结构示意图

为了保证机器安全可靠地工作，在大方草捆压捆机传动系统的适当位置均设有安全装置。安全装置的结构型式与小方草捆压捆机大致相同。但是，安全装置的结构更加先进，工作更加安全可靠。例如，在捡拾器和输送喂入机构的传动链中配置了摩擦式安全离合器。当捡拾器和喂入机构堵塞时，离合器将瞬时滑转，待堵塞物料清除后，离合器将自动结合。

在克劳恩公司 Big Pack 系列大方捆机的飞轮上还设置了制动器。当需要调整和维护保养机器时，使飞轮处于制动状态，切断传动系统的动力，以确保操作者的人身安全。

②电子监测遥控系统：当前，国外各大公司生产的大方草捆压捆机上都配置了电子监测遥控系统，主要包括传感器、中央处理器、带有显示屏幕的遥控器和电源等。遥控系统监测和控制的项目主要包括活塞压缩行程的负载状况、每个草捆中的草片数、齿轮箱输出轴的转速、草捆密度、捡拾器和草捆卸放装置的升降和累积打捆数等。操作者在驾驶室内根据遥控器屏幕上显示的信息，对所监控的项目适时进行监测和控制。

③独立的液压控制系统：在克劳恩、威利格尔等公司生产的大方草捆压捆机上配置独立的液压控制系统。该系统与电子遥控系统一起，对草捆密度、捡拾器和草捆卸放装置的升降等进行控制。

④自动集中润滑系统：现代大方草捆压捆机上一般都设置自动集中润滑系统，使机器的润滑保养工作更加方便快捷。例如，克劳恩公司大方草捆压捆机的自动润滑系统，可为打结器所有润滑点提供润滑，而且能确保各润滑点润滑油的压力均匀一致。润滑系统可以自动探测油管和油嘴是否堵塞。

⑤打结器除尘清洁装置：在大方草捆压捆机上一般都配置有 12V 电源供电的 3 台风机，用来吹散清除沉积在打结器零件表面及其周围的作物碎屑和粉尘。风机通过遥控器的控制，可周期性打开和关闭。

⑥草捆自动卸放装置：在大方草捆压捆机上都设有草捆自动卸放装置。当田间作业结束后，机器需要转移地块或返回驻地时，将压捆室内和放捆板上尚未卸放的草捆通过液压草捆卸

放装置自动卸放到地面。

3. 大方草捆压捆机的优点

与传统的小方草捆压捆机相比，大方草捆压捆机具有以下显著的优点。

（1）宽幅、小直径、高转速、密集弹齿的滚筒式捡拾器和旋转式输送喂入机构能快速、干净地捡拾起地面的草条，并连续地喂入到预压缩室。捡拾、输送喂入能力强，生产率高。

（2）物料在预压缩室内被预先压缩，而且分布均匀一致。预压缩室内的草片喂入到压捆室后再经活塞反复压缩，草捆密度高，草捆外形整齐规则。当收获麦秸秆、牧草和半干青贮牧草时，草捆密度分别可达到 150~180kg/m^3、220~250kg/m^3 和 300~450kg/m^3。

（3）活塞的往复行程次数每分钟只有 25~60 次，故在压缩行程中活塞和压捆室的冲击和振动小，有利于延长活塞的使用寿命。

（4）在草捆形成过程中，捆绳不被夹绳器夹持，而且不接触打结器任何零件，零件磨损小，打结器故障率低，成捆率高。

（5）电子监测遥控系统能自动控制机器的重要工作参数和工况，操作更加方便舒适。

（6）超载安全保护装置可及时发现超载现象，避免零部件损坏。

（7）既能收获稻麦秸秆和风干牧草，又能收获半干青贮牧草，机器适用范围广、适应性强。

（8）作业效率高，整机故障少，维护保养方便，作业成本低。

（9）提高了草捆尺寸和密度，单个草捆的重量一般在 0.4~0.7t，最大的可达 1t，与草捆捡拾运输机械配套，使劳动生产率大为提高。

大方草捆压捆机是大型高效成捆收获机械，适合于在产草量高的大面积草场或农田对牧草或麦秸稻草进行打捆作业，不适合于在产草量低、地块狭小、不平整的草地和农田进行作业。此外，由于大方草捆压捆机结构比较复杂，零部件数量多，价格比较昂贵，用户需要用较长时间的利用来均衡高昂的购置费。

（四）固定作业压捆机和二次压捆设备

固定作业压捆机是由人工喂入、人工打结完成散草高密度压捆作业的设备。二次压捆设备是将方草捆捡拾压捆机打成的常规草捆再次压缩，人工打结完成高密度打捆的机器。两者的共同特点是打成的草捆密度高，一般能达到 350kg/m^3 以上。由于密度提高，更适合长途运输，特别是它能达到出口装船的要求，所以目前仍有一定的市场需求。目前，商品草的生产量和流通量较大，远距离运输的商品草较多，使用固定作业压捆机和二次压捆设备生产的草捆可使运输效率比常规草捆提高一倍。改进后的固定作业压捆机兼有散草打捆和二次压捆功能。

1. 液压或机械传动固定作业压捆机

中国农业机械化科学研究院呼和浩特分院研制生产的 9KG-350 型固定作业液压高密度压捆机具有散草压捆和二次压捆功能。其总体结构见图 3-64。

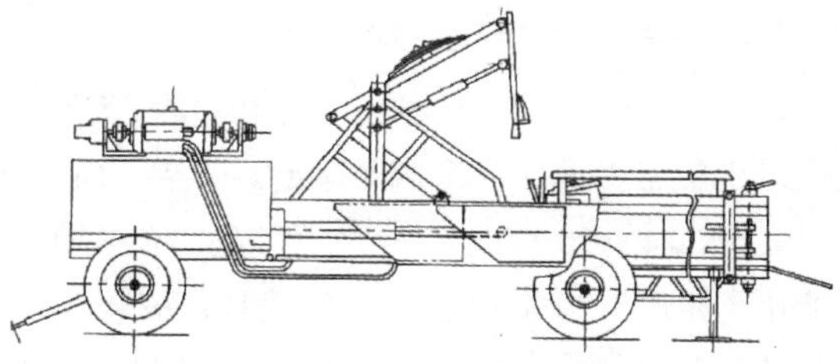

图 3-64　9KG-350 型固定作业液压高密度压捆机结构示意图

压缩活塞在油缸的驱动下，在压捆室内作往复运动。当压缩活塞处于压缩行程时，与活塞连动的插草器升起。此时，由人工将散草放在压捆室喂入口的上方。当压缩活塞处于后退行程时，插草器下降，将草送入压捆室。活塞再次进入压缩行程时，将喂入的草压缩成草片，并向前推进一个草片的距离，这样完成一个压缩过程。控制草捆的长度和穿绳打捆是利用隔板来完成的。先在放板器上放第一个隔板。当插草器下降时，插草器舌板将隔板送进压捆室。隔板随着被压缩的草向前移动。当第一个隔板移动到一个草捆长度时，放入下一个隔板。隔板上有穿绳孔，穿绳后人工打结，两隔板间即形成一个捆好的草捆。每个草捆用两道捆绳，每道捆绳用双股标准捆绳。草捆的长度就是两隔板间的距离，可由使用者掌握，一般以600~700mm为宜。草捆密度的调节是由压捆室尾部草捆出口处的草捆密度调节器完成的。其原理与捡拾压捆机一样，是缩小压捆室出口截面，增加阻力。该机是从压捆室出口高度和宽度两个方向缩小压捆室截面。该机在进行二次压捆作业时，取掉插草器，直接将捡拾压捆机打成的草捆喂入压捆室，把两个草捆压缩成一个高密度草捆。

2. 全液压两用固定作业压捆机

HLY-1700型高密度打捆机是由中国农业机械化科学研究院研制和生产的。它兼有散草高密度压捆和二次压捆的功能，作业时由人工喂入。其总体结构见图3-65。

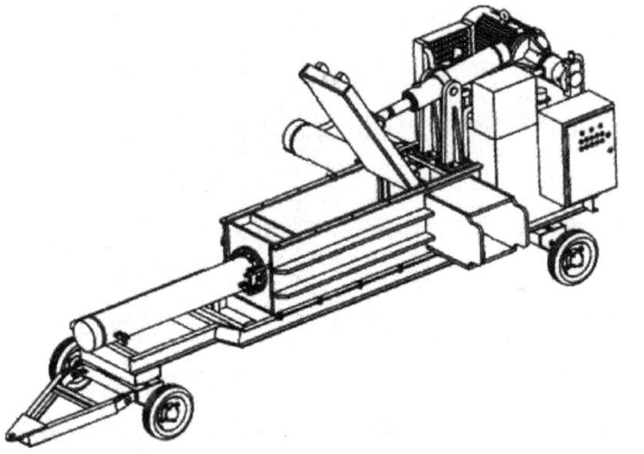

图3-65 HLY-1700型高密度打捆机总体结构示意图

全液压两用固定作业压捆机的主要工作部件是压盖及油缸、压缩活塞及油缸和推出活塞及油缸，采用全封闭压缩方式。工作部件由液压站驱动。各油缸可按程序联动，也可手动分别操作。液压系统的工作压力为16MPa，遇到草含水率较高、推进阻力较大时，可调至20MPa。被压缩草的含水率应不大于16%。作业时，压盖被提起，压缩活塞和推出活塞退回到后死点，压捆室被腾空。将两个长度800mm左右方草捆捡拾压捆机打成的常规草捆放入压捆室。第一步将压盖压下；第二步压缩活塞推进，将物料压缩；第三步推出活塞开始工作，将被压缩的物料推向草捆出口。草捆出口的长度与一个草捆的长度相当，工作过程中存一个草捆。后一个草捆推进时将前一个草捆推出。草捆被推出的同时用编织网袋套住，形成一个高密度草捆。

压缩散草时，安装加压散草附件，人工喂入，压缩装置手动操作分别操纵各油缸。压缩活塞多次压缩，形成一个高密度草捆后，推出活塞将草捆推出。该机型的特点是可同时压缩2个草捆，减少了操作程序。多缸多向压缩，有利于提高草捆密度。但液压系统的操作和维护比机械传动固定作业压捆机复杂，对油料的要求也比较高。

（五）草捆捡拾装载机械

田间草捆的捡拾、运输、装卸和集垛等工序，是饲草收获中费时费力的作业项目。在整个生产过程中也要求尽快将草捆移走，腾空地面。随着压捆机的推广应用，出现不同型式的草捆捡拾装载机械。20世纪40年代开始用滑道式草捆升运器和草捆捡拾机。20世纪50年代草捆抛掷器用于生产。20世纪60~70年代是草捆装载机械发展较快的时期。这期间多种型式的草捆捡拾装载机械研制成功投入使用。平面8~14个草捆和立体8个草捆为单元的草捆装载系统一度广为使用。草捆螺旋排列草捆捡拾车、20个草捆捆绑系统等较复杂的设备在欧洲部分地区得以推广。纽荷兰公司研制的自动草捆捡拾集垛车也在这期间研制成功，至今发展成多种型号。总体来讲，草捆捡拾装载机械可分两大类：一类是草捆不落地直接装车；另一类是草捆从压捆机出来放在地面再捡拾装车。

1. 滑道式草捆输送器

滑道式草捆输送器的结构见图 3-66。它一般是由钢管组成的滑道。底部有 2 个滑道供草捆滑动，侧面各有一个滑道控制草捆滑动方向。它挂接在压捆机压捆室的后部。草捆从压捆室推出后直接进入滑道。借助压缩活塞的推力，使草捆沿滑道上升，被输送到拖车上。在作业过程中，草捆可以在拖车上自然堆放，也可以由一个人将草捆码成垛。草捆滑道可根据需要做成不同形状。例如，斜线形将草捆送向压捆机后方的拖车，也可做成曲线形将草捆送向压捆机侧后方的汽车或拖车。机组处于运输状态时，滑道可折叠至压捆机上方固定，以便于运输。这种运输装置结构简单，不需要另配动力和传动系统。但机动性差，输送草捆的位置不能左、右调整。

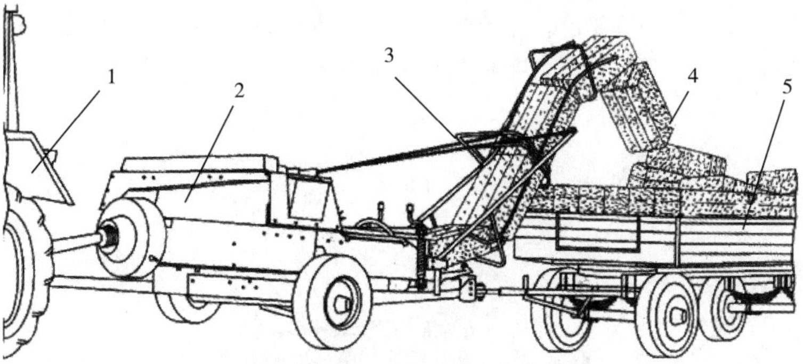

1—拖拉机；2—压捆机；3—滑道式草捆输送器；4—草捆；5—拖车。

图 3-66　滑道式草捆输送器结构示意图

2. 草捆抛掷器

草捆抛掷器是应用较多的输送装置，它的作业过程见图 3-67。

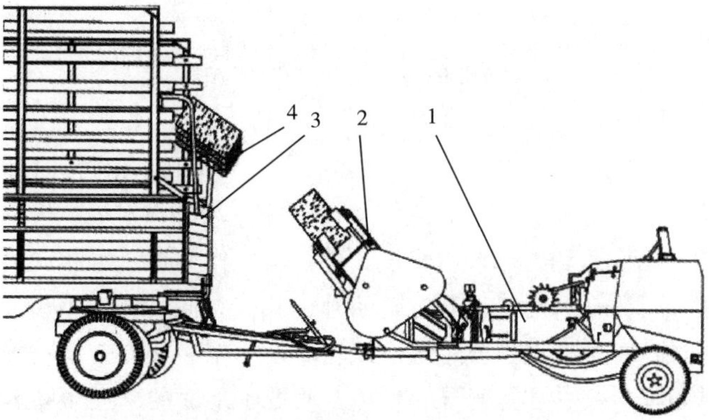

1—压捆机；2—草捆抛掷器；3—拖车；4—草捆。

图 3-67　草捆抛掷器作业过程示意图

使用时，压捆机不安装放捆板，草捆抛掷器安装在压捆机尾部。草捆在向后移动时自行进入草捆抛掷器，被抛送到挂接在压捆机后部带有高栏板的拖车中。草捆在拖车中自然堆放。草捆抛掷器上、下、左、右角度都有一定的调节量，使草捆被抛送到拖车中不同位置。草捆抛掷器的结构见图 3-68。由液压马达通过三角皮带驱动 2 个抛掷皮带主动轮。由主动轮驱动 2 条抛掷皮带。抛掷皮带的线速度为 8~12m/s，抛掷 15kg 的草捆最大距离能达到 8m，最大高度达到 4m。抛掷更重的草捆时，可适当地调高抛掷皮带的线速度。为了保证三角皮带正常传动，设有张紧轮和张紧弹簧。为了保证抛掷皮带的线速度，设有抛掷皮带张紧调节器。为了保持抛掷皮带对草捆有一定的压力，设有一个弹簧调压装置。抛掷皮带的表面做成细波纹形，以减少皮带和草捆之间的滑动。

草捆抛掷器还有一种为液压盘式。草捆从压捆室出来后进入抛掷盘，同时触动液压系统开关。抛掷盘在液压系统作用下向后高速摆动，将草捆抛送至挂接在压捆机后侧的拖车上。液压泵由压捆机飞轮传动。液压系统的压力由拖拉机驾驶员调节，以改变抛送的距离。抛送盘也可以调至最低位置，不抛送而使草捆滑至地面上，相当于放捆板。这种抛掷器抛送草捆的最大重量可达 36kg。草捆抛掷器结构紧凑，抛掷角度可调，操作方便，与人工搬运草捆相比可以节省劳动力。其缺点是草捆在拖车上自然堆放不能码垛。

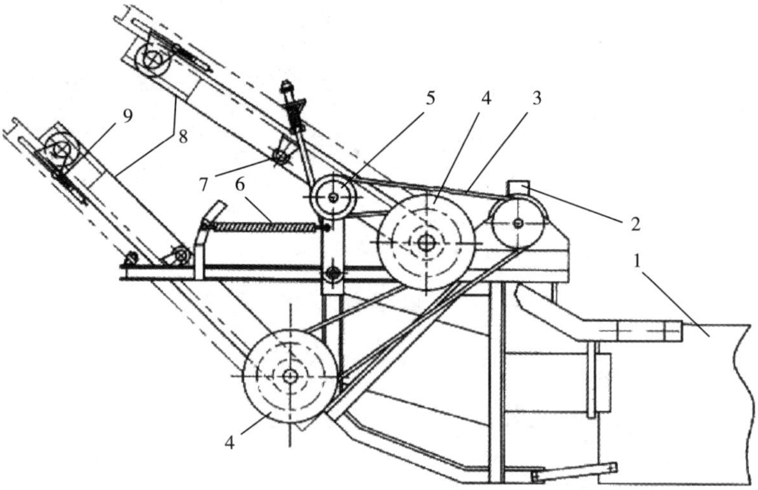

1—压捆机；2—液压马达；3—V形皮带；4—抛掷皮带主动轮；5—三角皮带张紧轮；6—张紧弹簧；7—抛掷皮带支撑轮；8—抛掷皮带；9—抛掷皮带张紧调节器。

图 3-68 草捆抛掷器结构示意图

3. 链条式草捆捡拾机

链条式草捆捡拾机有垂直输送和倾斜输送 2 种，其工作原理基本相同（图 3-69）。垂直输送草捆捡拾机主要工作部件是升运链，升运链朝升运腔体方向装有尖型齿。在向上运动中，升运链将进入升运腔体内的草捆升起。升运链由地轮驱动。牵引架有 2 个功能：一是作业状态时与装载草捆的拖车或汽车挂接；二是起导向作用，使处于地面的草捆顺利地进入草捆升运腔的入口。草捆进入升运腔体后被升运链提升至升运腔体的上部。在挡草杆的作用下草捆翻转 90°呈横向放在平台上。升运腔体前方的压捆板对升运中的草捆保持一定的压力，压力由弹簧调节，从而保证草捆被顺利提升。升运腔体与地面的夹角为 82°。草捆提升高度为 2.7m。每小时捡拾草捆约 250 捆。运输时，将机器向后翻转，运输位置牵引杆与拖拉机挂接。这时，将地轮传动牙嵌式离合器调到分离的位置切断传动。链条式草捆捡拾机的特点是结构简单，便于与拖车或汽车配套，适应性好。但与其他型式草捆捡拾装载机械比较需要劳动力较多。

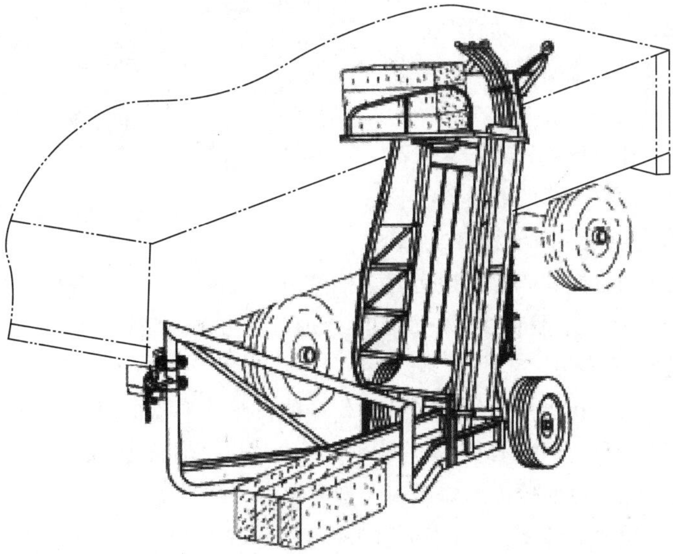

图 3-69　链条式草捆捡拾机总体结构示意图

4. 平面集中草捆装载系统

平面集中草捆装载系统作业情况见图 3-70。它由两部分组成：一部分是挂接在压捆机后面的草捆集中放置器；另一部分是与草捆集中放置器相匹配的草捆装载机。压捆机不用安装放捆板，草捆从压捆室排出后直接进入草捆集中放置器。它由液压系统自动控制。草捆逐个进入草捆集中放置器后，触动不同位置的位移开关。草捆按规定的程序向前、后、左、右移动，直到排满放置器。当最后一个草捆进入放置器时，触动后活门开关，后活门被打开，排列好的草捆被推出，整齐地放置在地面上。随后，后活门自动关闭，进行下一次作业。摆放草捆的数量由于草捆集中放置器的规格不同有所区别。常用的有平面 8~14 个草捆，应用较多的是平面 8 个草捆、平面 10 个草捆。草捆垛一般可以放到 10 层。还有些地区使用草捆垛运输机。将草捆垛整体装进草捆垛运输机，进行较远距离的运输，再自动卸下形成大的草捆垛，长期存放。其作业情况见图 3-71。

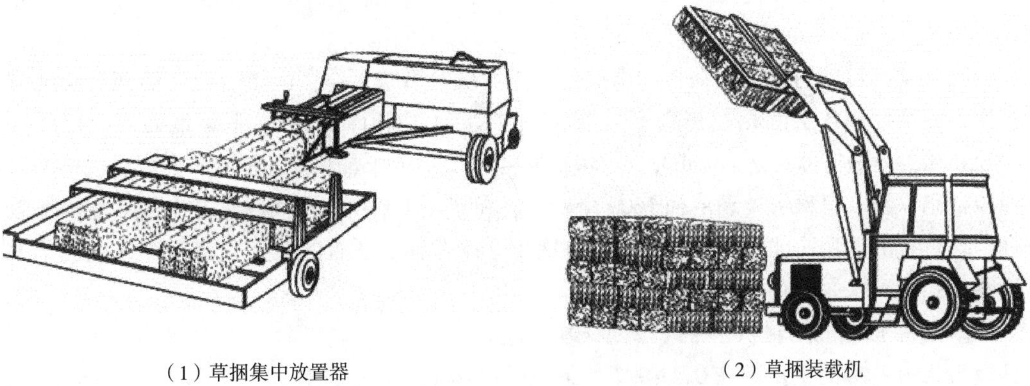

（1）草捆集中放置器　　（2）草捆装载机

图 3-70　平面集中草捆装载系统示意图

在作业过程中，根据草捆装载系统的规格调整草捆的长度，以便于码垛。例如，草捆宽度为460mm，平面8个草捆摆放时，草捆长度应调至920mm。如果用平面10个草捆装载系统，草捆长度应调至1150mm。摆放的草捆平面呈正方形，以便于码垛。这种草捆装载系统需要一套专用设备，作业成本较高。它的优点是便于压捆机连续作业，能较容易地移动草捆和码垛；搬运时草捆整齐，运输方便，经济性较好，一个人可交替使用2套机器。平面10个草捆装载系统每天可处理草捆2500~2700个。

图 3-71　草捆垛运输机示意图

5. 自动草捆捡拾码垛机

在所有草捆捡拾装载机械中，纽荷兰公司生产的自动草捆捡拾码垛机自动化程度和生产率是较高的。它是纽荷兰公司20世纪60年代初开发的产品，到20世纪70年代已经形成牵引式和自走式2个系列产品，目前较多地应用于大型农场。

牵引式自动草捆捡拾码垛机总体结构及卸垛机构见图3-72。整机本身有一个独立的液压系统。拖拉机动力输出轴驱动液压油泵和第一工作台的横向输送链即可进行牵引作业。在作业过程中，草捆的运动由液压系统自动控制或手动控制。机器前进时，草捆进入草捆捡拾器，被草捆提升链提升，翻转到第一工作台上面。第一工作台的横向输送链将草捆向右侧输送。当第一工作台上面排满3个草捆时，即触动定捆杆。此时，第一个草捆将定捆杆连动器压下，换向阀自动开启，使第一工作台向后翻转90°将一排3个草捆放置在第二工作台上，然后第一工作台回位。当第二工作台放满5排草捆时，位于第二工作台后部的升起拨杆被触动，第二工作台向后翻转90°将一层15个草捆立码在装载台上，然后第二工作台回位。第二工作台每翻送一层草捆时，在液压系统的作用下，支撑草捆层的滚动装载叉向后移动一个草捆层的距离，使多个草捆层成垛。为了使草捆层在装载台上整齐码垛，在装载台两侧设有侧挡板，在龙门式前框架上方设有草捆止回叉。装满一车后，机组进入运输状态。这时，第二工作台处于垂直位置并锁定，作为整车草捆垛的前挡板，同时，将草捆捡拾器升起。草捆躲运至卸捆地点后，将机组后部对准前一个草捆垛，并使距离恰好能保证卸车后草捆垛之间能紧密靠拢。将整个装载台向后翻转90°使草捆垛之间靠紧。用手拉动推出器的操纵手柄，使推出杆缓慢外伸。此时，拖拉机挂空挡，机组仅靠推出器平缓地离开并从底部抽出滚动装载叉，完成一次卸草捆垛。

为了使草捆垛保持稳定，在自动草捆捡拾码垛机的第二工作台上设有使草捆横竖交叉排列的机构，使草捆垛各层间相互契合不易散垛。自动草捆捡拾码垛机在平坦地面作业速度可达12~16km/h，运输速度可达48km/h。当运输距离不大于0.4km时，每车105个草捆规格的自动草捆捡拾码垛机，每班可处理草捆1600个以上。在年产15000个草捆以上的农场使用经济效益较好。该机有的机型还能进行反向作业，逐次单个卸草捆。还有的机型能将暂存田间的草捆垛整垛装车，运到永久贮存地点。

6. 大方草捆装载运输机

一般大方草捆的重量都在0.4~0.7t，最大的可达1t，青贮饲料大方草捆重量都在1t以上，所以都必须用机械进行搬运。目前有多种与拖拉机配套的大方草捆装载机，装载草捆部分有叉

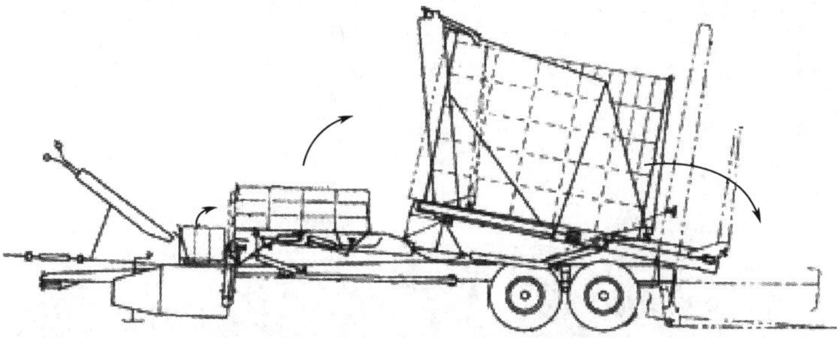

（1）总体结构

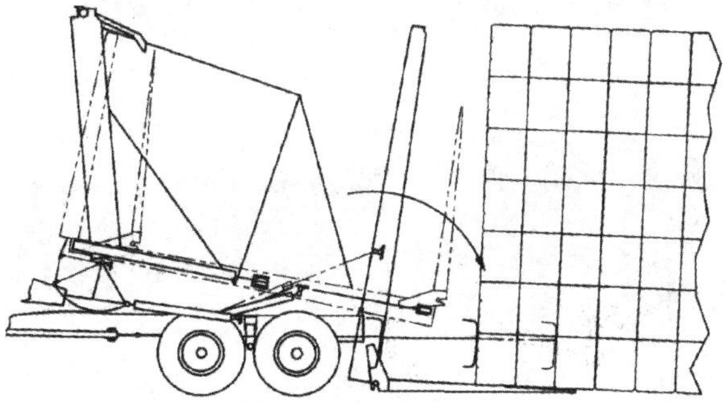

（2）卸垛机构

图 3-72 纽荷兰牵引式自动草捆捡拾码垛机总体结构及卸垛机构示意图

式和夹持式等。运输机械的尺寸和形状也适应装运草捆的要求。在饲草机械发达的国家和地区，大方草捆装载运输机械成套性较好。图 3-73 和图 3-74 介绍的是一种叉式大方草捆装载机和与其配套的草捆运输车。考虑草捆装载和堆垛的要求，大方草捆装载机升起高度最高可达 7m 以上。运输车充分考虑了装草捆的方便性。Case8575 型大方捆机草捆尺寸（长×宽×高）为 2.49m×1.27m×1.28m，装 3 层每车可装 54 捆，草捆总重量为 24.8t。Case8580 型大方捆机草捆尺寸（长×宽×高）为 2.74m×1.27m×1.18m，装 2 层每车可装 24 捆，草捆总重量 22t。目前，很多大方草捆压捆机都附带草捆收集拖车。草捆收集拖车设有横向草捆输送装置，由液压系统控制。草捆从压捆室出来后，横向排列 3~5 个，集中放在地面，以便用草捆装载机集中装车。

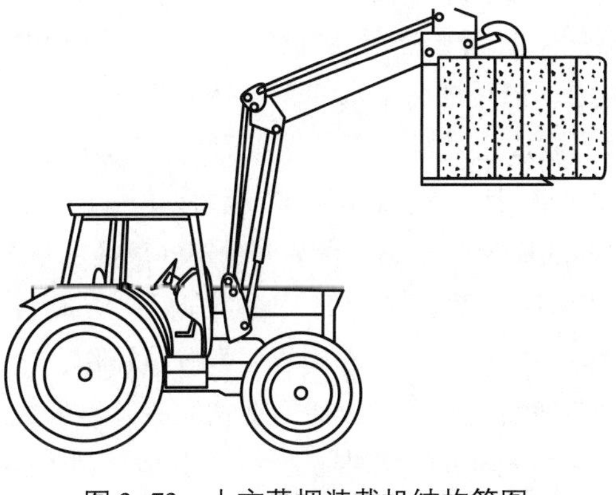

图 3-73 大方草捆装载机结构简图

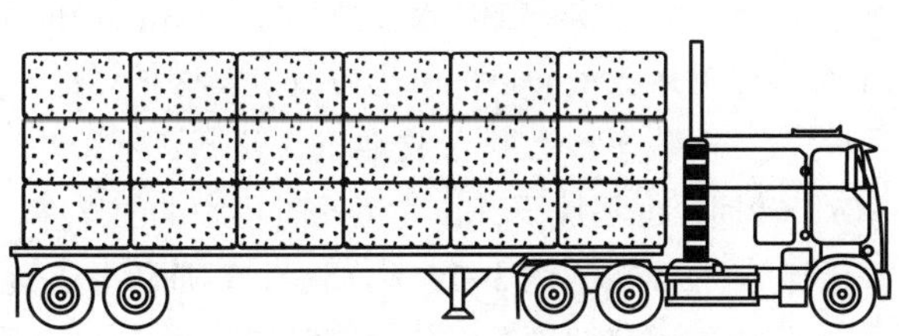

图 3-74 大方草捆运输车结构简图

为了进一步提高劳动生产率，适应大规模生产，在畜牧业发达国家使用了自动化程度更高的大方草捆捡拾运输机械。图 3-75 为德国瑞特（Ratec）公司的大方草捆自动捡拾装卸机（以下简称 Ratec 捡捆机）。

（1）捡拾状态

（2）转捆状态

（3）卸捆状态

图 3-75　大方草捆自动捡拾装卸机结构示意图

Ratec 捡捆机各部件的动作全部由液压系统驱动，并用不同的行程开关自动控制。机组行进中捡拾器的捡拾叉插入草捆底部。到位后，捡拾器向上旋转，将草捆翻转 90°后，放到转捆台上面。转捆台将第一个草捆向机器左方输送至左半边。当转捆台上放 2 个草捆后，它将 2 个草捆平面旋转 90°使草捆呈横向摆放［图 3-75（1）］。完成上述动作后，转捆台向后上方旋转 90°将 2 个草捆叠加式放在卸捆台上面。卸捆台接收 2 个草捆后，将 2 个草捆向后移动一个草捆的距离，为接收下面草捆腾出位置。车厢护栏保持草捆的稳定。当卸捆台装满预定的草捆数量，即完成一次装车，运到存放地点。转捆台上最后 2 个草捆不做水平旋转，直接向后上方旋转 90°，转捆台也不放下，作为运输过程中的前支撑［图 3-75（2）］。卸车时，由驾驶员操作，将卸捆台向后翻转［图 3-75（3）］，将草捆垛整齐地放在地面，与已经放好的草捆垛一起，形成一个集中的大草捆垛。Ratec 捡捆机有 3 种型号，适合不同尺寸的大草捆，每车可装 10~20 个草捆，有效载重量 8t，机组运输速度 40km/h。

五、圆草捆打捆机

（一）概述

圆草捆打捆机，简称圆捆机，是将不同种类的物料制成圆柱形捆状物的机械。其功能是将搂集成条的牧草或农作物秸秆等物料经捡拾、喂入、压缩后制成圆草捆。

1. 国内外发展概况

圆捆机于20世纪60年代问世，由德国威猛（Vermeer）公司率先在北美市场推出了第一台圆捆机，即长皮带内缠绕式圆捆机。该机与小方草捆机相比较，具有生产率高、劳动强度低、使用操作方便等优点。因此，欧美许多制造厂商购买了威猛公司的技术，大批的产品投放市场，并由此原理派生出链杆式圆捆机和固定作业圆捆机。内缠绕式圆捆机卷制的草捆直径在一定范围内可调，可以满足用户对不同草捆外径尺寸的需要。内缠绕式圆捆机的缺点是不利于成捆后圆捆的通风干燥。

1974年，德国的威利格尔公司登记了一项圆捆机的专利，其成形原理与威猛公司截然不同，即外缠绕式。成捆室腔体外径固定，卷制的草捆外紧内松，成捆后透气性好，利于通风干燥，耐热性好。其结构形式经过不断地发展和演变，目前有辊筒式、短皮带式和辊杠式。外缠绕式圆捆机的缺点是草捆外径固定，生产厂家必须生产系列产品才能满足用户对不同外径尺寸的需要。

1977年，德国克劳斯公司率先推出了第一台Rollant 85型辊筒外卷式圆捆机。1980—1982年，该公司将其发展完善成85型、62型、44型和34型系列产品，分别由20、18、14和11个钢辊组成成捆室，按圆周排列成直径为1.8m、1.6m、1.2m和0.9m的定直径成捆室。1981年，德国威利格尔公司研制成RP 15型和RP 12型2种新机型。其特点是钢辊直径小，数量多。20世纪80年代中期，各公司为了使原有的圆捆机对物料的适应性更广泛和提高生产率，先后对机具进行了进一步的改进和完善。这一期间所采用的新技术有螺线形卷压室技术，并将该技术应用于Rollant 62型、44型和34型机型上；为了提高圆捆机的效率，减少捆绳缠绕草捆的时间，许多公司采用了绳网包卷草捆技术，纽荷兰公司首先将该技术应用于变直径圆捆机中。另一项提高圆捆机具生产效率的技术是不停机型圆捆机。1986年，克劳斯、纽荷兰、约翰迪尔和威猛公司等均投入该类机具的研究，并生产出了样机。20世纪80年代中期以后，圆捆机仍然继续发展和完善。如包卷草捆技术方面，继绳网包卷草捆技术以后，为了实现圆草捆的青贮作业又出现了塑料膜包卷草捆技术。在卷制草捆的物料种类上，德国威猛公司最初目的仅仅是用于牧草或农作物秸秆的收获作业，而英国人将其应用于青贮作业中。因此，随着物料种类的增加，圆捆机的结构和性能也在不断地改进和完善。

圆捆机历经近40年的发展和演变，目前技术已经比较成熟，结构日趋完善。特别是近几年，自动控制技术在圆捆机上得到了广泛的应用，在驾驶室内安装的电控面板可以全程监测圆草捆的形成过程；可以采集和记录圆草捆形成过程中的压力、质量和密度等成捆参数；也可以预先设定圆草捆的质量、密度等参数，使圆捆机的操作和使用更加简单方便，更加人性化。

2. 圆捆机的特点及在饲草收获中的作用

圆捆机是一种农村牧区均适用的收获机具，主要用于切割晾晒后的牧草或田间稻、麦等农作物秸秆的收获作业。它能将田间铺放的草条自动捡拾起来，通过输送喂入、旋转压缩成形、缠绕捆绳或包卷绳网等作业工序，把散状秸秆或牧草捆扎成外形整齐、规则的圆柱形草捆。

圆捆机由拖拉机驾驶员 1 人操作，适合于在各类天然草场、种植草场以及农田进行作业。圆捆机与割草机、搂草机、圆捆装卸机及运输车配套，可以实现牧草或稻、麦等农作物秸秆收获的全部机械化作业。

3. 圆捆机的分类

圆捆机从成形原理上分为外缠绕式和内缠绕式。从结构形式上，外缠绕式又可分为辊筒式、短皮带式、辊杠式，内缠绕式又可分为长皮带式和链杆式。

（二）圆捆机结构及工作过程

1. 外缠绕式

（1）辊筒式

①总体结构及工作过程：此类结构圆捆机见图 3-76，以 1 组钢制辊筒排列成圆周形式构成成捆室。随钢制辊筒的数量不同，成捆室直径分别为 1.8m、1.6m、1.2m、1.0m、0.8m 和 0.5m。按照圆捆机规定尺寸系列，成捆室长度亦成系列，直径小于 0.8m 对应长度为 0.8m，直径 0.8~1.0m 对应长度为 1.0m，直径 1.2~1.5m 对应长度为 1.2m，直径大于 1.6m 对应长度为 1.5m。密度范围为 120~200kg/m^3。

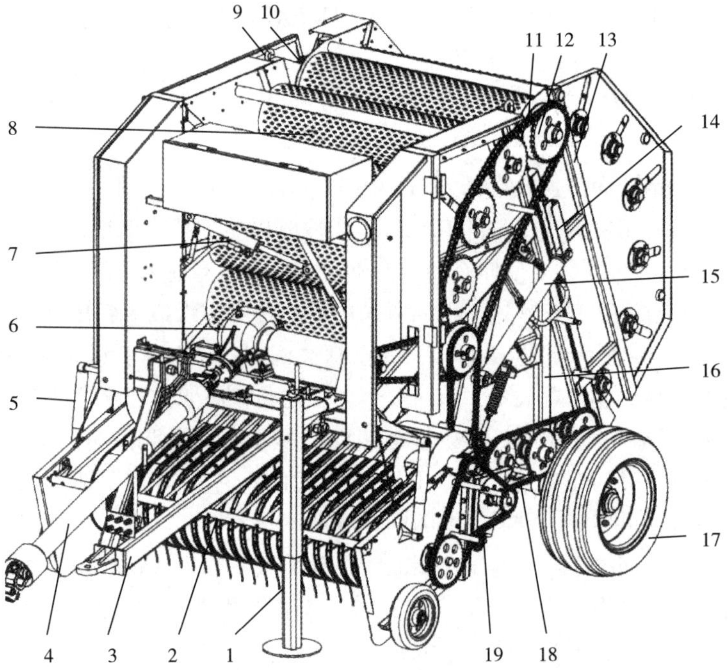

1—前支撑；2—捡拾器；3—牵引架；4—传动轴；5—减振器；6—齿轮箱；7—捆绳机构；8—辊筒；9—吊环；10—后传动链条；11—主传动链条；12—链轮；13—后门；14—油缸支座；15—液压系统；16—机架；17—行走轮；18—下传动链条；19—捡拾器传动链条。

图 3-76 辊筒式圆捆机总体结构示意图

从图 3-76 可以看出，拖拉机的动力通过传动轴、齿轮箱和链条传递到各工作部件。在田间作业过程中，随着机器的运转和前进，捡拾器的弹齿将地面草条捡拾起来，经喂入机构送入成捆室，在旋转辊筒的作用下物料旋转形成草芯，见图 3-77（1）。随着越来越多的物料进入成捆室，并不断地旋转逐渐形成圆捆，见图 3-77（2）。继续捡拾，物料将在圆捆外圆周上缠绕，压力也不断增高。当压力达到规定值时，即形成了外紧内松的圆草捆，见图 3-77（3）。节压力表读数达到规定值时机组停止前进，驾驶员操纵捆绳机构进行捆绳作业。捆绳作业完成后，开启后门将草捆经卸草器弹出落到地面，见图 3-77（4）。合上后门继续前进，进行下一个圆草捆的卷制作业。

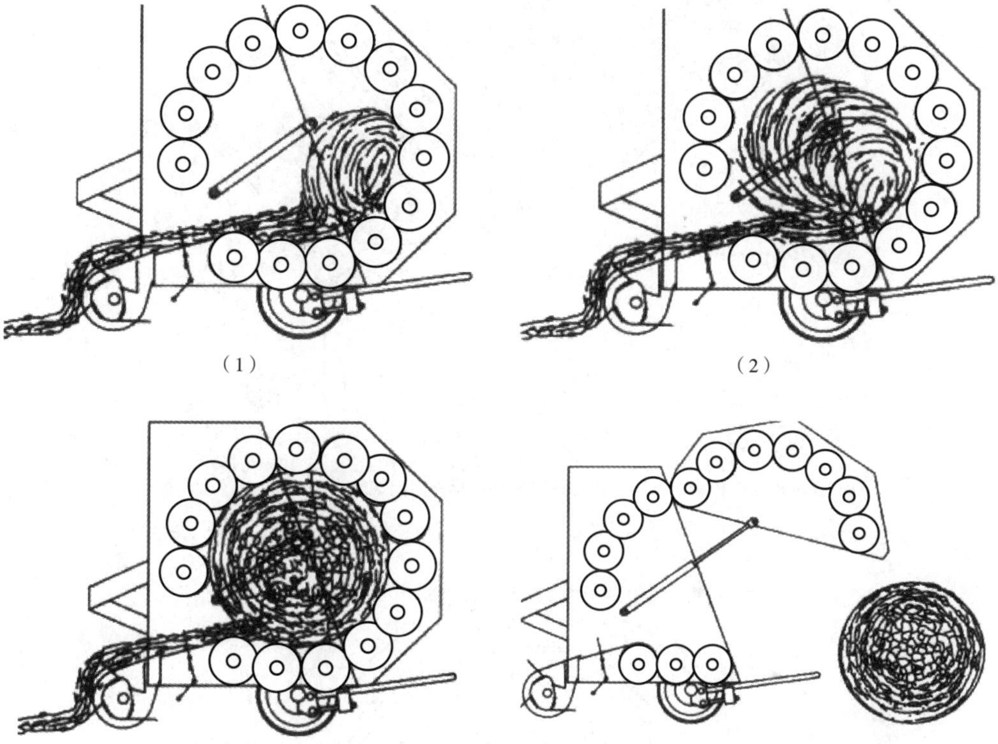

图 3-77 辊筒式圆捆机作业过程示意图

②主要部件结构：辊筒是此类结构圆捆机的主要工作部件，由钢板制成。为了增加摩擦力，表面压制成不同形式的凸起。辊筒直径在 200～300mm，线速度在 2.0～2.3m/s。材料一般采用冷轧普通碳素钢板。

捡拾器的功能是将地面铺放的草条捡拾起来，并输送到喂入口。圆捆机捡拾器一般采用 4 排弹齿滚筒式结构，如图 3-78 所示，主要由凸轮盘、曲柄和滚轮组成的定向滚轮机构、护板架、捡拾器轴、固定盘、弹齿梁、弹齿护板、链轮等组成。工作过程中，弹齿的运动轨迹由定向滚轮机构控制。捡拾器与机架连接并用钢丝绳悬挂，高度可通过提升油缸进行无级调节，浮动用减振器来完成。为了减少捡拾损失，大多数圆捆机均采用加宽捡拾器来解决。螺旋输送器的作用是用于横向输送物料。图 3-79 是凸轮盘结构图。由于各类圆捆机的结构不同，捡拾器的结构也不尽相同。例如，捡拾弹齿间距通常在 60～80mm，为了更干净彻底地捡拾物料，弹齿间距已经有逐渐减少的趋势。对于不同结构的圆捆机，弹齿杆数有 3 杆、4 杆和 5 杆之分。捡拾器弹齿外圆周（弹齿端点）线速度一般为 72.4m/s。另外，为了简化捡拾器结构，提高可靠性，已经出现不使用凸轮盘的捡拾器。

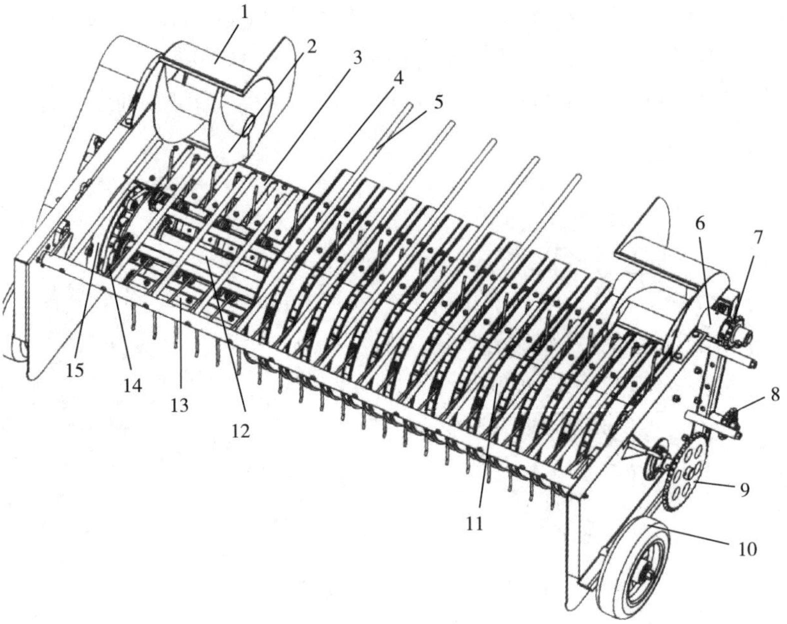

1—螺旋输送器护板；2—螺旋输送器；3—护板架；4—弹齿；5—导向器；
6—输送器座；7—输送器链轮；8—张紧链轮；9—捡拾器链轮；10—仿形轮；
11—弹齿护板；12—捡拾器轴；13—弹齿梁；14—定向滚轮机构；15—凸轮盘。

图 3-78　捡拾器结构示意图

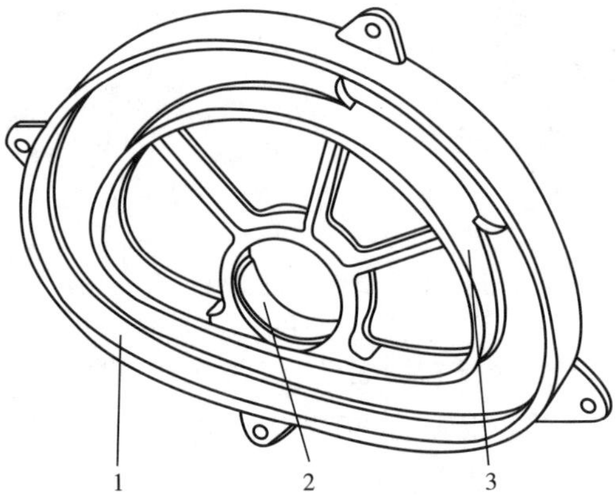

1—外轨道；2—轴承座孔；3—内轨道。

图 3-79　凸轮盘结构示意图

喂入机构的功能是将捡拾器输送的物料喂入成捆室。喂入机构采用曲柄摇杆机构，如图 3-80 所示。它主要由左曲柄、右曲柄、摇杆、连接臂、喂入叉和链轮等组成。工作过程中，由链轮驱动曲柄旋转，通过曲柄带动喂入叉运动将物料强制送入成捆室。由摇杆控制喂入叉的运动轨迹。

成捆室的功能是使物料不断地旋转，逐渐形成圆草捆。成捆室采用辊筒式结构（图 3-81），主要由前侧板、辊筒、传动链条、链轮和后门等组成。

捆绳机构的功能是在成捆室内形成的圆草捆的外表面上均匀地缠绕捆绳，以便防止圆草捆在搬运和运输过程中散落。图 3-82 所示是采用液压驱动的捆绳机构结构图，其主要由绳箱、送

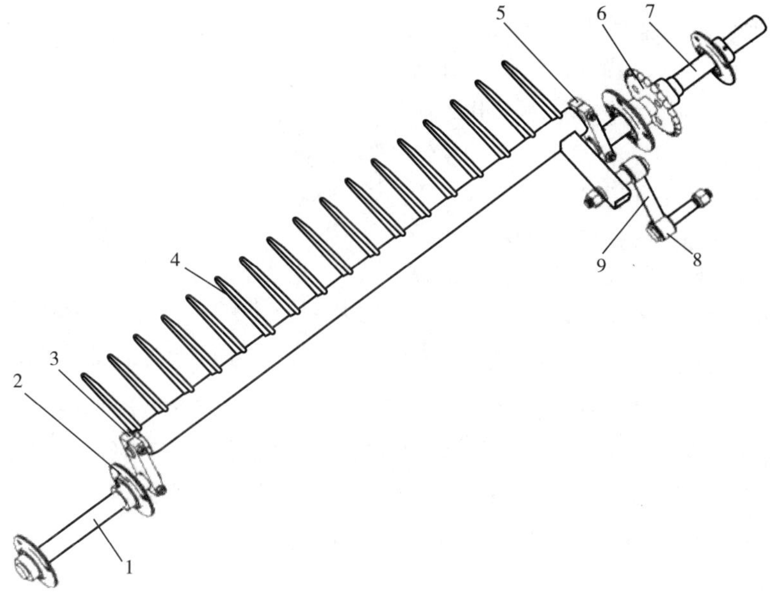

1—左挂轴；2—轴承；3—左曲柄；4—喂入叉；5—右曲柄；6—链轮；7—右挂轴；8—销轴；9—摇杆。

图 3-80 喂入机构结构示意图

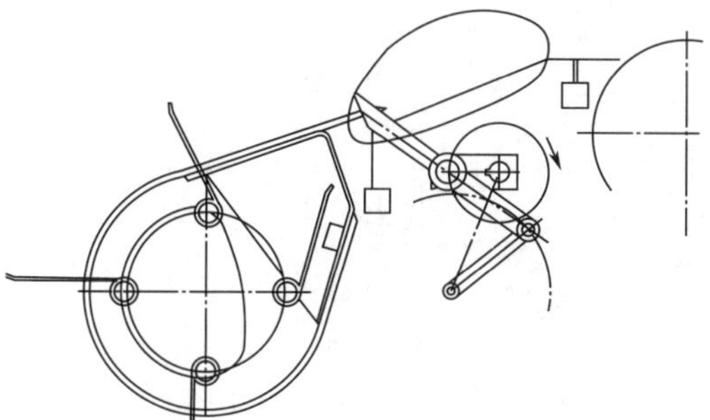

图 3-81 成捆室结构示意图

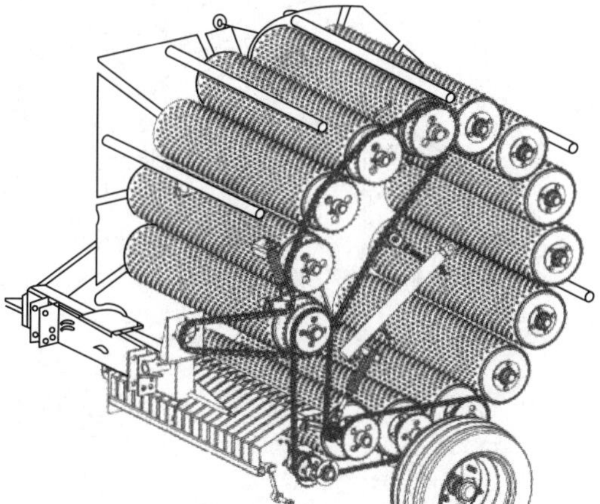

图 3-82 采用液压驱动捆绳机构结构示意图

绳电机、拨绳杆、切绳机构和捆绳油缸等组成。捆绳时，首先按动电钮使送绳电机旋转，将捆绳从拨绳杆中抽出，抽出的捆绳随物料进入成捆室，此时停止按动电钮。拨绳杆在右端极限位置处停留缠绕 2~3 圈后，操纵手动换向阀从右至左进行绕绳，拨绳杆到达左端极限位置处停留缠绕 2~3 圈后，操纵手动换向阀使拨绳杆回到右端极限位置，此时捆绳被切断。采用机械形式的捆绳机构有链式、凸轮式和齿轮式等。

卸草器的功能是将在成捆室内形成的圆草捆弹出，以便顺利闭合后门。如图 3-83 所示，主要由卸草架、弹簧和销轴等组成。在后门开启的同时，圆草捆在旋转辊筒的作用下脱离成捆室滑落到卸草器上，圆草捆的重力使卸草器后端接触地面，使卸草器与地面形成一定的倾角，促使圆草捆滚落到地面与圆捆机后门产生一段距离，从而可将后门顺利闭合。卸捆后卸草器在弹簧的作用下回复原位。

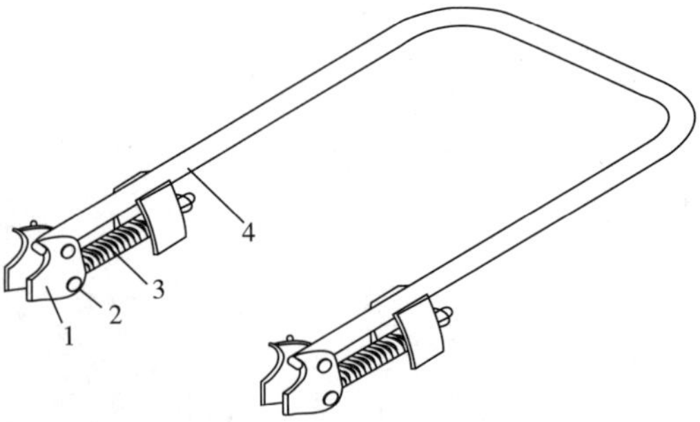

1—卸草器挂板；2—销轴；3—弹簧；4—卸草架。

图 3-83　卸草器结构图

传动系统的功能是将拖拉机的动力逐级传送到圆捆机的各个工作部件。拖拉机动力输出轴输出的动力由万向节传动轴传递到齿轮箱输入端的小锥齿轮轴，再由齿轮箱输出端的大锥齿轮轴通过主传动链轮带动整机各运动零部件运转工作。

（2）短皮带式　此类结构圆捆机由 6 组短皮带形成成捆室。成捆室直径固定不变，目前成捆室直径系列为 1.8m、1.6m、1.2m 和 1.0m（图 3-84）。

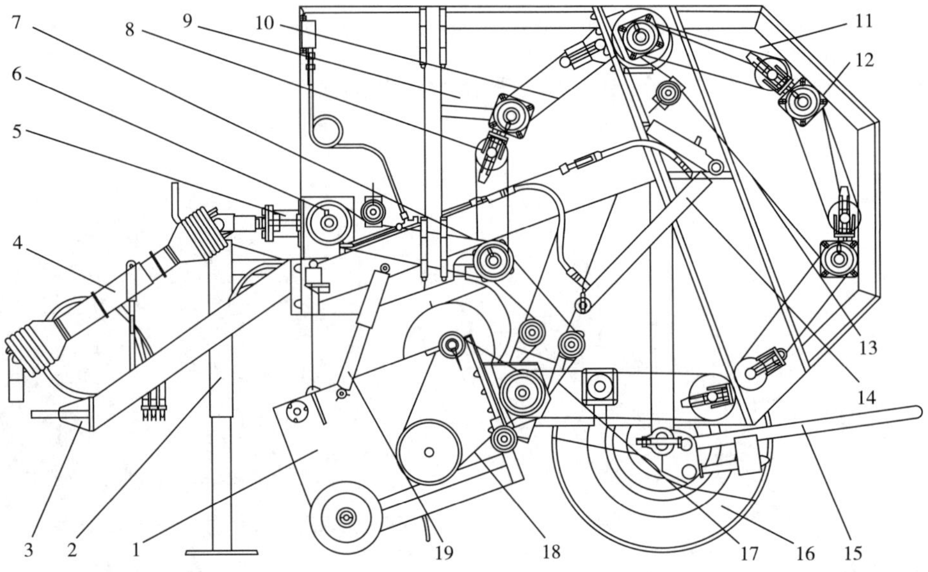

1—捡拾器；2—前支撑；3—牵引架；4—传动轴；5—齿轮箱；6—主传动链轮；7—主传动链条；8—皮带张紧装置；9—机架；10—皮带；11—后门；12—链轮；13—传动链条；14—液压系统；15—卸草器；16—行走轮；17—传动链条；18—捡拾器和螺旋输送器传动链条；19—减振器。

图 3-84　短皮带式圆捆机示意图

短皮带式圆捆机的工作原理与辊筒式基本相同，见图 3-85。由于皮带属柔性材料，使用过程中会产生变形，皮带张紧度应能够进行调整。短皮带式圆捆机的皮带线速度为 2.0~2.3m/s。

（3）辊杠式　此类结构的圆捆机由套筒滚子链上安装的两端装有轴承的一系列辊杠构成成捆室。轴承在圆形固定的轨道上运动。内轨道决定成捆室的形状和尺寸。通过辊杠主动控制轮驱动套筒滚子链运动。辊杠控制轮的作用是调整链条的张紧度。辊杠式圆捆机的工作原理及操作过程与辊筒式和短皮带式圆捆机基本相同。

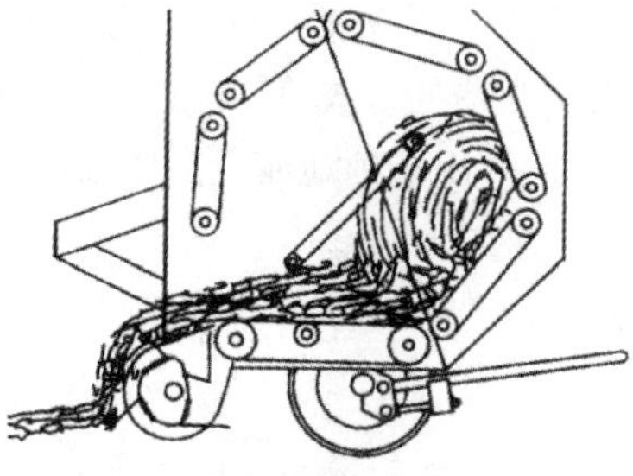

（1）成型草芯

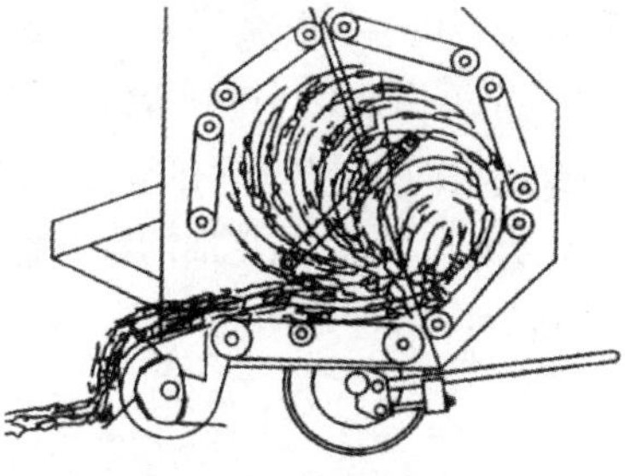

（2）逐渐形成圆捆

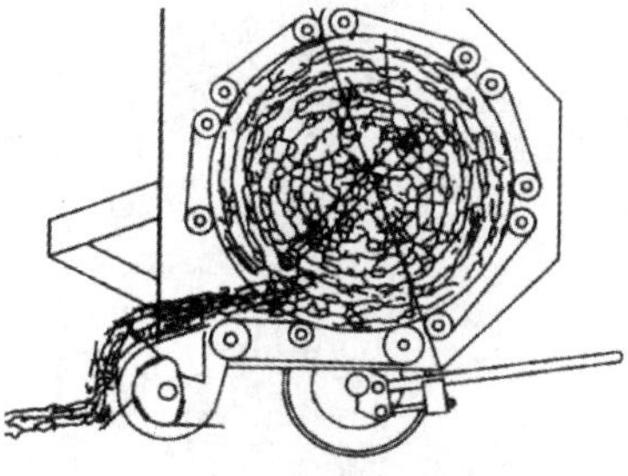

（3）形成外紧内松圆草捆

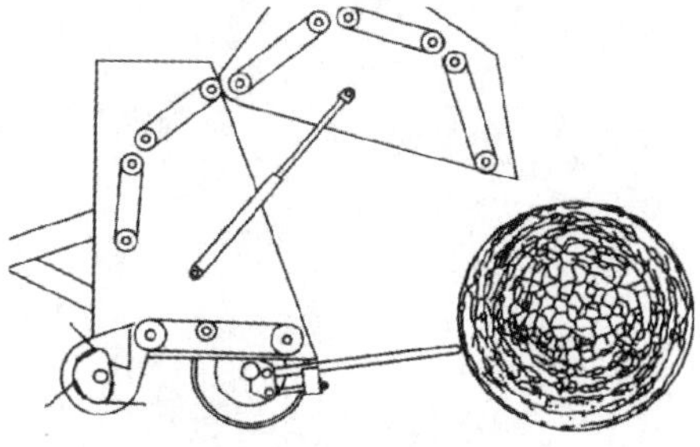

（4）卸捆

图 3-85　短皮带式圆捆机作业过程示意图

（4）绳网　用绳网包卷草捆能够使草捆表面更规则，搬运和运输过程中更不易散落。由于捆绳缠绕形式不适用于采用切碎装置喂入的圆捆机，所以绳网包卷草捆技术已经普遍地应用于各种类型的圆捆机中。绳网包卷草捆外形见图 3-86。

切碎装置也属于喂入机构的一种形式，草捆缠膜青贮目前已经广泛使用。割后饲草晾晒至含水率 55% 左右进行草捆青贮作业时，使用可控制切碎长度的切碎喂入装置，省去了饲喂前切碎饲草工序，使用更加方便。出于保证缠膜青贮饲草质量和减少饲草加工工序的要求，目前圆捆机无论是外缠绕式还是内缠绕式，均广泛地采用了这种结构形式的喂入机构，见图 3-87。

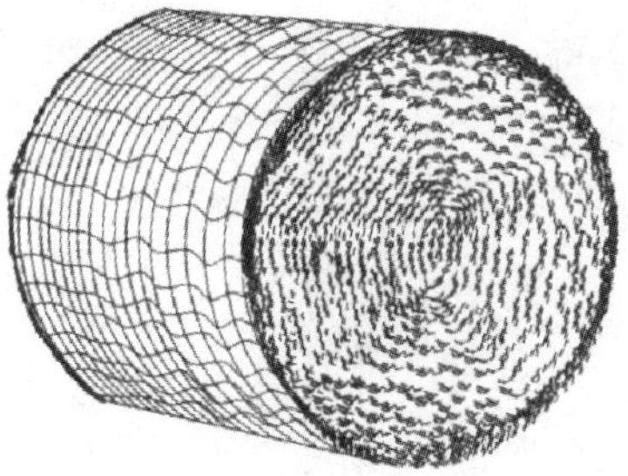

图 3-86　绳网包卷草捆外形

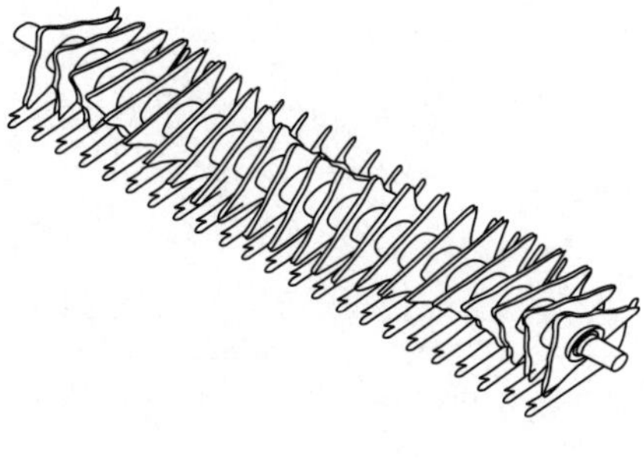

图 3-87　切碎装置

2. 内缠绕式

（1）长皮带式　此类结构圆捆机是由绕过一系列皮带辊筒的长皮带组、控制臂以及成形辊筒组成。工作过程见图 3-88。在田间作业过程中，随着机器的运转和前进，捡拾器弹齿将地面草条捡拾起来，经喂入机构送入由上、下辊筒和长皮带组成的成捆室。在上、下辊筒和长皮带的共同作用下，物料旋转形成草芯［图 3-88（1）］。随着越来越多的物料进入成捆室，并在上、下辊筒和长皮带的共同作用下不断地旋转逐渐形成圆捆［图 3-88（2）］。继续捡拾，圆捆直径不断增大，当直径增大到控制臂的设定值时即形成了圆草捆［图 3-88（3）］。操纵捆绳机构进行捆绳作业，捆绳作业完成后开启后门将草捆经卸草器弹出落到地面［图 3-88（4）］。合上后门继续前进，进行下一个圆草捆的卷制作业。草捆直径可以根据不同需要，通过控制臂预先设定为 0.5m、0.8m、1.0m 和 1.2m。

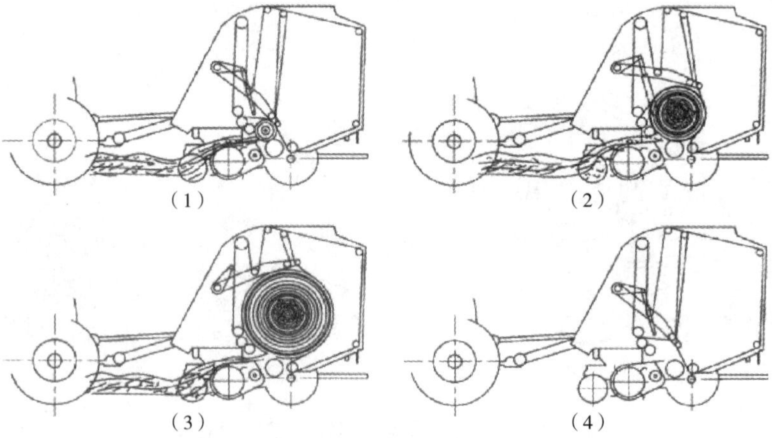

图 3-88　皮带式圆捆机工作过程示意图

（2）链杆式　此类结构圆捆机的结构见图 3-89。成捆室主要是由上链和下链组成。上链由主动链轮绕过张紧臂链轮、上链轮、后链轮和凸轮构成环形链，其功能类似于长皮带式圆捆机中的长皮带。卷捆过程也与长皮带式圆捆机基本相同。主要区别是下链较长，主动链轮和后链轮间距较大，草捆在形成过程中始终不离开下链。此外，还设有导草弹簧板和草芯形成凸轮，可以在开始捆草时快速地形成草芯。草芯增大后，利用草芯侧压将凸轮推入侧壁，使上链与草芯接触，上、下链共同作用，继续卷压草捆直至形成圆草捆。

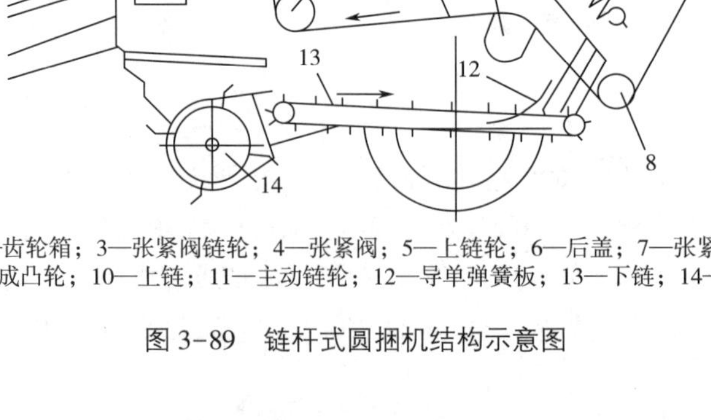

1—动力输出轴；2—齿轮箱；3—张紧阀链轮；4—张紧阀；5—上链轮；6—后盖；7—张紧弹簧；8—后链轮；9—草芯形成凸轮；10—上链；11—主动链轮；12—导单弹簧板；13—下链；14—捡拾器。

图 3-89　链杆式圆捆机结构示意图

3. 双卷压室圆捆机（不停机型圆捆机）

双卷压室圆捆机在工作时可以连续作业，不用在捆绳和卸捆时停车，从而使圆捆机的生产率大幅度提高。图 3-90 所示是纽荷兰公司设计的双卷压室圆捆机。

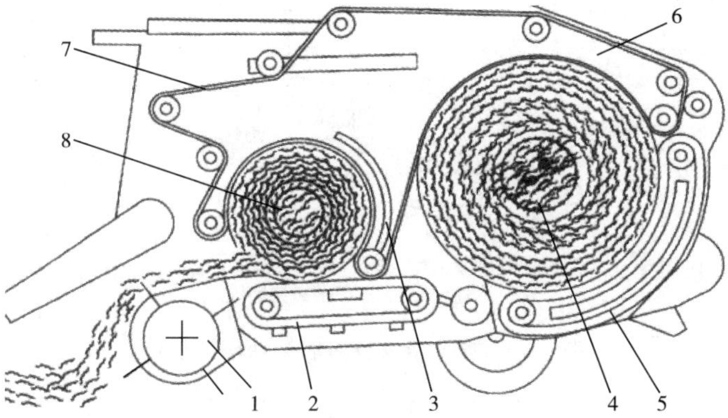

1—捡拾器；2—下输送带；3—分隔板；4—后卷压室；5—后皮带；6—后门；7—长皮带；8—前卷压室。

图 3-90　双卷压室圆捆机结构示意图

从图中可以看出，双卷压室圆捆机的前卷压室和后卷压室能够连通也可以断开。在后卷压室的物料还没有达到所规定圆草捆的尺寸和密度前，前后卷压室是连通的，物料通过下输送带直接进入后卷压室。当后卷压室的物料已达到所规定圆草捆的尺寸和密度时，前后卷压室断开，此时后卷压室的圆草捆开始捆绳或包卷绳网。而此时圆捆机仍继续前进捡拾物料，在前卷压室形成草芯。后卷压室的圆草捆捆绳或包卷绳网完成并卸出，后门关闭后，前后卷压室连通，草芯进入后卷压室重复上述操作。

（三）圆捆缠膜机

饲草青贮是保持饲草的营养成分和减少收获损失的一种实用有效的方法。利用塑料薄膜包卷圆草捆进行青贮，最早出现在 20 世纪 80 年代中期。经过 40 年的不断改进和完善，目前这一技术已成熟，适合于各种类型圆草捆的缠膜机械也日益增多。所研制的机器有以下几方面特点：捡拾器后面增加切碎装置；增设对圆草捆加强压缩的装置；采用绳网包卷草捆；有的机型采用卷捆和包膜一体联合作业；提高自动化程度。

1. 牵引式圆捆缠膜机

牵引式圆捆缠膜机结构见图 3-91。

工作时用拖拉机牵引，由草捆夹持装置将圆草捆拾起并放置在包膜平台上，在包膜平台上方有一个可以水平旋转的旋臂支架，支架上有塑料薄膜卷和塑料薄膜张紧器。塑料薄膜的外端通过张紧器伸出，当薄膜被拉出时会受到一定的预张力，实现薄膜拉伸。包膜平台上有 4 根平皮带盘绕在 2 个滚轮上，可以使圆草捆沿垂直方向旋转。作业时，由液压系统提供动力，包膜平台上的皮带使圆草捆沿垂直方向慢慢地旋转，旋臂支架在机架上方转动轴的驱动下水平旋转进行平稳地拉伸包膜，见图 3-92。圆草捆包膜完成后，包膜平台向后倾斜，包膜后的圆草捆轻轻滚落到地上；然后，包膜平台重新回到工作位置进行下一个圆草捆的包膜作业。经过包膜后的圆草捆放在露天即可实现青贮，不需要任何贮存建筑物。但为了减少占地面积，应该进行叠放。一般将包膜圆草捆立着放置，常为 3 层。

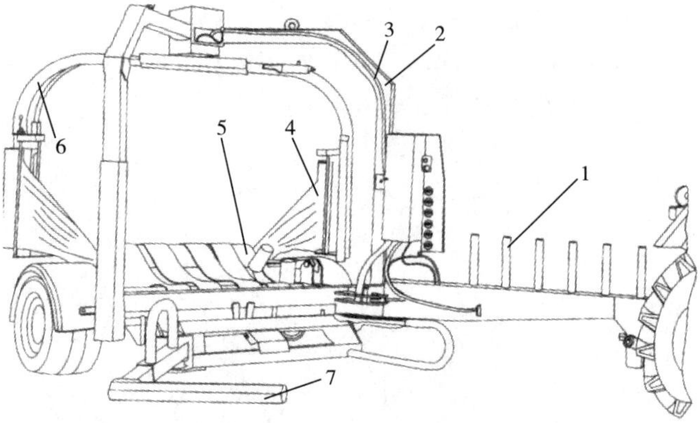

1—薄膜卷存放杆；2—机架；3—液压系统；4—塑料膜；5—包膜平台；
6—旋臂支架；7—草捆夹持装置。

图 3-91 牵引式圆捆缠膜机结构示意图

2. 圆捆缠膜一体机

圆捆缠膜一体机属牵引式青贮圆草捆卷捆和包膜的联合作业机具。其优点是卷捆、包膜一次完成，由驾驶员 1 人在拖拉机驾驶室内操纵。它由牵引装置、捡拾装置、切碎装置、卷捆装置、行走装置、包膜装置、控制装置和传动装置等组成，其结构见图 3-93。

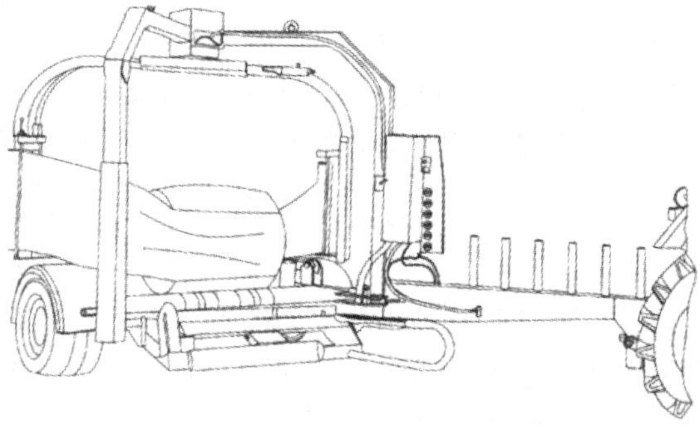

图 3-92 圆捆缠膜作业示意图

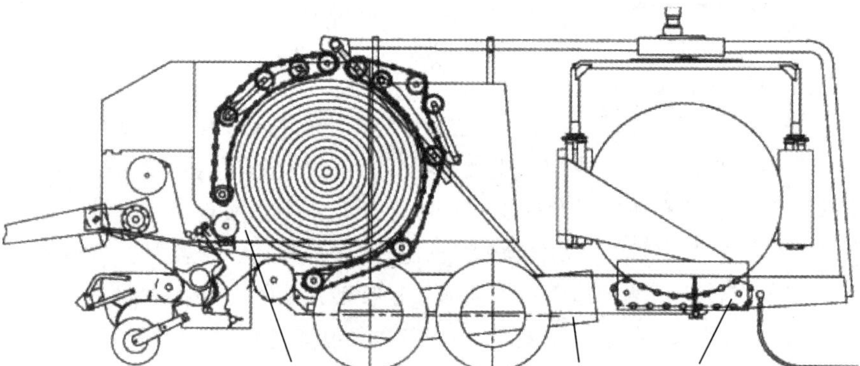

1—圆捆机；2—翻转平台；3—缠膜机。

图 3-93 圆捆缠膜一体机示意图

在圆捆机和后面的缠膜机之间有可翻转的平台。当圆捆机卷捆室内的圆草捆已达到足够的尺寸和紧密度并进行了绳网包卷以后，圆捆机的后门开启。此时，可翻转的平台转至向前倾斜，圆草捆滚入可翻转平台，然后可翻转的平台抬起，使圆草捆滚入包膜平台。包膜过程与牵引式圆捆缠膜机相同。圆捆缠膜一体机的最大优点是在圆捆机正常作业卷制草捆的同时，缠膜机也在工作，这就大大地提高了生产率，降低了生产费用，最大限度地减少了饲草在收获过程中的损失率。

（四）圆捆装卸机

由于圆草捆体积较大，在装卸和堆垛时必须由机械来完成。为了完成装卸和堆垛作业，装卸机具的举升高度应不低于 3.5m，拖拉机与圆草捆间距应不少于 2.5m。圆捆装卸机总体结构见图 3-94。

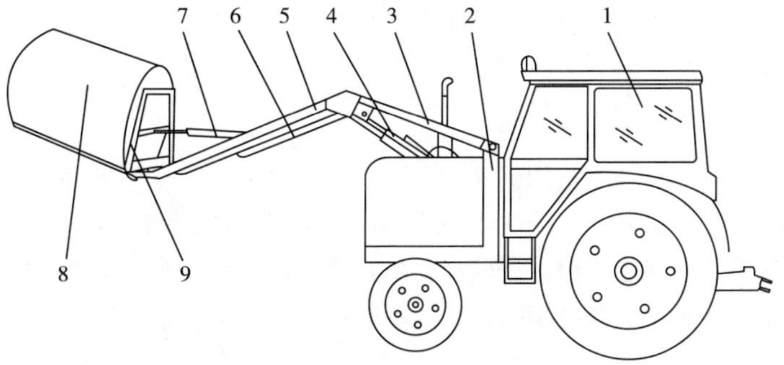

1—拖拉机；2—立柱；3—举升臂；4—举升油缸；5—拐臂；6—液压油缸；
7—调整油缸；8—圆扛捆；9—圆捆夹持器。

图 3-94　圆捆装卸机示意图

在进行装卸和堆垛作业时，操纵液压系统用举升油缸将圆捆夹持器降至最低点，用调整油缸调整圆捆夹持器的角度使之适合于夹待圆捆，启动拖拉机使圆捆夹持器夹持住圆捆。然后，操纵举升油缸通过举升臂和拐臂将圆捆举升至所需高度。同时，操纵调整油缸控制圆捆夹持器的角度，以免圆捆滑落。启动拖拉机，将圆草捆运送到指定位置。

六、散草捡拾运输车

（一）概述

在农牧业生产中，运输作业时间占总作业时间的很大比例。因此，国内外都非常重视装运机械的改进和新机型的发展。散草捡拾运输车（以下简称散草车）自 20 世纪 60 年代问世以来，经过不断改进和发展，其作业范围和使用地域越来越广。最初，散草车仅仅是为饲草的远距离运输而设计的，并很快得到了推广。在生产实践中逐步发现，将原始的散草车进行一定的改进后，可以投入到多种装载运输作业中。因此，今天所提供的散草车已不再是专门的饲草运输工具，而是可根据它的装备情况进行收割、装载、运输等多种作业的机械。

在欧洲如德国、瑞士、奥地利和法国等畜牧业发达国家，散草车已成为每个家庭牧场必不可少的作业机械。我国从 20 世纪 80 年代初开始研制散草车，但发展缓慢。20 世纪 90 年代末和进入 21 世纪以来，我国饲草产业发展迅速，这给多用途的散草车提供了可观的市场。研制适合我国国情的散草车系列产品是改进饲草收获工艺、提高饲草质量、增加经济效益的有效途径。

（二）散草车的基本类型和结构

散草车一般由1人操作，进行捡拾、装载、运输、卸料作业。比较完善的散草车可以完成切割（图3-95）、切碎、输送装载和计量卸车。这类机器可直接收获青饲料或干草，还可以收贮青贮饲料。散草车按动力来源分为牵引式和自走式；按装载机构形式可分为低装载式和高装载式；按底盘结构可分为单轴式和双轴式；按车厢容积又可分为大型、中型和小型。散草车的基本结构见图3-96。它主要由捡拾机构、切碎机构、输送机构、卸料计量装置等组成。

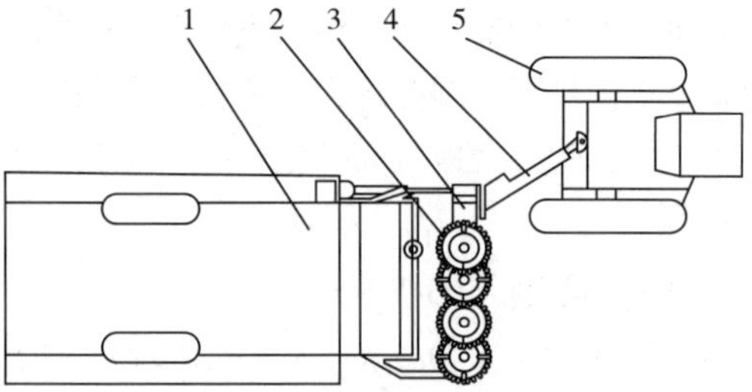

1—散草车；2—切割器；3—传动系统；4—牵引架；5—拖拉机。

图3-95 带有圆盘割草机的散草车示意图

（三）散草车的主要工作部件

1. 牵引架

目前，国外散草车牵引架有不同的几种形式，如标准牵引架、倾斜式牵引架和摆动式牵引架。一般来讲，对于全天候饲草收获地区多选择标准牵引架或摆动式牵引架。摆动式牵引架可以使散草车侧向转弯时仍进行工作，这种牵引架是由液压系统控制的。倾斜式牵引架用于平坦的一般地面，通过一个附加装置可能越过田间障碍，这种牵引架适合于青贮作业。

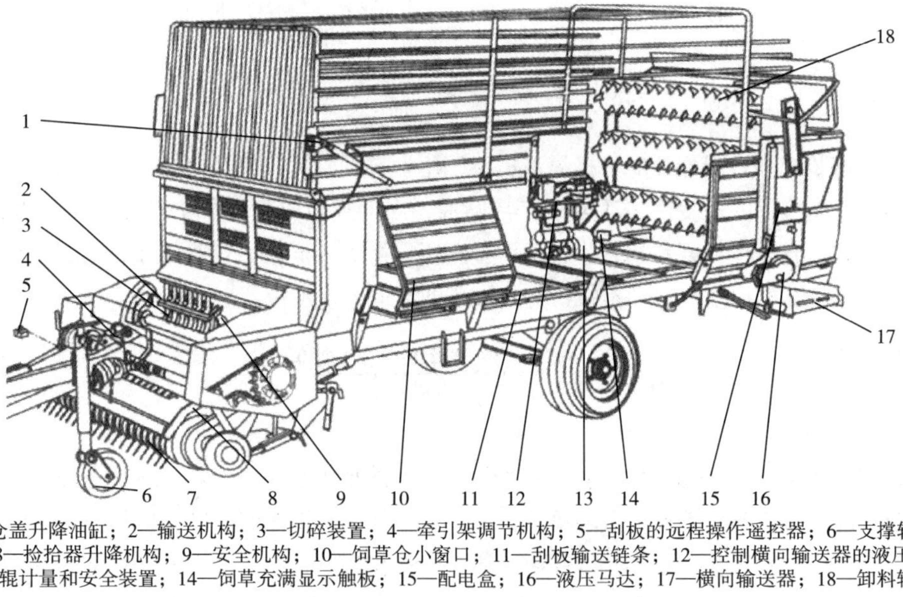

1—饲草仓盖升降油缸；2—输送机构；3—切碎装置；4—牵引架调节机构；5—刮板的远程操作遥控器；6—支撑轮；7—捡拾器；8—捡拾器升降机构；9—安全机构；10—饲草仓小窗口；11—刮板输送链条；12—控制横向输送器的液压系统；13—卸料辊计量和安全装置；14—饲草充满显示触板；15—配电盒；16—液压马达；17—横向输送器；18—卸料辊。

图3-96 散草车总体结构示意图

2. 行走装置

对散草车轮胎的要求是装载后车体离地间隙不能变化过大，尽量减轻对土壤的辗压。因为车体的下沉极易损坏驱动轴，同时也增加了牵引力。多数厂家生产的散草车有单轴和双轴2种形式。对于沙土层地区，则多采用双轴4个轮胎的方式。

3. 车体

车体本身的质量和装载物的质量加之遇到不好的路面，哪怕是较轻微的不稳定性都会使车底的支撑部件受损，甚至翻车。散草车行走的路况比较复杂。因此，在设计时考虑散草车整体的稳定性是至关重要的。在很多情况下，车体较大的散草车可以产生较高的经济效益，因而应在保证经济合理的前提下，确定散草车车厢整体结构。车体重心高度和轮距选择要适当。装载物应当容易进入装载室，装载室应有一个灵活的滑动门，卸料用的后罩必须能够充分打开并易固定。最新型的散草车可以在驾驶室内操作后罩，可显著缩短卸料时间。

4. 捡拾和输送机构

捡拾和输送机构是散草车最重要的部分之一。一般捡拾器有 2 个支撑高度可调的仿形轮。弹齿运动方向由凸轮曲柄机构控制。当弹齿转到上面时，从捡拾物中缩回。当弹齿转到下面时，从相邻护板的缝隙间伸出。捡拾器升降一般有手动和液压 2 种操作方式。现行推出的捡拾装置可以捡拾较不规则草条。如果在起伏较大的地面捡拾作业，捡拾器能有一个较大范围的扭曲变形，此时要特别注意确定好地面支撑轮的尺寸和位置。

2007 年德国 Mengele 公司推出了一种新型捡拾器，这种捡拾器没有传统的曲线轨道控制机构，有很好的地面适应性且是第一次出现 7 排弹齿没有凸轮机构的捡拾器，齿距 5.4mm，捡拾宽度 1.85m。该捡拾器突出的优点是维护十分方便，并且具有捡拾干净、行驶速度快、生产效率高的特点（图 3-97）。自 2007 年以来，德国 Mengele 公司在其生产的散草车上陆续采用了这种新型的捡拾器。

传统的散草车输送机构多采用链齿式（图 3-98），它由回转链条和装在特制链节上的齿板构成，齿板上装有输草叉。当草由捡拾器拾起后，被齿板上的输草叉直接送入车体内。有一个滚轮在轨道上运动，其控制臂控制齿板，使输草叉的输草动作结束后，及时从草中缩回。这种链齿式输送机构的输送口在车厢高度的 1/2 处。除了链齿式输送机构外，散草车上常用的输送机构还有摆齿式和推杆式。摆齿式输送机构的每个拨草叉单独摆动，作回转运动，把草拨入车厢内。推杆式输送机构由推杆和输草叉构成。推杆的下端回转，上端用连杆铰接。当下端作回转运动时，便有规律地将草输入车厢内。推齿式输送器一般用于高装载式散草车。

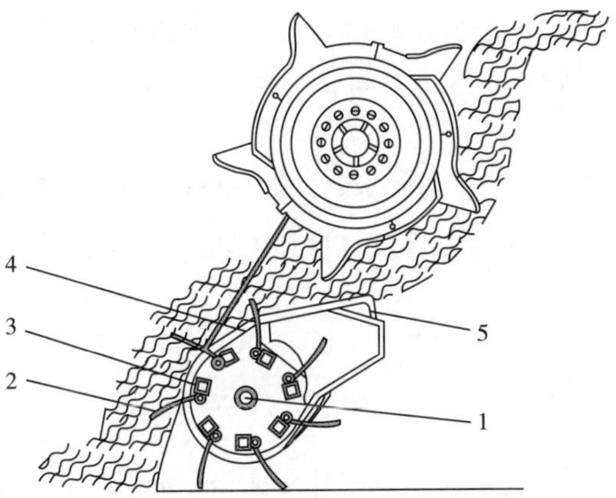

1—捡拾器轴；2—弹齿；3—弹齿杆；4—护板；5—附加护板。

图 3-97　新型散草车捡拾器结构示意图

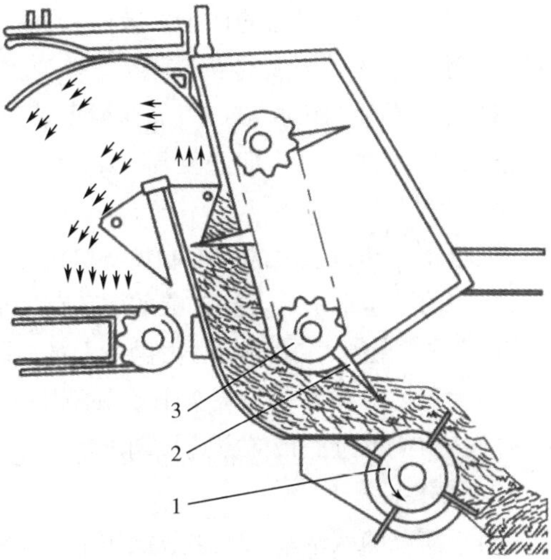

1—捡拾器；2—输草叉；3—链轮。

图 3-98　链齿式输送机结构简图

散草车输送机构在近几年有了较快的发展，具有3~6排齿杆的齿链输送机构被采用。目前，市场上销售的散草车多数采用滚筒式输送机构和摆动式输送机构。这种机构具有可调的输送齿杆，根据捡拾幅宽情况，输送齿杆可进一步增加和减少。摆动式输送机构一般是通过一个曲线槽来实现的。

国外一些公司开发了捡拾切碎输送组合装置（图3-99、图3-100）。这种组合装置是安装在捡拾器后上方，切割好的饲草由动刀直接送入车厢底部，或再由一个输送机构从顶部喂入车厢，从而大大简化饲草收获工作。最初的产品仅有2~8个刀被安置在运送通道上，而现在则发展到最多41个刀。为了磨刀必须拆卸刀片，而拆卸工作往往是一个耗时很长的过程。目前所用的切碎定刀整体脱开的新机构，可将定刀分别取下，刃磨后可方便地再安装，使切碎刀维修大大简化。

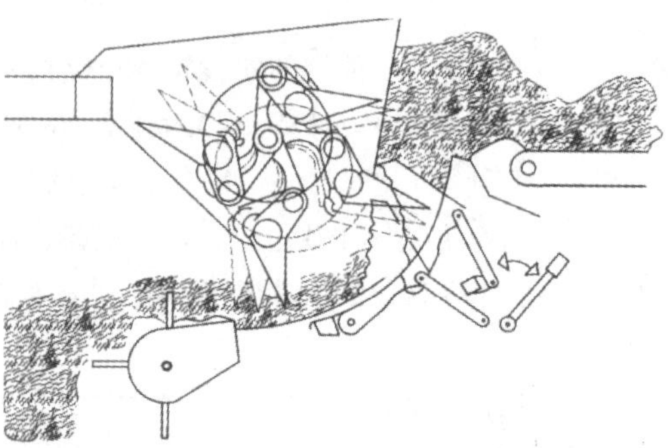

图3-99 捡拾切碎输送组合装置

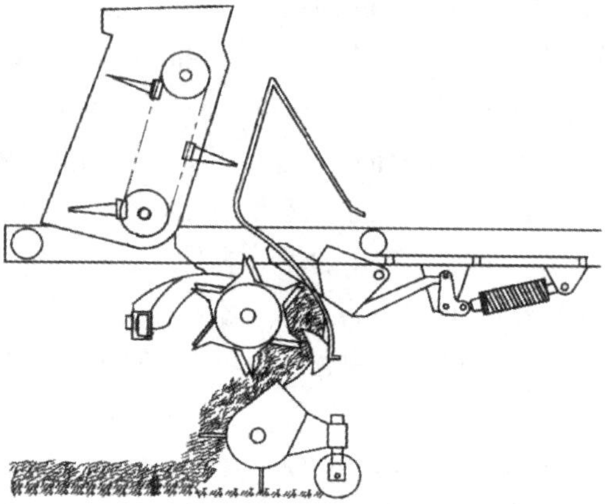

图3-100 捡拾切碎输送组合装置

5. 安全装置

散草车捡拾过程中的安全装置是必不可少的。目前多采用的是在切碎滚筒上装一个安全销，或在整个固定刀片的横梁上装一个保护弹簧。安全销保护是较简单的一种办法，当刀片过载（碰上异物）时安全销被剪断，此时作物不能被切碎，会出现物料缠绕或反复被挤压。另一种安全装置是在固定切刀的横梁上装过载保护弹簧。当异物进入后，所有切刀随刀梁一起让开，待异物通过后即恢复到原来的工作位置，物料在这一瞬间有较少量的缠绕和挤压。

6. 卸料装置

散草车的卸料多由液压控制齿链机构来实现。卸料装置可以无级变速。这种机构要求拖拉机有相应的液压系统。直接饲喂的散草车后部设有横向输送装置，可将鲜草或干草输送到畜舍通道两侧的料槽中。输送量可由操作人员控制。

专为青贮塔和各种青贮窖设计的侧向卸料方式也多被采用（图3-101）。传统的卸料习惯——拉出或推进底板的方式长期以来仍在生产中被沿用。

7. 操作系统

对于简单的散草车，大多数操作是由机械系统来实现的。这种方式的费用较低，但其生产率也是较低的。由简单的方式发展到今天的全液压系统（图3-102）控制的操作方式，使得装载运输生产率大大提高。

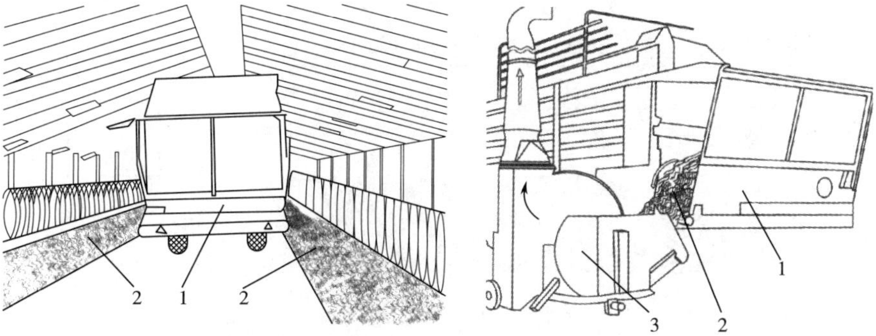

1—散扛车；2—横向卸料机构；3—青贮塔进料机构。

图 3-101　将青饲料直接输到青贮塔

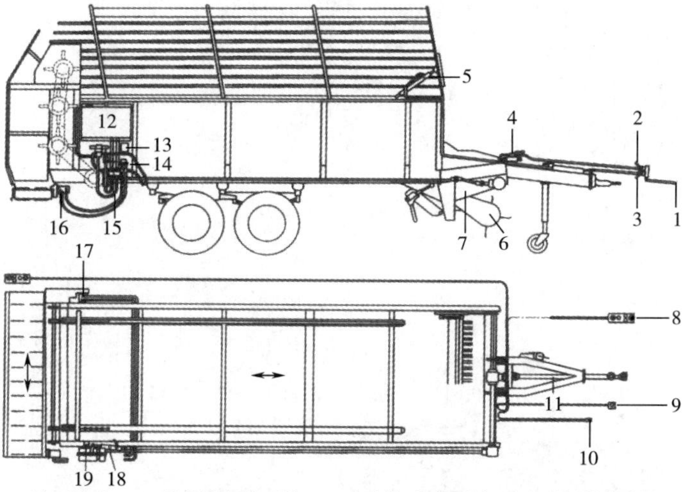

1—液压接头；2—捡拾器起落开关；3—卸料辊起落开关；4—刮板转弯油缸；
5—物料起落油缸；6—捡拾器；7—捡拾器起落机构；8—电子遥控器；
9—刮板触点开关；10—物料流向电子遥控器；11—传动轴；12—液压油箱；
13—电子分配器；14—电磁控制阀；15—液压泵；16—输送带的液压马达；
17—驱动刮板的液压马达；18—卸料辊开关油缸；19—饲草充满显示触板。

图 3-102　散草车液压控制系统简图

控制系统由液压马达、油缸、行程开关、电子分配器、电磁控制阀和遥控器等组成。捡拾器的起落、输送带的运动速度、尾部横向输送带的运动方向和速度、计量卸料机构的运动都是通过遥控器由驾驶员来控制的。遥控器带有显示器，可随时显示主要工作部位的情况，驾驶员根据情况进行操作。新的操作系统不仅提高了工作效率，也使工作变得更加舒适。

8. 散草车主要类型

当今，散草车的生产使用仍然以欧沙 I 为主。目前在市场占有量较多的几种机型见图 3-103~图 3-105。

随着我国畜牧业经济的发展，散草车这种在国外被广泛应用的高效率、现代化的饲草收贮设备将成为受国内用户青睐的新型机械。特别是近年来农区饲草产业的不断发展，经营方式逐渐改变，为散草车的使用提供了广阔的市场前景。因此，加快研制适合我国国情的中小型多用途的散草车系列，对开发饲料资源、提高饲草质量、推进我国畜牧业现代化有着重要的意义。

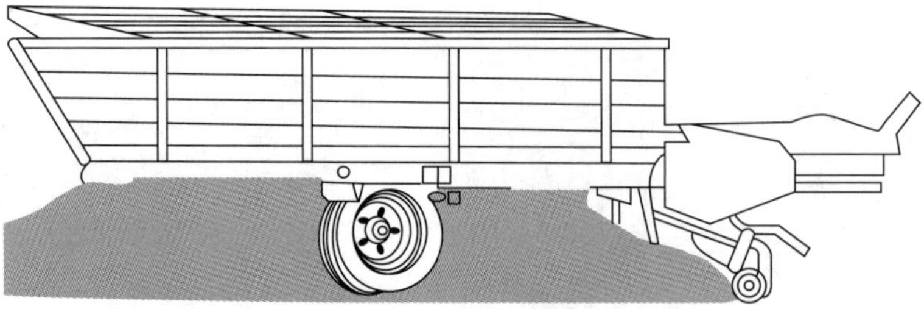

图 3-103　小型散草车

图 3-104　中型散草车

图 3-105　大型散草车

七、捡拾压垛机及草垛运输设备

捡拾压垛工艺是国外 20 世纪 70 年代推广的一种饲草收获方法。由于该种收获工艺系统能耗较高，饲草的收获和贮存质量偏低，进入 21 世纪以来已少有应用。我国在 20 世纪 80 年代研制和生产了 9JD-3. 6 型捡拾压垛机和 7DY-3. 6 型草垛运输车。

（一）捡拾压垛机

饲草捡拾压垛机有压缩式和非压缩式 2 种。现以压缩式 9JD-3. 6 型捡拾压垛机为例简要介绍其构造和工作原理。9JD-3. 6 型捡拾压垛机由 44kW 拖拉机牵引，形成草垛尺寸（长×宽×高）为 4. 3m×2. 6m×3. 0m，成面包形，重量为 3t，密度为 70~110kg/m³，生产率为 12t/h。该机适于收获各种饲草，形成的草垛可长期在田间保存。

该机由捡拾抛送器、抛送导管、压缩顶盖、顶盖后门、车厢、卸垛活门、卸垛链以及传动装置、液压系统等组成，见图 3-106。

图 3-106 饲草捡拾压躲机结构示意图

该机动力来自拖拉机动力输出轴，动力输出轴动力经过齿轮箱分成两路：一路经过安全离合器、皮带轮驱动捡拾器；另一路通过皮带轮、齿轮箱及链轮驱动车底的卸垛链。捡拾抛送器主要由水平轴以及轴上铰接的链枷式叶片组成。它以 1430r/min 转速高速旋转，具有较强的捡拾和抛送能力。压缩顶盖由 2 个串联油缸、2 组曲柄和平行四杆机构进行驱动，沿两侧导轨上下运动，用来压实车厢内的饲草。

车厢由立柱和厢壁构成，底部有卸垛链。卸垛链与车厢后门组成卸垛机构，将草垛卸出。

机组工作时，沿着草条方向前进，捡拾抛送器将饲草拾起，并沿抛送导管抛送到车厢内。抛送导管的导板角度可在工作中随时调节，以改变饲草的着落点，使其在车厢内分布均匀。当饲草在车厢内充满到一定程度时，机具停止前进。顶盖在液压油缸作用下向下运动，对饲草进行压缩，然后再升起顶盖，继续进行饲草的捡拾抛送。这样重复 2~4 次，车厢被装满。这时，停止前进，升起顶盖，顶盖后门和卸垛活门打开，启动卸垛链，将草垛卸出。草垛接触地面时，机具前移，形成的草垛即落在地面上。根据草场情况和要求，捡拾压垛机也可以将草垛运到贮存地卸出。

（二）草垛运输车

7DY-3.6 型草垛运输车与 9JD-3.6 型捡拾压垛机配套使用，将卸在田间的草垛运至贮存地。7DY-3.6 型草垛运输车由 44kW 拖拉机牵引，液压马达驱动输送链条工作，草垛装、卸时间各为 45s，机具行驶速度 25km/h。

该机主要结构为 1 个大平台，平台上安装 2~3 条由液压马达驱动的带爪的输送链条，尾部装有捡拾辊和支撑辊，并设有能使平台向后倾斜或处于水平位置的液压油缸，见图 3-107。

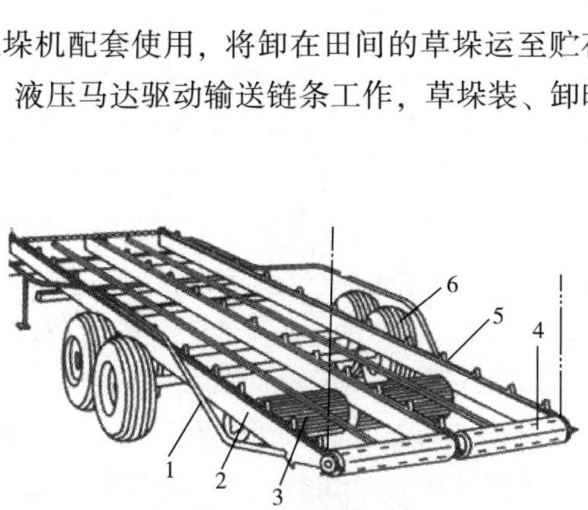

1—护栏；2—机架；3—支撑辊；4—捡拾辊；
5—输送链；6—行走轮。

图 3-107 草垛运输车结构示意图

机具工作时，平台尾部退向草垛，将平台向后倾斜，支撑辊触地，并将捡拾辊插入草垛底部。由输送链向上移动草垛。草垛完全移到平台上后停止输送链。将平台转平，即可进行运输。卸垛时将平台向后倾斜，使输送链倒转，当草垛触地后，拖拉机以匀速向前开动，即可将草垛卸下，草垛卸出后将平台转平。

第二节 饲草干燥设备

一、转筒式干燥设备

转筒式干燥设备，又称回转圆筒干燥设备，是一种适合于处理大量非黏性散体物料的干燥加工设备，实际应用中多以大中型为主。

（一）转筒式干燥设备的工作原理

转筒式干燥设备是颗粒状、短条状、片状物料通过与旋转圆筒热风或加热壁面有效的接触而被干燥的设备，适用于鱼粉、果粉、瓜子、牧草等产品的干燥。湿物料在筒内前移过程中，直接或间接得到了载热体的给热，使湿物料得以干燥，然后在出料端经皮带输送机或螺旋输送机送出。在圆筒内壁上装有抄板，它的作用是把物料抄起来又撒下，使物料与气流的接触表面增大，以提高干燥速率并促进物料前进。热载体一般为热空气。热载体经干燥器后，一般需经旋风除尘器除尘。如需进一步减少尾气含尘量，还应经过袋式除尘器或湿法除尘器除尘后再排放。

（二）转筒式干燥设备的分类及特点

1. 转筒式干燥设备的分类

根据转筒式干燥设备的筒体结构，可将其分为单回程结构和多回程结构。单回程结构仅由1层筒体构成，内置一定形式的抄板。抄板的作用是随着筒体的转动而将待干燥物料带至一定高度再自然缓慢撒下，从而使物料与干燥介质充分接触，加快物料中水分的蒸发。为了便于物料在筒内移动，安装时一般需要将筒体倾斜一定的角度。该结构相对简单，广泛应用于化工和食品干燥领域。多回程结构是由2层或3层不同直径的筒体套装而成，每层筒体壁上也设有抄板。该种结构形式的转筒干燥设备在饲草高温快速干燥方面应用较多。

（1）直接传热干燥器　此种干燥设备的结构如图3-108所示。在设备中被干燥的物料与热风直接接触，以对流传热的方式进行干燥。按照热风与物料之间的流动方向，分为并流式和逆流式。在并流式中，热风与物料移动方向相同，入口处温度较高的热风与水分含量高的物料接触。因物料处于表面汽化阶段，故产品温度仍然大致保持湿球温度。出口处的物料虽然温度在升高，但由于此时的热风温度已经降低，故产品的温度升高不会太大。因此，选用较高的热风入口温度，不会影响产品的质量。在逆流式中，热风流动方向和物料移动方向相反。对于耐高温的物料，采用逆流干燥，热利用率高。干燥器的空气出口温度在并流式中一般应高于物料出口温度10~20℃；在逆流式中，空气出口温度没有明确规定，但设计时采用100℃比较合理。常规直接传热转筒式干燥设备直径一般为0.4~3m，筒体长度与筒体直径之比一般为（4~10）：1。干燥器的圆周速度为0.4~0.6m/s，热风速度在1.5~2.5m/s。

（2）间接传热干燥器　当被干燥物料不宜于直接干燥时，可以采用间接传热的干燥器。在此种干燥器中，热载体不直接与被干燥的物料接触，而干燥所需的全部热量都是经过传热壁传给被干燥物料的。

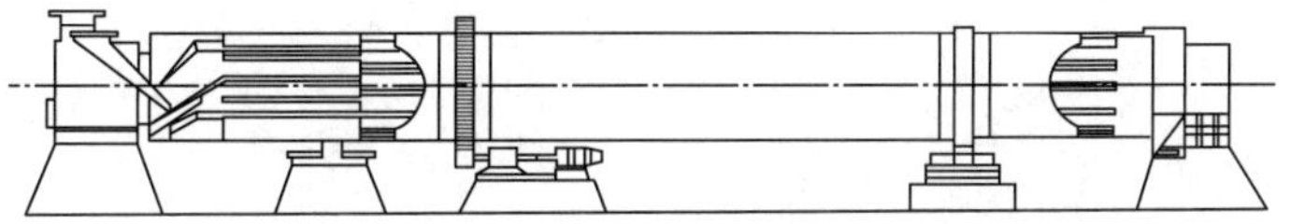

图 3-108 直接传热干燥器结构示意图

（3）复式传热干燥器 此种干燥器一部分热量由干燥介质经过传热壁传给被干燥物料，另一部分热量则由热载体直接与物料接触而传递的，是热传导和对流传热 2 种形式的组合，热利用效率较高。

2. 转筒式干燥设备的特点

（1）生产能力大，可连续作业，机械化程度较高。

（2）对物料的适应性强，即使物料的水分、粒度有较大变化也能适用。

（3）并流式转筒干燥设备能使用高温热风，若排风大量循环利用，热效率可达 80%以上。

（4）操作稳定方便，产品干燥的均匀性较好。

（5）设备比较笨重，金属耗量大，投资高，占地面积大，传动部件须经常检修。

（三）转筒式干燥设备的主要工作部件

转筒式干燥设备的主要工作部件有筒体、抄板、滚圈、托轮、挡轮、传动装置、密封装置及其他。

1. 筒体

筒体是转筒式干燥设备的基体。筒体内既进行热和质的传递又输送物料。筒体的大小标志着干燥器的规格和生产能力。筒体应具有足够的刚度和强度。筒体的刚度是筒体截面在横向切力作用下，抵抗径向变形的能力。筒体的强度问题表现为筒体在载荷作用下产生裂纹，尤其是滚圈附近的筒体。筒体材料一般用 Q235 钢、普通低合金钢（其中以 16Mn 用得最多），也有用锅炉钢的。要求耐磨蚀时用不锈钢，也可衬铅或衬其他耐腐蚀材料。目前筒体都用焊接结构。焊接采用对接焊，焊缝结构按 GB/T 985.1—2008《气焊、焊条电弧焊、气体保护焊和高能束焊的推荐坡口》的规定。

2. 抄板

抄板是转筒式干燥设备的重要部件。它的作用是将物料抄起来并逐渐洒向热气流中，以强化物料与热气流的热交换，加快干燥过程。抄板的形式及数量选择的正确与否直接影响热效率和干燥强度。根据经验，抄板的数量一般为 $n=(6\sim10)D$，D 是转筒直径（cm）。抄板的角度则要考虑物料的休止角和附着性等情况。常用的抄板布置形式有升举式、均布式、扇形式和蜂巢式。

3. 滚圈和托轮

滚圈和托轮是转筒式干燥设备的一对支撑副。干燥器的重量都是通过滚圈用托轮支撑的。一个滚圈通常由一对托轮来支撑。两托轮中心与滚圈中心连线之间的夹角 β 一般为 60°（图 3-109）。滚圈的数量即支撑点数量视转筒长度而定，有两点、三点和四点等，其中，两点支撑用得最多。滚圈和托轮常用铸铁、型钢、铸钢等材料制成。考虑到滚圈上某一固定位置与托轮上某一固定位置的接触频率要尽可能低，一般应避免滚圈的直径等于托轮直径的整数倍。

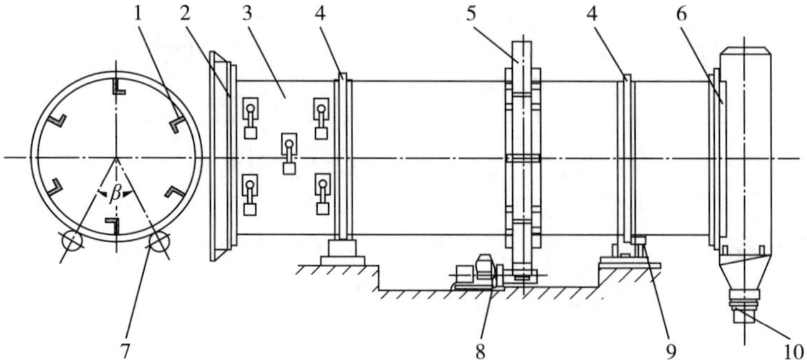

1—抄板；2—进门密封装置；3—筒体；4—滚圈；5—齿轮；6—出门密封装置；7—托轮；8—传动装置；9—挡轮；10—排料装置。

图 3-109　转筒式干燥设备结构示意图

4. 挡轮

转筒式干燥设备通常是倾斜安装的，在自重与摩擦力的作用下，会产生轴向作用力，使筒体产生轴向位移。挡轮的作用就是限制或控制轴向窜动量，使筒体仅在容许的范围内作轴向移动。移动量的大小取决于挡轮和滚圈侧面的距离。适宜的筒体轴向窜动量应保证滚圈和托轮的有效接触，而且大、小齿轮不超过要求的咬合范围，同时保证筒体两端的密封装置不致失去作用。普通挡轮在转筒式干燥设备中用得较多，成对安装在靠近齿圈的滚圈两侧。当滚圈和锥面挡轮接触时，前者便带动后者转动。从哪个挡轮发生转动可以判断出筒体是上提还是下滑，所以常把挡轮称为“信号挡轮”。操作中，应避免上挡轮或下挡轮较长时间连续地转动。除普通挡轮以外，还有一种球面挡轮，它与滚圈只是点接触，没有滑动问题，不需要精确安装。但它能承受的推力较小，仅在小型干燥器中使用。

5. 传动装置

转筒设备的转速较慢，一般为 26r/min，因而在电动机将转矩传给转筒时就必须进行减速。减速的速比较大，通常是电动机通过减速机输出轴上的小齿轮经过开式齿轮传动之后，再传给装在筒体上的大齿轮而使筒体转动。随着筒体的加大，传动功率亦越来越大。由于大功率、大速比减速器设计制造困难，因此较大的筒体有的采用了双传动。当用直流电动机驱动时，双传动两侧电动机的同步是完全可以实现的。

6. 密封装置

转筒一般在负压下进行操作，回转的筒体及部件和固定装置的连接处不可避免地存在缝隙。为了防止外界空气被吸入筒内，或防止筒内空气携带物料外泄污染环境，必须在某些部位设立密封装置。密封结构一般有迷宫式、轴向接触式、径向接触式和正压气封式等。对密封装置的基本要求：密封性能好；能适应筒体的形状误差和运转中沿轴向的窜动；磨损轻，维护和检修方便；结构简单。

二、带式干燥设备

带式干燥器是把物料均匀地铺在干燥网带上，干燥网带在前移过程中与干燥介质接触，从而使物料得到干燥。

（一）带式干燥设备的工作原理

带式干燥设备由若干个独立的单元段组成。每个单元段包括循环风机、加热装置、单独或公用的新鲜空气抽入系统和尾气排出系统。因此，对干燥介质数量、温度、湿度和其循环量等操作参数可进行独立控制，从而保证带式干燥设备工作的可靠性和操作条件的优化。

带式干燥设备最常用的干燥介质是空气。空气用循环风机经空气过滤器抽入，并经加热器加热后，以垂直方向向上或向下穿过物料层。空气流过干燥物料层时，物料中水分汽化，空气增湿，温度降低。一部分湿空气排出箱体，另一部分则在循环风机吸入口前与新鲜空气混合再循环利用。为了使物料层上下脱水均匀，干燥介质多方向改变流动方向。最终干燥产品经外界空气或其他低温介质直接接触冷却后，由出料口卸出。

（二）带式干燥设备的特点

带式干燥设备运转时物料翻动少，能保持物料的形状，并可同时干燥多种固体物料；但生产能力及热效率均低，热效率约在40%以下。带式干燥器适用于干燥粒状、块状和纤维状的物料。

带式干燥具有以下主要特点：操作灵活，工作条件较好，可防止粉尘的外泄；物料在干燥过程中不受振动或冲击（冲击式带式干燥器除外），不损伤物料；用途广泛，不仅可供物料干燥，有时还可对物料进行焙烧或熟化处理；结构简单，安装、维修方便，能长期运行；占地面积大，运行时噪声较大。

（三）带式干燥设备的主要工作部件

带式干燥器的主要工作部件包括输送带、加料装置、干燥介质加热装置、操作过程的调节控制系统等。

1. 输送带

输送带通常由不锈钢薄板（厚度1mm）制成，板上冲有长孔（1.5mm×6mm）。输送带也有用不锈钢丝网制造的，丝网材质为1Cr18Ni9Ti，可在500~700℃下长期工作。用铝二钢制成的网带强度和抗酸蚀性能更佳。输送带的开孔数根据产品颗粒尺寸、是否易于黏着等因素确定。料层厚度通常是数十到数百毫米，负荷一般不超过600kg/m^2。干燥介质流速（按空床计算）为0.25~2.5m/s；通过输送带和物料层的总阻力不超过250~500Pa，以避免单元段间的泄漏。输送带宽度为1.0~4.5m，长度相应为3~60m。国内常用的有输送带宽度为1.2m、1.6m和2.0m的系列产品，国外有2.0m、2.5m和3.2m的系列产品。

2. 加料装置

输送带上料层若厚薄不均，将引起干燥介质流通不畅，使薄料层过干燥，而厚料层干燥不足，影响产品质量。因此，加料装置的设计是至关重要的。最简单的是漏斗型加料装置，如图3-110所示。

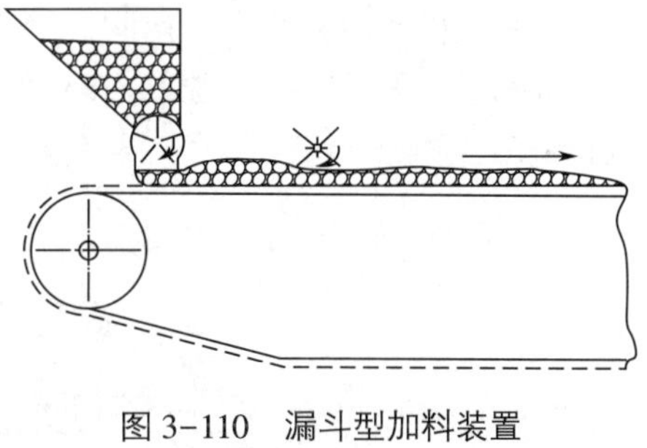

图3-110　漏斗型加料装置

漏斗下料口的宽度等于输送带的有效宽度，下料口装有闸板调节加料量。与此类似的一类加料装置是漏斗下装有一端可来回摆动的槽或小输送带，物料由漏斗经此均匀分布到干燥机输送带上。

3. 干燥介质加热装置

干燥介质温度在150℃左右时，常采用翅片蒸汽加热器。国内有SRZ型（钢管绕钢片）和SRL型（钢管绕铝片）的30多个系列产品。翅片间距为5~8mm，传热性能良好，阻力不大。

但长期运行后，需要清理翅片间结垢。翅片加热器和循环风机安装在干燥机箱体内。翅片蒸汽加热器的管层通入饱和蒸汽，蒸汽冷凝传热系数很大［7000~12000W/（m^2·K）］，因此总传热系数主要由管外空气控制。干燥介质温度在250℃左右时，可采用安装在干燥机箱体内的热油加热装置。热油与蒸汽比较，温度高，但压力低，对流传热系数小，需要较大传热面积的热交换器。此外，用燃气及燃油直接加热干燥介质，操作温度更高。

4. 调节控制系统

带式干燥设备操作的优劣，在很大程度上取决于干燥介质的分布和调节控制系统的设置。干燥介质（空气）经箱体侧的百叶窗式进风口，与部分尾气混合后通过加热装置被加热后，穿过网带与物料接触。穿经网带前的干燥介质温度由热油或蒸汽流量控制。根据干燥介质穿过物料层的阻力控制网带运行速度，以便在投料量变化（一般应尽量固定）时，阻力降能保持恒定。根据尾气的湿度或湿球温度来调节尾气的排出量。如果尾气湿度过低或温度过高，则应减少尾气排出量，增加热风循环；反之，则增加尾气排出，减少热风循环。当设备或操作发生事故时，事故停车系统确保喂入装置-输送带-循环风机-尾气排风机的顺序停车。

（四）带式干燥设备的工艺流程

带式干燥设备主要由热风炉、风机、上料装置、干燥室和旋风分离器组成。带式干燥设备按结构可分为单级带式干燥器、多级干燥器、多层带式干燥器和冲击式带式干燥器。目前已有多层带式干燥器在饲草干燥中应用。一般多层带式干燥器的干燥室是一个不隔成独立单元段的加热箱体，层数可达15层，常为3~5层。最后一层或几层的输送带运行速度较低，使料层加厚，这样可使大部分干燥介质流经开始的几层较薄的物料层，以提高总的干燥效率。层间设置隔板以组织干燥介质的定向流动，使物料干燥均匀。将所要处理的物料通过适当的铺料机构（如星形布料器、摆动带等）分布在输送带上，输送带通过一个或几个加热单元组成加热通道。每个加热单元均配有空气加热和循环系统，每一个通道有一个或几个排湿系统。在输送带通过时，热空气从上往下或从下往上通过输送带上的物料，从而使物料能均匀干燥。

带式干燥设备工艺流程如图3-111所示。切碎或搓揉后的饲草加入上料机，并均匀摊布在烘干机的网带上。物料从网带一端运行到另一端经出料装置排出机外。经热风炉加热后的清洁空气作为热介质分别从上部和下部穿过料层后进入中间吸风口，经除尘后排入大气。由于饲草是热敏性物料，为了确保不过热，多处设置温度检测，及时对上、下部干燥介质和排出废气温度进行检测，并进行仪表显示；再将检测到的数据反馈到执行元件，控制进风温度。

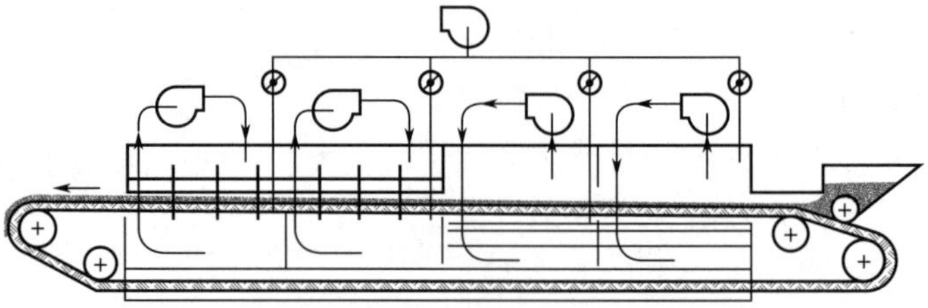

图3-111　带式干燥设备工艺流程图

（五）带式干燥设备机型简介及应用

带式干燥设备机型比较多，下面主要对 DW 系列带式干燥机作简单介绍。DW 系列带式干燥机是成批生产用的连续式干燥设备，用于透气性较好的片状、条状、颗粒状物料的干燥，对于脱水蔬菜、中药片等类含水率高而物料温度不允许高的物料尤为合适。该系列干燥机具有速度快、蒸发强度高、产品质量好的优点，对滤饼类的膏状物料、湿法造粒料亦可干燥。干燥时，将所要处理的物料通过适当的铺料机构，如星形布料器、摆动带、粉碎机或造粒机，分布在输送带上，输送带通过一个或几个加热单元组成的通道。每个加热单元均配有空气加热和循环系统，每一个通道有一个或几个排湿系统。在输送带通过时，热空气从上往下或从下往上通过输送带上的物料，从而使物料能均匀干燥。DW 系列干燥机是在传统网带式干燥设备基础上研究开发的专用设备，具有较强的针对性和实用性，能源利用率高，广泛用于谷物、蔬菜和饲草等物料的干燥。

三、远红外线干燥设备

（一）远红外线干燥设备的工作原理

远红外线干燥是利用远红外线辐射元件发出的远红外线为被加热物体所吸收，直接转变成热能而达到被加热干燥的目的。远红外线辐射器所产生的电磁波，以光的速度直线传播到达被干燥的物料。当远红外线的发射频率和被干燥物料中分子运动的固有频率（也即远红外线的发射波长和被干燥物料的吸收波长）相匹配时，引起物料中的分子强烈振动，在物料的内部发生激烈摩擦产生热而达到干燥的目的。

在干燥过程中，由于被干燥的物料中表面水分不断蒸发吸热，使物料表面温度降低，造成物料内部温度比表面温度高，这样使物料的热量由内向外扩散。同时，由于物料内存在水分梯度而引起水分移动，总是由水分较多的内部向水分含量较少的外部进行扩散。所以，物料内部水分的湿扩散与热扩散方向是一致的，从而也就加速了水分内扩散的过程，即加速了干燥的过程。

图 3-112 所示为一种远红外线干燥装置的结构。其关键部件是加热装置当中的加热器，即远红外线辐射能发生器。发生器特征不同，加热装置特征不同，干燥设备的结构也不相同，适用的物料也不相同。

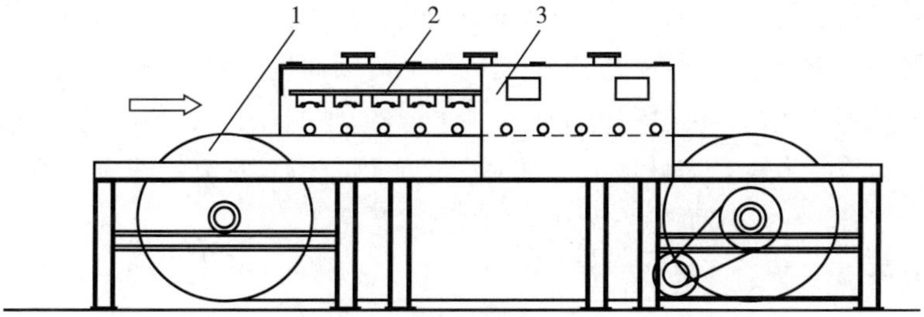

1—传送装置；2—发热体；3—加热装置。

图 3-112　一种远红外线干燥装置的结构简图

（二）远红外线干燥设备的工作流程

国内已有远红外线干燥器应用于饲草干燥，其结构如图 3-113 所示。

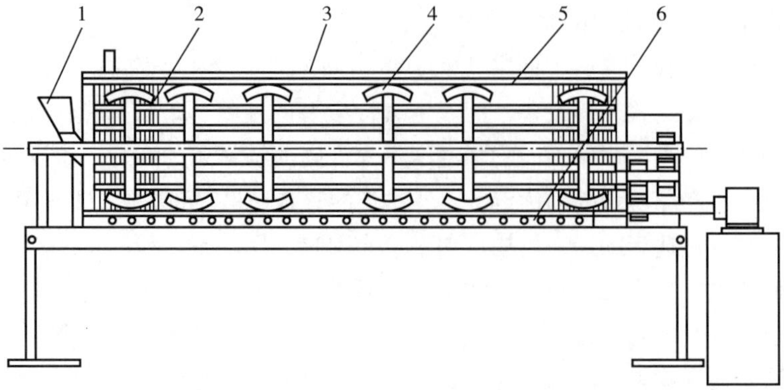

1—进料斗；2—钢丝网；3—保温外壳；4—搅拌弧唇；5—长形钢筋条；6—燃烧床。

图 3-113　远红外线饲草干燥机的结构示意图

将饲草由进料口送入转笼内。转笼是用圆形钢筋条和长形钢筋条焊接成转笼骨架，转笼骨架上镶衬钢丝网，形成网状转笼。转笼外安装保温外壳，转笼下部设有一个红外煤气燃烧床。燃烧床为分隔式结构，上边铺有 3 层燃烧网，内层为里网，中层为燃烧网，面层为辐射网。当点燃燃烧床时，煤气无焰燃烧。由于燃烧网的金属材料为铁络铝合金，燃烧网表面温度可高达 800~1000℃。在燃烧时辐射出波长为 2.56μm 的红外射线。燃烧床上的高温及红外线，穿过转笼的金属网，加热烘干转笼内的饲草。由于红外线的穿透作用很强，使鲜草内的水分能在 2~10min 内有效地排出干燥器。转笼一端设计有进料斗，另一端设有出料斗，转笼内设计有用来搅拌翻动饲草的搅拌弧唇，推动饲草从进料斗端不断向前运动，从而实现连续烘干饲草。

四、气流干燥设备

（一）气流干燥设备的工作原理

典型的气流干燥设备一般包括加热装置、鼓风机、加料装置、干燥装置、分离装置、除尘装置等几个部分。为了满足干燥某些特殊物料的要求，一些干燥设备还配备有用于打散物料的分散器或用于减小物料颗粒、增加物料表面积的粉碎机。

气流干燥是利用热气流将物料在流动状态下进行干燥的过程。在干燥操作中，湿物料在热气流中呈悬浮状态，每个物料颗粒都被热空气所包围，因而使湿物料在流动过程中最大限度地与空气接触，与气体之间进行传热和传质，达到干燥的目的。因为物料在干燥管内的滞留时间极短，所以也称为瞬间干燥。物料悬浮于气流中，加热介质以对流传热方式将热量传给物料，使物料中的部分水分汽化，从而获得低含水率的固体产品。

（二）气流干燥设备的分类及特点

根据干燥装置的不同，气流干燥设备可分为直管式气流干燥器、倒锥式气流干燥器、套管式气流干燥器、脉冲式气流干燥器、旋风式气流干燥器、中等停留时间旋风分离干燥器和旋转气流快速干燥器。直管式气流干燥器的应用较普遍。脉冲式气流干燥器的干燥效率较直管式高得多。它采用交替缩小和扩大管径的方法，使颗粒运动交替加速或减速，增大了空气和颗粒的相对速度及传热面积，从而强化了传热传质速率。同时，气流在大管径内速度下降，有利于延长物料的干燥时间。目前国内已将脉冲式气流干燥器与其他干燥设备相组合，运用于饲草干燥领域。气流干燥设备发展方向是干燥器单体多样化、设备流程管网化和物料分散机械化。

气流干燥设备具有以下几个特点。

（1）干燥强度大　由于气体在干燥管内流速大，一般为 10~20m/s，物料与气流间存在一定的相对速度，产生剧烈的相对运动，使物料表面的气膜不断更新，大大降低了传热和传质的气膜阻力。一般下燥器全管平均体积传热系数为 1300~4200kW/（m^2·K）。

（2）干燥时间短　物料在干燥管内仅停留 1~5s 即可达到干燥要求。因此，对于热敏性物料仍可采用较高的介质温度。

（3）热效率高，处理量大。

（4）适用性广　可适用于各种粉粒状、碎块状物料的干燥。粒径范围为 0.1~10mm。

（5）设备结构简单，占地面积小，生产能力大，能连续作业，可实现自动控制。

（三）气流干燥设备的主要工作部件

气流干燥设备的主要工作部件包括加热装置、气流干燥装置、分离装置。气流干燥装置的主要工作部件是气流干燥管。

1. 气流干燥管底部结构

图 3-114 为气流干燥管常见底部结构。进入气流干燥管的物料，绝大部分随加热的气流一边上升、一边干燥，少量质重的物料和杂质落入气流干燥管底部。为了方便取出这些杂质，干燥器的底端设有筛板和入孔或手孔。

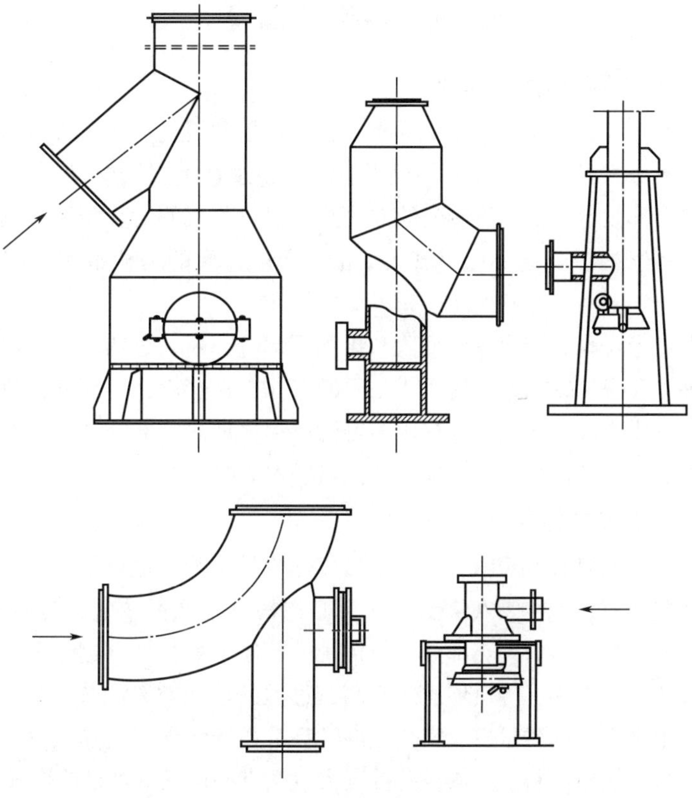

图 3-114　气流干燥管常见底部结构

2. 气流干燥管顶部结构

图 3-115 中的（1）（2）为气流干燥管顶部结构。为了防止顶部物料堆积，设有手孔。对于易爆物料顶部应设有防爆孔，如图 3-115（3）所示。

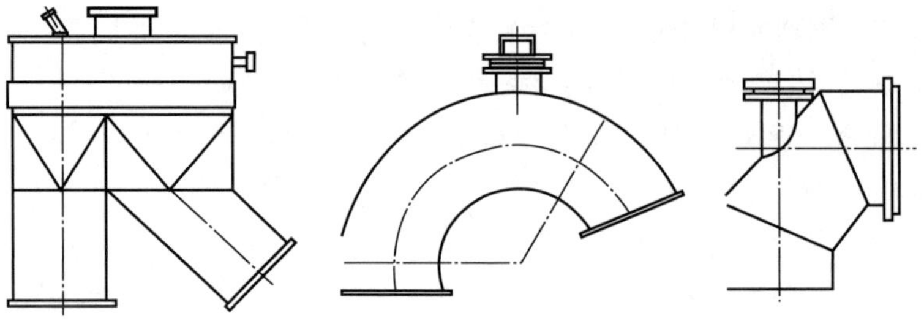

（1）　　（2）　　（3）

图 3-115　气流干燥管顶部结构

3. 气流干燥管下降管结构

下降管的结构形式一般为直管型。

（四）气流干燥设备的工作流程

湿物料自加料器进入干燥管，空气由鼓风机鼓入，经加热器加热后与物料汇合，在干燥管内进行干燥。干燥后的物料在旋风除尘器和袋式除尘器回收，废气经抽风机由排气管排出。

五、过热蒸汽干燥设备

（一）过热蒸汽干燥设备的工作原理

过热蒸汽干燥是一项最近发展起来的新技术，它是指利用过热蒸汽直接与被干燥物料接触而去除水分的一种干燥方式。与传统的热风干燥相比，过热蒸汽干燥以水蒸气作为干燥介质，干燥机排出的废气全部是蒸汽，利用冷凝的方法可以回收蒸汽的潜热再加以利用，因而热效率高。而且，由于水蒸气的热容量要比空气大 1 倍，干燥介质的消耗量明显减少，故单位热耗较低。

一般的过热蒸汽干燥设备应有废气回收和再利用部分，目前过热蒸汽干燥工艺中废气的利用途径有以下几种：经净化或未净化后用作工厂的其他工作蒸汽；一部分在热交换器中加热参与再循环，过量部分用作加工蒸汽；进行压缩再循环和再加热。部分废气达到干燥机的进口条件则经压缩或再加热后部分循环，过量部分去预热喂入的湿料。

（二）过热蒸汽干燥的特点

过热蒸汽干燥的介质是过热蒸汽，其来源可以是锅炉蒸汽，也可不是锅炉蒸汽。过热蒸汽干燥工作时温度超过 100℃。当喂入常温条件下的物料时易产生冷凝，增加干燥时间。因此，过热蒸汽干燥系统还包括物料的预热部分。与传统的热风干燥相比，过热蒸汽干燥具备以下优点：传热系数大、传质阻力小，传热传质效率高；过程的热效率高，节能效果显著；具有很好的灭菌消毒作用，干燥产品的质量好；安全性好，且有益于环保。过热蒸汽干燥的不足之处主要表现在不适宜干燥热敏性物料、干燥设备投资大以及有些情况下难以获得低湿含量的产品等。过热蒸汽干燥技术在饲草干燥领域中的应用有其独特的优势，能满足苜蓿等品质要求高的饲草脱水、保鲜。其工作流程如图 3-116 所示。

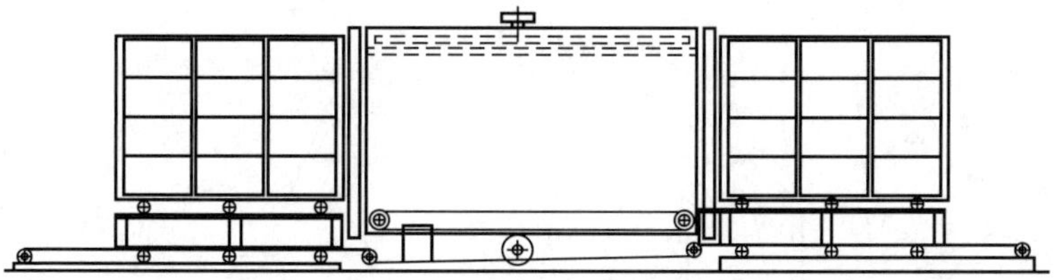

图 3-116　过热蒸汽干燥机干燥饲草工作流程图

该设备包括脱水箱及其箱门、送料车和传动装置。脱水箱的上部具有通过管道与真空泵连接的抽真空口。脱水箱的下部具有通过管道与过热蒸汽发生装置连接的过热蒸汽进口。可利用过热蒸汽提供热能和真空状态下的低温汽化原理对饲草进行干燥、脱水，饲草在真空缺氧状态下受热干燥不会氧化变色。该设备具体工作过程如下：先送料，使支架往后退，离开箱门；然后打开箱门，再让支架前进，将送料车送进脱水箱内的输送履带上，并由传动装置带动输送履带前进，使送料车在输送履带上前进；至合适位置后，先让支架后退，然后关闭箱门；通过抽真空口对脱水箱进行抽真空，同时从过热蒸汽进口往脱水箱内输送过热蒸汽，使送料车上的饲草完成干燥脱水；干燥完毕后，打开箱门，操作传动装置，送料车在输送履带的带动下，离开脱水箱。

六、组合干燥设备

（一）组合干燥技术的基本概念

由于各种物料的性质不同，用单一形式的干燥器来干燥物料，常不能达到干燥的目的。如果采用 2 种或 2 种以上的干燥器，将它们连接起来，或者在机械方面增加特殊装置，使新的装置在干燥过程中兼有不同形式干燥器的性能，达到用单一的干燥器所不能达到的目的，这种干燥器称为组合干燥器。

组合干燥器是先通过第一级干燥器，使物料水分含量降到某一值；然后，再经过第二级甚至更多级干燥，使物料的含水率达到标准要求。第一级干燥器称为预干燥器，起预干燥的作用；最后一级干燥器称为终干燥器，达到最终干燥的目的。组合式干燥器有利于降低物料的含水量，减少动力消耗，适用性强。

（二）组合干燥设备的应用

9SJG 系列饲草秸秆高温快速干燥成套设备采用了搅拌—气流—转筒三级干燥工艺。其工艺流程如图 3-117 所示。

首先，第一级设计了搅拌式干燥器。其目的就是在这一级干燥工艺中，能够将喂入的形态复杂的湿饲草充分打散，让每段饲草的表面都能和热风充分接触，使饲草中的水分能够快速蒸发排出。而且，这样也防止杂乱的草团进入转筒式干燥器中堵塞转筒，引起设备故障。在搅拌干燥工艺后，配置了一级脉冲式气流干燥工艺。其目的是解决因不同饲草水分不均匀难以加工的问题。在气流干燥过程中，水分含量低、较干的饲草悬浮速度低，移动速度相对较快，首先进入下一级的干燥器中。而水分含量相对较高、较湿的饲草悬浮速度高，在气流干燥器脉冲辐中就会脉冲悬浮，进一步与气流干燥器中的热风进行湿热交换，待脱水到一定程度后才进入第三级干燥器中。因为含水率较高和不易蒸发水分的饲草茎秆在气流干燥器内停留时间长，延长了湿热交换时间，这样进入下一级干燥器后含水率差异显著降低。

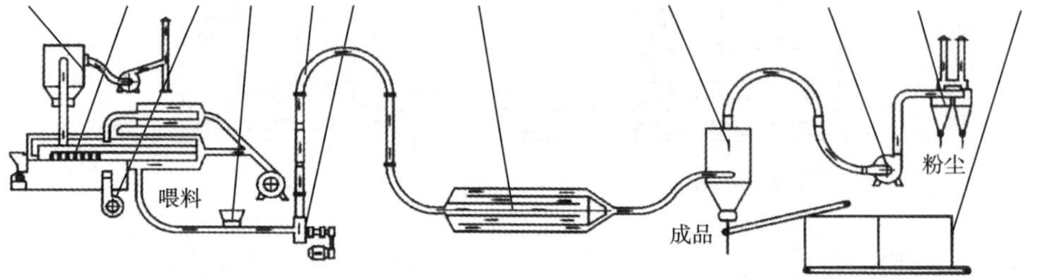

1—多管除尘器；2—链条式热风炉；3—鼓风机；4—进料关风器；5—脉冲式气流干燥器；6—搅拌干燥器；7—转筒式干燥器；8—旋风分离器；9—主风机；10—微粒收集器；11—中间平衡仓。

图 3-117　9SJG 系列饲草秸杆高温快速干燥成套设备工艺流程图

第三级干燥器采用了三回程转筒式干燥器。经过了前两级干燥后的饲草，进入这一级干燥时，其形态和水分已经调制到一个相对较好的状态。在转筒式干燥器内，由于转筒截面积各层依次增大，第一行程热风速度最高，然后依次降低。叶片等轻物料快速脱水，达到标准水分含量后排出。粗重茎秆经第一、第二行程，特别是第三行程抄板抛扬下慢速向前移动，当水分逐渐降至符合含水率要求后，密度降低，在气流的作用下，由排料设备排出。

七、太阳能饲草干燥设备

（一）概述

太阳能以其储存的局限性、存在的普遍性、开发利用的清洁性以及逐渐显露出的经济性等优势，使其开发利用成为最终解决常规能源特别是化石能源带来的能源短缺、环境污染和温室效应等问题的有效途径，是人类理想的替代能源。

20 世纪 70 年代以来，随着科学技术的发展和能源紧缺的逐渐显现，世界各国开始重视太阳能热利用的研究，其中，也开始了利用太阳能对农产品进行干燥的工艺和技术研究。截至 2023 年，国外建成太阳能干燥装置面积超过 10000m^2。国际能源机构太阳能加热和制冷计划中，还专门设立了“太阳能干燥农作物”任务组。近 10 年来有较大的发展，太阳能干燥技术在世界上已经进入生产应用阶段。

21 世纪初，中国农业机械化科学研究院呼和浩特分院开始对太阳能饲草干燥技术及成套设备展开了系统研究，一些科研成果已经进入生产应用阶段，主要有 9G-2.5 型交替供热式太阳能饲草干燥设备、9G-2.5 型太阳能干燥设备的附加能源干燥装置和 9GK-1.0 型太阳能草捆干燥设备。

（二）太阳能饲草干燥系统的基本结构、主要工作部件与工作原理

1. 基本结构与工作原理

太阳能饲草干燥系统的基本结构见图 3-118。太阳能饲草干燥系统在作业时，先将待干燥的饲草均匀地堆放在干燥仓内，启动风机，被太阳能集热器加热的空气通过风道进入空气分配筛。在风压的作用下，热空气透过草层并从草层上部释放进入大气。热风通过煤层时饲草中的水分

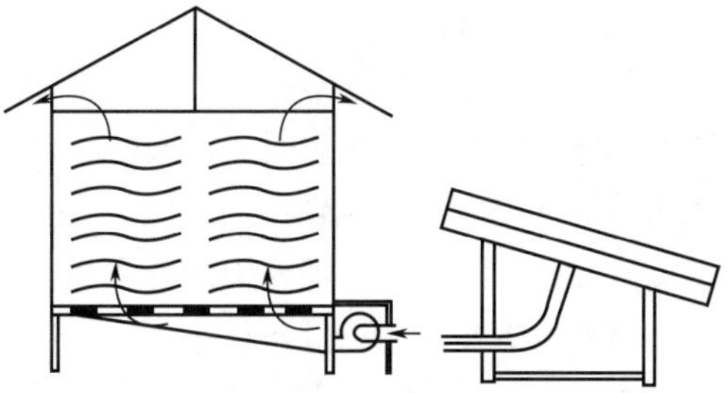

图 3-118　太阳能饲草干燥系统的基本结构简图

被带走，即达到干燥的目的。一般情况下，空气经过太阳能集热器时，温度能提高 5～10℃。与此同时，空气的相对湿度降低 20%～30%，使空气的吸湿性能大为提高。经过太阳能集热器加热的空气总体吸湿性能比不加热空气可提高 30%～40%。利用太阳能干燥系统干燥作业可比一般通风干燥系统干燥作业时间缩短 30%～50%，能耗降低 30%～50%。利用上述工艺方法干燥饲草，其堆放方式如下：在干燥仓内装草要自然均匀堆放；当饲草初始含水率为 35%～45%时，最佳堆放方式是分 2 次装草，第一次装草高度 3m，在饲草含水率降至 25%左右时，再在第一层上面堆放，装草高度 3m，直至达到安全水分为止；当饲草初始含水率为 45%～55%时，最佳堆放方式是分 3 次装草，第一次装草高度 2m，在饲草含水率降至 25%左右时再在第一层上面堆放，装草高度 2m，在第二层草含水率降至 25%左右时再在第二层上面堆放，装草高度 2m，直至达到安全水分为止。被干燥的饲草在干燥仓内堆放时，既要考虑充分利用空间，也要考虑保持比较好的透气性，以减少空气阻力，饲草堆放密度以 70kg/m^3 为宜。

2. 干燥系统的主要工作部件

太阳能集热器和太阳能蓄热装置是太阳能干燥系统的主要工作部件。太阳能集热器用于吸收太阳辐射，并将产生的热能传递到传热工质。太阳能蓄热装置吸收和储存热能并将热能传递到传热太阳能集热器主要有 2 种不同的类型。一是以空气为热载体的平板型空气集热器，直接吸收太阳能。按吸热板的形式和气流流动情况，可分为渗透型和非渗透型两大类。渗透型有多孔吸热体型集热器、带小孔的波纹吸热板集热器和带小孔的平板吸热板集热器等。非渗透型有平板型集热器、带肋的平板型集热器、波纹状吸热板集热器、叠层玻璃型集热器和网板型集热器等。平板型空气集热器由于直接利用太阳能热能，热效率高，但工作温度易受太阳辐射变化的影响，波动性较大。二是真空管集热器。为了减少集热器的传导换热损失、对流换热损失和辐射换热损失，将吸热体与透明玻璃圆管之间抽成真空，这样的集热器被称为真空管集热器。真空管集热器二次转换系统热效率较低，但可利用蓄热水箱贮存热水，系统温度比较稳定。

太阳能蓄热装置的蓄热方式主要有 2 种，即显热蓄热和潜热蓄热。显热蓄热原理简单，当对蓄热介质加热时，内能增加，从而将热能蓄存起来。这种显热蓄热装置在释放能量时，其温度发生连续变化，不能维持在一定温度下释放能量。常用的显热蓄热装置有蓄热水箱、石块床蓄热器、液体—固体组合式蓄热设备和中、高温蓄热介质蓄热装置。潜热蓄热的基本原理是物质由固态转为液态、由液态转为气态或由固态直接转为气态（升华）。潜热蓄热时，将吸收相变热，进行逆过程时，则将释放相变热。目前，正在考虑用于潜热蓄热系统的原料有氯化物、氟化物、磷酸盐、硫酸盐、亚硝酸盐以及氢氧化合物的低共熔混合物。潜热蓄热的最大优点是容积蓄热密度大，为蓄存相同的热量，潜热蓄热设备所需的容积要比显热蓄热设备的容积小得多。

（三）交替供热式太阳能饲草干燥设备

9G-2.5 型交替供热式太阳能饲草干燥设备主要由干燥仓、太阳能交替供热系统、自动控制系统、饲草装卸设备等组成。9G-2.5 型交替供热式太阳能饲草干燥设备在干燥仓的顶盖分别安装着板式集热器及真空管集热器。板式集热器一端与大气相通，另一端与风管、控制阀门、风机、空气分配筛依次相连接，温度感应器安装在板式集热器靠近风管一端的空腔内。真空管集热器一端通过水管、水泵与储热水罐相连接，另一端则通过水管与储热水罐另一端相连接。在储热水罐内部有一蛇形风管穿过，其一端伸出罐外与大气相通，另一端通过风管与控制阀门相通。白天在板式集热器收集太阳能热量用热风干燥饲草时，真空管集热器也接受太阳能热量，并加热储热水罐中的水以储备热能。

（四）太阳能草捆干燥设备

1. 干燥设备的结构

9GK-1.0 型太阳能草捆干燥设备主要由草捆干燥箱、风送系统、太阳能空气集热器和储存仓等组成，见图 3-119。草捆干燥箱和出风管连接，出风管与风机的出风口相连，风机的入风口通过入风管连接太阳能空气集热器。草捆干燥箱由上风道、中风道、下风道、起落油缸和联风管组成。其中，上风道出风口为圆形或矩形；中风道上出风口为圆形或矩形，且与上风道出风口相同，中风道下出风口为圆形或矩形；下风道出风口为圆形或矩形，且与中风道出风口相同。上述所有出风口的大小均小于草捆外形尺寸。草捆干燥箱的总体结构：下风道设置在草捆干燥箱底部，通过下风道油缸支座与下支撑油缸相连。下支撑油缸再通过中风道下油缸支座与中风道相连。下风道送风口通过联风管与中风道入风口相连。下风道滑轨在下风道滑轨滑套中并可以上下滑动。中风道设置在草捆干燥箱中部，通过中风道上油缸支座与上支撑油缸相连。上支撑油缸再通过上风道油缸支座与上风道相连。中风道送风口通过联风管与上风道入风口相连。上风道滑轨在上风道滑轨滑套中可以上下滑动。

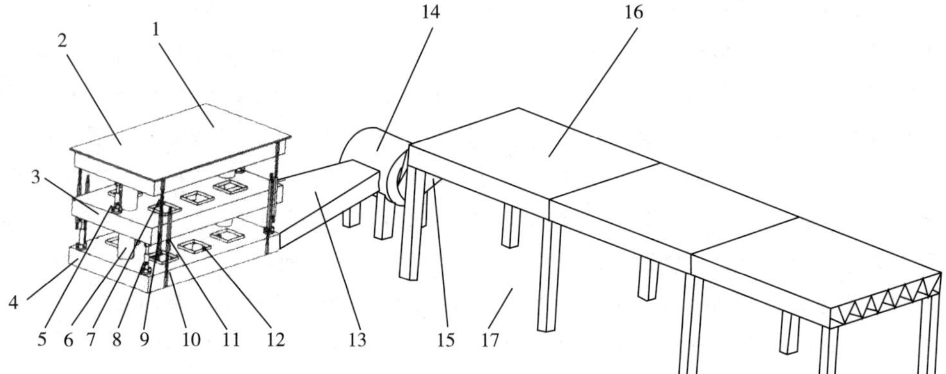

1—草捆干燥箱；2—上风道；3—中风道；4—下风道；5—上支撑油缸；6—联风管；
7—上风道滑轨；8—下支撑油缸；9—上风道滑轨滑套；10—下风道滑轨；11—下风道滑轨滑套；
12—风道出风口；13—风机出风管；14—风机；15—风机入风管；16—空气集热器；17—储存仓。

图 3-119　9GK-1.0 型太阳能草捆干燥设备简图

2. 干燥设备的工作原理

上料时，先装下层物料，下支撑油缸伸出，下风道滑轨滑套在下风道滑轨上向上滑动，中风道及其上面所有部件升起，到达一定高度停止。将草捆分别摆放在下风道出风口上，并使草捆截面与下风道出风口对准。下支撑油缸回缩，下风道滑轨滑套在下风道滑轨上向下滑动，中风道及其上面所有部件下降，当中风道下出风口与草捆上面压紧时，停止动作。然后，再装上层物料，上支撑油缸伸出，上风道滑轨在上风道滑轨滑套中向上滑动，上风道升起，到达一定高度停止。将草捆分别摆放在中风道上出风口上，并使草捆截面与中风道上出风口对准。上支撑油缸回缩，上风道滑轨在上风道滑轨滑套中向下滑动，上风道下降，当上风道出风口与草捆上面压紧时，停止动作。风机吹送热风进入草捆干燥箱下风道干燥草捆，直至草捆含水率达到贮存的安全水分。卸料时，先卸上层物料，操作过程相反。草捆干燥过程气流运动如图 3-120 所示。

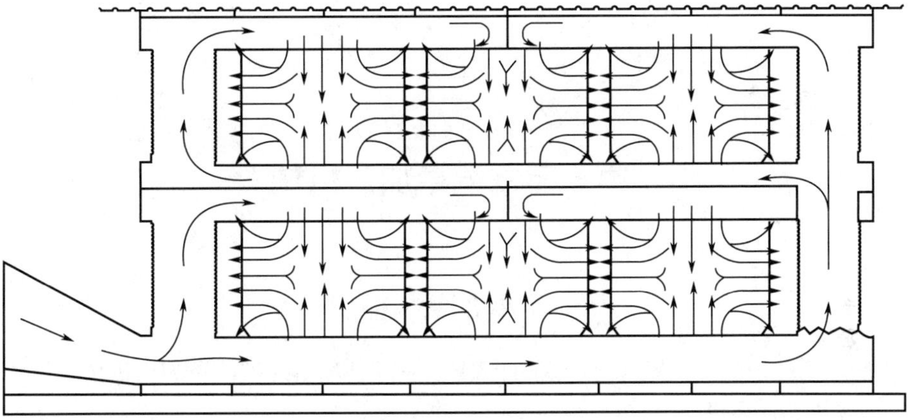

图 3-120　草捆干燥过程气流运动示意图

热空气通过下风道入风口进入下风道，一部分从下风道出风口吹入草捆底部，穿过草捆进行干燥，最终带着水分从草捆侧壁排出进入大气。一部分流经联风管，进入中风道中，从中风道下出风口吹入草捆顶部，穿过草捆进行干燥，最终带着水分从草捆侧壁排出进入大气。在中风道隔风引流板的作用下，另一部分热风从中风道上出风口吹入草捆底部，穿过草捆进行干燥，最终带着水分从草捆侧壁排出进入大气。同时，通过联风管将风送入上风道，然后从上风道出风口吹入草捆顶部，穿过草捆进行干燥，最终带着水分从草捆侧壁排出进入大气。

3. 干燥设备的特点及主要工作部件

9GK-1.0 型太阳能草捆干燥设备采用自行研制的由透光板、吸热板和紊流板等主要部件组成的高效太阳能转换用板式集热器；采用上、中、下风道热风吹送系统，上下层物料干燥温度均匀，有效地提高了干燥质量和效率。干燥箱有方捆和圆捆 2 种机型，可满足作业需求，采用了将草捆直接进行干燥的新工艺，有效地降低了饲草收获加工作业过程中的成本。9GK-1.0 型太阳能草捆干燥设备安装方便，场地适应性强；充分利用了太阳能板式集热器面积大的特点，开发了草捆储存仓的功能。

4. 干燥设备的主要技术参数

太阳能空气集热器热效率：50%；太阳能空气集热器面积：700m^2；配套动力：55kW；方捆尺寸：360mm×460mm×600mm；圆捆尺寸：1200mm×1200mm。

5. 干燥设备的应用

9GK-1.0 型太阳能草捆干燥设备相配套的收获工艺是先用切割压扁机将饲草割倒在田间

铺条晾晒。当饲草含水率降至35%~40%时，用方草捆或圆草捆压捆机将草条捡拾打捆。然后，用太阳能草捆干燥设备对草捆进行干燥，这样就很好地解决了饲草在打捆过程中营养成分损失大的难题。它提供了一种能在广大牧区和经济相对落后、能源短缺的地区对饲草草捆进行烘干的太阳能草捆干燥设备。9GK-1.0型太阳能草捆干燥设备设计时，不仅考虑了太阳能干燥作业，而且也考虑了于草捆的暂存空间。该套设备在正常天气情况下，干草生产能力为1.0t/h。收获时间按45d计算，每亩每茬下草产量按180~300kg计算，该套设备可满足1200~2000亩人工种植草场使用。

第三节 饲草加工机械

一、碎草加工机械设备

碎草加工方法主要有切碎、粉碎和揉碎3种。应用比较普遍的碎草加工机械设备有铡草机、粉碎机、揉搓机和揉切机。

（一）饲草切碎机械

饲草切碎机械主要指各种类型的铡草机。普通铡草机以小型居多，适合于广大农村牧区用来铡切牧草、农作物秸秆等。青饲铡草机又称青贮切碎机，多为大中型，适宜铡切青贮玉米、青贮苜蓿等青刈和青贮饲料。

为了使加工出来的饲草产品符合标准，对饲草切碎机械通常有如下要求：度电产量高，切碎质量好。草段长度均匀一致，不符合标准的长草尽量少，少产生或不产生超长草段，以免影响饲喂效果或青贮饲料的紧密度而引起变质；超长率应小于7%。茬口整齐，斜茬率小于5%。草段长度可调。物料能实现自动喂入和自动卸出。结构简单，移动和保养方便。切刀刃磨方便，装卸简便，故障少。操作安全，喂入口及运转部件符合安全要求。

1. 饲草切碎机械的分类

（1）按机型大小可分为小型、中型和大型。小型铡草机在农村应用很广，主要用来铡切谷草、稻草、麦秸等干草，也用来铡切青饲料。大型铡草机常用在养殖场，主要用来铡切青贮料。中型铡草机一般可以铡草和铡青贮料。

（2）按用途不同分为青饲切碎机和干饲草铡草机。

（3）按喂入方式不同分为人工喂入式、半自动喂入式和自动喂入式。

（4）按成品草段处理方式不同分为自落式、风送式和抛送式。

（5）按作业方式分为固定式和移动式。大中型铡草机为了便于青贮作业常为移动式，小型铡草机常为固定式。

（6）按切碎部件形式分为盘式（盘刀式或轮刀式）和筒式（滚刀式或滚筒式）。大、中型铡草机为了抛送青贮料一般都为盘式；而小型铡草机则两者都有，但以筒式居多。

2. 整体结构和工作原理

无论是盘式铡草机还是筒式铡草机，均有喂入机构、切碎机构、传动机构和机架等部分。

大、中型切碎机械还配有原草喂入输送器和碎草抛送器等装置。

（1）筒式铡草机（图 3-121）　筒式铡草机工作时，切碎滚筒回转，其动刀片刃线运动的轨迹呈圆柱形或近似圆柱形。上、下喂入辊作方向相反的转动，将饲草夹紧，并向切碎滚筒送进。滚筒回转时，安装在其上的动刀片将支撑在定刀上的饲草切断。饲草不断送进，滚筒不停回转，饲草就被切成一定长度的碎段。碎草段陆续落入排出槽排出，或由抛送器抛出。有的筒式铡草机在喂入辊前设链板式饲草输送器，使饲草喂入均匀连续、省力安全。饲草碎段的长短与饲草的喂入速度相关性很大，当滚筒转速和动刀数目不变时，加大喂入饲草速度将使碎段变长，反之则短。筒式铡草机的优点是切碎滚筒轴与喂入辊、输送器的轴平行，所以传动较简单，结构紧凑。

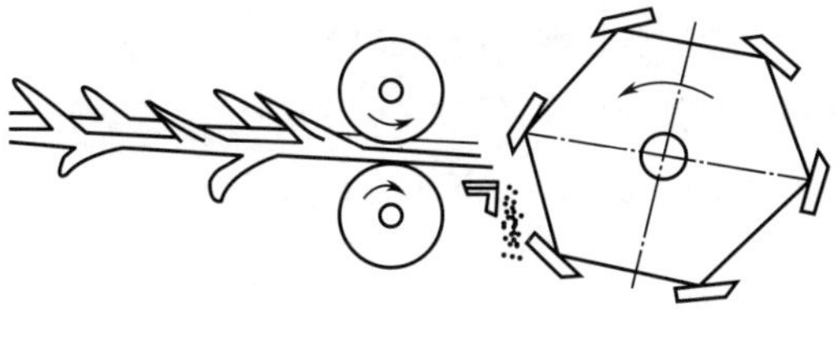
图 3-121　筒式铡草机

国产铡草机形式较多，基本原理相似，具体结构各有特点。黑龙江省定型生产的 ZC-0.95 型铡草机属于筒式铡草机的一种，如图 3-122 所示。可用来铡切牧草、谷草、稻草、豆秸和玉米秸等。该机由上下喂入辊、切碎机构、风扇、传动机构和机架等组成。上、下喂入辊皆为沟槽式，喂入辐夹压机构为弹簧式。对上喂入辊的传动采用了十字沟槽联轴节。切碎机构由直刃刀片和底刃定刀组成，底刃定刀是由冷硬合金铸铁制成，用 2 个螺栓固定在底刃槽梁上。风扇叶片支架固定在主轴的一端，支架上安装有 2 个风扇叶片。风扇外壳为圆筒形，外壳里侧有接料斗，成品草段由此进入风扇。工作时，饲草通过草槽送进喂入辊，被喂入辊抓取。经过喂入辊挤压后的饲草，被旋转的滚筒切碎器上的动刀片配合底刃定刀切断，并抛送至 7~8m 远的贮料地点。该机配套动力为 2.8~3.0kW 电机，主轴转速 900r/min，刀片数为 2 片，铡草长度约为 16mm。刀片工作幅 220mm，生产率 950kg/h。

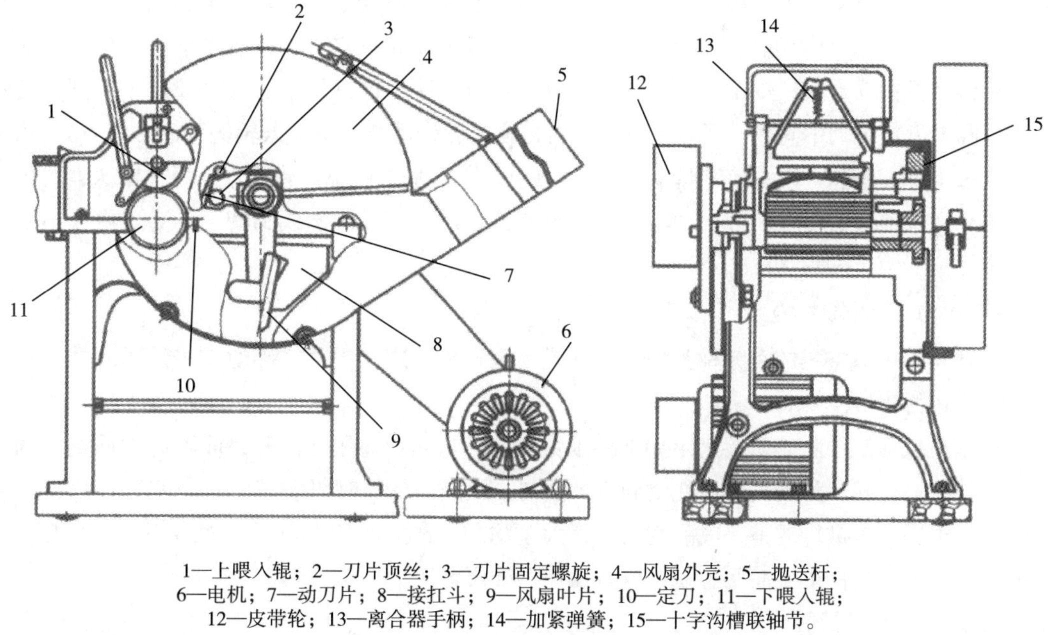

1—上喂入辊；2—刀片顶丝；3—刀片固定螺旋；4—风扇外壳；5—抛送杆；
6—电机；7—动刀片；8—接扛斗；9—风扇叶片；10—定刀；11—下喂入辊；
12—皮带轮；13—离合器手柄；14—加紧弹簧；15—十字沟槽联轴节。

图 3-122　ZC-0.95 型筒式铡草机总体结构示意图

（2）盘式铡草机（图3-123） 盘式铡草机工作时，圆盘回转，其动刀片刃线的运动轨迹是一个垂直于回转轴的平面。作业时，链板输送器主动链轮同压草辊作方向相反的回转，将输送槽上的饲草不断向喂入辊输送。上、下喂入辊将饲草夹紧送进，回转着的动刀片将支撑在定刀上的饲草切断。草段落入蜗壳形的铡切器外壳中，被抛送叶板抛向抛送管排出。盘式铡草机的优点是可在圆盘上方便地安装抛送装置，并将草段送到12~16m的高度卸出。

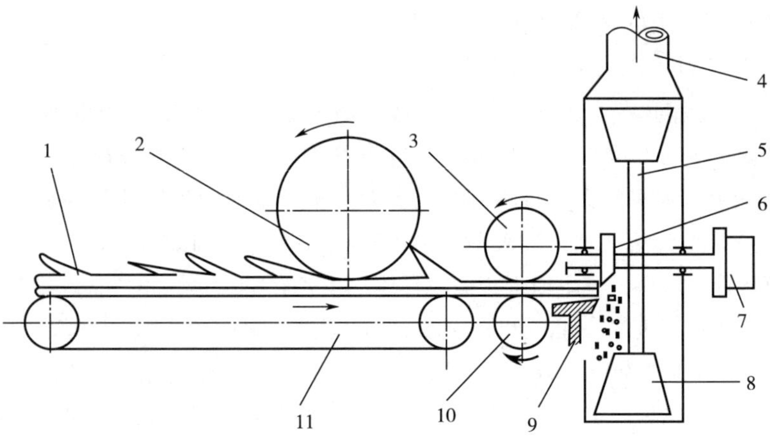

1—饲草；2—压草辊；3—上喂入辊；4—抛送管；5—圆盘；
6—动刀片；7—皮带轮；8—抛送叶板；9—定刀；10—下喂入辊；11—链板传送器。

图3-123 盘式铡草机工作原理示意图

3. 主要工作部件

筒式铡草机以ZC-0.95型铡草机为例，筒式铡草机的传动机构主轴一端有皮带轮，由电机通过皮带用皮带驱动。主轴用皮带轮Ⅱ和Ⅰ、齿轮Ⅱ和Ⅰ驱动下喂入辊，下喂入辊通过齿轮和中间轴（W）及十字沟槽联轴节驱动上喂入辊。盘式铡草机以ZC-6.0型铡草机为例，该盘式铡草机传动机构动力通过皮带驱动主轴和刀盘，使刀盘转动进行切割。主轴通过1对圆柱齿轮和1对圆锥齿轮带动中间轴，后者又通过1对可换齿轮带动装有下喂入辊的中间轴（W）。该中间轴通过1对齿轮和万向关节轴带动上喂入辊的同时又通过1对链轮带动链板式输送器。传动箱中的牙嵌式离合器可用手杆拨动，使喂入辊和输送器正转、停止或倒转。可通过更换不同的齿轮副得到不同长度的草段。

（二）饲草粉碎机械

饲料粉碎机械常用的有3种类型：锤片式、辊式和爪式，饲草粉碎通常采用锤片式。在此介绍锤片式粉碎机。

饲草机械加工中粉碎机要满足如下要求：度电产量高；通用性能好，能粉碎不同类型的饲料，如谷粒饲料和各种粗饲料；在物料含水率超过18%~20%时仍能正常进行粉碎工作；粉碎程度应能根据要求进行调整，成品物料尺寸大小均匀，产生的粉末较少，而且不产生高热；工作部件耐磨，易损件更换简便容易；机具操作、维修方便。

1. 饲草粉碎机械的分类

锤片式粉碎机是一种利用高速旋转的锤片击碎物料的机具。按粉碎机的进料方式主要可分

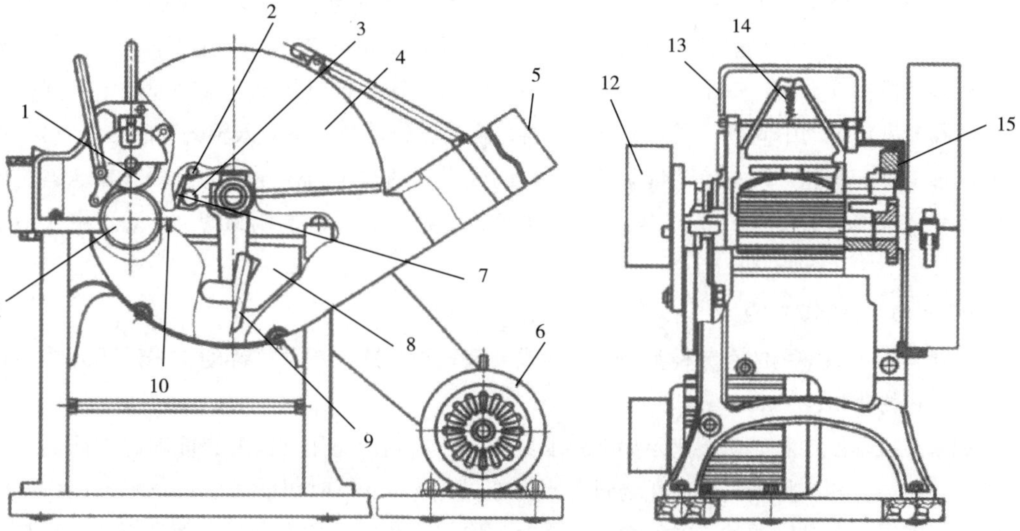

为3种形式，即切向进料式、径向进料式和轴向进料式。饲草粉碎通常采用切向进料式。但当被粉碎的物料为含水率较高的长茎秆饲草时，为了避免缠绕主轴，采用轴向进料锤片式粉碎机更适合。

2. 整体结构和工作原理

锤片式粉碎机主要由进料斗、转子、锤片和筛片等零部件组成。切向进料锤片式粉碎机见图3-124，使用底筛，筛片包围转子的角度小于等于180°，通常附有卸料用风机和集料筒。轴向进料锤片式粉碎机如图3-125所示，使用环形筛或水滴形筛，筛片包围转子的角度小于等于360°。大多数轴向进料锤片式粉碎机在进料斗与机壳衔接处装有动刀和定刀，饲草进入粉碎室前先切成碎段，可有效提高机具的生产能力。切向进料锤片式粉碎机工作时，准备加工的饲草从喂料口锤片回转圆周的切线方向喂入，并在高速回转着的锤片打击带动下进入粉碎室。进入粉碎室的饲草首次被锤片打击而破裂，得到一定程度的粉碎。同时，以较高的速度甩向固定在粉碎室内部的齿板和筛片上，受到齿板的碰撞和筛片的摩擦作用而得到进一步粉碎。随后，饲草又受到高速锤片的再次打击而变得更细碎。如此重复进行，直至粉碎到其粒度可以通过筛孔，被排出粉碎室为止。饲草在粉碎室内被击碎过程中，同时受到碰撞、剪切、揉搓等作用，从而加强了粉碎效果。碎草成品由出料口被风机吸入，经风机吹送至出料管，进入集料筒。夹带有物料的气流，在集料筒内以很高的速度旋转。气流中的粉粒受离心力作用被抛向筒的四周，速度逐渐降低而慢慢沉积到筒底由排料口排出。气流从顶部的排风管排出，实现粉气分离。

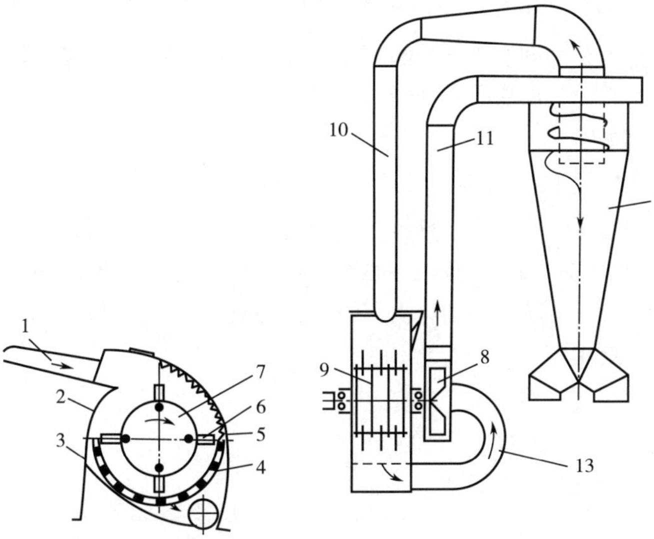

1—喂料斗；2—上机体；3—下机体；4—筛片；
5—齿板；6—锤片；7—转子；8—风扇；9—锤架板；
10—回料管；11—出料管；12—集料筒；13—吸料管。

图3-124　切向进料锤片式粉碎机整体结构示意图

轴向进料锤片式粉碎机与切向进料锤片式粉碎机的不同之处主要是喂料方向不同以及入料时具有初切功能。从轴向喂料斗喂入的饲草料，首先经过安装在粉碎室前端的初切装置，切成碎段，再落入粉碎室。这样可以减轻粉碎室负荷，喂入性能好，工作平稳，工效高。

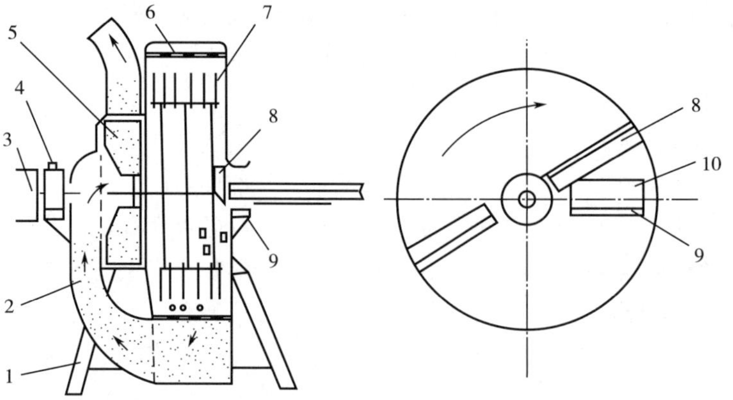

1—机架；2—风扇接管；3—皮带轮；4—轴承座；5—风扇叶片；
6—筛片；7—锤片；8—动刀；9—定刀；10—喂入口。

图 3-125　轴向进料锤片式粉碎机整体结构示意图

3. 物料的粉碎机理

锤片式饲草粉碎机的工作过程主要由两方面构成：一是饲草受锤片的冲击作用，二是锤片（或齿板）和物料相互间的摩擦作用。对于谷物等脆性物料，主要是受冲击作用而粉碎。对于饲草等韧性大的物料，主要是受摩擦作用而粉碎。但是，无论何种物料的粉碎，都是冲击、揉擦和摩擦等作用的综合结果。通过高速摄影的研究结果，可以了解物料在粉碎机里的粉碎和排粉过程。在锤片的前方物料受锤片的驱赶积成小堆，并将其压向筛片，在锤片冲击的作用下，使物料与锤片棱角工作面和筛面发生剧烈的揉擦，直到粉碎成细粒。锤片的后部筛片上出现物料涡流运动，同时在筛片下方产生阵发性排料现象。

（三）饲草揉搓机械

1. 饲草揉碎技术与设备的发展概况

用铡草机加工饲草茎节大多没有被破碎，特别对于农作物秸秆等物料，牲畜采食率和消化率较低，会造成超过 10% 的浪费。揉搓机（也有称作揉碎机或揉草机）是我国于 20 世纪 80 年代自行研制的一种功能介于铡草机和粉碎机之间的新机型。饲草经过揉搓被加工成丝状，破坏了茎节的物理结构，牲畜采食率和消化率均有增加，饲草利用率大幅度提高。对于营养价值相对较低的玉米秸秆尤为适合。虽然揉搓机加工出来的饲草产品质量较单纯铡切饲草要好得多，但也存在一定的缺点和不足。

2. 饲草揉搓机整体结构和工作过程

常见的揉搓机主要由转子总成、喂料口、出料口、齿板、揉搓室、抛送叶板、安全罩和传动装置等组成。如图 3-126 所示。物料通过喂入口在锤片及空气流的作用下进入揉搓室。进入揉搓室的物料受到高速回转的锤片的强力打击后，以较高的速度飞向齿板，与齿板发生撞击、揉擦和

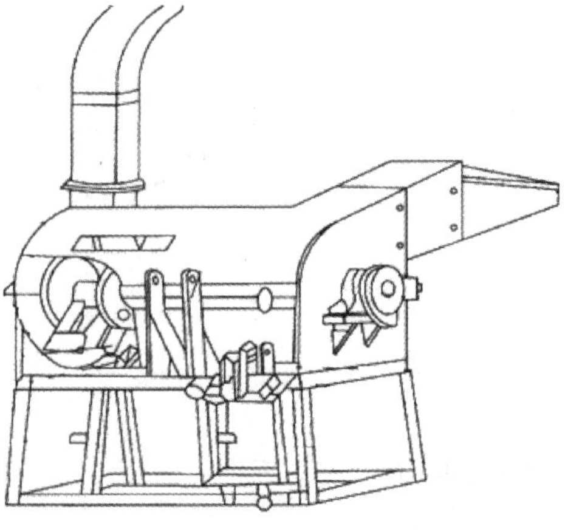

图 3-126　揉搓机结构示意图

摩擦。如果揉搓室内装有定刀，物料还受到定刀的剪切作用。物料受到锤片、定刀、斜齿板及抛送叶片的综合作用被切断，揉搓成柔软的丝条状。被切割、撕碎的物料在离心力及抛送叶片的作用下由出料口排出机外。揉碎物料的长度和细碎程度，可通过调整设备的工作参数来控制和改变。

3. 主要工作参数

（1）转子末端线速度　转子末端线速度的大小直接影响机具的工作性能。该参数与物料的性质、含水率以及设备的出料形式、抛送板工作性能等直接相关，设计选取时要统筹兼顾。目前国内已有的揉搓机，转子末端线速度为40~70m/s。设计选用的一般原则：采用抛送板出料时宜选大值，转子末端线速度为55~70m/s；其他选小值。

（2）锤齿间隙　锤齿间隙即锤片末端与齿板顶部构成的距离。该参数应随转子直径和齿板高度的变化而改变，同时也与物料的性质直接相关。我国目前的秸秆揉搓机产品，该参数一般为14~23mm。当秸秆物料的含水率低于20%时，应为18~23mm；当不要求成品过于细碎时应取16~23mm。

（3）锤片排列密度　锤片排列密度即单位转子宽度上锤片的数量，考虑到锤片的厚度等因素。锤片的密度过大则转子启动转矩大、物料受打击次数多，度电产量降低；密度过小则粉碎机的产量将受到影响，该参数决定了锤片的安装数量。在转子直径和锤片末端线速度不变的情况下，锤片排列密度大，锤片数量多，对于物料的打击作用力相应大，入料时转子抓取物料性能好。但锤片密度大，对物料的打击次数多，容易形成过揉搓现象，使细碎物料增多，也增加了主轴的负荷，既消耗功率又不利于反刍动物的消化。该参数与成品性质的关系密切。对于秸秆饲草揉搓机，目前一般取锤片排列密度 $K=0.14$，当不要求成品过于细碎时宜取小值，反之取大值。也可采用变参数法，在转子轴向排列方向的不同部位采用不同的密度。

4. 主要工作部件

（1）入料口　揉搓机入料口的配置分为切向进料和轴向进料2种方式，目前使用较多的是切向进料方式。喂入口的安装倾斜度与水平面形成的夹角即喂入角，喂入角的选取既要有利于转子对秸秆的抓取，又要考虑喂入操作的方便性，目前一般取10°~20°。

（2）转子　转子的直径和宽度是揉搓机的主要参数，决定了设备的加工能力。该参数应按优先数选取。对于秸秆揉搓机，转子宽度与直径之比，即宽径比较大，一般为0.8~2.0。

（3）锤片　锤片可参照饲草粉碎机的锤片基本尺寸、材料、热处理要求等进行设计制造。

（4）齿板　齿板的形状和尺寸对秸秆的揉碎性能有较大影响。在目前已有的揉碎机产品中，齿板的齿形走向与转子轴心线的夹角 α 有几种布置形式：α 与转子轴心线平行，即 $\alpha=0°$；α 与转子轴心线呈60°~80°的夹角；α 与转子轴心线垂直，$\alpha=90°$；在入料及揉搓段 $\alpha=0°$，在出料段 $\alpha=60°\sim80°$。该参数的设计选取与揉搓机的入料、出料口的总体配置及物料含水率有关。另外，齿的高度及排列密度对齿板的工作效果也有很大影响。目前已投产的揉搓机产品中，齿高的取值范围为6~23mm。经试验，在秸秆物料含水率较低时，齿的高度宜取大值，反之取小值。

为了破坏转子周围的环流层，有些机型采用了变齿高、变齿宽的齿板。锤片在旋转过程中，锤齿间隙由大到小、齿板的齿沟由宽变窄进行反复的变化，从而增加对物料的打击、揉搓力度，并能促进排料。

（5）出料门形式及配置　揉搓机的出料形式有2种。一种是设置抛送板，揉碎的物料由抛送板抛送，经出料导管抛出；另一种不设抛送板，直接由转子将物料抛出机体。目前采用前一种形式的较多。

(四) 饲草揉切机械

揉切机主要用于加工秸秆。在目前已推广使用的机型中，按主要工作部件的配置形式不同，分为立式揉切机和卧式揉切机；按主要工作部件不同，可分为动刀式、定刀式和锤片式、切刀式；按入料方式不同又可分为轴向进料式和径向进料式。图 3-127 为典型秸秆揉切机整体结构。

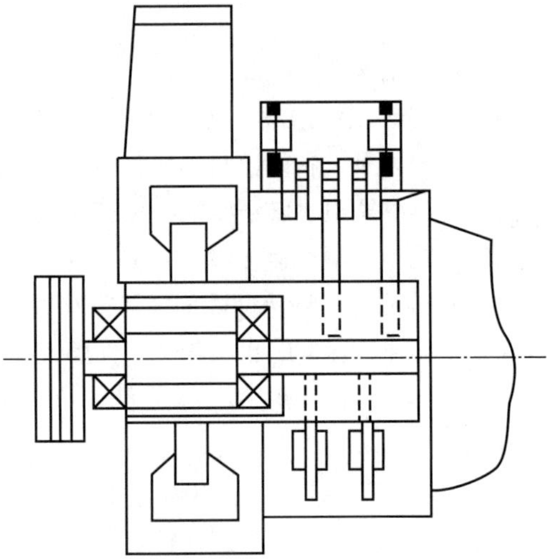

图 3-127 秸秆揉切机整体结构示意图

图 3-128 为立式秸秆揉切机。主要由进料口、揉切室、出料室、传动装置、转子轴及动刀、定刀等组成。动刀在转子轴的带动下旋转，物料由进料口喂入揉切工作室中，即在动刀和定刀组之间被铡切、揉搓。其中，一部分受到高速旋转的动刀的无支撑铡切；一部分落到动刀与定刀之间受到铡切；还有一部分受动刀产生的离心力作用，被甩到定刀处也受到铡切。与此同时，切碎的秸秆和一部分未切碎的秸秆在动刀、定刀之间以及动刀与工作室侧壁之间碰撞产生揉搓，使秸秆碎裂。当喂入的秸秆过多或有坚硬的异物掉入工作室时，为了使经过揉切的饲草呈丝状碎段落入出料室，由拨料杆拨至出料口出料。为了适应物料含水率变化及脆性和韧性的不同，可通过增减动刀数量和定刀组数来调整设备的切碎和揉碎能力。

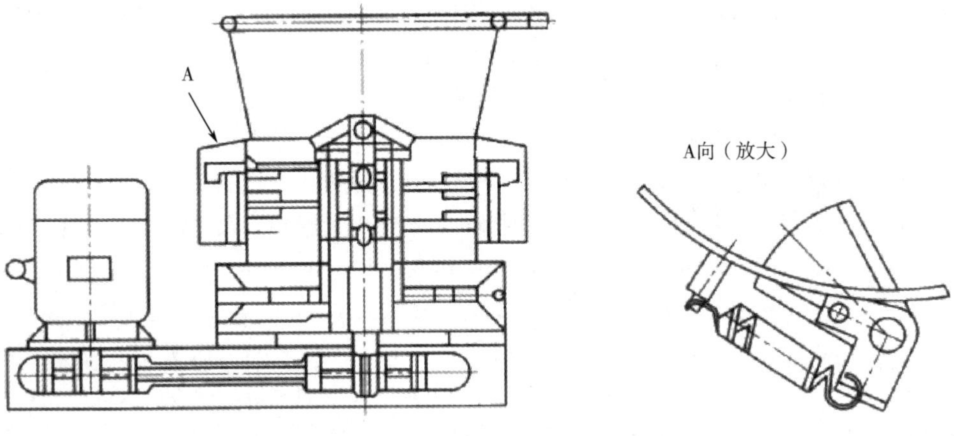

图 3-128 立式揉切机结构示意图

由于所处理的物料不尽相同，有青绿多汁的也有干燥的，有脆性易切的也有韧性强难切的，这就求动刀的数量和定刀的组数能方便调整。为此，动刀与刀轴以铰接形式相连，将数片定刀作为一个定刀组固定在定刀轴上，定刀轴与工作室外壳铰接。为了适应不同物料的加工要求以及机器工作平稳，采用可对称拆装动刀片和定刀组，以便作适当的调整。立式秸秆揉切机加工饲草具有如下特点：对物料具有较好的破节功能及揉搓功能；加工的物料适合于反刍动物的采食要求，提高了采食率与消化吸收率；适应范围广泛，适用于玉米秸、稻草、麦秸及多种青绿饲料的揉切加工，尤其对含水率高、韧性强等难以加工的物料，也有较强的适应性。

图 3-129 所示是卧式揉切机，主要结构与立式揉切机相似。由喂入口、定刀片、动刀片、齿板、锤片、揉搓室、抛送叶片、抛送筒和防缠草套等组成。物料在动刀与气流的作用下，被带入到揉切室内。首先，受定刀与动刀的剪切，被铡切成为草段。随后，受到高速旋转的锤片的强力打击，在锤片与齿板的反复打击与揉搓等综合作用下，被加工成丝状的草段。当达到一定的细碎程度时，由抛送叶片产生的气流抛送出机外。加工物料的长度和细碎程度，由改变动、定刀数量和改变锤片配置密度来调整。

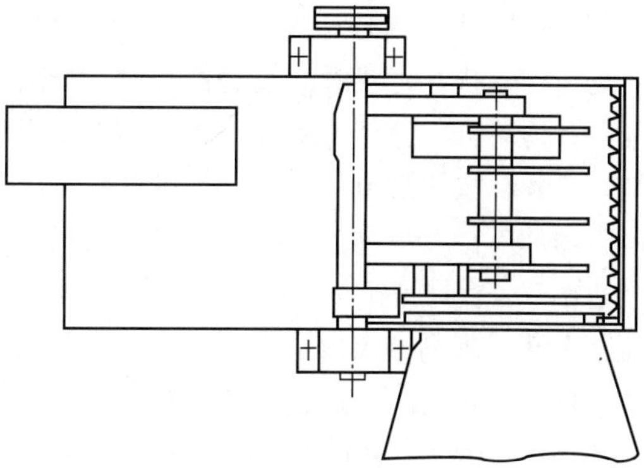

图 3-129 卧式揉切机结构示意图

卧式揉切机具有如下结构特点：由于转子轴采用卧式结构，进料方向为轴向，喂料斗呈水平布置。该喂料斗设计分为 2 种方式：一种是揉切室 360°全方位进料，在转子部位设有分料帽；另一种是在转子半径单侧进料。小型机未设置自动进料装置时，采用人工喂料方式。在揉切室的进料侧装有 2 把与转子同轴的动刀，在揉切室侧壁装有 1 把定刀；转子上装有锤片，揉切室侧壁装有齿板。在揉切室的出料侧装有与转子同轴的抛送叶片。切刀、转子、锤片和抛送叶片均安装在同一揉切室内，结构简单。

二、饲草压缩成形加工及机械设备

（一）饲草压缩成形机械的分类

1. 按草产品的外形分类

根据近些年开发生产的饲草压缩成形机械产品和普遍采用的分类方法，除饲草打捆机械外，饲草压缩成形机械可分为饲草压粒机械、饲草压块机械（小截面、大截面）和饲草压饼机械。目前，国内尚无压缩成形草产品的分类标准。习惯上，直径 4.5mm 以下的称为草颗粒，截面（28~35）mm×（28~35）mm 的称为草块，截面（25~32）cm×（25~32）cm 称为大截面草块，截面（60~80）mm×（60~80）mm 或截面直径为 50~80mm 的称为草饼。

2. 按结构形式和成形方式分类

按机具的结构形式和成形方式归纳起来，饲草压缩成形设备主要有活塞式、冲头式、卷压式、输送成形式、螺旋挤压式、轧辊式（缠绕式）、模辊压型式和模辗挤压式（环模式、平模式）等类型。

（二）饲草制粒机械

饲草制粒机械是由饲料制粒机械演变而来的。饲草经粉碎后，添加其他营养成分，经制粒机制成饲草颗粒。在饲草颗粒料调制过程中，所需的全套设备有制粒机、蒸汽锅炉、油脂和糖蜜添加装置、冷却装置、碎粒去除和筛分装置等，其中最关键的是制粒机。根据工作方式的不同，制粒机主要可分为 3 种类型，即螺旋制粒机、平模制粒机和环模制粒机。用于饲草制粒加工的主要是后 2 种类型的机具。环模制粒机结构较复杂，配套动力大，但产量高，是大、中型饲料厂的首选，具有颗粒压制均匀度高的优点。平模制粒机结构比较简单，造价低廉，价格约是相同产量环模制粒机的一半左右，适用于压制纤维性物料。

1. 环模制粒机

图 3-130 所示为环模制粒机的总体结构。它由送料器（排料轮或螺旋输送器）、搅拌器、制粒器和传动机构等部件组成。送料器主要用来控制进入制粒器物料的数量，其供料数量应随制粒器的负荷大小进行调节。一般多采用无级变速调节，变速范围为 0~150r/min。搅拌器的侧壁上开有蒸汽导入口或加水口，当物料进入搅拌器后，即与高压过饱和蒸汽相混合。有时还添加一些油脂、糖蜜和其他添加剂，搅拌好的物料进入制粒器制粒。若条件不允许时，也可用水代替蒸汽制粒，但制粒效果较蒸汽差、产量也低、能耗增大。制粒器由环形压模和压辊组成，作业时环模旋转，带动压辊转动。压辗不断地将粉状物料挤压入环模孔中，压实成圆柱形并从模孔中挤出，随环模旋转，而后被切刀切成一定长度的颗粒。理论上，模孔孔径越大，产量越高，能量消耗越小，一般可根据实际需要确定模孔的孔径大小。环模制粒机制粒器有如图 3-131 所示的 3 种类型，即单辊式、双辊式和三辊式。3 种类型工作原理相同，其中，以双辊式较为常见。

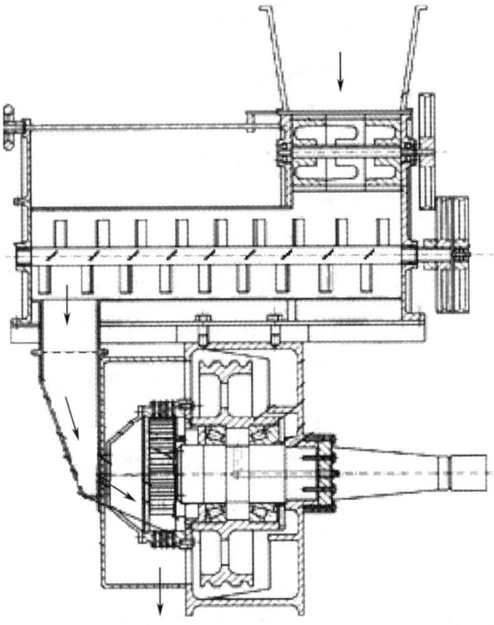

图 3-130　环模制粒机总体结构示意图

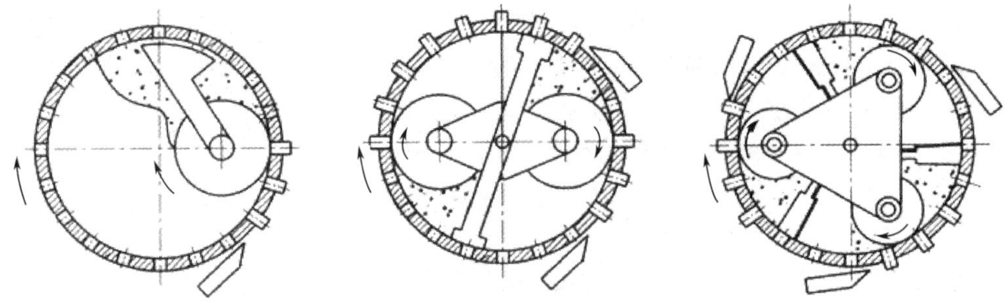

（1）单辊式　（2）双辊式　（3）三辊式

图 3-131　环模制粒机制粒器类型和工作原理示意图

物料只有在一定力的作用下才能在开口压模孔内得以压实黏结。物料与孔壁之间的摩擦力形成物料移动的阻力。如果压力足够大，孔内摩擦力则被克服，物料向前移动。被压物料的性质对成形影响最大，机器的结构和压实效果很大程度上取决于它。

由于压模、压辊和物料三者之间的挤压和摩擦，尤其是物料在压模孔内受到的高压摩擦和物料本身受力的变形，消耗的能量部分以热能的方式释放，使压模和物料产生50~90℃的高温。一方面高温使压模的磨损加快，使用寿命降低。另一方面高温又给草颗粒的形成和营养转化带来很大的好处。首先，饲草物料在高温、高压作用下变形容易，成形密度高，同时又使饲草内部水分变为蒸汽，有利于物料间的黏结，成形牢固。其次，高温能使饲草中的有机成分发生反应，草颗粒气味较好，草产品的适口性得以改善。

压制颗粒的过程实质上是物料受到挤压力、摩擦力和温度等作用产生变形的过程。根据物料在挤压过程中所处的状态不同，可将其分成3个区，即供料区、变形压紧区和挤压成形区。

①供料区：物料受环模转动而产生的离心力的作用，紧贴在环模内侧，处于自然状态。

②变形压紧区：随着模、辊的旋转，物料进入压紧区。在此区域内，受模、辊的挤压作用，物料之间产生相对移动，有一定的变形和联结。随着物料向前移动，挤压力逐渐增大，物料粉粒之间间隙变小，产生变形，物料密度增大。

③挤压成形区：在此区域内物料受到急剧增大的挤压力作用，粉粒之间的接触表面积增大，散料间联结力增强。当挤压力增大到能克服模孔对物料的摩擦力时，物料相互黏结，被连续不断地挤入模孔，并产生弹性和塑性的组合变形，从而形成较高密度的颗粒。

2. 平模制粒机

（1）整体结构和工作过程　我国已生产了数种不同型号的平模制粒机，平模制粒机主要由螺旋喂料器、搅拌器、齿轮箱、电机和压粒器等部分组成。螺旋喂料器主要用来控制喂料垃，其转速可调。搅拌器位于送料器的下方，在其侧壁上开有小孔，以便于蒸汽导入。压模、出料锥盘、大锥齿轮均固定在空心轴上，空心轴套在实心轴上。压辊安装在实心轴上，实心轴的底部与机体固定。当电机转动时带动小锥齿轮、大锥齿轮及空心轴转动，从而带动出料锥盘和压模转动。由于压模、压辊和物料之间的摩擦力作用，压辗也随之转动。

工作时，物料由进料斗进入螺旋喂料器，螺旋喂料器通过可调无级变速器控制转速来调节喂入斗，从而保证主电机在额定负荷下工作。物料经螺旋喂料器进入搅拌器，加入适当比例的蒸汽或水使粉状物料加热、熟化。同时，可加入其他添加剂，充分混合后的物料落入压粒器。压粒器内装有2~4个压辊和1个多孔平模板。平模板以约210r/min的速度旋转，物料即被匀料刮板铺平在平模板上，因受到压辊的挤压作用穿过模板上的孔，被压实成柱状的物料，再被平模板下面的切刀切成长度10~20mm的颗粒，成品颗粒经出料锥盘及出料口送出机外。平模制粒机工作原理如图3-132所示。

根据平模板上模孔孔径大小的不同，一般分为小模孔平模制粒机和大模孔平模制粒机。小模孔平模制粒机压制出的饲草颗粒直径小于等于12mm，而大平模制粒机压制出的饲草颗粒直径为10~30mm。大平模制粒机的大直径压辊能将粒度较大的原料强行压制成颗粒，这是其他类型制粒机所不具备的特点。

（2）主要工作部件

①制粒器：平模制粒机最主要的工作部件是制粒器。根据其运动形式，通常分为3种类型：动模式、动辊式和模辊皆动式。动模式是平模绕立轴转动，压辊在物料摩擦力的作用下自转。动辊式是平模不转动，压辊在电机驱动下公转，并在物料的摩擦力作用下自转。模辊皆动式是压模和压辊绕主轴相向转动，同时，压辊在物料摩擦力作用下自转。

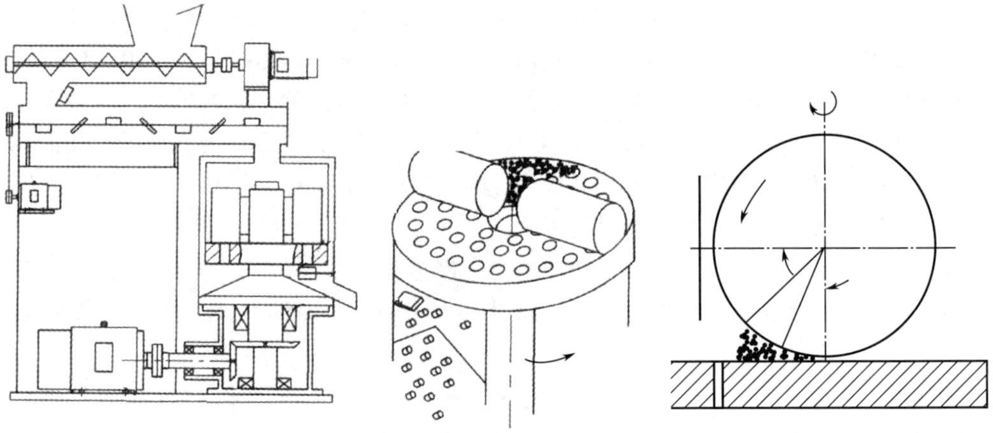

图 3-132 平模制粒机工作原理示意图

②压模：平模制粒机压制颗粒的成形过程以及颗粒成形条件与环模制粒机大致相同，只是主要工作部件由环模改为平模。动辊式平模制粒机的压模材料、孔型、热处理方法及技术要求与环模基本相同。与环模相比，平模的加工要相对容易。模的厚度也可比环模厚，还可以正、反两面使用，大大提高了压模的使用寿命。

③压辊：平模制粒机工作时，压辊内外侧线速度不一致，导致压辗在转动过程中既有滚动又有滑动，最终导致压辊内外侧磨损不一致，物料受力不一致，影响成品颗粒的均匀性。为了解决这一问题，可将大型平模制粒机的压辊制成锥形，使压辊内外侧线速度趋于一致，以保证压模的磨损一致和成品颗粒的品质。平模制粒机压辊的线速度一般比环模低，普通圆柱形压辊为 1~3m/s，锥形压辊可达到 35m/s。

（三）饲草成形加工成套设备

随着饲养业向集约化转变，特别是养牛业的发展，要求饲草贮存所占用的空间越小越好，并能易于用机械设备搬运，这就促进了饲草压块机械设备的发展。在 20 世纪 40 年代末到 50 年代初，国外已发展到用截面为 2. 5cm×5. 1cm 或 5. 1cm×5. 1cm 的草块饲喂牲畜，相应的机械设备和工艺技术也发展起来并逐步趋于成熟，草块生产基本实现了工厂化。这些草块具有黏聚性好、能经得起运输过程中的摔碰等特点。

我国从 20 世纪 80 年代开始研制饲草压块（饼）机。当时的机型主要是小截面草块压制机，成品草块的密度大，通常是高密度草捆的 2~3 倍，截面尺寸为 32mm×32mm，长度 50~70mm。饲草压块加工损失少，草块营养价值高，可添加其他成分，制成全价草块。生产无粮或少粮的干草块，对于我国饲养业稳定高产发展有着重大的意义。按照机具作业方式的不同，小截面饲草压块设备通常分为 2 类，即田间捡拾干草压块机和固定式饲草压块机。

1. 田间捡拾干草压块机

（1）整体结构和工作过程　田间捡拾干草压块机主要由喷水装置、捡拾器、输送绞龙、喂入机构、切碎器、压块机构、草块输送装置等组成，如图 3-133 所示。该机的压块机构通常为环模式。

该机在田间作业，先用割草调制机将准备压块的饲草收割并铺放成条，然后在田间经过翻晒风干至适合压块的含水率。压块时，干草经捡拾器、绞龙、喂入机构送入切碎器，被切成

30~50mm 的草段。然后，由输送器喂送到压块机构压制成草块，再经输送器和草块升运器将草块送进草块仓。在输送过程中，对草块进行冷却。

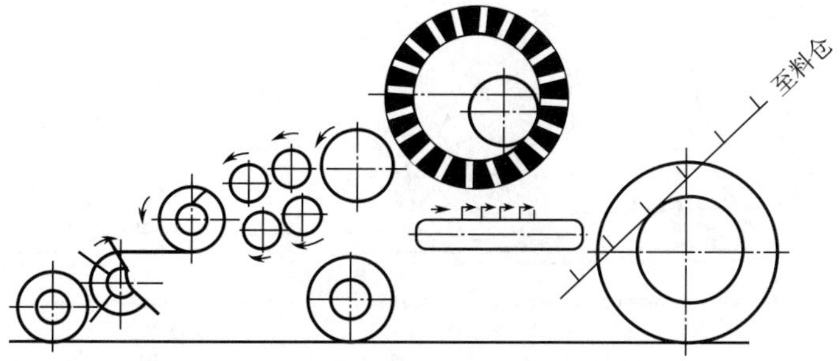

图 3-133　田间捡拾干草压块机工作过程示意图

（2）技术参数和工艺要求　田间捡拾干草压块机能压制密度约为 400kg/m³ 的草块，生产率为 5~6t/h，需要 125 马力的发动机来带动。对干草要求严格，一般含水率应在 13%左右，过湿或过干都会影响草块的质量，甚至不能压制成形。豆科饲草含有天然可溶性胶汁，这种胶汁有利于压块，机具在行进中要向草条均匀喷水。喷水的目的就是激发这种胶汁。禾本科饲草没有这种可溶性胶汁，所以成形比较困难。在国外，田间压块机主要在天气干燥、大量种植苜蓿和生产商品草块的地区使用。由于机具复杂，成本高，因此不适于小面积收获干草压块。

2. 固定式干草压块机

在饲草营养价值最高的阶段收割后直接切碎成长 3~5cm 的草段，送进干燥设备中快速干燥，使其含水率降至 12%左右。快速干燥的目的是最大限度地减少饲草在自然干燥过程中的营养损失。干燥后的物料由送料器送进压块机压成草块，然后冷却、筛选，合格的草块则包装或贮存，碎屑再送回压块机重新压块。在实际生产中，也常利用该设备将自然干燥的优质饲草制成草块。

该类机具主要有环模式小截面压块机、缠绕式压块机和大截面饲草压块机。几种机型均可以对散状的干草或草捆进行压块，不受气候和生产季节的限制。它适用于饲草料产区就地加工使用或作为商品草调运，可以实现工厂化生产；也可以将小型干草压块机作成可移动式，以提高使用的方便性。固定式干草压块机和干燥设备结合，可以生产高质量的草块。目前环模式小截面压块机发展较快，应用较广。大截面饲草压块机虽然在生产实际中还使用不多，但很有推广前景。

环模式小截面压块机主要由喂料绞龙、压块机构、传动部件、驱动电机、喂料口、安全销和机体等组成，见图 3-134。压块机的关键工作部件是由压模和压辊等组成的压块机构。压辊安装在偏心轴上，偏心朝外一端带有方形的轴头便于用扳手扭动，以调节偏心轴的左右摆移，使辊的外表面与压模内壁的距离发生远近的变化。处于最远时安装压模，贴近时处于工作状态。随着压模内圆面和压辊外表面的磨损，应定期调节偏心轴。

从机具的构成中可以看出，环模式小截面压块机的工作原理与环模制粒机基本一致，只是压模多为组合式而且孔径较大，开孔较少，通常只有 1~2 排孔，其模孔截面为 30mm×30mm 左右的方孔。压辊数量有单辊、双辊和多辊，单辊和双辊较多见，三辊以上的多辊式很少见。目前压模压辊的运动方式有 2 种：一种是压模转动靠摩擦力带动压辊自转进行压块；另外一种是压模不动压辗转动进行压块。

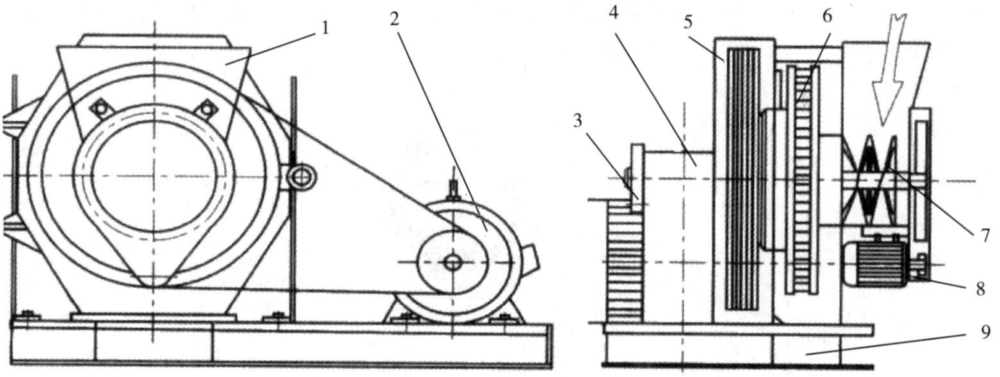

1—喂料门；2—驱动电机；3—安全销；4—机壳；5—传动部件；
6—压块机构；7—喂料绞龙；8—喂料电机；9—机座。

图 3-134　9YK-0.4D 型环模式小截面压块机结构示意图

复习思考题

1. 简述饲草收获机械设备类型。
2. 简述转筒式干燥设备的工作原理。
3. 简述圆捆缠膜一体机的作业过程。

参考文献

[1] 杨世昆，苏正范．饲草生产机械与设备［M］．北京：中国农业出版社，2009.

[2] 周光召．全球资源态势与中国对策［M］．武汉：湖北科学技术出版社，2000.

[3] 李毓堂．尽早开发我国草地资源业科学［J］．草业科学，1989（3）.

[4] 张智山．2006 年全国草原工作主要成效［J］．草业科学，2007，24（6）.

[5] 陈宝书．牧草饲料作物栽培学［M］．北京：中国农业出版社，2001.

[6] 徐万宝．草地生产机械化［M］．呼和浩特：内蒙古人民出版社，2002.

[7] 赵满全，赵士杰，窦卫国，等．2BM-9 型免耕播种机关键部件的设计与研究［J］．中国农机化，2003（5）.

[8] 德力黑．91BQ-2.1．型气流式牧草播种机［J］．畜牧机械，1990（6）.

[9] 赵山志．退化草场上的切根松土工艺及机具的设计探讨［J］．畜牧机械，1991（3）.

[10] 许广山，李淑范．9SF-2.45 型草原松土施肥机及其使用效果［J］．畜牧机械，1991（5）.

[11] 王作安．加拿大诺贝勒威斯泰尔箭形铲潜松犁的结构性能与工作原理［J］．畜牧机械，1987.

[12] 朱世浩，潘忠礼．畜牧机械化［M］．2 版．北京：中国农业出版社，1991.

[13] 张辉辰，齐新．牧草种子收获机的研究设计［J］．新疆农机化，2004（1）.

[14] 韩增德，吴鸿欣．自走式苜蓿种子联合收获机疏刷机理分析与参数的确定［J］．农业

机械，2007（2）.

［15］王建华，谷丹，赵光武．国内外种子加工技术发展的比较研究［J］．种子，2003（5）.

［16］苏正范．我国牧草种子加工技术发展综述［J］．中国草地，1993（3）.

［17］张洋，王德成，王光辉等．我国牧草种子机械化加工的现状和发展［J］．农机化研究，2007（1）.

［18］韩建国．牧草种子学［M］．北京：中国农业大学出版社，2000.

［19］李宝筏．农业机械学［M］．北京：中国农业出版社，2003.

［20］李毓玺．DXJ-1 型种子电力精选机［J］．畜牧机械，1990（2）.

［21］何雄奎，刘亚佳．农业机械化［M］．北京：化学工业出版社，2006.

［22］伊岚，刘威廉．5SZ-200 型蔬菜种子刷种机［J］．畜牧机械，1990（1）.

［23］富乃新．种子包衣机的质量检查和调整方法［J］．种子科技，1994（4）.

［24］曹崇文，朱文学．种子的干燥［J］．农村实用工程技术，1998（10）.

［25］韩英．农业部首批推荐种子加工机械［J］．农村机械化，1997（5）.

［26］刘贵林．先进的牧草种子收获和加工工艺及装备应用前景探讨［J］．草业科学，1999（6）.

［27］刘立山，李娟，匡军，等．滚筒式作物种子干燥机自动控制装置的研制［J］．农业工程学报，2004.

［28］中国农业大学．草地学［M］．2 版．北京：中国农业出版社，1999.

［29］玉柱，贾玉山，张秀芬．牧草加工贮藏与利用［M］．北京：化学工业出版社，2004.

［30］王明玖，张英俊．退耕还草科学与技术［M］．北京：化学工业出版社，2004.

［31］杨明韶．牧（干）草收获技术要求［J］．畜牧机械，1988（5）.

［32］苏正范．压捆机绳打捆机构［J］．畜牧机械，1979（3）.

［33］苏正范，道尔吉，陈慧珍．CORMICK 系统打结器的工作原理及两种打结器的对比［J］．畜牧机械，1981（2）.

［34］苏正范，刘凤琳．C-D 型打结器的性能特点［J］．音机械，1983（1）.

［35］安国邦．捡拾器结构参数及其工作性能分析［J］．畜牧机械，1983（5）.

［36］胡彦群．德国 WEIGER 公司 AP83 型方捆机［J］．畜牧机械，1983（4）.

［37］郭明元．我国畜牧业发展战略及对技术装备需求方向研究［J］．畜牧机械，1992（1）.

［38］R. A. 凯普纳．农业机械原理［M］．北京：机械工业出版社，1978.

［39］毛恩，康力新．散草捡拾装运车技术发展及其应用前景［J］．畜牧机械，1992（3）.

［40］曹致中．草产品学［M］．北京：中国农业出版社，2005.

［41］刘奇编．饲草机械［M］．北京：中国农业机械出版社，1984.

［42］杨青川，王堃．牧草的生产与利用［M］．北京：化学工业出版社，2002.

［43］郭庭双．秸秆畜牧业［M］．上海：上海科学技术出版社，1997.

［44］张秀芬．饲草饲料加工与贮藏［M］．北京：中国农业出版社，1992.

［45］庞声海．饲料加工机械［M］．北京：中国农业出版社，1983.

［46］姚维祯．畜牧机械［M］．北京：中国农业出版社，1998.

[47] 潘永康．现代干燥技术［M］．北京：化学工业出版社，1998.
[48] 金国淼．干燥设备设计［M］．上海：上海科学技术出版社，1986.
[49] 桐荣良三．干燥装置手册［M］．上海：上海科学技术出版社，1983.
[50] 董宽虎，沈益新．饲草生产学［M］．北京：中国农业出版社，2003.
[51] 周治云，李昌桂．饲草高效生产与加工技术［M］．北京：中国农业大学出版社，2003.
[52] 曹横武，田振山．干燥技术及其工业应用［M］．北京：中国石化出版社，2003.
[53] 河南农业大学．秸秆饲料资源与利用［M］．北京：中国农业科技出版社，1999.
[54] 李浩波．秸秆饲料学［M］．西安：西安地图出版社，2003.
[55] 刘科，刑广忠，杨以亭．秸秆饲料加工与应用技术［M］．北京：金盾出版社，2001.
[56] 中国农业年鉴编辑委员会．中国农业年鉴 2002［M］．北京：中国农业出版社，2003.
[57] 汪玺．草产品加工技术［M］．北京：金盾出版社，2002.
[58] 李春燕，路辟疆．精细化工装备［M］．北京：化学工业出版社，1996.
[59] 金国森．干燥设备［M］．北京：化学工业出版社，2002.
[60] 余群力．草产品深加工技术及其应用［J］．草业科学，2003（3）.
[61] 马进．我国饲草饲料资源开发及其利用前景［J］．四川草业，2000（1）.
[62] 李昌，孟昭文，李堂．开发饲草这个跨世纪的战略产业［J］．饲料博览，1995（5）.
[63] 朱娟，沙文锋．饲草的加工与利用技术［J］．畜牧兽医杂志，2001（4）.
[64] 胡晓艳．牧草的营养价值的研究及其在反刍家畜中的应用［J］．四川草原，2003（5）.
[65] 贾万富．农作物秸秆饲料的加工利用［J］．饲料研究，1994（12）.
[66] 齐胜利，王芙蓉．秸秆饲料的营养与加工［J］．粮食与饲料产业，1998（12）.
[67] 林德荣，王洪路，崔凤书，等．秸秆合理利用——节粮型畜牧业的重要措施［J］．现代化农业，1997.
[68] 杨世昆，杨文大，刘责林．太阳能塔式螺旋干燥及成套设备研究［C］//内蒙古自治区 2005 年自然科学学术年会优秀论文集．呼和浩特：内蒙古人民出版社，2005.
[69] 农业部农业机械化管理司．牧草生产与秸秆饲用加工机械化技术［M］．北京：中国农业科学技术出版社，2005.
[70] 刘建新．干草秸秆青贮饲料加工技术［M］．北京：中国农业科学技术出版社，2004.
[71] 缪应庭．饲料生产学［M］．北京：中国农业科学技术出版社，1993.
[72] 牟永义，刘海昌，陶秀亮．牧草加工机器设备［J］．中国饲料，1991（6）.
[73] 王天麟．畜牧机械［M］．北京：中国农业机械出版社，1991.
[74] 赵晨亮．论述秸秆饲料压块机设计中的几项创新及认识［J］．粮食与饲料工业，2004（3）.
[75] 刘微．环模压块压缩室结构设计［J］．农业装备技术，2006（6）.
[76] 侯青玉．环模式秸秆压块机技术浅析［J］．河北农机，2004（4）.
[77] 李德发．现代饲料生产［M］．北京：中国农业出版社，1997.
[78] 王荣祖．配合饲料加工工艺和设备［M］．上海：上海科学技术文献出版社，1981.
[79] 哈里斯·皮尔逊·史密斯，兰伯特·亨利·威尔克斯．农业机械与设备［M］．北京：

中国农业出版社，1982.

［80］杨润德，丁越峰，李秀荣，等．工厂化秸秆复合化学处理压块成套设备初探［J］. 中国饲料，1991（增刊）.

［81］庞声海，饶应昌．配合饲料机械［M］. 北京：农业出版社，1989.

［82］姚维祯．青粗饲料的加工和利用［J］. 饲料工业，1986（2）.

［83］安国邦．双压模饲料压粒机［J］. 农机情报资料，1997（9）.

［84］王加启．青贮专用玉米高产栽培与青贮技术［M］. 北京：金盾出版社，2005.

［85］黄长玲，吴东兵，曹广才，等．特种玉米优良品种与栽培技术［M］. 北京：金盾出版社，2002.

［86］卡那沃依斯基．收获机械［M］. 北京：中国农业出版社，1983.

［87］刘晓民．内蒙古自治区农业机械化科学技术志［M］. 呼和浩特：远方出版社，2007.

［88］邱宣怀．机械设计［M］. 北京：高等教育出版社，1998.

［89］王荫坡．中国畜牧业机械化［M］. 北京：中国农业出版社，1983.

［90］蒋恩臣．畜牧业机械化［M］. 北京：中国农业出版社，2005.

［91］机电工程手册编辑委员会．机械工程手册第 14 卷［M］. 北京：机械工业出版社，1987.

［92］杨世昆，杨文大，刘贵林．交替供热式太阳能饲草干燥技术及成套设备研究［C］//内蒙古自治区 2005 年自然科学学术年会优秀论文集．呼和浩特：内蒙古人民出版社，2005.

［93］杨世昆．发展草产业——解决我国食物安全的根本出路［C］//内蒙古自治区 2005 年自然科学学术年会优秀论文集．呼和浩特：内蒙古人民出版社，2005.

［94］王秋荣，曹云芳．陇县畜牧养殖机械化现状调查［J］. 农机科技推广，2021，(09)：61-63.

［95］王吉祥．崇信县青贮饲草机械化生产现状及对策［J］. 农业技术与装备，2021，(09)：59-60.

［96］魏博，耿贵胜，黄华，等．瓦努阿图肉牛养殖饲草加工设备选型及应用［J］. 农业工程，2021，11（04）：20-24.

［97］高延炯，吴正文，李辉．甘肃省饲草料加工设备发展现状及意义［J］. 现代农业科技，2018，(17)：167-168.

［98］陈亮，张凌青，徐寒，等．宁夏农作物秸秆资源加工利用现状与对策［J］. 饲料研究，2014，(19)：17-19+25.

［99］海丽齐古丽・亚森．吐鲁番地区畜牧业机械化发展及趋势［J］. 农机科技推广，2014，(09)：42-43.

［100］张庆，张俊杰，周玮，等．饲草加工教学本科生参与度分析及提高途径［J］. 草业科学，2023，40（07）：1955-1964.

［101］魏旭辉．牛羊饲草加工技术及发展对策［J］. 今日畜牧兽医，2022，38（07）：75-76.

［102］高旭明．临县畜禽养殖饲草加工机械化技术试验示范［J］. 农业技术与装备，2021，(06)：56-57.

［103］刘华．牧草种植与饲草加工技术［J］. 兽医导刊，2019，(13)：71.

［104］萧飞鱼．中国农业大学饲草加工利用团队：变“草”为“宝”［J］. 高科技与产业化，2019，（04）：44-45.

［105］梁锦涛，李乔仙，徐驰，等．青贮饲草加工利用及安全性分析研究［J］. 草学，2019，（01）：67-72.

［106］刘晓红．饲草加工调制技术［J］. 中国畜牧兽医文摘，2018，34（03）：245+200.

［107］王同翠．羊的饲草加工与饲喂方法［J］. 农村实用技术，2016，（09）：46-47.

［108］徐婷，崔占鸿，张晓卫，等．青海高原人工饲草加工方法的比较研究［J］. 饲料工业，2014，35（23）：51-53.

［109］白永吉．民和县人工草地建设及饲草加工利用现状［J］. 青海畜牧兽医杂志，2013，43（01）：45-46.

CHAPTER 4

第四章 饲草化学与生物处理

第一节 青贮

一、青贮及青贮饲料的概念

青贮是将牧草或饲料作物收获切碎后在密闭设施（壕、窖、塔、袋等）内贮存，经乳酸菌发酵产生乳酸，抑制不良细菌生长，使牧草或饲料作物得以长期保存的一种方法。

青贮饲料是指将新鲜的青绿饲料切短装入密闭容器里，经过微生物发酵作用，调制成的具有特殊芳香气味、柔软多汁、营养丰富的饲料。青贮饲料具有较好的耐贮藏特征。

二、调制青贮饲料的意义

（一）扩大饲料来源，有效利用资源

我国畜牧业发展面临的最严峻问题是饲料饲草资源短缺，这严重限制了我国畜牧业的发展，同时也严重威胁着我国的粮食安全，虽然近几年国家加大对牧草产业投资力度，饲草供给能力明显提高，但饲草供给量依旧有较大缺口，很大程度上依赖进口，导致畜牧业发展缺乏足够的物质支撑。为了保障畜牧业稳健发展，同时保证粮食安全，必须加大对饲草资源的开发，扩大饲料的来源，并降低草食家畜对粮食的消耗。

青贮饲料来源广泛，原料可以是禾本科饲草、豆科饲草、饲料作物、农作物秸秆和工农业副产品等，还可以是畜禽不愿采食或不能直接采食的无毒青绿植物，这些原料经过青贮调制加工后，都可以变成畜禽喜食的饲料。有些农副产品如甘薯、花生秧、萝卜叶、甜菜叶等收获期很集中，收获量很大，短时间内用不完，又不能直接存放，或因天气条件限制不易晒干，若及时调制成青贮饲料，则可充分利用此类饲料。

目前，秸秆、甘薯藤、马铃薯茎叶、甜菜渣、胡枝子、柠条、芦苇、果渣、籽粒苋和水葫芦等均有用作青贮原料的研究，有些已经被开发成为青贮饲料。因此，青贮对开发潜在饲草资

源与有效利用农业资源方面有重要的作用。

（二）有效保存青贮饲料营养物质

青贮饲料在密封厌氧条件下保存，由于不受日晒、雨淋的影响，也不受机械损失的影响，在贮藏过程中氧化分解作用微弱，养分损失少，一般不超过 10%；而青绿饲料晒制干草的过程中，由于植物细胞的呼吸作用、枝叶脱落及机械作用等原因，营养价值损失 30%左右，若在晒制过程中雨水淋湿或发霉变质，营养物质损失会更多，甚至超过其营养价值的一半。例如，新鲜的甘薯藤，每千克干物质中含有 158.2mg 的胡萝卜素，经 8 个月青贮后，仍可保留 90mg，而晒制成干草则只剩 2.5mg，损失高达 98%。另外，将玉米秸分别制成青贮玉米秸和风干玉米秸后，青贮玉米秸中粗蛋白质和粗脂肪含量分别是风干玉米秸的 2 倍和 5 倍左右，并且粗纤维和无氮浸出物含量较低（表 4-1）。

表 4-1　青贮玉米秸和风干玉米秸养分含量（干物质基础）　单位:%

玉米秸	营养成分含量				
	粗蛋白质	粗脂肪	粗纤维	粗灰分	无氮浸出物
风干玉米秸	3.94	0.90	37.60	9.46	48.09
青贮玉米秸	8.19	4.60	30.13	9.74	47.30

资料来源：陈自胜等，1999。

（三）改善饲料适口性，提高消化率

在青贮过程中，青贮饲料经过乳酸菌发酵，既保持了原青绿饲料营养多汁的特性，又产生大量乳酸和芳香族化合物，气味酸甜清香，家畜乐于采食，可以有效地改善原料的物理性状和质地，消除抗营养因子，消除特殊气味和毒素，改善原料饲用价值。如菊科类、蒿类和马铃薯茎叶在青饲时具有异味，家畜适口性差，饲料利用率低，但经过青贮后，气味改善，柔软多汁，提高了适口性，成为家畜喜食的优质多汁饲料。粗糙干硬的原料，经过青贮调制过程中切短、水分调制、微生物发酵等方法处理后，也可大大改善其适口性。

青贮过程中机械处理使青贮原料表面积增加，增加了消化液与饲料的接触面积，降低动物采食活动消耗的能量，用同类青草制成的青贮饲料和干草，青贮饲料的消化率有所提高（表 4-2）。另外，在青贮玉米的收获过程中，有效破碎玉米籽粒也可以增加玉米籽粒的消化率。

表 4-2　青贮饲料与干草消化率　单位:%

种类	干物质	粗蛋白质	脂肪	无氮浸出物	粗纤维
干草	65	62	53	71	65
青贮饲料	69	63	68	75	72

资料来源：王恬等，2018。

（四）长期保存利用，保证冬春季节青绿饲料供应

我国西北、东北、华北地区，气候寒冷，饲草生长期短，青绿饲料生产受限制，整个冬春季节都缺乏青绿饲料，调制青贮饲料可以把夏、秋多余的青绿饲料保存起来，供冬春利用，解

决了冬春家畜缺乏青绿饲料的问题（图 4-1）。对于我国中部和南部地区，夏季由于多雨导致牧草干草调制困难，而青贮过程受外界环境变化干扰小，调制良好的青贮饲料，管理得当可贮藏多年，因此可以保证家畜一年四季都能吃到优良的多汁饲料。

图 4-1　青贮饲料的密封保存

（五）减少家畜消化系统疾病和寄生虫病的发生，减轻杂草危害

青贮发酵是在无氧、pH 较低条件下进行的，牧草和饲料作物在经过青贮发酵后，原料中的寄生虫及其虫卵或病菌会失去活力，故可减少家畜寄生虫病和消化道疾病的发生。另外，农田中的杂草，其种子在经过青贮发酵后也会失去发芽能力，如将杂草及时青贮，不仅给家畜贮备了饲草，而且能有效减少田间杂草的危害。

（六）青贮饲料单位容积内贮量大

青贮饲料在青贮设施内压实紧密，贮藏空间较小，可节约存放场地，1m^3 青贮饲料质量为 450~700kg，其中含干物质 150kg 左右；而 1m^3 干草质量仅 70kg，约含干物质 60kg。

（七）青贮调制受气候等因素的影响较小

草食动物饲养离不开干草，然而大部分地区雨热同期，饲草收获季节常伴有降雨，如果没有烘干设备很难进行干草调制，且淋湿的干草容易发霉变质，造成饲草损失。而青贮饲料的调制受天气因素的影响较小，无论什么时候，只要有青贮原料就可以调制青贮饲料。且在贮藏过程中，青贮饲料不受风吹、日晒、雨淋的影响，青贮饲料水分含量较大，也不易发生火灾等事故。

三、青贮的类型

（一）按青贮方法分类

青贮饲料根据原料水分含量的高低和是否使用添加剂，其调制方法可分为常规青贮、半干青贮和添加剂青贮，不同青贮方法的原理和制作过程存在一定的差异，各有其适用条件和优势，不同方法间也存在一定的相互交叉。在生产中可根据青贮原料的特性、贮存条件以及预期的用途等实际条件选择适宜的青贮方法。

1. 常规青贮

常规青贮也称一般青贮。这种青贮方法一般要求原料的含水量达到 60%~75%，是最常见的一种青贮方法。这种青贮方式主要是创造出能使乳酸菌大量繁殖的缺氧环境，从而使青贮原料中的淀粉和可溶性糖转化成乳酸，当乳酸积累到一定浓度后，青贮饲料的 pH 降至 4.0 左右，腐败菌的生长受到抑制，这样就可以把青贮饲料的养分长期保存下来。青贮原料上经常会附着大量的微生物，这些微生物既有对青贮发酵有利的，也有对青贮发酵不利的。乳酸菌是对青贮发酵有利的微生物中最主要的一种，其生长繁殖要有湿润、厌氧的环境，同时要有一定数量的糖类物质；而腐生菌等多种微生物是对青贮发酵不利的，这些微生物大多是需氧或不耐酸的菌类。青贮就是利用微生物这一特点，充分创造有利于乳酸菌生长、繁殖的环境，以达到抑制其他不利于青贮的微生物生长繁殖的目的。

青贮原料在装入青贮设施的前几天，腐生菌的数量远远多于乳酸菌，但几天之后，青贮设施内的氧气被耗尽，形成厌氧环境，乳酸菌的数量逐渐增加，成为优势菌群，青贮发酵由此开始。此时，乳酸菌将原料中的糖类物质转化为乳酸，青贮设施内乳酸浓度不断增加，当乳酸含量达到一定程度时就会抑制其他微生物活动，特别是腐生菌在低 pH 环境下很快死亡，而乳酸菌也会随着青贮饲料 pH 的不断降低而停止活动。当乳酸积累到青贮饲料湿重的 1.5%～2.0%、pH 为 4.0～4.2 时，青贮饲料在厌氧和酸性环境下成熟，青贮发酵过程到此结束，青贮趋于稳定。此时只要不开窖饲喂，破坏其厌氧环境，青贮饲料品质就可保持数年不变。

2. 半干青贮

半干青见也称低水分青贮。这是在常规青贮技术的基础上演变而来的新型青贮技术，其基本原理是降低原料水分含量，通过风干使原料的含水量降到 45%～60%时，再进行厌氧贮存，以实现对微生物的生理干燥。这种经过风干的青贮原料，对腐生菌、丁酸菌和乳酸菌均可造成生理干燥状态，进而限制其生长。因此，在青贮过程中，微生物活动较弱，蛋白质不会被分解，有机酸形成量少。虽然霉菌等微生物在风干饲草内仍有可能大量繁殖，但经过切短、压实并处于厌氧环境中，其活动很快停止。所以，半干青贮最好在高度厌氧的环境下进行。此外，由于半干青贮是微生物处在干燥状态及微生物繁殖受到限制的条件下进行的，所以青贮原料中的糖分或乳酸含量的多少以及 pH 的大小对半干青贮几乎没有影响，因此青贮原料的来源较常规青贮更加广泛。

3. 添加剂青贮

添加剂青贮顾名思义是借助外源添加剂对青绿饲料进行青贮发酵的过程，以减少发酵过程中由微生物活动造成的青贮饲料养分损失，从而获得更高品质的青贮饲料。添加剂青贮的优点是可以将常规青贮法难以青贮的原料进行青贮利用，从而扩大了青贮原料的范围。添加剂主要是通过以下三个方面来影响青贮发酵过程。第一种是通过促进乳酸发酵来影响青贮发酵，如添加各种可溶性糖、乳酸菌以及酶制剂等，如此可快速产生大量乳酸，使 pH 很快降到 3.8～4.2，从而尽早对其中的有害微生物活动形成有效的抑制，减少营养物质的消耗和流失，降低青贮饲料中有毒物质的产生量，最终获得优质青贮饲料。第二种是通过抑制不良发酵来影响青贮发酵，如添加各种酸、抑制剂等，防止腐生菌等对青贮不利的微生物生长。第三种是提高青贮饲料营养物质的含量，如添加尿素、氨化物等，以增加青贮饲料中蛋白质的含量。

（二）按青贮来源分类

可用于调制青贮饲料的原料来源十分广泛，主要包括人工栽培的青贮作物及牧草、野生青贮植物和工农业副产品等。人工栽培的青贮作物及牧草有禾本科作物、禾本科牧草、豆科作物、豆科牧草、块根块茎类、藤蔓类和饲用瓜类等。野生青贮植物有野生牧草、可饲用的野生灌木、半灌木等。农业副产品主要有农作物秸秆等。总之，凡是无毒、无害、无异味、可饲用，且含有一定量的糖分和水分的青绿植物都可用于制作青贮饲料。

1. 禾本科饲草

禾本科饲草蛋白质含量较低，纤维素和碳水化合物含量较高，对乳酸发酵十分有利。禾本科饲草种类繁多，可作为青贮原料的主要有玉米、燕麦、甜高粱、大麦、苏丹草、羊草、多年生黑麦草、无芒雀麦、披碱草、鸭茅、猫尾草、象草等。

（1）玉米　玉米是禾本科玉蜀黍属一年生植物，为我国主要的兼食作物，也是优良的饲料作物，在畜牧业生产中的地位要远远超过在粮食生产中的地位（图4-2、图4-3）。发展青贮玉米既能满足奶牛、肉牛、肉羊等食草家畜全年饲料的充分供应，又能有效缓解人畜争粮的矛盾。与一般饲料相比玉米具有很多优势。首先，青贮玉米生长速度快，茎叶繁茂，生物产量高，且干物质含量高于20%。其次，青贮玉米营养丰富，可溶性碳水化合物含量高，适口性好，易于消化和吸收。最后，青贮玉米茎秆粗壮，耐密性好，抗倒伏能力强，有利于机械化作业，生产效率高。目前我国的青贮玉米品种丰富，如金岭367、京多1号、辽原1号、科多8号、科青1号、京科青贮516、晋单青贮42、豫青贮23、郑青贮1号和金刚青贮50、中禾107等。这些品种高产、优质，是很好的青贮原料。此外，也有很多较好的粮饲兼用型品种，其成熟后有一半以上茎叶保持青绿，同样能够调制出品质优良的青贮饲料。青贮玉米通常在乳熟期至蜡熟期收获，由于含糖量高，调制青贮比较容易成功。即可单贮，也可以与豆科等不易青贮的饲草混贮，而且青贮质量好。由于玉米青贮后乳酸含量高，残存的碳水化合物多，开封后较其他青贮更容易发生好氧变质，可通过添加乳酸菌和丙酸等提高开封后的有氧稳定性。

图4-2　兼用玉米

图4-3　刈割期的青贮玉米

（2）燕麦　燕麦是禾本科燕麦属一年生植物（图4-4），是一种粮饲兼用型作物，可分为皮燕麦和裸燕麦两大类型。在我国燕麦主要分布在内蒙古、河北、吉林、山西、陕西、青海和甘肃等地，是主要的高寒作物。燕麦中有效纤维较多，木质化程度低，茎秆十分柔软且具有一定韧性，能给反刍动物提供大量营养，饲用价值极高，常用来饲喂牛、羊等牲畜。燕麦具有抗旱、抗寒、耐贫瘠等优点，也适度耐盐碱，是高寒牧区公认的稳产、高产、优质的重要饲草。燕麦青贮可以在抽穗期至蜡熟期收获，无论单贮或混贮均可调制出品质优良的青贮饲料。其适口性好，消化率高，对改善家畜的生产性能具有一定作用。

（3）甜高粱　甜高粱是禾本科高粱属一年生植物（图4-5），原产于印度和缅甸，现广泛种植于世界各地。我国东北至华南均有种植，但以黄河流域居多。甜高粱对土壤的适应能力较强，尤其耐盐碱性甚至强于玉米，能够栽培在许多地区。其喜温暖，具有抗旱、耐涝、耐盐碱等特性。甜高粱产量高而稳定，其茎内糖分含量高，乳熟期糖分可达17%以上，可调制成优良的青贮饲料。

图4-4　燕麦

图4-5　甜高粱

（4）大麦　大麦是禾本科大麦属一年生植物，也是优质的饲料作物（图4-6），其生长繁茂、柔软多汁、适口性好、营养价值高。籽粒的粗蛋白质和可消化纤维高于玉米，是牛、猪、鸡等家畜、家禽的优质饲料。大麦的可溶性碳水化合物含量较高，可为乳酸菌发酵提供充足的底物。全株大麦青贮可调制出优质的青贮饲料，一般在乳熟后期刈割切段青贮，确保青贮饲料的品质。

（5）苏丹草　苏丹草是禾本科高粱属一年生植物（图4-7），原产于非洲的苏丹高原，我国于1949年前引进。苏丹草对不同环境的适应性很强，从南至北均能栽培。苏丹草植株高大，分蘖能力和再生能力强，生长迅速，枝叶繁茂，鲜草产量高，品质好，营养丰富，其蛋白质含量居一年生禾本科饲草之首。一般于抽穗期刈割调制干草；青饲以孕穗期利用最佳，此时营养价值、利用率和适口性都高；若是用于青贮，则可推迟到乳熟期。苏丹草单独青贮时能够获得优质青贮饲料，添加甲酸和焦糖均能改善其发酵品质，并可降低硝酸盐含量。

图4-6　大麦

图4-7　苏丹草

(6) 多年生黑麦草 多年生黑麦草是禾本科黑麦草属植物（图4-8），原产于亚洲西南部、南欧以及北非等地区，我国现主要分布于华东、华中、西南等地区。多年生黑麦草一般生长状况良好，但在北方地区越冬性稍差。温凉湿润气候、土壤肥力高的地区更适合多年生黑麦草生长。其耐放牧，但耐寒、耐旱、耐热、耐阴性一般。多年生黑麦草是一种优良饲草，含有丰富的蛋白质、粗脂肪和粗纤维，营养丰富，适口性好。多年生黑麦草是禾本科饲草中可消化物质产量最高的饲草之一，又因生长快、分蘖多，较青贮玉米品质更为优良，多用于青饲或青贮。青贮时在抽穗期至开花期刈割效果最佳。多年生黑麦草水分含量较高，青贮难度较大，但经过萎蔫降低含水量后，即可达到满意的青贮效果。此外，添加甲酸、乳酸菌和酶制剂，以及同豆科饲草混贮，均可提高多年生黑麦草的青贮品质。

(7) 羊草 羊草是禾本科赖草属多年生植物，又称碱草（图4-9）。羊草是我国北方分布较广的一种优良旱生饲草，在辽宁、吉林、黑龙江、内蒙古、河北、山西、陕西等地较为常见。羊草抗逆性非常强，耐寒、耐旱、耐碱，在平原、山坡等地均可生长。羊草叶量多，营养丰富，青叶时富含蛋白质，最高时能达到干物质的18%左右，且适口性好，受到各类家畜的喜爱。羊草纤维素含量高、可溶性碳水化合物含量低，常规青贮难以调制出优质青贮饲料，需要进行添加剂青贮。如添加乳酸菌、纤维素酶和甲酸，均可改善其青贮发酵的品质。

图4-8 多年生黑麦草

图4-9 羊草

(8) 无芒雀麦 无芒雀麦是禾本科雀麦属多年生植物，又称雀麦（图4-10）。其广泛分布于亚欧大陆温带地区，是世界范围内最重要的禾本科饲草之一。我国的无芒雀麦主要分布在黑龙江、吉林、辽宁、内蒙古、河北、山西、山东、江苏、陕西、甘肃、青海、新疆、西藏、云南、四川、贵州等地。无芒雀麦对土壤类型要求不严，从黏壤到沙土均可种植。其具有很强的耐寒性，在高海拔地区，冬季最低气温在-30℃左右的地方仍可安全越冬。此外，它还具有较强的耐旱性、耐湿性、耐碱性和耐牧性等特点。无芒雀麦营养价值高、产量高、可利用时间长，是非常优良的饲草。无芒雀麦可溶性碳水化合物含量较低，常规青贮时难以获得优质的青贮饲料，可通过应用添加剂，如糖类或甲酸等提高青贮品质。

(9) 鸭茅 鸭茅是禾本科鸭茅属多年生植物，又称鸡脚草、果园草（图4-11）。原产于欧洲和亚洲，我国湖北、四川、云南、新疆等地均有生长，在河北、河南、山东、江苏等地有栽培或因引种而逸为野生。鸭茅是一种优良的饲草，春季发芽早，生长繁茂，到晚秋时仍然青绿。鸭茅含丰富的脂肪和蛋白质，在抽穗期分别占干物质含量的4.7%和12.7%，通常于抽穗期前刈割，因为开花后其质量会下降。鸭茅含水量较高，可溶性碳水化合物含量较低，常规青贮时难以调制出优质的青贮饲料。通过添加焦糖或甲酸能够改善鸭茅青贮饲料的发酵品质。

图 4-10 无芒雀麦

图 4-11 鸭茅

2. 豆科饲草

豆科饲草适口性好且含有丰富的蛋白质，其干物质中粗蛋白的含量一般都高于 14%，最多可超过 20%，但碳水化合物含量低于禾本科饲草。因此，人们长期以来都认为豆科饲草不适宜青贮，多用于调制干草。豆科饲草单一青贮，发酵后会产生一种胺类，散发不良气味，青贮饲料品质也较劣。但豆科饲草适时刈割后，通过使用添加剂或同含糖量高的禾本科饲草混贮，也能调制出品质优良的青贮饲料。此外，采用半干青贮的方法也能获得品质优良的青贮饲料。可用于调制青贮饲料的豆科饲草主要包括苜蓿、三叶草、草木樨、紫云英、沙打旺等。

（1）苜蓿　苜蓿是豆科苜蓿属植物的统称，在全球共有 60 多个品种，我国占 13 个。其中，饲用紫花苜蓿是世界上应用范围最广、经济价值最高和栽培面积最大的苜蓿品种，在现代草牧业的可持续发展中具有突出的地位（图 4-12）。苜蓿植株中富含蛋白质、矿物质、多种氨基酸、维生素和胡萝卜素等，其总能、消化能、代谢能也较高，被认为是高蛋白优质饲草。目前，苜蓿主要用来制作干草和青贮。然而，由于苜蓿具有干物质含量低、可溶性碳水化合物含量少、缓冲能较高等特点，现仍被认为是难以单独直接鲜贮的饲草原料。若采用常规青贮技术很难调制优质青贮饲料，在实践中常常采用添加剂青贮法、凋萎青贮法或半干青贮法，以调制出品质和适口性更好的苜蓿青贮饲料。

图 4-12 紫花苜蓿

（2）三叶草　三叶草是豆科三叶草属植物，主要有红三叶草（图 4-13）和白三叶草（图 4-14）。红三叶草和白三叶草的可溶性碳水化合物含量较低，而缓冲能高，属于难以青贮的豆科饲草。可以跟禾本科饲草混播，刈割后是十分良好的调制青贮饲料的原料。另外也可以通过添加乳酸菌、乳酸菌加纤维素酶、甲酸和糖蜜等改善青贮品质。

图 4-13 红三叶草

图 4-14 白三叶草

（3）草木樨 草木樨是豆科草木樨属一年生或二年生植物（图 4-15）。它在世界上的分布十分广泛，有白花草木樨和黄花草木樨两种。草木樨的粗蛋白含量可达 16%，但含有香豆素，这是一种低毒物质，有难闻气味，适口性差，单一饲喂时不可过多。与其他豆科饲草一样，草木樨常规青贮很难获得高质量的青贮饲料，可以通过青贮添加剂调制或者和禾本科饲草如玉米以 2∶1 的比例混合青贮。

（4）沙打旺 沙打旺是豆科黄芪属多年生植物（图 4-16），主要分布于我国东北、华北和西北地区。沙打旺抗逆性强，适应性广，具有很好的耐旱、耐寒、抗风沙、耐瘠薄等特性，但不耐涝。沙打旺生长快，老化也早，且调制干草时极易掉叶，调制成的干草茎叶比高、木质化程度高、饲用价值较低，所以不适合制作优质干草。此外，沙打旺中含有有毒物质硝基化合物，有不良气味，适口性较差，长期大量饲喂容易引起中毒。因此，将其用于调制青贮饲料，经青贮发酵后既可改善饲料的适口性，还有解毒的作用，并提高消化率。沙打旺由于可溶性碳水化合物含量低、粗蛋白含量高、缓冲能高，青贮较难获得优质的青贮饲料，可通过添加甲酸、糖类或与含糖量较高的禾本科饲草混贮提高其青贮品质。

图 4-15 草木樨

图 4-16 沙打旺

3. 农副产品青贮

除了上述的牧草及饲料作物可作为青贮饲料的原料以外，块根块茎、秸秆、蔬菜以及蔬菜的副产品、野菜、杂草、树叶、各种工业加工副产品如甜菜渣、酒糟、茶渣等均可做青贮饲料（图 4-17）。很多副产物富含营养，通过青贮加以利用不仅开拓了饲料资源、缓解粮饲矛盾，同时也可以避免因废弃而导致环境污染。比如苹果渣、柑橘渣、葡萄渣、甘蔗渣和菠萝渣等果渣，富含糖分、维生素、色素、有机酸及微量元素等，仍有较高的营养价值（表 4-3）。废弃果渣由于其高糖分多水分极易腐败，造成环境污染，利用好该类非常规饲料可在降低饲喂成本的同时缓解环境污染。尽管如此，利用副产物青贮前需要考虑其是否含有潜在毒性或含有已被禁用的化学物质；是否含有金属、塑料或其他物理污染物；其营养物质含量、原料适口性是否能够被动物所接受；原料的地域性和季节性；运输及青贮成本；是否能被成功青贮，以及是否需要额外的处理等。

图 4-17 酒糟（左）和苹果渣（右）

表 4-3 常见农作物副产物营养成分（干物质基础） 单位：%

种类	干物质	粗蛋白质	粗灰分	酸性洗涤纤维	中性洗涤纤维
马铃薯渣（青贮）	—	4	4	—	65
木薯渣	2.95	5.26	29.3	—	—
干茶副产物	10	16.3	—	32.9	42.1
湿茶副产物	2.32	27.4	—	36.7	44.5
葡萄渣	8.21	14.1	6.14	—	—
柑橘渣	2.11	4.98	13.56	6.85	10.32
苹果渣	3.05	6.20	2.30	53.87	62.54

资料来源：夏路，2023。

4. 禾本科饲草和豆科饲草混合青贮

如前所述，豆科饲草普遍含碳水化合物较低，单独常规青贮比较难以发酵，可以和禾本科饲草按照一定比例混合青贮。近几年来不同作物间的间作尤其是玉米-大豆间作被广泛研究推广，为禾本科饲草和豆科饲草混合青贮提供了便利。通过选配品种、扩间增光、缩株保密的田间配置技术实现了青贮玉米与大豆的复合种植。玉米在 1/2~2/3 乳线期（干物质含量≥30%），大豆在鼓粒期同时收获，整株青贮。

间作利用不同农作物间生物学特性的差异，通过合理的配比方式，可以充分地、有效地、均衡地利用土地资源和光能资源，提高农作物间的互补效应，实现农业资源空间及时间集约利用和持续的高产与稳产。在众多间作组合中，主要以粮-粮间作下的豆-禾间作在种植及研究中最为广泛，同时豆-禾间作下的产量优势已得到了普遍的认可。例如，蚕豆-玉米间作、大豆-玉米间作和豌豆-玉米间作等都取得了比较好的产量。豆科作物具有较高的粗蛋白含量和钙含量等，而禾本科作物具有较多碳水化合物含量，将豆科-禾本科作物间作后可以提高土地利用率、改善种群作物的营养状况并提高作物品质。因此豆-禾间作被看作是一种可行的饲料生产模式（图 4-18）。

图 4-18 玉米-花生间作（左）和玉米-大豆间作（右）

四、青贮饲料调制原理

青贮发酵是一个复杂的微生物活动和生物化学变化过程。其基本原理是将新鲜牧草或饲料作物切碎后，在厌氧环境条件下，利用植物细胞和好氧微生物的呼吸作用，耗尽氧气，造成厌氧条件，乳酸菌发酵原料中的可溶性碳水化合物而产生乳酸，使饲料中的 pH 降低，当 pH 下降到 4.0~4.2 时，大部分微生物停止繁殖，由于乳酸不断积累，最后连乳酸菌本身也因受到抑制而停止活动，从而达到长期保存饲料的目的。因此，青贮的成败，主要决定于乳酸发酵的程度。

（一）青贮发酵中的微生物

青贮饲料微生物在青贮发酵的各个过程中都起着至关重要的作用，参与青贮发酵的微生物种类很多，包括有利于青贮饲料发酵的微生物和引起青贮腐败霉变的微生物，大约有 47 属 140 种的细菌、霉菌和酵母菌等参与青贮发酵过程，每种微生物占优势菌群的时期和在青贮过程中起到的作用均不相同。

不同区域环境、不同饲草种类以及不同青贮添加剂类型都将影响青贮微生物的种类和数量。自然新鲜的饲草表面附着的微生物不管是从组成还是数量上都与青贮过程中和青贮结束的样品有很大差异，刚刈割的青绿饲料，植物表面附着的细菌主要是腐败菌、霉菌和酵母菌等，有利于青贮发酵的乳酸菌相对较少。若不及时青贮，有害微生物会在几天内大量繁殖，造成青绿饲料腐烂变质，降低青贮饲料的利用率。为促使青贮过程中有益乳酸菌的正常繁殖活动，必须了解各种微生物的活动规律和对环境的要求，以便采取措施，抑制各种不利于青贮的微生物活动，消除一切妨碍乳酸形成的条件，创造有益于青贮的乳酸菌活动的最适宜环境。

1. 乳酸菌

乳酸菌是影响青贮饲料发酵的主要有益微生物，属于革兰氏阳性、无孢子细菌，厌氧或兼性厌氧，能利用糖分发酵形成以乳酸为主的有机酸。乳酸的大量形成，一方面为乳酸菌本身生长繁殖创造了条件，另一方面产生的乳酸使其他微生物如腐败菌、丁酸菌等死亡，减少发酵过程中蛋白质水解和干物质损失，乳酸积累的结果使酸度增强，乳酸菌自身也受抑制而停止活动。在良好的青贮饲料中，乳酸含量一般占青贮饲料重的1%~2%，pH下降到4.2以下时，只有少量的乳酸菌存在。

乳酸菌在自然界中大量存在，它们附着在原料上或收获机械上。不同种类牧草作物附着的与青贮相关的乳酸菌主要包括乳杆菌属（*Lactobacillus*）、乳球菌属（*Lactococcus*）、片球菌属（*Pediococcus*）、明串珠球菌属（*Leuconostoc*）和肠球菌属（*Enterococcus*）等，其中乳球菌属是饲草作物附着的主要乳酸菌。饲草原料上附着的乳酸菌种类、数量及其生理生化特性是影响青贮发酵的重要因素，通过研究其特性可确定是否需要使用乳酸菌添加剂。

乳酸菌生长最适宜的pH范围为4.0~6.0，不同属的乳酸菌存在一定的差异。乳杆菌属比较耐酸，可以在pH 3.5以下生长；明串珠球菌属和肠球菌属在pH 4.5以下生长受到抑制。根据乳酸菌对温度要求不同，可分为好冷性乳酸菌和好热性乳酸菌2类。好冷性乳酸菌在25~35℃温度条件下繁殖最快，正常青贮时，主要是好冷性乳酸菌活动。好热性乳酸菌发酵结果，可使温度达到52~54℃，如超过这个温度，则意味着还有其他好氧腐败菌等微生物参与发酵。高温青贮养分损失大，青贮饲料品质差，应当避免。

根据乳酸菌发酵终产物的不同，主要分为2类，一类是同型发酵乳酸菌，利用六碳糖（葡萄糖）发酵后只产生乳酸，理论上可以将1mol葡萄糖转化生成2mol乳酸，如乳酸乳球菌（*Lactococcus lactis*）、戊糖片球菌（*Pediococcus pentosaceus*）和粪肠球菌（*Enterococcus faecalis*）等；另一类是异型发酵乳酸菌，可细分为兼性异型发酵乳酸菌和专性异型发酵乳酸菌两类。兼性异型发酵乳酸菌可利用已糖产生乳酸，还可利用戊糖产生乳酸、乙酸、乙醇和二氧化碳，如植物乳杆菌（*Lactobacillus plantarum*）、干酪乳杆菌（*Lactobacillus casei*）和鼠李糖乳杆菌（*Lactobacillus rhamnosus*）等；专性异型发酵乳酸菌可利用戊糖或已糖生成乳酸、乙酸、乙醇和二氧化碳，如短乳杆菌（*Lactobacillus brevis*）、发酵乳杆菌（*Lactobacillus fermentum*）和布氏乳杆菌（*Lactobacillus buchneri*）等。同型发酵或兼性异型发酵乳酸菌可以迅速降低青贮饲料pH和增加乳酸含量，从而提高青贮饲料的贮存稳定性；而专性异型发酵乳酸菌可产生高浓度的乙酸，抑制酵母菌和霉菌等的生长，有利于提高青贮饲料开窖后的有氧稳定性。

在青贮过程中，乳酸菌种的变化、存在的数量和优势菌群与许多因素有关。发酵初期常见的优势菌群是植物乳杆菌，因为它可以对多种底物进行发酵，竞争力强，产酸速度快，最容易进行生长繁殖；一般发酵4d后，短乳杆菌和布氏乳杆菌等专性异型发酵乳酸菌由于具有更强的乙酸耐受能力，会逐渐成为主要的乳酸菌种。

2. 丁酸菌（酪酸菌、梭菌）

丁酸菌是一种厌氧、不耐酸、能形成内生孢子的有害细菌，丁酸菌的形状有杆状、纺锤状和链状等，生存的环境条件与乳酸菌相似，但要求的适宜温度较高，为30~40℃，耐高温能力较强，在60℃时仍能生存，但是不耐酸，在pH 4.7时即停止活动。一般而言，pH在7~7.4，青贮原料水分含量在70%以上时有利于丁酸菌生长，因此，快速有效降低青贮饲料的pH，提高青贮原料的干物质含量是防止青贮饲料产生丁酸发酵的主要措施。

丁酸菌活动的结果是使葡萄糖和乳酸分解产生具有挥发性臭味的丁酸，也能利用青贮饲料中的各类有机含氮化合物，产生氨态氮和胺等物质，使原料发臭变黏，青贮饲料中氨态氮、丁酸越多，青贮品质越差。典型的丁酸发酵青贮饲料是指青贮饲料中丁酸的含量超过0.5%（干物质基础），pH大于5，青贮饲料中干物质含量较低且胺化物含量较高。

3. 腐败菌

凡能强烈分解蛋白质的细菌统称为腐败菌。此类细菌很多，几乎不受温度、有无氧气的影响，有嗜高温的，也有嗜中温或低温的；有好氧的如枯草杆菌、马铃薯杆菌，有厌氧的如腐败梭菌和兼性厌氧菌如普通变形杆菌。它们能使蛋白质、脂肪、碳水化合物等分解产生氨、硫化氢、二氧化碳、甲烷和氢气等，使青贮原料变臭变苦，养分损失大，不能饲喂家畜，导致青贮失败。不过腐败菌只在青贮料装压不紧、残存空气较多或密封不好时才大量繁殖；在正常青贮条件下，当乳酸逐渐形成，pH下降，氧气耗尽后，腐败细菌活动即迅速被抑制，以至死亡。

4. 酵母菌

酵母菌属于真菌类，兼性厌氧，可以利用可溶性碳水化合物产生乙醇或二氧化碳等，酵母菌能在pH为3.0~7.5的范围内生长，最适pH为4.5~5.0。大多数酵母菌在0~37℃能生长，仅有少数可在高于45℃条件下生长，最适生长温度为20~30℃。

酵母菌可以利用青贮饲料中的可溶性碳水化合物进行代谢，利用营养成分供应自身需要，生产蛋白质，能够增加青贮饲料中的蛋白质含量。在厌氧条件下生成乙醇，增加青贮饲料的酒香味。但是，当酵母菌的活动强烈时，它参与青贮饲料的有氧变质过程。在青贮初期，酵母菌可以利用糖类与乳酸竞争发酵底物，产生的二氧化碳等代谢物不能有效地促进青贮。在厌氧环境中，酵母菌继续分解糖类，将其转化为乙醇，而乙醇没有保存青贮饲料营养价值的作用。

5. 醋酸菌

醋酸菌严格好氧，不能进行厌氧发酵。醋酸菌最适生长温度为25~30℃，最适pH为5.4~6.3。在糖源充足的情况下，优先将葡萄糖变为醋酸，在糖源缺乏的情况下，将乙醇转为乙醛，再将乙醛转为醋酸。醋酸产生的结果可抑制各种有害不耐酸的微生物如腐败菌、霉菌、丁酸菌的活动与繁殖。但当青贮窖内氧气残存过多，醋酸产生过多，因醋酸有刺鼻气味，影响饲料的适口性并使饲料品质降低。另外，在开启使用阶段，醋酸菌常与酵母菌一起消耗乳酸，引起青贮饲料pH升高和腐败。由于醋酸菌严格好氧，在青贮装填过程中尽量减少空气残留将抑制醋酸菌的活动；开启利用阶段保证每天的青贮饲料使用量也能够减少醋酸菌带来的损失。

6. 霉菌

霉菌不是分类学名称，是对形态细长的丝状真菌的通称。霉菌种类多，分布广，是导致青贮变质的主要好氧微生物，常存在于青贮饲料的表层或边缘等易接触空气的部分。霉菌生长仅需要水、氧气和底物，适应的pH和温度范围都很宽。目前青贮饲料中常见的霉菌为青霉属（*Penicillium*）、镰刀菌属（*Fusarium*）、曲霉属（*Aspergillus*）、白霉属（*Mucor*）、丝衣霉属（*Byssochlamys*）、犁头霉属（*Absidia*）、节菱孢属（*Arthrinium*）、地丝菌属（*Geotrichum*）、红曲霉属（*Monascus*）、帚霉属（*Scopulariopsis*）和木霉属（*Trichoderma*）等。

霉菌能够分泌多种酶，如淀粉酶、果胶酶和纤维素酶等，可以分解原料中的纤维素、淀粉和细胞壁成分，也可以利用糖类和乳酸。霉菌的危害在于它可使青贮饲料发霉、发热、变质，降低青贮饲料的饲喂价值和适口性，而且霉菌分泌的毒素会对人类和家畜健康造成危害。产霉菌毒素的霉菌主要有烟曲霉、娄地青霉、丝衣霉和黄曲霉，其中，黄曲霉是一种对酸具有强耐受性，能在低氧和高浓度二氧化碳条件下生长的霉菌，是青贮饲料中最主要的一种霉菌。黄曲霉产生的黄曲霉毒素 B_1 能够从家畜饲料中转移到牛奶当中，从而对人类健康造成威胁。

7. 肠杆菌

肠杆菌，兼性厌氧，可以进行呼吸代谢和发酵代谢，通过利用有机化合物、糖、有机酸或多元醇获得能量。肠杆菌适宜生长 pH 约为 7.0。肠杆菌的繁殖速度快，在发酵初期，能够利用可溶碳水化合物等营养物质迅速增殖，产生乙酸、乳酸、乙醇和二氧化碳等。当 pH 下降到 5.0 以下，肠杆菌的生长受到抑制。因此，肠杆菌的作用只在发酵初期显著，如果青贮被延迟，肠杆菌将起主导作用，饲料的干物质和能量损失严重，而且青贮饲料的适口性差。

大多数肠杆菌被认为是没有致病性的，而在青贮饲料中这些细菌由于和乳酸菌竞争可溶性碳水化合物，并能够降解蛋白质，所以被认为是一种不良微生物。蛋白质的降解不但降低了青贮饲料的营养价值，而且会产生一些有毒的化合物，如生物胺和一些支链脂肪酸。生物胺会降低青贮饲料的适口性，同时蛋白质降解形成的氨化物增加了青贮饲料的缓冲能，从而抑制青贮饲料 pH 的降低。青贮饲料中肠杆菌的一个典型特点是它们能够把硝酸盐分解成亚硝酸盐，亚硝酸盐进而可被肠杆菌降解形成氨和 N_2O，同时也可被降解形成 NO。在空气中 NO 被氧化成黄棕色的混合气体（NO_2，N_2O_3，N_2O_4）。而 NO 和 NO_2 对于肺组织具有损害作用，可造成急性肺炎。所以为了防止家畜接触这些有害的气体，不应将青贮池设置在离畜舍较近的地方。但青贮饲料中少量的亚硝酸盐对青贮饲料发酵品质有益，因为亚硝酸盐和 NO 对丁酸菌具有很好的抑制作用。

8. 丙酸杆菌

丙酸杆菌属于革兰氏阳性菌，兼性厌氧，最适生长温度为 30~37℃，最适 pH 为 7 左右，pH 低于 5.2 则不能正常生长。大多数丙酸杆菌可以在有一定空气的环境下生长。它能够利用葡萄糖和其他碳水化合物产生丙酸和乙酸，还可以利用乳酸生成丙酸，而且与糖类相比，丙酸杆菌优先利用乳酸。虽然丙酸有利于青贮饲料的保存，但是丙酸杆菌对青贮饲料的影响较小，因为丙酸杆菌活性较弱，对青贮饲料的乳酸发酵几乎无影响或只在很小的程度上有影响。有人研究使用丙酸杆菌作为青贮添加剂，利用其生产的丙酸来提高青贮饲料在有氧暴露期间的稳定性，以保存青贮饲料营养物质。

（二）青贮的发酵过程

青贮过程发生着复杂的反应，涉及大量的物理、化学和微生物学变化。大致可分为有氧发酵阶段、乳酸发酵阶段、稳定阶段和开启使用阶段。

1. 有氧发酵阶段

在有氧发酵阶段，主要进行植物呼吸作用和好氧微生物的繁殖。

新鲜青贮原料在青贮容器中压实密封后，植物细胞并未立即死亡，在 1~3d 仍进行呼吸作用，分解有机物质，直至青贮饲料内氧气消耗尽，呈厌氧状态时才停止呼吸。在这个阶段，植物体内的酶将复杂的碳水化合物（淀粉、半纤维素和果聚糖）转化为简单的糖类（水溶性碳水化合物）。然后，水溶性碳水化合物与氧气在植物酶的作用下被分解为二氧化碳和水。植物酶还可以将蛋白质转化为非蛋白氮化合物（多肽、氨基酸、氨基化合物和氨）。呼吸作用进行的时间与多种因素相关，如饲草本身特性、萎蔫时间、萎蔫条件、干物质含量、青贮温度、制作青贮的时间以及压实程度。

在这个阶段，除了植物本身的活动，附着在原料上的酵母菌、腐败菌、霉菌和醋酸菌等好氧或兼性厌氧微生物，利用植物细胞因受机械压榨而排出的富含可溶性碳水化合物的液汁，迅速进行繁殖。腐败菌、霉菌等繁殖最为强烈，它使青贮原料中蛋白质破坏，形成大量吲哚和气体以及少量醋酸等。好氧微生物活动结果以及植物细胞的呼吸，使得青贮原料间存在的少量氧气很快殆尽，形成厌氧环境。另外，植物细胞呼吸作用、酶氧化作用及微生物的活动还放出热量，厌氧和温暖的环境为乳酸菌发酵创造了条件。

但如果青贮原料中氧气过多，植物呼吸时间过长，好氧微生物活动旺盛，会使原料内温度升高，有时高达60℃左右，反而会削弱乳酸菌与其他微生物竞争的能力，使青贮饲料营养成分损失过多，青贮饲料品质下降。另外，若青贮饲料温度变得很高，还会发生蛋白质的热损害，蛋白质和氨基酸与半纤维素成分结合形成难以消化的聚合物（“人造木质素”），不能被宿主或瘤胃微生物消化。因此，青贮技术关键是尽可能缩短第一阶段时间，通过及时青贮和切短压紧密封从而减少呼吸作用和好氧微生物繁殖，以减少养分损失，提高青贮饲料质量。

2. 乳酸发酵阶段

厌氧条件形成后，加上其他适合乳酸菌繁殖的条件（一定的含糖量、65%~75%的含水量、19~37℃的温度），乳酸菌会迅速繁殖，在数量上逐渐形成绝对优势，并将可溶性碳水化合物通过一系列代谢过程转化成乳酸和其他有机酸，酸度增大，pH下降，抑制腐败菌和丁酸菌等有害菌的活动，甚至绝迹。当pH下降到4.2以下时，各种有害微生物都不能生存，就连乳酸链球菌的活动也受到抑制，只有乳酸杆菌存在。当pH为3时，乳酸杆菌也停止活动，乳酸发酵基本结束。乳酸发酵阶段是青贮发酵过程中最长的阶段，它会一直持续到所有微生物停止活动后而结束，一般情况下，糖分适宜原料发酵5~7d，微生物总数达高峰，其中以乳酸菌为主。糖分含量较高的玉米、高粱等青贮后20~30d就可以进入稳定阶段，豆科牧草则需要3个月以上，这个阶段的长短和青贮原料的含糖量和青贮条件有关。

如果青贮原料中糖分过少、水分含量较高或窖温偏高，pH下降速度太慢，青贮密封30d左右，丁酸菌会成为青贮过程中优势的微生物。通常情况，丁酸菌发酵造成青贮饲料pH升高至5.0~7.0，并且导致青贮饲料的干物质和能量损失，降低青贮饲料品质。

3. 稳定阶段

随着pH下降和乳酸菌活动的减弱，青贮会进入第三个阶段：稳定阶段。在此阶段，青贮饲料内各种微生物几乎停止活动，只有少量乳酸菌存在，青贮饲料中所有生物的和化学的过程都基本停止，营养物质一般不会再损失，青贮基本完成。只要厌氧和酸性环境不变，青贮饲料就可以贮存很长一段时间，在生产上发现至少可以维持到下一次收获季节。

4. 开启使用阶段

当青贮饲料开启使用后，青贮容器打开，氧气可以进入青贮设施表面，甚至达到青贮饲料1m深的内部。大量的有害微生物在氧气存在的环境下从休眠状态转换至生长状态，尤其是酵母菌和霉菌。有害菌的活动会引起青贮饲料有氧变质、发热、乳酸含量下降、pH升高，降低青贮饲料的饲用价值；同时，有氧腐败变质的青贮饲料中霉菌和霉菌毒素的存在会对牛奶的质量与安全以及人类和动物的健康造成严重的威胁。青贮饲料暴露在空气中后，酵母菌首先开始活动，通过降解乳酸，产生二氧化碳和水，并伴随着发热，酵母菌大量繁殖后，青贮饲料的pH升高，然后霉菌和其他需氧菌（如芽孢杆菌和单增李斯特菌）开始活动并进一步消耗青贮饲料中糖类和蛋白质等营养物质，导致有氧腐败损失。

五、青贮发酵过程营养物质的变化和损失

（一）青贮过程中营养物质的变化

1. 碳水化合物

在青贮的饲料中，只要有氧存在，且 pH 不发生急剧变化，植物呼吸酶就有活性，青贮饲料中的水溶性碳水化合物就会被氧化为二氧化碳和水。在正常青贮时，原料中水溶性碳水化合物，会被微生物发酵生成乳酸、乙酸以及乙醇等产物，其中主要是乳酸，同时释放出少量热量。另外，部分多糖也能被微生物发酵作用转化为有机酸，但纤维素仍然保持不变，半纤维素有少部分水解，生成的戊糖可发酵生成乳酸。

2. 蛋白质

正在生长的饲料作物，总氮中有 75%～90% 的氮以蛋白质的形式存在。收获后，植物蛋白酶会迅速将蛋白质水解为氨基酸，在 12～24h 内，总氮中有 20%～25% 被转化为非蛋白氮。青贮饲料中蛋白质的变化与 pH 的高低有密切关系，当 pH 小于 4.4 时，蛋白质因植物细胞酶的作用，部分蛋白质分解为氨基酸，且较稳定，并不造成损失。但当 pH 大于 4.4 时，由于腐败菌的活动，氨基酸便分解成氨、胺等非蛋白氮，使蛋白质受到损失。

3. 色素和维生素

青贮期间最明显的变化是饲料的颜色。有机酸作用于叶绿素，使其成为脱镁叶绿素，从而导致青贮饲料变为黄绿色。青贮饲料颜色的变化，通常在装贮后 3～7d 内发生。窖壁和表面青贮饲料常呈黑褐色。青贮温度过高时，青贮饲料也呈黑色，不能利用。

维生素 A 前体物 β-胡萝卜素的破坏与温度和氧化的程度有关。二者值均高时，β-胡萝卜素损失较多。但贮存较好的青贮饲料，β-胡萝卜素的损失一般低于 30%。

4. 有毒物质和抗营养因子

某些青贮原料中含有毒物质和抗营养因子，但经过青贮过程后其安全性明显升高。例如，硝酸盐、亚硝酸盐含量较高的青绿饲料经青贮后饲喂则比较安全，因为在青贮过程中微生物可将非蛋白氮硝酸盐和亚硝酸盐转化成微生物蛋白质；青贮可以降低单宁含量，减少其毒性；马铃薯茎叶中的龙葵素，经青贮后毒素减少或消失。另外，在青贮过程中微生物可以产生一些酶，如 β-葡聚糖酶可以有效地消除 β-葡聚糖的抗营养特性，提高饲料的利用率。

（二）青贮过程中营养物质的损失

青贮过程中，由于各种微生物和植物本身酶系统的作用，青贮饲料发生一系列生物化学变化，与青贮原料相比，青贮饲料的营养价值有所下降，干物质和蛋白质含量也有所减少。造成营养价值损失的因素包括制作过程中在田间各种机械作业造成的损失、植物进行呼吸氧化损失、微生物发酵损失、较高水分青贮渗流液损失、有氧变质造成的损失以及二次发酵等（表 4-4）。

表 4-4　　青贮过程中的能量损失及原因

青贮过程	能否避免	损失量/%	损失原因
植物呼吸	不可避免	1～2	植物酶
青贮发酵	不可避免	2～4	微生物

续表

青贮过程	能否避免	损失量/%	损失原因
汁液渗透	可避免	5~7	原料含水量
田间凋萎	可避免	2~5	天气、管理技术、饲草种类
二次发酵	可避免	0~20	原料、含水量、青贮设施、季节
贮存期间好气性变质	不可避免	0~10	装填时间、密度、青贮设施、密封状况、原料

资料来源：张秀芬，1992。

1. 田间损失

田间损失包括两部分，一部分是由于机械作业造成的损失，主要包括刈割、翻晒、搂草、运输和切碎过程中的各种损失，与天气、翻晒次数、青贮机械和饲草含水量有很大关系。另一部分是在田间晾晒过程中植物呼吸和微生物活动造成的损失，包括可溶性营养物质含量下降和干物质损失，主要是水溶性碳水化合物和易被水解为氨基酸的蛋白质的损失。通过刈割后直接青贮可以降低田间损失，在保证原料含水量适宜的前提下，刈割和青贮在同一天进行时，养分的损失极微，即使萎蔫期超过了24h，损失的养分也不足干物质的1%或2%。现在可以通过捡拾打捆裹包机实现高效率的田间作业，减少田间损失。但如果原料的含水量较高，可以通过田间晾晒的方法调节原料水分。这时，由于植物酶和微生物发酵的作用，造成田间晾晒损失增加，萎蔫期超过48h，则养分的损失较大，其程度取决于当地的气候状况。据报道，在田间萎蔫5d后，干物质的损失达6%。但只要田间晾晒的损失小于直接青贮不良发酵造成的损失，就应该进行田间晾晒，控制青贮过程中总损失。另外，萎蔫期青贮原料若遭遇淋雨，也会增加田间损失，且随降水量的加大而增加。

2. 氧化损失

刚完成装填的青贮饲料中，还残留氧气，植物细胞也没有死亡，有氧微生物还很活跃。在这个时期，植物细胞利用残留的氧气进行呼吸作用，将糖类物质转化成二氧化碳和水，同时释放大量的热能。在迅速填满并密封的青贮窖内，氧化损失较小，仅1%左右。但如果青贮设施内残存空气较多，呼吸作用的强度较大，持续时间也较长，原料中糖分和养分损失也较多。持续暴露在有氧环境中的青贮作物，如在青贮饲料表层和贴近墙壁约10cm或者更厚一层的青贮饲料往往因为发生霉变或者被污染而不能利用。

3. 发酵损失

发酵造成的损失取决于被发酵的养分和微生物的种类，一般认为，干物质的损失不会超过5%，而总能的损失则更少。因为有几种发酵产物比青贮发酵底物的总能量高，如乳酸菌发酵过程中形成了诸如己醇之类的高能化合物。而丁酸菌发酵时，由于产生了二氧化碳、氢气和氨气等气体，养分的损失高于乳酸发酵。

4. 渗流液损失

在青贮早期，由于压实、植物酶和微生物的作用，植物细胞被破坏，汁液会从细胞内释放出来，渗流液中不仅有水，还有一部分可溶性碳水化合物、有机酸、可溶性含氮化合物、矿物质等容易消化吸收的营养物质。饲草干物质含量是影响渗流液量的最重要因素。含水量85%的饲草，青贮渗流液的干物质损失可达10%，但将作物萎蔫至含水量70%左右时，产生的渗流液极少。因此，将青贮原料进行萎蔫，调节水分是减少渗流液的有效措施。

5. 有氧变质造成的损失

青贮饲料开启使用后，空气与发酵好的青贮饲料接触，饲料中的好氧细菌、霉菌大量生长繁殖，使一部分的青贮饲料发生霉变、窖内温度上升，导致青贮饲料的品质败坏。青贮饲料有氧变质的发生受到多种因素的影响，有几种情况容易增加有氧变质的概率，如原料切短长度不合适，切得过长，装填密度小；装填后没有压实；开启后，每天的取用量不合适，暴露在空气中的青贮饲料没有及时覆盖或覆盖不严等。

综上所述，在生产中，可以通过一些措施减少上述损失。选择优质的饲料作物并在最适收获阶段进行刈割，刈割后通过凋萎或者晾晒调节水分含量，或者通过混合青贮、添加剂来增加青贮饲料品质和控制青贮过程，保持青贮原料、青贮机械、青贮设施的卫生情况，注意每日取用方法，选择适宜的青贮设施以最大限度减少不必要损失。

六、影响青贮饲料品质的因素

在制作青贮饲料时，要使乳酸菌快速生长和繁殖，必须为乳酸菌创造良好的条件。有利于乳酸菌生长繁殖的条件是青贮原料具有一定的含糖量、适宜的含水量以及厌氧环境。

（一）青贮原料应有适当的含糖量

在影响青贮饲料发酵品质的化学因素（营养物质含量）中，最重要的是葡萄糖、果糖、蔗糖等可溶性碳水化合物含量。乳酸菌要产生足够数量的乳酸，必须有足够数量的可溶性碳水化合物，其含量越高，所产生的乳酸就越多，而产生的乙酸和丁酸含量就越低。若原料中可溶性碳水化合物很少，即使其他条件都具备，也不能调制成优质青贮饲料。

乳酸菌形成乳酸，使 pH 达到 4.2 时所需要的含糖量为青贮原料的最低需要含糖量。原料中实际含糖量大于最低需要含糖量，即为正青贮糖差，原料为正青贮糖差就容易青贮，且正数越大越易青贮；相反，原料中实际含糖量小于最低需要含糖量时，即为负青贮糖差，原料为负青贮糖差就难于青贮，且差值越大，则越不易青贮。

最低需要含糖量是根据饲料的缓冲度计算，即：

$$\text{饲料最低需要含糖量（\%）} = \text{饲料缓冲度} \times 1.7$$

饲料缓冲度是中和每 100g 全干饲料中的碱性元素，并使 pH 降低到 4.2 时所需的乳酸质量（g）。因青贮发酵消耗的葡萄糖只有 60% 变为乳酸，所以得 100/60 = 1.7 的系数，也即形成 1g 乳酸需葡萄糖 1.7g。

例如，玉米每 100g 干物质需 2.91g 乳酸，才能克服其中碱性元素和蛋白质等的缓冲作用，使其 pH 降低到 4.2，因此 2.91 是玉米的缓冲度，最低需要含糖量为 2.91%×1.7=4.95%。玉米的实际含糖量是 26.80%，青贮糖差为 21.85%。

紫花苜蓿的缓冲度是 5.58%，最低需要含糖量为 5.58%×1.7=9.50%，紫花苜蓿中的实际含糖量只有 3.72%，所以青贮糖差为-5.78%。豆科饲草青贮时，由于原料中含糖量低，乳酸菌不能正常大量繁殖，产乳酸量少，pH 不能降到 4.2 以下，会使腐败菌、丁酸菌等大量繁殖，导致青贮饲料腐败发臭，品质降低。因此要调制优良的青贮饲料，青贮原料中必须含有适当的糖量。一些青贮原料干物质中含糖量见表 4-5。

表 4-5　　一些青贮原料中干物质中含糖量

易于青贮原料			不易青贮原料		
饲料	青贮后 pH	含糖量/%	饲料	青贮后 pH	含糖量/%
玉米植株	3.5	26.8	紫花苜蓿	6.0	3.72
高粱植株	4.2	20.6	草木樨	6.6	4.50
菊芋植株	4.1	19.1	箭舌豌豆	5.8	3.62
向日葵植株	3.9	10.9	马铃薯茎叶	5.4	8.53
胡萝卜茎叶	4.2	16.8	黄瓜蔓	5.5	6.76
饲用甘蓝	3.9	24.9	西瓜蔓	6.5	7.38
芜菁	3.8	15.3	南瓜蔓	7.8	7.03

资料来源：王成章，1998。

一般说来，玉米、高粱、燕麦等禾本科饲料作物和饲草含糖量高，容易青贮；苜蓿、三叶草、草木樨等豆科饲料作物和饲草含糖量低，不易青贮，只能与其他易于青贮的原料混合青贮，添加乳酸菌、糖类、酸类等进行添加剂青贮和进行低水分青贮。

（二）青贮原料应有适宜的含水量

青贮原料的含水量受饲料作物或饲草类型、品种、收获期、生长环境和天气条件等诸多因素的影响。青贮原料的水分是决定青贮饲料发酵品质的主要因素之一，只有含水量适当，才能获得良好的乳酸发酵并减少营养物质损失。水分含量过高或过低，均会影响青贮发酵过程和青贮饲料的品质。如水分过低，青贮时难以踩紧压实，窖内留有较多空气，造成好氧菌大量繁殖，使饲料发霉腐败。水分过多，容易产生渗出液，营养直接流失（表 4-6）；细胞液中糖分过于稀释，不能满足乳酸菌发酵所要求的一定糖分浓度；易压实结块，利于丁酸菌的活动，影响营养价值和品质；贮存期间饲料中的蛋白质损失（分解为氨）也越多。

表 4-6　　青贮原料含水量与排汁量、干物质损失的关系

原料含水量/%	干物质含量/%	每 100kg 青贮原料中含量		排汁中干物质损失/%
		排汁量/kg	排汁中干物质量/kg	
84.5	15.5	21.0	1.05	6.7
82.5	17.5	13.0	0.65	3.7
80.0	20.0	6.0	0.30	1.5
78.0	22.0	4.0	0.20	0.9
75.0	25.0	1.0	0.05	0.2
70.0	30.0	0	0	0

不同种类青贮原料，适宜青贮的水分含量略有差异，全株玉米青贮时最适宜的水分含量为 65% 左右，苜蓿等豆科饲草适宜青贮的水分含量为 55%～65%，禾本科饲草适宜青贮的水分含量

为 60%～70%。青贮原料质地不同适宜青贮的水分含量也有差别，质地粗硬的原料含水量可达 80%，而收割早、幼嫩多汁的原料则以 60% 较合适。判断青贮原料水分含量的简单办法是将切碎的原料紧握手中，如果手指间有汁液流出，表明原料水分含量高于 75%；手自然松开后，若仍保持球状，手有湿印，其水分含量在 68%～75%；若草球慢慢膨胀，手上无湿印，其水分在 60%～67%，适于豆科饲草的青贮；若手松开后，草球立即膨胀，其水分为在 60% 以下，只适于幼嫩饲草或低水分青贮。

含水过高或过低的青贮原料，青贮时应处理或调节。对于水分过多的饲料，青贮前应稍晾干凋萎，使其水分含量达到要求后再青贮。例如，萎蔫是苜蓿青贮制作过程中非常重要的环节，过早收草会造成苜蓿青贮发酵时间延长，干物质损失严重，酸度过高，梭菌繁殖加快，蛋白质破坏，能量损失，消化率降低。收草过晚会造成青贮窖压实度差，易板结，稳定性差，适口性差，蛋白质损失过多，消化率低。为达到快速降低水分，使苜蓿萎蔫到干物质 35%～45%，同时收割机的压扁装置需要开启压扁苜蓿［图 4-19（1）］，这样可以防止叶片与茎干萎蔫不一致，从而造成叶片太干而脱落，导致苜蓿青贮蛋白损失浪费。这个阶段受到阳光和风的影响特别大，要依据天气情况观察萎蔫状态，萎蔫后可以用手抓一把苜蓿草，使劲拧［图 4-19（2）］，如果手上没有汁液沾手，则表示干物质大于 35%，可以收草。如凋萎后还不能达到适宜含水量，应添加干料进行混合青贮。也可以将含水量高的原料和低水分原料按适当比例混合青贮，如玉米秸和甘薯藤、甘薯藤和花生秧、玉米秸和紫花苜蓿是比较好的组合，但青贮的混合比例以含水量高的原料占 1/3 为适合。水分过低的青贮原料，可以加水将原料预先处理后再进行青贮。

（1）　　（2）

图 4-19　压扁苜蓿和萎蔫后含水量判断初花期

（三）适时刈割青贮原料

把握好各种原料的刈割时间，以保证原料的产量、营养价值、含水量等，进而保证青贮饲料的品质。以苜蓿为例，因其具有高蛋白、高缓冲、低糖的生物学特性，制作苜蓿青贮时需要充分了解其生物学特性，选择在蛋白沉积、含糖量最佳，产量最适宜，饲用价值最高的时候刈割。一般使用从中性洗涤纤维 35% 开始刈割，中性洗涤纤维 40% 结束。另一种方法是在末蕾期到初花期开始刈割。以对角为直线，在该线上选取 10 个点，每点划出 $1m^2$ 的范围，观察开花的苜蓿的比例。10 个点开花的平均值在 10%，即为初花期（图 4-20），此时制作青贮为宜。推迟刈割时间，会造成木质素含量高，饲用价值降低。如果刈割过早，会影响产量。所以抓住最佳的刈割期是制作高质量苜蓿青贮的基础。

图 4-20　苜蓿初花期

（四）控制作业速度

在青贮过程中，要把握“六快”原则，即快收、快运、快切、快装、快压、快封。小型青贮容器最好在一天内装满，并完成全部作业过程；大型青贮容器最好在 2~3d 内装满，并密封好。即使青贮面积较大时，也应尽量缩短青贮作业时间，一般控制在 1 周之内完成。

（五）保持卫生清洁

在青贮过程中，还应保证青贮原料与环境的清洁卫生，以确保青贮质量。为了提高青贮饲料的质量和延长其保存时间，也可以在原料中加入一定量的防腐剂（如甲酸），还可以添加一些营养元素（如尿素等）。另外，刈割时注意留茬高度，过高会降低收割的产量，过低会将泥土带入原料中，增加梭菌孢子数，增加青贮腐败的风险。同时由于根部的叶面无法接受到阳光，叶面上有更多的霉菌，增加青贮蛋白降解的概率，如图 4-21 所示。收割前需测量收割机的留茬高度，苜蓿建议留茬高度在 8~10cm，如图 4-22 所示，具体需要根据地面的平整度适度调整。

图 4-21　苜蓿根部

图 4-22　苜蓿留茬

（六）创造厌氧环境

青贮能否成功，在很大程度上取决于乳酸菌能否迅速而大量的繁殖。封闭厌氧条件下，乳酸菌生长繁殖旺盛；有氧条件下，不但乳酸菌不能活动，而且好氧细菌的繁殖对乳酸菌发酵也有不利影响。为了给乳酸菌创造良好的厌氧生长繁殖条件，须做到原料切短、装实压紧、青贮窖密封良好（图 4-23、图 4-24）。

图 4-23　切短

图 4-24　密封压实

（七）温度

青贮发酵的温度一般应控制在 19~37℃，以 25~30℃ 较为适宜。温度过高或过低，都不利于乳酸菌的生长和繁殖。青贮过程中温度过高，乳酸菌会停止繁殖，导致青贮饲料糖分损失，维生素破坏。青贮温度过低，青贮成熟时间延长，青贮饲料品质也会下降。具体方法如下：缩短青贮原料装贮时间，在 1~2d 装好密封；在饲料装贮时，要压紧密封，防止空气进入；青贮容器必须远离热源，且防止阳光直晒。

七、青贮容器

（一）青贮容器的分类

青贮过程中用于装填保存青贮饲料的器具或建筑物称为青贮容器。青贮容器的种类繁多，大体上可分为实验室青贮容器和生产用青贮容器两大类。生产用青贮容器主要有堆积式青贮、青贮塔、青贮窖、青贮壕、拉伸膜裹包青贮和塑料袋青贮等。

1. 堆积式青贮

堆积式青贮（青贮堆）没有固定的地点，一般建在平坦干燥、地表坚硬的地面，预先铺 1~2 层塑料膜，然后在上面堆放青贮原料并逐层堆积压实，垛成堆，青贮堆的四边呈斜坡，然后用一块完整的塑料膜覆盖，并将其四周与堆底铺垫的塑料膜重叠黏合，用密封带或其他方法密封起来，然后在垛顶和青贮堆周围压上旧轮胎或者沙袋等重物，隔绝空气，形成密闭环境以促进发酵，降低氧化损失。为加速形成厌氧环境，可以采用真空泵抽出堆内空气。塑料膜一般使用农用塑料薄膜，但其使用年限短，也可使用特制的专用青贮黑白膜。如果青贮堆密封得好，大约 30d 可以调制成优质的青贮饲料。堆积式青贮最大优点是青贮容器投资较小，贮存地点也十分灵活，简单易行，贮多贮少都行，效果好，成本低。缺点是生产中很难真正做到压实密封，使青贮饲料的质量难以得到保证，青贮后的管理也较难。

2. 青贮塔

青贮塔是地上的圆筒形建筑，一般用砖和混凝土修建而成，对建造质量要求高，需要专业技术人员进行设计和施工，适于机械化水平较高、饲养规模较大、经济条件较好的养殖场使用。青贮塔的高度应不小于其直径的2倍，不大于直径的3.5倍，一般塔高12~14m，直径3.5~6.0m，在塔身一侧每隔2m高开一个0.6m×0.6m的窗口，装填青贮原料时关闭，取料或空闲时打开。青贮塔在装填完成后，可以使用真空泵抽尽塔内空气，制造良好的厌氧环境，最大限度保存养分。青贮过程中，由于受到自身挤压，青贮饲料将汁液排向塔底，底部需要装有排液装置，塔顶安装呼吸装置，使塔内保持常压状态。

青贮塔通常建造于地势低洼及地下水位较高的地区，其优点是构造坚固、经久耐用、占地面积小，青贮饲料养分损失少、质量较高，适合于各种环境条件下的青贮制作。缺点是单位容积造价高，只能依赖机械装填。

3. 青贮窖

青贮窖是我国农村、牧区应用较为普遍的一种青贮容器，修建方式有地下式及半地下式2种，地下式青贮窖适于地下水位较低、土质较好的地区，半地下式青贮窖适于地下水位较高或土质较差的地区。根据使用年限可分为永久性青贮窖和半永久性青贮窖，永久性青贮窖用混凝土建成，内壁光滑，坚固耐用，不透气，不漏水；半永久性青贮窖只是一个土坑，青贮时四周要铺垫塑料薄膜，第二年再使用时，要清除上年残留的饲料和泥土，铲去窖壁旧土层，注意消毒，以防杂菌污染。形状有圆形和长方形，圆形青贮窖占地面积小、容积大，生产中常做成上大下小，便于压紧，圆形青贮窖使用时需要将窖顶泥土掀开，窖口大、不易管理，若用量少，冬季青贮饲料容易结冻，夏季易霉变；长方形青贮窖窖底应有一定坡度，以利于取用完的部分雨水能流出，开窖可从一端启用，从上到下、逐层逐段取用，便于管理，但长方形青贮窖占地面积较大，一般圆形青贮窖直径2m、深3m，直径与窖深之比以1∶（1.5~2.0）为宜，长方形青贮窖的宽深之比为1∶（1.5~2.0），长度根据家畜头数和饲料多少而定。

青贮窖的主要优点是造价较低，作业比较方便，既可人工作业，也可以机械化作业；青贮窖可大可小，能适应不同的生产规模；缺点是贮存损失大。

4. 青贮壕

青贮壕是指大型的壕沟式青贮设备，适用于大规模饲养场使用，是使用较广泛的青贮设施。一般分为地下式、半地下式和地上式3种。地上式青贮壕是在平地上建起平行的两面水泥墙，墙之间就形成了青贮壕，这种地上式青贮壕更利于机械化作业，也便于排水。青贮壕的一端或两端呈斜坡状，大型青贮壕还应建有排水设施，便于排除雨水和原料渗出液。青贮壕的建造追求“平”“直”“弧”。“平”是指青贮壕的壕壁平整，防止填入青贮原料后出现空隙，造成霉变；“直”是指壕壁上下垂直不倾斜；“弧”是指侧壁与壕底最好呈现弧形，若建成的青贮壕侧壁与壕底呈现直角，可能造成青贮原料压实程度不够，交界处发生霉变。

青贮壕的优点是造价低，对建筑材料要求不高，便于大规模机械化操作，方便装填压实和取料，并可从一端开启取用。缺点是密封面积大、营养损失率较高，冬季青贮饲料结成冰块，夏季易发生二次发酵，在恶劣的天气条件下，不容易取用。

5. 拉伸膜裹包青贮

拉伸膜裹包青贮是将切短的青贮原料用打捆机进行高密度压实打捆，然后用青贮专用拉伸膜将草捆裹包密封，厌氧发酵后形成的优质草料，该技术已在世界范围内广泛使用。

拉伸膜裹包青贮的优点是损失浪费极小，青贮质量较好；单包重量小，开包即喂，可防止二次发酵；运输贮存方便，运输过程中不会变质，有利于青贮加工产业化的发展。缺点是制作成本较高，对青贮包装材料和作业机械有一定要求，所用的塑料拉伸回缩膜是专门为裹包青贮所研制，成本较高，该拉伸膜厚度较小，在生产、贮存和运输过程中易破损，可导致有氧腐败，造成青贮损失；裹包青贮需特定的配套机械设备，如打捆机和裹包机等，资金投入较高。

6. 塑料袋青贮

塑料袋青贮是将含水量为60%左右的青贮原料，装入厚质塑料袋中，压实装满，排除袋内空气，扎紧袋口完成密封，并进行青贮。根据塑料袋的容积大小，可分为小型塑料袋青贮和大型塑料袋青贮。

小型塑料袋青贮所用塑料袋应具有较强的抗拉伸性、抗穿透性和抗撕裂性，且材质化学性质稳定、密封性好、对家畜无毒无害，在生产中可使用专用青贮袋，不易老化，能够重复使用。一般每袋重量最好不超过150kg，以便运输和饲喂，装好后堆积在防风、避雨、避光和不容易遭受损坏的地点，存放过程中要注意防止鼠害和鸟害。其优点是制作简单、青贮容量可大可小、存放地点灵活、节省人力物力等，缺点是生产效率较低。

大型塑料袋青贮适合大批量青贮，使用袋式灌装机将切短的青贮原料高密度地装入专用青贮袋中，在厌氧条件下进行发酵。其优点是生产效率较高、可以实现规模化生产，缺点是青贮袋在存放过程中可能发生损坏，需要及时用黏结剂进行修补。

（二）青贮容器的要求及容量估测

青贮窖、青贮壕等都需要经过一定的土木建设工程来建造，青贮容器的建设应注意以下几点：

（1）场址要选择在地势高燥、地下水位较低、距畜舍较近而又远离水源和粪污的地方；

（2）装填青贮饲料的固定式建筑物要坚固耐用、不透气、不漏水，墙壁垂直光滑，尽量利用当地建筑材料，以节约建造成本；

（3）北方寒冷地区的青贮设施应有防冻作用；

（4）在多雨地区，可以搭棚，以降低雨淋在青贮过程带来的损失。

青贮容器的大小要与青贮原料的种类和水分含量、饲喂动物的种类和数量、饲喂时间的长短相一致，大小合适的青贮容器更易获得高品质的青贮饲料。

青贮建筑物容积可参考下列公式计算：

$$圆形窖（塔）的容积=3.14\times 半径^2\times 深度$$

$$长方形窖的容积=长\times 宽\times 深$$

各种青贮原料的单位容积质量因原料的种类、含水量、切碎和踩实程度不同而不同。一般来说，叶菜类、紫云英、甘薯块根为800kg/m^3，甘薯藤为700~750kg/m^3，牧草、野草为600kg/m^3，全株玉米为600kg/m^3，青贮玉米秸为450~500kg/m^3。

八、常规青贮

常规青贮是将含水量为60%~70%的青贮原料进行调制，是目前应用最广泛的青贮方式，其原理是利用乳酸菌制造的酸性环境抑制有害菌生长繁殖，达到保存营养物质的目的。常规青贮的操作要点，概括起来要做到“六随三要”，即随割、随运、随切、随装、随踩、随封，连续进行，一次完成；原料要切短、装填要踩实、窖顶要封严。

（一）原料的适时收割

青贮原料的收获时期是影响其发酵品质和营养价值的重要因素。确定适宜的收割时期，除了要考虑青贮原料生育期营养物质的变化外，还需了解单位面积的产量。收割过早，蛋白质、脂肪和矿物质含量较高，但单位种植面积的营养物质总量较低，同时调制的青贮饲料较难获得良好的发酵品质；收割过迟，青贮原料的产量增加，但青贮饲料营养价值和牲畜的采食量下降；适期收割，不但可以在单位面积上获得最大的营养物质产量，而且水分和可溶性碳水化合物含量适当，有利于乳酸发酵，易于制成优质青贮饲料。整株玉米青贮在籽粒达到乳熟后期至蜡熟前期为最佳收获期，此时乳线至籽粒1/2~3/4处，全株干物质含量为25%~35%。收获果穗后的玉米秸青贮，宜在玉米果穗成熟、玉米茎叶仅有下部1~2片叶枯黄时，立即收割玉米秸青贮。青贮高粱在乳熟期带穗收割。燕麦在孕穗期收割，其干物质含量在16%~20%，再萎蔫到30%~35%，此时收贮的燕麦青贮蛋白能够达到10%~14%，中性洗涤纤维小于38%，具有更好的适口性，单产较低；如果要获得更高的淀粉含量时，则灌浆期收割，其淀粉含量可达15%~20%，中性洗涤纤维大于40%，适口性相对较差，产量相对较高。从经济角度考虑，建议燕麦灌浆期收割青贮。豆科牧草宜在现蕾期至开花初期进行收割；禾本科牧草在孕穗至抽穗期收割；甘薯藤、马铃薯茎叶在收薯前1~2d或霜前收割。在原料收获时，需综合考虑原料的种类和品种，从实际情况出发，确定最佳收割时期。

（二）切短

原料的切短和压裂是促进乳酸发酵的重要措施。适宜的切碎长度可有效释放细胞渗出液，易于排除青贮窖内的空气，节约装填踩压的时间，增加青贮装填密度，便于青贮添加剂搅拌均匀，有效促进乳酸菌生长繁殖，增加获得高品质青贮饲料的可能性。切碎的青贮饲料还有利于家畜采食，提高青贮饲料的利用率。

少量青贮原料的切短可用人工铡草机，大规模青贮可用青贮切碎机。大型青贮切碎机每小时可切5~6t，最高可切割8~12t。小型切草机每小时可切250~800kg。若条件具备，可使用青贮玉米联合收获机，在田内通过机器一次完成割、切作业，然后送回装入青贮窖内，功效大大提高。切碎的程度取决于原料的粗细、软硬程度、含水量、饲喂家畜的种类等。对牛、羊等反刍动物而言，禾本科牧草和豆科牧草及叶菜类切成2~3cm，玉米和向日葵等粗茎植物切成0.5~2cm，柔软幼嫩的牧草可切得再长一些。对于猪和家禽而言，切得越短越好。另外，揉丝切碎也是一种很好的切碎方式，并能够增加青贮原料的压实密度。对于全株玉米青贮，切碎的同时还应该破碎玉米籽粒，并且破碎料需达到90%以上，以提高籽粒中淀粉的利用率。

（三）装填压实

切短的青贮饲料在青贮容器中要装匀和压实，装填速度越快，压实密度越大，营养损失越小，青贮饲料的品质越好。装填时应逐层装入，小型青贮窖可人工踩压，每层装填15~20cm，大型青贮窖可机械压实，每层装填20~30cm，压实后再继续装填，直到完成整个容器的装填压实。一般小型青贮窖当天完成装填，大型窖2~3d内装填压实。青贮原料紧实程度是影响青贮成败的关键因素之一，青贮压实较好，发酵完成后饲料下沉不超过深度的10%。

用拖拉机压实时要注意不要带进泥土、油垢、金属等污染物，四角与靠壁等机械压不到的地方，可人工踩压，以减少空气残留，以利于乳酸菌的繁殖和抑制好氧性微生物的活力。另外，在装填前，先将窖或塔打扫干净，窖底部可铺一层10~15cm切短的干秸秆或软草，以便吸收青贮渗流液。若为土窖或四壁密封不好，可铺塑料薄膜。

（四）密封

青贮原料装填压实后应严密封窖，防止漏水漏气。青贮容器密封不好，进入空气或水分，有利于腐败菌、霉菌等繁殖，使青贮饲料变坏。青贮容器不同，其密封和覆盖方法也有所不同。以青贮窖为例，在填满窖后，先在上面盖一层切短的秸秆或青干草（厚10~20cm），草上覆盖双层塑料薄膜，底层为无害的薄膜，顶层为密封性较好的塑料，再压上旧轮胎或者用土覆盖，窖顶呈弧线，以利于及时排雨水，窖四周挖排水沟，便于雨水或者渗流液的排出。封窖后应经常检查密封情况，窖顶下沉有裂缝时，应及时覆土压实封严。

九、低水分青贮

（一）低水分青贮的原理

低水分青贮也称半干青贮，是将青贮原料经风干后水分含量降低至45%~60%，植物细胞的渗透压达55×10^5~60×10^5Pa时，切碎、装填、密封至青贮窖内，在这种细胞接近于生理干燥状态和厌氧环境下，腐败菌、丁酸菌和霉菌的生长繁殖受到限制，虽然青贮原料的低水分含量也使乳酸菌发酵受到一定的限制，但与其他微生物相比，乳酸菌受到的抑制作用相对较轻，乳酸菌发酵仍能在一定程度上进行，青贮达到稳定时乳酸在总酸中的比例占绝对优势。低水分青贮过程中，微生物活性较弱、蛋白质分解少，有机酸产生量较少，pH下降缓慢，且很难降至常规青贮的水平，达到稳定状态时pH为4.4~4.6。

（二）低水分青贮的优点

1. 适应范围广

在低水分青贮中，原料中可溶性碳水化合物含量的多少，最终pH的高低已不起主要作用，可溶性碳水化合物含量低、不易青贮的豆科牧草如苜蓿、三叶草尤其适合调制成低水分青贮饲料。

2. 发酵品质良好。

优质青贮饲料的标准是乳酸含量占总酸的比例较大，而丁酸和氨态氮的生成量少，由于低水分青贮调制过程中非常不利于丁酸菌的繁殖，因此低水分青贮饲料中几乎不存在丁酸，并且氨态氮含量极少，可避免高水分饲草青贮调制时发生的腐败现象，能获得品质优良的青贮饲料。

3. 可消化养分含量较高

与干草调制和常规青贮相比，低水分青贮能保存更多的养分。调制干草常因脱叶、氧化、日晒等使作用养分损失15%~30%，胡萝卜素损失90%；而低水分青贮只损失养分10%~15%。另外，和常规青贮相比，低水分青贮发酵过程较慢，同时抑制了蛋白质水解和丁酸的形成，养分损失较少。

4. 干物质摄取量大，饲喂效果好

低水分青贮干物质含量较高，牲畜采食量显著高于同样原料调制的常规青贮的采食量。多数试验表明，低水分青贮的增重效果比常规青贮要好，牲畜产奶量也较高。

5. 避免营养物质的流失

当青贮原料水分含量低至60%左右时，几乎不存在渗流液，因此低水分青贮避免了渗流液损失，减少了可溶性碳水化合物、可溶性含氮化合物及矿物质等极易被家畜消化的营养成分的损失。

（三）低水分青贮的缺点

调制低水分青贮的关键是控制原料中水分含量，青绿饲料刈割后需要晾晒萎蔫，为了降低养分损失，晾晒萎蔫的时间越短越好，但如果遇到阴雨天、空气湿度高的天气，青贮原料的水分较难降低。因此，低水分青贮的调制需要一定的气候条件。

（四）低水分青贮的调制技术

低水分青贮与常规青贮的调制方法基本相同，区别在于饲草刈割后，需平铺在地面上，在田间晾晒1~2d，使青贮原料迅速风干，要求在刈割后24~30h内，豆科牧草含水量应达50%，禾本科达45%。因此，需根据天气情况选择和安排适宜的饲草刈割时期，尽量避开阴雨天气。

低水分青贮原料必须短于常规青贮，原料的含水量越低，应切得越短，理论上饲草适宜的切碎长度为1~2.5cm，最好在1cm左右，同时要求有15%的草段大于2.5cm，以确保给反刍家畜提供足量的有效纤维含量。原料的装填要遵循快速而压实的原则，装填必须比常规青贮更紧实，才能造成厌氧环境以提高青贮品质。

十、青贮添加剂

进行常规青贮时，青贮原料必须满足以下几点要求：第一，应含有适量以可溶性碳水化合物形式存在的发酵基质；第二，干物质含量应超过原料重量的20%；第三，应有较低的缓冲能力；第四，应具有在青贮容器中容易被压实的物理结构。如果青贮原料不易青贮或青贮失败风险较大时，可以使用青贮添加剂以改善青贮饲料的发酵质量，减少青贮过程中营养的损失，提升青贮饲料的品质。

添加剂青贮的步骤和常规青贮的方法基本一致，只需在装填过程中加入一种或多种添加剂，以提高青贮质量。使用青贮添加剂的目的，一是直接降低青贮原料的pH，快速酸化饲料，直接形成适合乳酸菌繁殖的环境，使乳酸菌在短时间内大量繁殖，抑制有害微生物的活动；二是补充原料中可溶性碳水化合物含量，满足乳酸菌发酵所需的底物浓度；三是增加初始状态乳酸菌的数量，使其快速形成优势菌群，降低青贮过程中的营养损失；四是改善青贮饲料的营养价值和适口性。对于可溶性碳水化合物含量低、含水量高、不易青贮的原料，利用添加剂青贮尤为重要。青贮添加剂使用历史悠久，种类繁多，根据其作用效果可分为5种：发酵促进剂、发酵抑制剂、好气性变质抑制剂、营养性添加剂和吸收剂（表4-7）。

表4-7　青贮添加剂的分类

发酵促进剂		发酵抑制剂		好气性变质抑制剂	营养性添加剂	吸收剂
生物制剂	碳水化合物	酸	其他			
乳酸菌	葡萄糖	无机酸	甲醛	乳酸菌	尿素	大麦
绿汁发酵液	蔗糖	甲酸	多聚甲醛	丙酸	氨	秸秆
纤维素酶	糖蜜	乙酸	亚硝酸钠	己酸	双缩脲	稻草
半纤维素酶	谷类	乳酸	二氧化硫	山梨酸	矿物质	聚合物
淀粉酶	乳清	安息香酸	硫代硫酸钠	氨		甜菜粕
	甜菜渣	硫酸	氯化钠			斑脱土
	柑橘渣	丙烯酸	二氧化碳			
	苹果渣	羟基乙酸	二硫化碳			
	菠萝渣	柠檬酸	抗生素			
		山梨酸	氢氧化钠			

(一) 发酵促进剂

发酵促进剂主要包括乳酸菌制剂、酶制剂、绿汁发酵液、糖类及含糖量高的饲料，其主要作用是促进乳酸菌发酵，快速产生大量乳酸，降低 pH，从而抑制有害微生物的繁殖。

1. 乳酸菌制剂

青贮饲料发酵质量在很大程度上取决于青贮原料中的微生物群落组成。当青贮原料表面附着的乳酸菌数量较少时，添加乳酸菌制剂可以保证初期发酵所需的乳酸菌数量，尽早进入乳酸发酵阶段，这对提高青贮发酵品质、营养价值以及有氧稳定性至关重要。生产实践中乳酸菌的接种效果受菌种类型、接种量、青贮原料中可溶性碳水化合物含量等多种因素的影响，常采用乳酸菌制剂与其他发酵物质或菌剂混合添加以增强发酵效果。

添加同型发酵或兼性异型发酵乳酸菌可以迅速降低 pH 和增加乳酸产量，达到缩短发酵时间、抑制不良微生物活动的作用，从而提高青贮发酵品质，此类乳酸菌主要有植物乳杆菌、嗜酸乳杆菌、屎肠球菌、乳酸片球菌和戊糖片球菌等；添加专性异型发酵乳酸菌虽产酸速度较慢，但可以同时产生乳酸和乙酸，而乙酸可以在有氧阶段抑制有害微生物的生长，提高青贮饲料的有氧稳定性，抑制二次发酵的产生，主要菌种有布氏乳杆菌和短乳杆菌等。另外还有一些具有纤维素酶活性的乳酸菌具有提高青贮饲料纤维品质作用。

调制青贮的专用乳酸菌添加剂应具备如下特点：生长旺盛，在与其他微生物的竞争中占主导地位；具有耐酸性，能尽快使 pH 降至 4.0 以下；能利用葡萄糖、果糖、蔗糖和果聚糖发酵，可以利用戊糖发酵则更好；生长繁殖温度范围广；在低水分条件下也能生长繁殖。

2. 绿汁发酵液

绿汁发酵液是近年来研制出的一种青贮添加剂，是一种乳酸菌制剂的替代品，将新鲜的饲草榨汁并过滤，然后在滤液中加入适量的糖，通过厌氧发酵培养植株上的固有乳酸菌以达到乳酸菌迅速增殖的目的而制得。绿汁发酵液制作成本低廉、工艺流程简单经济，无污染，具有绿色、安全和有效的特点。在青贮饲料中添加绿汁发酵剂，可以促进乳酸发酵并迅速降低青贮饲料 pH、抑制丁酸菌活动，减少蛋白质损失，提高干物质回收率和粗蛋白含量，且其添加效果不受青贮原料、干物质含量及青贮条件影响。

3. 酶制剂

有一部分饲草中纤维素、半纤维素以及木质素等含量较高（如羊草、多年生黑麦草等），只有将其分解成单糖后才能被乳酸菌利用，同时有利于提高青贮饲料的消化率。而酶制剂就是用来分解饲草中复杂的碳水化合物，使其成为简单的糖，促进青贮发酵，提升发酵品质。商业用酶制剂通常是多种活性酶组合，很少将某种单一的酶作为添加剂，且一般是酶制剂与接种物配合使用。青贮饲料中使用的酶制剂成分中有纤维素酶、半纤维素酶、淀粉酶以及果胶酶等，但主要是纤维素酶。纤维素酶是由真菌或细菌产生的一种多酶复合体，含有多种降解细胞壁的酶组分。

4. 糖类和富含糖分的饲料

一般来说，当新鲜饲草中可溶性碳水化合物含量在 2.5% 以上时，制作出的青贮饲料较为优良。因此，当青贮原料中可溶性碳水化合物含量较低时，需添加可溶性碳水化合物较高的添加剂使其可溶性碳水化合物含量大于 2.5%，进而改善青贮发酵的效果。这类添加剂包括糖蜜、水果渣、谷类及其副产品、葡萄糖、蔗糖等。

糖蜜是甘蔗、甜菜等制糖工业的副产品，含糖量一般在 46%～65%。添加糖蜜的作用主要是补充青贮原料的含糖量，促进乳酸菌的发酵。另外，糖蜜中所含的养分也是家畜营养源，且能提高青贮原料的消化率。糖蜜添加量要根据青贮原料的含糖量而定，禾本科原料添加 4% 左右，豆科、秸秆原料添加 6% 左右，因其黏度较大，一般将其与水混合使用。

柑橘渣、苹果渣和菠萝渣等果蔬饮料副产物，也可作为青贮时可溶性碳水化合物的来源。但此类添加剂具有很强的季节性和地域性，且较难与切碎的青贮原料混匀，含水量较高、干物质含量低，在使用时可能增加青贮饲料营养成分流失的风险。

谷物及其副产品中含有较高含量的可溶性碳水化合物，常作为青贮添加剂用于促进乳酸发酵过程，改善青贮饲料的质量。尤其是糠麸类等副产品，具有来源广泛、价格低廉、糖分含量高等优点，在使用过程中还可降低青贮原料的水分含量。

葡萄糖和蔗糖也是很好的糖类添加剂。葡萄糖可以直接为乳酸菌发酵提供底物，且效果良好，但因其价格较高，性价比较低，不适合在生产中大量使用。半干青贮添加蔗糖会使青贮饲料中氨态氮含量增加，粗蛋白质含量降低，因此半干青贮不适合将蔗糖作为添加剂。

（二）发酵抑制剂

发酵抑制剂主要包括无机酸、有机酸及甲醛等，其主要作用是抑制青贮发酵过程中好氧微生物的活力及腐败菌的发酵，迅速降低青贮饲料的 pH，从而有效防止青贮饲料发霉变质，起到保存饲料营养价值的目的。

1. 无机酸

无机酸添加剂有硫酸、盐酸和磷酸等，主要用于高水分的青贮原料，可抑制细胞活性，使植物细胞停止呼吸作用，从而使不良微生物被杀死，使 pH 快速降至 4.2 以下。但因其对青贮设备有腐蚀作用，环境污染严重，适口性较差，影响家畜骨骼发育，且易引起动物体内酸碱度失衡、采食量降低、生长性能下降等，目前在青贮中使用较少。

2. 有机酸

（1）甲酸　甲酸又称蚁酸，为有机酸中降低 pH 最强的一种，并具有一定的抗菌功能，适合在含糖量低或者蛋白质含量较高的饲草青贮中使用。添加甲酸能抑制植物的呼吸作用，迅速降低青贮原料的 pH，减弱不良微生物的活动，抑制蛋白水解酶活性，提高蛋白质的利用率，降低丁酸和氨态氮的生成，增加可溶性碳水化合物和真蛋白质含量，把营养物质的降解限制在最低水平。添加甲酸也会抑制乳酸菌的发酵，减少乳酸和总酸含量。甲酸的用量随其浓度、青贮难易程度和青贮原料的不同而不尽相同，添加质量分数为 85% 的甲酸，禾本科饲草添加量为湿重的 0.3%，豆科饲草为 0.5%，混播饲草为 0.4%。甲酸易挥发，对皮肤、眼睛和青贮容器具有一定的腐蚀性，因此操作时要有保护措施，如戴口罩、手套、眼镜，穿防护服装等。青贮中使用的甲酸盐主要有甲酸钠、甲酸钙和四甲酸铵。甲酸盐的酸化效果较差，但能够有效抑制丁酸菌，且腐蚀性较低，生产中使用时需要比游离酸更高的比例。

（2）乙酸　乙酸为一种较弱的有机酸，也可以降低青贮原料的 pH，抑制不良微生物的生长，减少发酵过程中的营养损失，其青贮添加量为 0.5%～2.0%。同时乙酸是反刍动物合成脂肪的主要前体物质，但乙酸浓度过高会影响动物的采食量。双乙酸钠是乙酸钠和乙酸的复合物，略带醋酸味，对真菌、霉菌和细菌均有抑制作用，可改善青贮品质，达到保鲜目的。

（3）丙酸　丙酸相对于甲酸和乙酸而言，酸性较弱，但其抗真菌活性最强，能抑制酵母菌、霉菌和其他需氧微生物的生长，但作为发酵剂效果不如甲酸，其用量为青贮原料的 0.5%～1.0%。添加丙酸可减少青贮原料的发酵和氨态氮的形成，降低青贮原料的温度，促进乳酸菌的发酵。苜蓿、黑麦草青贮时添加丙酸，其干物质和蛋白质的消化率会明显提高。丙酸盐的效果与其在水中的可溶性有紧密的关系，溶解性越好，抑制真菌的能力就越强，丙酸铵溶解性相对较高。

3. 甲醛

甲醛是一种常用的青贮发酵抑制剂，可以抑制青贮过程中各种微生物的活动，抑制杂菌腐败，改善青贮饲料的结构和色泽等感官性状。此外，甲醛还能和蛋白质结合，有效减缓青贮饲料粗蛋白质的降解。质量分数40%的甲醛水溶液俗称福尔马林，常用于消毒和防腐，在青贮饲料中福尔马林的添加量为0.15%~0.30%。但甲醛异味大，影响适口性，过量添加甲醛会使家畜采食量和消化率降低。

（三）好气性变质抑制剂

好气性变质抑制剂有乳酸菌制剂、丙酸、己酸、山梨酸和氨等。在饲草或玉米中添加丙酸调制青贮饲料，单位鲜重添加0.3%~0.5%时有效，而增加到1.0%时效果更明显。青贮饲料添加氨水后，对酵母菌、霉菌等有抑制作用，从而延长贮存期。另外，氨水还能破坏木质素和其他多糖（纤维素、半纤维素）间的酯键，提高家畜对干物质和纤维素的消化率。

（四）营养性添加剂

营养性添加剂主要用于改善青贮饲料营养价值，某些营养性添加剂还对青贮发酵有促进作用。

1. 非蛋白氮类添加剂

非蛋白氮类添加剂多为含氮化合物，如尿素、硫酸铵、氨水、磷酸脲等，这些物质通过微生物的作用形成菌体蛋白质，可提高青贮饲料粗蛋白含量。目前此类添加剂中应用最广的是尿素，在含糖量较高而粗蛋白含量较低的原料中使用，均可获得较为理想的青贮效果。尿素的添加量为青贮原料质量的0.5%，青贮后每千克青贮饲料中增加消化蛋白质8~11g。添加尿素后使青贮饲料的pH、乳酸、乙酸、粗蛋白、真蛋白质以及游离氨基酸含量提高。氨的增多增加了青贮缓冲能力，导致pH略微上升，但仍低于4.2。添加尿素获得的优良青贮饲料对动物的生长起到促进作用，不会对动物健康造成影响。另外，磷酸脲也是一种较好的营养性添加剂，可同时补充氮元素和磷元素，且能中和氨，达到缓慢降解氨的目的。在青贮原料中添加0.35%~0.4%的磷酸脲，可提高青贮饲料中胡萝卜素含量，青贮饲料酸味较淡，色嫩黄绿，叶脉清晰。

2. 矿物质添加剂

在反刍动物生长发育过程中，矿物质作为必要的营养元素起着不可替代的作用，而青贮原料中的矿物质含量常较低，在青贮过程中添加一些矿物质添加剂，如食盐、硫酸钠、碳酸钙等，均可起到补充青贮饲料中矿物质含量的作用。青贮原料在水分含量较低、质地较硬时，细胞汁液较难渗出，此时在青贮饲料中添加0.3%~0.5%的食盐，可促使植物细胞汁液渗出，促进乳酸菌发酵，提高青贮品质，同时可提高青贮饲料的渗透压，抑制丁酸菌的活动，减少丁酸菌对蛋白质的降解。另外，硫酸钠的添加可将饲料中的含硫氨基酸含量提升2倍；碳酸钙在补充饲料中钙元素的同时，还可缓冲饲料的酸度。

（五）吸收剂

吸收剂主要用来吸收青贮发酵时产生的渗流液，以减少青贮损失，提高青贮饲料的品质。当青贮原料中干物质含量低于20%时，需要考虑使用吸收剂，常用的吸收剂主要有禾谷类及其副产品、干草、秸秆类、甜菜渣等。

第二节　秸秆的碱化和氨化

秸秆是成熟农作物茎叶（穗）部分的总称，通常指小麦、水稻、玉米、薯类、油菜、棉花、甘蔗和其他农作物（通常为粗粮）在收获籽实后的剩余部分。广义上也包括农产品加工后的剩余产品。按照作物种类，可将秸秆分为大田作物秸秆和园艺作物秸秆。大田作物秸秆包括禾谷类作物秸秆、豆类作物秸秆和薯类作物秸秆等粮食作物秸秆，以及纤维类作物秸秆、油料类作物秸秆、糖料类作物秸秆等经济作物秸秆。再往下分就是每个具体作物的秸秆，如小麦秸秆、玉米秸秆等。园艺作物秸秆包括草本的蔬菜、果树和花卉作物的秸秆，但不包括苹果、桃等木本植物修剪或其他操作产生的剩余物。目前，在“农作物秸秆综合利用”中所说的作物秸秆仅指大田作物秸秆。

2022 年我国秸秆理论资源量为 9.77 亿 t，其中稻草为 2.2 亿 t，小麦秸秆为 1.75 亿 t；玉米秸秆为 3.4 亿 t；棉秸秆为 2100 万 t；油料秸秆为 4200 万 t；豆类秸秆为 3600 万 t；薯类秸秆为 2200 万 t。据统计，2021 年我国超过 80% 的秸秆均适用于加工饲喂，但实际用作饲料的比例较低，见表 4-8。秸秆作为还田肥料高达 54.4%，在增肥增产、节约成本的优点背后也存在因过量秸秆直接还田，其腐烂、分解会产生过多有机酸，会严重损害作物根系，增加病虫害、土壤过松出苗率低、发酵时间长播种困难等弊端。

表 4-8　　2021 年中国秸秆资源综合利用情况

秸秆用途	数量/亿 t	占总量的百分比/%
还田肥料	4.0	54.4
畜牧饲料	1.32	18
燃料化利用	0.6	8.1
基料化、原料化利用	0.12	1.6
其他用途或弃置	1.3	17.9
年总产量	7.34	100

作为反刍动物主要的粗饲料来源，我国农作物秸秆具有纤维含量高、来源广、容积大、成本低等特点。但大部分农作物秸秆比较粗硬，直接喂牛羊适口性差，营养价值和消化利用率也不高，因此，畜牧生产中常采用氨化法和碱化法对秸秆预处理以提高营养价值。

一、碱化

农作物秸秆碱化处理方法是指利用氢氧化钠、石灰水、氢氧化钙和过氧化氢等碱性物质，使秸秆纤维内部的氢键结合变弱，打破细胞壁的牢固结构，破坏酯键或醚键，碳水化合物分子之间空隙变大，内表面积增大，纤维素分子膨胀，溶解半纤维素和木质素，增强反刍动物瘤胃液渗透及瘤胃微生物的活性，进而改善农作物秸秆适口性、采食量和消化率。同时，碱会去除木质素并中和精料中存在的酸性，为反刍动物对纤维的消化吸收提供良好的环境。碱化处理使纤维素结构被破坏，而且形成的新的结构结晶度、结晶尺寸减小和晶面间距增大。碱化处理具有时间短，处理效果好等优点。一般而言，碱的添加量越多，处理效果越好，但饲喂前需要用水冲洗等操作，从经济高效的角度考虑，碱液的浓度最好控制在干物质重的4%左右。研究发现秸秆经碱化处理后提高瘤胃可降解部分含量，但粗蛋白和中性洗涤纤维含量有所降低，并存在一定的环境污染，所以，碱化水稻秸秆具有很大的发展和研究空间，比如与微波、膨化等物理方法相结合。

二、氨化

秸秆中有机质与氨发生氨解反应后，木质素与多糖链间的酯键断裂形成铵盐，这被称为氨化。农作物秸秆氨化处理的产物主要有氨水、尿素、液氨和碳铵等，这些物质的作用主要是提供氮源，增加瘤胃中微生物活性，其次是氨溶于水产生氢氧化铵，其可使纤维素遇碱内部氢键断裂，导致纤维分子膨胀，提高秸秆通透性和接触面积，且糖醛酸和乙酸之间的酯键分化，游离的糖醛酸被中和，削弱细胞壁的纤维素与木质素间的联合，使半纤维素溶解，进而提高农作物秸秆的营养价值和适口性。处理效果较好的是液氨氨化法和尿素氨化法，其中，尿素氨化处理效果最好，设备操作安全、简单，是目前常用的农作物秸秆氨化处理方法。

（一）氨化的技术流程

1. 堆垛法

堆垛法是将秸秆堆成长方形垛，用塑料薄膜覆盖，注入氨源进行氨化的方法。其流程为秸秆收集或打捆、层层压实、注氨、秸秆氨化、释放余氨、秸秆饲喂。

2. 窖池法

利用砖、石、水泥等材料建筑的地下或半地下容器称为窖，在地面上建造的称为池。其流程为秸秆切碎、喷洒尿素溶液、搅拌均匀、覆膜压土密封、晾晒放氨、饲喂。

3. 氨化炉法

氨化炉是指在密闭保温的容器内，通过外界能源加热，使秸秆快速氨化的专用设备。利用氨化炉氨化秸秆，不受气候和季节限制，一般可保证24h氨化一炉，每年可生产200~250炉，可供肉牛、奶牛等养殖场常年应用。

4. 袋法氨化

在我国南方或北方气温较高的季节，饲养草食家畜较少的农户，可利用塑料袋进行秸秆氨化。此法的优点是灵活方便，不需要特殊设备。缺点是氨化秸秆数量少，成本相对较高；塑料袋易破损，需经常检查粘补。

（二）技术要点

1. 氨化温度

一般氨化最佳温度是10~25℃。温度在17℃时，氨化时间可少于28d；当氨化的温度高达28℃时，只需10d左右即可氨化完毕。

2. 氨的用量

一般氨的用量以3%为宜。针对不同的氨源，其用量占秸秆重的比例：液氨2.5%~3.0%，尿素 4.0%~6.0%，氨水 10%~15%，碳酸氢氨 10%~15%。

3. 秸秆品质

氨化秸秆必须有适当的水分，一般为 25%~35%。

（三）注意事项

1. 及时处理氨化原料

秸秆收割后应及时处理，以保持秸秆的青绿色和水分，防止养分流失。

2. 注意品质鉴定

好的氨化秸秆，颜色呈棕色或深黄色，而且发亮。同时，秸秆质地柔软，有糊香味。氨化失败的秸秆颜色较暗，甚至发黑，有腐烂味。腐败的氨化秸秆不能饲喂家畜，只能用作肥料。

3. 搞好出料管理

要根据日常饲喂量随用随取。每次取出后要重新密封，以防漏气。含水量大的秸秆也可大量出料，晾干后保存。

4. 注重放氨处理

氨化好的秸秆，开封后有强烈氨味，不能直接饲喂。须将其摊开（不要曝晒和晾得过干）10~20h，经常翻动，经放氨后方可喂养。

5. 做到配料合理

用氨化秸秆饲喂家畜的同时，还应适当搭配其他的饲料，如饲料粮、矿物质、维生素、青绿料、干牧草等，为家畜提供必要的营养物质。

6. 科学饲喂

氨化饲料只能用作成年牛、羊等反刍家畜的饲料，未断奶的犊牛、羔羊因其瘤胃内的微生物生态系统尚未完全形成，应该慎用。饲喂时不能时断时续，破坏瘤胃内微生物菌群的平衡，从而影响增重效果。开始饲喂时量不宜过多，可同未氨化的秸秆混合使用，以后逐渐增加氨化秸秆的用量，直到家畜完全适应时再大量使用氨化秸秆。

7. 预防氨中毒

氨化秸秆放氨后再饲喂，放氨后备用的秸秆单独存放，不要堆放在密闭的畜舍内；饲喂氨化饲料后不能立即饮水，否则氨化饲料会在其瘤胃内产生氨，导致中毒。

（四）适宜区域

堆垛法适于我国南方周年采用和北方气温较高的月份采用。在温度较高的黄河以南地区，多数是在地面上建窖池，充分利用春、夏、秋气温高，氨化速度快的有利条件；而在北方较寒冷地区，夏季时间短，多利用地下或半地下窖制作氨化饲料，以便冬季利用。

第三节　秸秆饲料生物加工技术

秸秆饲料生物加工技术主要是利用微生物、酶制剂或菌酶协同等方法降解纤维素、半纤维素和木质素，改善秸秆的理化特性、营养价值和适口性，具有绿色无污染、能耗低等优点，是当前最具应用潜力和发展前景的秸秆饲料处理方法。

一、微生物处理

微生物处理秸秆的原理是选育某些特殊的菌种，通过单一或复合菌群的作用，降解多糖和木质素，破坏秸秆难消化的细胞壁结构，暴露秸秆细胞壁内可利用的碳水化合物和其他营养物质，提高发酵底物比例，同时可产生菌体蛋白、各种酶类、维生素等发酵代谢产物，提高秸秆的营养价值。

（一）单一菌群加工技术

1. 真菌

白腐真菌和霉菌等真菌是降解秸秆饲料的优势菌群，降解效率和速率一般大于细菌。白腐真菌是一类能分泌胞外氧化酶的丝状真菌，降解木质素能力较强，多数为担子菌亚门，部分为子囊菌亚门。研究较多的白腐真菌有黄孢原毛平革菌（*Phanerochaete chrysosporium*）、射脉菌（*Gloeostereum incarnatum*）、变色栓菌（*Trametes versicolor*）、虫拟蜡菌（*Ceriporiopsis subvermispora*）、烟管菌（*Bjerkandera adusta*）等，其中黄孢原毛平革菌菌丝生长较快、繁殖迅速、纤维素降解酶活性强，是降解木质素研究的模式菌株。白腐真菌的菌丝分泌的超纤维氧化酶可溶解秸秆表面的蜡质，使菌丝进入秸秆内部并释放降解木质素的酶系，包括锰过氧化物酶、木质素过氧化物酶和漆酶，这些酶作用于木质素之间的酯键或醚键，将其氧化分解为二氧化碳和水。此外，白腐真菌还可分泌纤维素酶和半纤维素酶。因此，白腐真菌作用于秸秆后，木质素被降解，释放了被其保护的纤维素和半纤维素，更易被纤维素降解菌或酶类作用水解为小分子糖类，提高秸秆的消化率，并利用无机氮源合成菌体蛋白，发酵后的秸秆略带甜味、质地疏松柔软，适口性明显改善，动物采食量也有所提高。

霉菌是研究最多的降解纤维素的微生物，目前研究较多的是木霉属康氏木霉（*Trichoderma koningii*）、瑞氏木霉（*Trichoderma reesei*）和绿色木霉（*Trichoderma viride*），曲霉属的黑曲霉（*Aspergillus niger*）和米曲霉（*Aspergillus oryzae*）以及青霉属的部分菌株。其中黑曲霉和米曲霉是饲料中允许直接添加的霉菌。此类菌株可分泌多种纤维降解酶，通过酶解作用提高粗纤维利用率。此外，黑曲霉和米曲霉还能够促进肠道益生菌的生长，抑制有害菌的繁殖，提高动物的免疫力，进而提高动物的生产性能。虽然真菌在秸秆饲料的降解作用较强，但真菌的生长繁殖通常对温度、湿度等环境条件要求较高。

2. 细菌

自然界中大多数细菌难以降解木质素，已经筛选到的能够降解木质素的细菌主要集中在放线菌门（Actinobacteria）、厚壁菌门（Firmicutes）和变形菌门（Proteobacteria）等。放线菌门包括链霉菌属（*Streptomyces*）、红球菌属（*Rhodococcus*）和微杆菌属（*Microbacterium*），放线菌较易穿透秸秆纤维基质，增加秸秆在中性、碱性环境下的水溶性，进而提高秸秆饲料的降解效率。放线菌虽在降解范围和降解效率上低于真菌，但其在高温和高 pH 等环境下对木质素仍具有降解作用。另外，厚壁菌门芽孢杆菌属中枯草芽孢杆菌、地衣芽孢杆菌等也可分泌纤维素胞外酶，对秸秆饲料中木质纤维素具有较强的降解能力。

（二）复合菌群加工技术

秸秆饲料的降解是多种酶系协同作用的结果，单一菌株很难产生较为完全的酶系，因此对秸秆的降解能力有限，而复合菌群可以产生多种酶系，弥补单一菌种的差异，从而提高降解效果。复合菌群是由两种或两种以上的微生物共同培养、相互作用、相互影响，最终能发挥出群体优势的微生态系统。目前复合菌群构建主要来自人工构建，人工构建复合菌群主自然界分离的已知的纯菌进行简单混合或者通过化学计量学方法进行优化后所构建合。如黄孢原毛平革菌和康氏木霉混合发酵秸秆饲料，可以协同完成对秸秆中各组解，对纤维素、半纤维素和木质素的降解效果均优于单一菌种（表 4-9）。复合菌第一，菌种之间具有高度的兼容性，相互之间不产生抑制物；第二，能够兼顾每种需的条件；第三，比单个菌种具有更好的降解效果。

表 4-9　　不同菌种对纤维素、半纤维素和木质素的降解率

菌种	半纤维素降解率	纤维素降解率	木
康氏木霉	47.24	19.17	
黄孢原毛平革菌	51.65	34.68	
康氏木霉+黄孢原毛平革菌	53.99	38.18	

资料来源：高晓梅等，2012。

二、酶加工技术

酶制剂是指按一定的质量标准要求加工成一定规格、能稳定发挥其[redacted]的制品。酶加工技术是将一种或多种酶制剂作用于秸秆饲料，降解植物[redacted]内容物，进而提高秸秆饲料营养价值、适口性和消化率。秸秆饲料常[redacted]素酶、木聚糖酶、β-葡聚糖酶、果胶酶及复合酶等，研究较多的是纤[redacted]维素酶和木聚糖酶等是一个笼统的概念，是一类作用相近的酶的统称[redacted]种：纤维素内切酶，主要作用于低结晶度的纤维素纤维，随机切断 β-[redacted]纤维素分子截短，生成多个非还原性末端的小分子纤维素；纤维素外切酶，主要素线状分子末端，产物是纤维二糖；β-葡萄糖苷酶，将纤维二糖、纤维寡糖及可精水解成葡萄糖。纤维素酶不仅可以将秸秆中的部分纤维降解为单糖或双糖，增秆上微生物的发酵底物，还可以提高秸秆饲料的消化率。木聚糖酶也是一系列酶括内切 β-1,4-D 木聚糖酶、外切 β-1,4-D 木聚糖酶和 β-木糖苷酶，其中内切 β-糖酶是木聚糖降解酶系中最关键的水解酶，从木聚糖的内部切割 β-1,4-糖苷键水解为木二糖和木三糖等低聚木糖以及少量的木糖和阿拉伯糖，起到降解秸秆中作用。

三、菌酶协同发酵技术

菌酶协同发酵是在发酵秸秆饲料的过程中，同时添加微生物和酶制剂，通过微酶制剂的协同作用，综合微生物发酵和酶解两大优势。纤维素酶、木聚糖酶等可降构性碳水化合物生成单糖或多糖，为微生物发酵合成菌体蛋白提供碳源和能量，同服单独利用微生物发酵产酶不足的问题，微生物发酵又可以弥补单独酶解造成的产差、活性成分不足等现象，因此菌酶协同发酵秸秆可以提高秸秆饲料品质和营养价

题

词解释：青贮，青贮饲料，低水分青贮。
规青贮和低水分青贮的调制原理分别是什么？
响青贮饲料品质的因素有哪些？
贮添加剂有哪几类？
秆饲料的化学加工处理和生物加工处理技术有哪些？
贮饲料的化学成分和营养价值与青贮之前的原料相比有哪些变化？
何将不同种类的原料调制成优质的青贮饲料？

参考文献

括，王成章．饲料学［M］.3 版．北京：中国农业出版社，2018.
东山．玉柱．格根图．等．草产品加工与……学［M］．北京：中国农业大学出版

[redacted]

功能作用的含有酶成分
细胞壁成分，释放细胞
用酶制剂主要包括纤维
维素酶和木聚糖酶。纤
。例如，纤维素酶有 3
1,4 糖苷键，将长链的

反．北京：科学出版社，2018.
］．上海：上海科学技术出版社，2021.
中国农业出版社，2016.
中国农业大学出版社，1999.
农业出版社，1992.
出版社，1998.
对水稻秸秆降解的影响［J］．山东农
2，44（11）：78-80.
旺，丁轲，曹平华，等．饲料中菌酶协同作用的研究与应用进展［J］．动物营养学
2（08）：3469-3475.
楠，邹苏燕，戚如鑫，等．青贮微生物制剂及优良青贮菌种筛选的研究进展［J］.
报，2020，32（02）：578-585.
仲卿，张爱忠，姜宁．白腐真菌处理稻草秸秆饲料的研究进展［J］．黑龙江畜牧兽
5）：47-50.
志军，杨军香．青贮制作实用技术［M］．北京：中国农业科学技术出版社，2014.
雅，娜日苏，其力莫格．青贮玉米种植与利用技术［M］．上海：上海科学技术出

健．超声处理氨化或碱化稻秸提高瘤胃降解率的研究［D］．哈尔滨：东北农业大

佐时．化学处理和生物处理对农作物秸秆降解特性的影响［D］．长沙：湖南农业

路，桂永清，雷勤，等．农作物副产品饲料化利用研究进展［J］．现代畜牧科技，
10）：56-59.

CHAPTER 5

第五章 饲草品质评定

饲草中所含的养分是动物维持生命活动和生产的物质基础。饲草本身所含养分及其被动物利用后所产生的营养效果即为饲草的营养价值。分析饲草中的养分和其他物质的含量、测定并评估饲草中养分在动物体内的利用效率和饲养效果即为饲草的品质评定。饲草的品质评定结果可为衡量饲草的品质优劣和合理利用饲料提供依据。

第一节　干草品质评定

干草是指牧草或饲料作物在质量和产量兼优时期刈割，并经过人工或自然干燥的方法制成的一类粗饲料。作为草食家畜重要的饲料来源，干草不仅可以为草食家畜提供生长所必需的营养，而且其中的粗纤维对维持反刍动物正常反刍和瘤胃功能具有重要作用。优质的干草具有颜色青绿、气味芳香、质地柔软、适口性好、易消化等特点，而且能够长时间保存，便于进行商品化流通，有利于缓解饲草供应季节性不均衡与家畜需求相对稳定的矛盾。作为草食家畜日粮中的重要组成成分，干草的品质关乎家畜的健康和生产性能。一般认为干草的品质评定包括感官评定和化学评定两类，其中感官评定主要以干草的外观特征等物理性状为主要判断准则，而化学评价则根据饲草的消化率及营养成分含量来评定，如干草本身的粗蛋白、酸性洗涤纤维、中性洗涤纤维和β-胡萝卜素的含量是青干草重要的品质指标。

一、感官评定

在生产实践中，为了快速的评定干草品质，通常通过感官评定的方式评定。一般情况下。主要采取眼观、手摸、闻嗅等方法，以干草的种类、茎叶的含量、颜色、气味、刈割时期、水分含量及病虫害感染情况等指标直接评定干草的品质。

（一）干草样品的采集

从待测草垛中随机选取 20 个不同部位，并在每个部位使用干草取样器（图 5-1）在距离表层 20cm 处采集样品 200~300g，均匀混合成样品，总重 5kg 左右。草样中混入的杂质、土块等，应视作干草的不可食部分。每次从平均样抽取500g作为分析样品进行品质评定。

（二）干草组成种类

影响干草品质的重要因素之一是干草的组成种类，植物组成不同，营养价值差异较大，通常可将牧草分为5类，包括禾本科牧草、豆科牧草、可食性杂草、不可食杂草以及有毒有害草。干草样品中各类牧草所占比例的计算，可先将平均样品分类后，称其重量，然后按下述公式计算：

$$各类牧草占样品的重量=\frac{某类草重量（g）}{样品重量（g）}\times 100\%$$

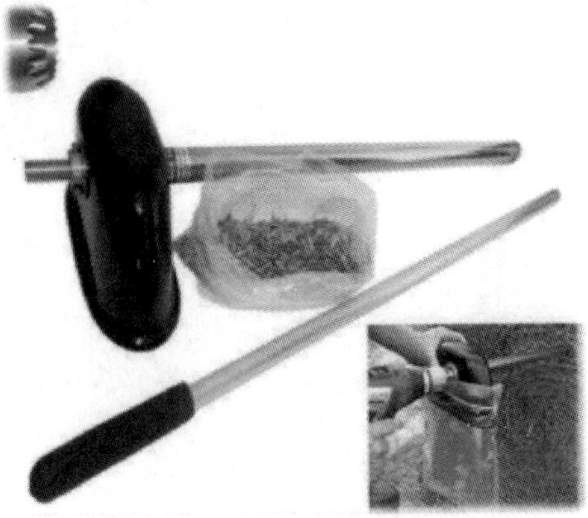

图5-1　干草取样器

天然草地刈割晒制的干草，优质豆科或禾本科牧草所占的比例越大，干草品质越好，杂草数量多则干草品质较差。人工栽培的牧草非本品种杂草比例不宜超过5%。干草中混有杂草不仅影响干草营养水平，还会造成动物采食时损伤或中毒（如蒺藜、狼针、荨麻等），如果杂草中有少量的地榆、防风、茴香等，能增加干草的芳香气味，可以刺激并增强家畜的食欲，但不应存在白头翁和翠雀花等有害植物。

（三）干草叶片含量

干草不同组织部位的营养价值不同（表5-1），其中以叶片营养价值最高，其所含蛋白质、矿物质胡萝卜素等较茎秆多，而粗纤维含量比茎秆少，有数据显示，干草叶片中的营养可占到全株干草可消化总养分（TDN）的60%、粗蛋白的70%、维生素的90%。因此，干草中叶片的多少直接影响其营养价值，也是衡量干草品质的重要指标。同一组成种类的干草中，叶片含量越高其营养价值也越高，反之则越低。鉴定时，通常是取一束干草，观察叶片的含量的多少。一般禾本科牧草干草叶片不易脱落，而优良优质豆科牧草干草中叶量应占干草总重量的40%以上。此外，叶片与茎秆的比例，也是刈割技术的体现。

表5-1　　白花草木樨不同部位干物质中营养成分

部位	粗蛋白/%	粗脂肪/%	粗纤维/%	无氮浸出物/%	灰分/%
叶	32.4	5.0	10.9	41.5	10.2
茎	9.3	2.3	51.7	32.9	5.8
全株	18.9	3.4	32.8	37.3	7.6

资料来源：周明，2007。

（四）干草的颜色

干草的颜色越接近其正常活体的颜色，其营养素保存的越多，营养价值也越高。干草可根据颜色优劣分级为鲜绿色、浅绿色、黄（白）褐色及（暗）褐色等几个级别。

1. 鲜绿色

鲜绿色表示青草刈割适时，调制过程未遭雨淋和阳光强烈曝晒，贮藏过程未遇高温发酵，能较好地保存青草中的养分，属优良干草。

2. 淡绿色（或灰绿色）

淡绿色表示干草的晒制与贮藏基本合理，未遭受到雨淋发霉，营养物质无重大损失，属良好或中等品质干草。

3. 黄（白）褐色

黄（白）褐色表示青草刈割过晚，或晒制过程中遭受雨淋，贮藏期内曾经过高温发酵，营养成分虽受严重损失，但尚未失去饲用价值，属次等干草。

4. （暗）褐色

（暗）褐色表明干草的调制与保藏不合理，不仅受到雨淋，且已发霉变质，不宜再作饲用。

（五）干草的气味

干草的芳香气味是在干草贮藏过程中产生的，干草只有经过堆积发酵后才产生此种气味。它也可以作为干草是否合理贮藏的标志。高品质干草具有一定的芳香气味，能够激发动物食欲，提高采食量。低品质干草缺少芳香气味，甚至有些干草会发出霉烂及焦灼的气味，大大降低其营养价值，并且动物不喜欢采食，从而降低采食量。

（六）干草的刈割时期

青草的刈割期对干草品质影响很大（表5-2）。生产中按照各种牧草最适刈割期刈割，并在正常气候条件下加工调制的干草，颜色青绿、气味芳香、叶量丰富、质地柔软、营养成分及消化利用率高。超过最适刈割期刈割或刈割后在烈日下长时间曝晒，都会导致干草茎秆粗硬、叶片枯黄、叶量减少、品质下降。干草的适宜刈割期，一般栽培豆科牧草在现蕾盛期至始花期，禾本科牧草在抽穗至开花期较为适宜。

天然草地牧草收获的基本准则是以草群中的优势豆科和禾本科牧草的适宜收获期来确定收获期。禾本科牧草的穗子中只有花而无种子时则属花期刈割，绝大多数穗含种子或留下护颖，则属刈割过晚；豆科牧草如在茎下部的2~3个花序中仅见到花则属花期刈割，如草屑中有大量种子则属刈割过晚。

表5-2 不同生长阶段苜蓿干物质中营养成分变化

生长阶段	粗蛋白/%	粗脂肪/%	粗纤维/%	无氮浸出物/%	灰分/%
营养生长期	26.1	4.5	17.2	42.2	10.0
花前期	22.1	3.5	23.6	41.2	9.6
初花期	20.5	3.1	25.8	41.3	9.3
1/2盛花期	18.2	3.6	28.5	41.5	8.2
花后期	12.3	2.4	40.6	37.2	7.5

资料来源：王成章等，1998。

（七）干草含水量

含水量高低是决定干草在贮藏过程中是否变质的主要标志。干草的安全含水量应为14%~17%，含水量超过20%时，不利于贮藏。在生产中判断干草含水量的简易方法是用手握一束干草，轻轻扭转，草茎稍有弹性而不断，含水量约为17%，有草茎破裂声而断开，表明过于干燥，能打成草绳而茎不断，则水分过多。

（八）干草病虫害的感染情况

牧草刈割前如经病虫感染，再被调制成干草，不仅营养价值降低，而且危害家畜的健康。鉴定时抓一束干草，检查其检查叶片、茎秆、花穗上是否有病斑、虫蛀出现，如果发现有病斑、虫蛀现象，则草质变劣。感染病虫害的干草不宜饲喂家畜，更不能喂种畜和幼畜，孕畜食后易造成流产，所以干草中尽量不要含有病虫感染的植物。

（九）干草感官评价总评

经上述各感官指标评价后，含水量保持在17%以下，毒草和有害草占比不高于1%，混杂物和不可食草在一定范围内，不经任何处理可以直接饲喂家畜或贮藏的，可判定为合格干草（或等级干草）。含水量高于17%，有一定数量的不可食草和混合物，需进行加工调制后才能用于喂养家畜或贮藏的，为可疑干草（或等外干草）。严重变质、发霉、有毒有害植物占比高于1%，或混入过多泥沙杂质，不适于喂养家畜或贮藏的，可判定为不合格干草。

在生产实践中，为了比较客观的评价干草的质量，可将干草的感官评定进行量化，通过建立干草质量评估卡对干草的品质进行评定，如表5-3所示。可将干草质量感官评定评分定为满分100分，只有总分高于80分的进入复检，低于80分的直接拒收。

表5-3　干草质量评估卡

类别	项目	分数范围	评分
刈割期	开花或抽穗前	26~30	
	早花或抽穗早期	21~25	
	中花-晚花或穗期	16~20	
	结籽期（多梗）	11~15	
叶子情况	很多	26~30	
	多	21~25	
	梗多	16~20	
	多梗	0~6	
颜色	自然作物的绿色	13~15	
	淡绿色	10~12	
	黄或些微棕色	7~9	
	棕色或发黑	0~6	
气味	清新作物的气味	13~15	
	尘埃	10~12	
	霉味	7~9	
	烧灼味	0~6	
柔韧性	很柔软	9~10	
	柔软	7~8	
	有些粗糙	5~6	
	粗糙、易折	0~4	
罚分	垃圾、杂草、土等	扣0~35	
总分	优质：≥90；良好80~90；一般65~79；差≤65		

资料来源：赵金刚，2019。

二、化学评定

干草营养价值的化学评定主要采用化学分析法和近红外光谱法（near infrared spectrometry，NIRS）等。

（一）化学分析法

采用化学方法定量分析饲草中的成分，是确定各类饲草营养价值的最基本方法，化学分析法就是将饲草中各种成分分为几大类（水、糖类、蛋白质、脂质、矿物质、维生素），并估计各组分在饲草中的含量。在评定某种具体养分时，可以使用多种不同的化学分析方法。

1. 概略养分分析法

18 世纪中叶，德国学者 Henneberg 与 Stohmann 提出的概略养分分析法是最常用的化学分析方法。该法由一系列用于测定饲料营养特性的分析方法组成，主要包括测定饲草中的干物质、粗蛋白、粗脂肪、粗纤维、粗灰分和无氮浸出物（表 5-4）。概略养分分析法在饲料营养价值评定中起了十分重要的作用，但因其分析所得的每种指标中均包含多种纯养分，在化学上不是一种物质，如粗蛋白中没区分真蛋白（true protein，TP）和非蛋白氮（nonprotein nitrogen，NPN），灰分中各种元素含量、粗纤维含量测定值偏低，无氮浸出物含量计算值偏高等，导致该方法得到的结果并不能准确评定饲草纯养分的营养价值，但由于其简便、快捷，所需仪器设备简单，可以对饲草营养价值做出良好的一般评定，因此，它仍然是目前教学、科研和生产中使用最广泛的化学评价方法。

表 5-4　　饲料概略养分分析法

组分	过程	主要成分
干物质（水分）	105℃烘干至恒重	水和挥发性物质［干物质含量（%）= 100%-水分含量］
灰分（矿物质）	550℃灼烧至恒重	矿物质
粗蛋白［蛋白质平均含氮量为 16%，粗蛋白含量（%）= N×6.25］	凯氏定氮法	蛋白质、氨基酸、非蛋白氮
乙醚浸出物（粗脂肪）	乙醚回流浸提法	脂肪、油、蜡、色素、树脂
粗纤维	弱酸、弱碱煮沸 30min 过滤	纤维素、半纤维素、木质素
无氮浸出物	由 100% 减去其他物质含量后所得，是一个计算值	淀粉、糖、部分纤维素、半纤维素、木质素

资料来源：陈代文，2014。

2. 纯养分分析法

饲料中最基础的、不可再分的营养物质称为纯养分，包括蛋白质中的氨基酸、脂肪中的脂肪酸、糖类中的各种糖、各种矿物质和维生素等。测定纯养分的分析方法称为纯养分分析法。纯养分分析比概略养分分析更准确，更能反映饲料的营养价值，但也需要更复杂的分析方法和设备。随着营养学及其相关学科的发展，除了概略养分分析测定，真蛋白、非蛋白氨、各种氨基酸、各种脂肪酸、无氮浸出物中的各种淀粉和糖、粗灰分里包含的各种元素，以及饲草中各种维生素、某些特殊生物活性成分、有毒有害物质、微生物等的测定都在实践中实施，各相关测定方法可参考中华人民共和国国家标准、国际标准化组织（ISO）、美国分析化学家协会（AOAC）等方法进行分析测定。

3. 范式纤维分析法

范式纤维分析法是 van Soest 在概略养分分析法的基础上对粗纤维和无氮浸出物进行了补充和修正。此方法将粗纤维精确分解为中性洗涤纤维、酸性洗涤纤维和酸性洗涤木质素（acid detergent lignin，ADL），由此可进一步计算得到纤维素、半纤维素、木质素的含量。中性洗涤纤维、酸性洗涤纤维和酸性洗涤木质素是评定粗饲料品质的重要指标，其中，中性洗涤纤维与动物采食量呈负相关关系，酸性洗涤纤维与动物消化率呈负相关关系，酸性洗涤木质素是不被动物利用的成分。范式纤维分析法将粗饲料中可被动物直接利用的、可溶性细胞内容物与不易消化的细胞壁区分开来，使粗饲料营养成分的划分更科学、合理，而且在一定程度上反映出反刍动物对粗饲料的采食量和消化率。但是范式纤维分析法仍然是建立在通过化学方法处理粗饲料样品的基础上的，因此它的预测结果也有很大的局限性。

4. 康奈尔净碳水化合物-净蛋白质体系

康奈尔净碳水化合物-净蛋白质体系（Cornell net carbohydrate and protein system，CNCPS）是由美国康奈尔大学提出的基于瘤胃降解特征的采用多项指标评定粗饲料品质的方法。经过多年的研究实践，该体系已经被证实具有较高的应用价值，也被各权威机构所接受，它不仅考虑了粗饲料在瘤胃内的消化与流通速率、吸收的碳水化合物和蛋白质的利用效率，也考虑了环境、动物等因素。

基于康奈尔净碳水化合物-净蛋白质体系，饲草中的碳水化合物划分为快速降解碳水化合物（CA）、中速降解碳水化合物（CB1）和慢速降解碳水化合物（CB2），饲草中不可降解部分即不可利用纤维为主的碳水化合物（CC）；饲草中的蛋白质划分为非蛋白氮（PA）、真蛋白质（PB）、不可利用氮（PC），其中 PB 又根据在瘤胃内的降解速率进一步分为快速降解蛋白质（PB1）、中速降解蛋白质（PB2）、慢速降解蛋白质（PB3）。

应用康奈尔净碳水化合物-净蛋白质体系评定干草营养价值，能更全面更精确地反映其蛋白质和碳水化合物在反刍动物瘤胃内的降解、消化及反刍动物对干草的利用率等情况，能更好地反映干草的品质，为生产实践提供理论依据。康奈尔净碳水化合物-净蛋白质体系把饲料的化学成分、植物的细胞成分和反刍动物的消化利用率结合起来，使分析结果更加精确，易于标准化，但是它很难区分开品质接近的干草。康奈尔净碳水化合物-净蛋白质体系各指标计算公式见本章第五节。

5. NRC 模型分析

使用 NRC 模型可估测干草在奶牛瘤胃真可消化非纤维碳水化合物（tdNFC）、真可消化蛋白质（tdCP）、真可消化中性洗涤纤维（tdNDF）、真可消化脂肪酸（tdFA）和维持水平总可消化养分（TDN_m）、生产水平消化能（DE_P）、生产水平代谢能（ME_P）、生产水平泌乳净能（NE_{LP}），其相关计算公式如下。

$$tdNFC(g/kg\ DM)=0.98\times\{100\%-[(NDF-NDICP)+CP+EE+Ash]\}\times PAF$$

$$tdCP(g/kg\ DM)=CP\times\exp[-1.2\times(ADICP/CP)]$$

$$tdFA(g/kg\ DM)=FA=(EE-1)$$

$$tdNDF(g/kg\ DM)=0.75\times(NDF-NDICP-ADL)\times[1-ADL/(NDF-NDICP)]^{0.667}$$

式中，NDICP 为中性洗涤不溶蛋白，ADICP 为酸性洗涤不溶蛋白，PAF 为加工校正因子，一般取值为 1；FA 为脂肪酸，如果 EE<1，则 FA=0。

$$TDN_m(\%)=tdNFC+tdCP+(tdFA\times2.25)+tdNDF-7$$

$$DE_{1X}(MJ/kg)=(tdNFC/100)\times4.2+(tdNDF/100)\times4.2+(tdCP/100)\times5.6+(FA/100)\times9.4-0.3$$

$$折扣系数=4.18\times\{[TDN_m-(0.18\times TDN_m-10.30)]\times2\}/TDN_m$$

$$DE_P(MJ/kg)=DE_{1X}\times折扣系数$$

$$ME_P(MJ/kg)=1.01\times DE_P-0.45$$

$$NE_{LP}(MJ/kg)=(0.703\times ME_P)-0.19$$

$$NE_M(MJ/kg)=4.18\times[1.37\times(DE_{1X}\times0.82)-0.138\times(DE_{1X}\times0.82)^2+0.0105\times(DE_{1X}\times0.82)^3-1.12]$$

$$NE_P(MJ/kg)=4.18\times[1.42\times(DE_{1X}\times0.82)-0.174\times(DE_{1X}\times0.82)^2+0.0122\times(DE_{1X}\times0.82)^3-1.65]$$

式中，NE_M 为维持净能，NE_P 为生产净能，DE_{1X} 为 1 倍维持水平的消化能；如果 $TDN_m<60\%$，消化率的折扣忽略不计。

（二）近红外光谱法

近红外光谱法是一种较新的快速定性定量分析技术，其理论依据是基于粗饲料中的粗蛋白、粗纤维、粗脂肪等成分中的含氢基团在近红外光谱区（780~2526nm）对红外线具有特定的吸收光谱，然后通过化学计量学对样品定性或定量分析，建立粗饲料待测成分含量与光谱信息之间的线性或非线性模型，对粗饲料营养价值进行评定。近红外光谱法诞生后使粗饲料的测定更准确迅速，近红外光谱法能够在很短时间内得到粗蛋白、中性洗涤纤维、酸性洗涤纤维指标，通过计算还得到可消化干物质（digestible dry matter，DDM）、干物质采食量（dry matter intake，DMI）、相对饲喂价值（relative feed value，RFV）。近红外光谱不仅可以用来检测干草中的营养物质含量，还能够在干草真菌危害检测以及干草茎、叶分离产品品质等领域发挥其优势，并且通过大量的试验积累丰富的经验，建立各种模型并应用于定性及定量分析干草的营养物质含量领域，从而建立完善的模型数据库为以后的干草品质评定提供参考。近红外光谱法的优点是不需要复杂的前处理，成本低，测速快，准确度高，可同时分析多个不同种类的样品，还可估测粗饲料有效能和利用率；缺点是检测结果的准确性必须建立在有大量准确的原始数据库的基础上，而这些原始数据库却需要花费大量时间和研究来建立，同时对所用仪器要求较高。近红外光谱法分析流程见本章第五节。关于苜蓿干草近红外光谱测定技术详见附录 1。

尽管化学分析结果可为饲草营养价值评定提供基础数据，对饲草的营养价值做出初估计和判定，但它无法估计动物对饲料的实际利用情况，因此，为了准确评定饲草的饲喂价值，仍然有必要采用生物学评价方法对饲草的消化率进行评定，相关评价方法见本章第二节。

三、干草等级评价

我国目前尚无干草等级的统一标准，但有些省、自治区及行业协会曾拟定地方性和团体干草检验标准，现将内蒙古自治区制定的青干草等级标准、黑龙江省制定的羊草青干草等级标准及中国畜牧协会制定的苜蓿干草和燕麦干草等级标准进行介绍。

（一）青干草等级标准

（1）一等　以禾本科牧草（如羊草）或豆科牧草为主体，枝叶呈绿色或深绿色，叶及花序损失不到 5%，含水量 15%~18%，有浓郁的干草香味，但由再生草调制的优良青干草，可能香味淡。无沙土，杂类草及不可食草不超过 5%。

（2）二等　草种较杂，色泽正常呈绿色或浅绿色。叶及花序损失不到 10%，有草香味，含水 15%～18%，无沙土，不可食草不超过 10%。

（3）三等　叶色较暗，叶及花序损失不到 15%，含水量 15%～18%，有草香味。

（4）四等　茎叶发黄或变白，部分有褐色斑点，叶及花序损失大于 15%，草香味较淡。

（5）五等　发霉，有霉烂味，不能饲喂。

（二）苜蓿干草等级标准

中国畜牧业协会制定的 T/CAAA 001—2018《苜蓿　干草质量分级》中规定，苜蓿干草在感官和理化指标上应符合下列要求。

1. 感官要求

苜蓿干草要求表面绿色或浅绿色，因日晒、雨淋或贮藏等原因导致干草表面发黄或失绿的，其内部应为绿色或浅绿色；无异味或有干草芳香味；无霉变；茎叶保存比较完整。

2. 指标

苜蓿干草的指标应符合表 5-5 的要求。

表 5-5　苜蓿干草质量分级

指标	等级				
	特级	优级	一级	二级	三级
粗蛋白/%	≥22.0	≥20.0，<22.0	≥18.0，<20.0	≥16.0，<18.0	<16.0
中性洗涤纤维/%	<34.0	≥34.0，<36.0	≥36.0，<40.0	≥40.0，<44.0	>44.0
酸性洗涤纤维/%	<27.0	≥27.0，<29.0	≥29.0，<32.0	≥32.0，<35.0	>35.0
相对饲用价值	>185.0	≥170.0，<185.0	≥150.0，<170.0	≥130.0，<150.0	<130.0
杂类草含量/%	<3.0	<3.0	≥3.0，<5.0	≥5.0，<8.0	≥8.0，<12.0
粗灰分/%	≤12.5	≤12.5	≤12.5	≤12.5	≤12.5
水分/%	≤14	≤14	≤14	≤14	≤14

注：粗蛋白、中性洗涤纤维、酸性洗涤纤维含量均为干物质基础。

（三）燕麦干草等级标准

中国畜牧业协会制定的 T/CAAA 002-2018《燕麦　干草质量分级》中规定了燕麦干草的质量标准。

1. 感官要求

燕麦干草要求表面绿色或浅绿色，因日晒、雨淋或贮藏等原因导致干草表面发黄或失绿的，其内部应为绿色或浅绿色；无异味或有干草芳香味；无霉变。

2. 化学指标

标准中将燕麦草分为 A 型和 B 型两类，相应的质量标准见表 5-6 和表 5-7。

（1）A 型燕麦干草　一种燕麦干草产品类型。特点是含有 8% 以上的粗蛋白（干物质基础），部分可达到 14% 以上。主要产自我国内蒙古阿鲁科尔沁旗、内蒙古通辽市、内蒙古乌兰察布市、河北坝上地区、吉林省白城市、黑龙江省、甘肃省定西市等产区以及美国、加拿大等国。

（2）B 型燕麦干草　一种燕麦干草产品类型。特点是含有 15% 以上的水溶性碳水化合物

（干物质基础），部分可达到30%以上。主要产自我国甘肃省山丹县、青海省黄南藏族自治州等产区以及澳大利亚等国。

表5-6 A型燕麦干草质量分级

化学指标	等级			
	特级	一级	二级	三级
中性洗涤纤维/%	<55.0	≥55.0，<59.0	≥59.0，<62.0	≥62.0，<65.0
酸性洗涤纤维/%	<33.0	≥33.0，<36.0	≥36.0，<38.0	≥38.0，<40.0
粗蛋白/%	≥14.0	≥12.0，<14.0	≥10.0，<12.0	≥8.0，<10.0
水分/%	≤14.0	≤14.0	≤14.0	≤14.0

注：中性洗涤纤维、酸性洗涤纤维、粗蛋白含量均为干物质基础。

表5-7 B型燕麦干草质量分级

化学指标	等级			
	特级	一级	二级	三级
中性洗涤纤维/%	<50.0	≥50，<54.0	≥54.0，<57.0	≥57.0，<60.0
酸性洗涤纤维/%	<30.0	≥30.0，<33.0	≥33.0，<35.0	≥35.0，<37.0
粗蛋白/%	≥30.0	≥25.0，<30.0	≥20.0，<25.0	≥15.0，<20.0
水分/%	≤14.0	≤14.0	≤14.0	≤14.0

注：中性洗涤纤维、酸性洗涤纤维、粗蛋白含量均为干物质基础。

（四）羊草青干草等级标准

由黑龙江省农业科学院草业研究所起草的黑龙江省地方标准DB23/T 2059-2017《羊草青干草质量评定技术规程》中规定了羊草青干草的质量等级标准。

1. 感官性状要求

羊草青干草质地均匀；无霉变，无非植物性杂质。分级技术指标主要集中在颜色、气味和霉变率的指标上，见表5-8。

表5-8 羊草青干草质量感官分级

感官指标	等级		
	一级	二级	三级
颜色	98%以上为绿色，色泽新鲜一致	95%以上为黄绿色，色泽新鲜基本一致	枯黄色占比率达到10%以上，草色深浅不一
气味	草香味	草香味	无味
霉变率	无霉变	无霉变	无霉

2. 指标

羊草占比率、杂质、粗蛋白、中性洗涤纤维、酸性洗涤纤维以及水分 6 项测定指标，应符合表 5-9。

表 5-9　　羊草青干草质量指标分级

指标	等级		
	一级	二级	三级
羊草占比率/%	≥95	85~94	75~84
杂质/%	0	0~0.5	0.5~1
粗蛋白/%	≥9	7~8	5~6
中性洗涤纤维/%	≤45	46~50	51~60
酸性洗涤纤维/%	≤35	36~40	41~45
水分/%	≤15	≤15	≤15

第二节　饲草消化率评定

饲草消化率的高低能够反映动物对饲草养分的利用效率，能够很好地评价饲草的降解特性和营养价值。因此，饲草的消化率评定，对于饲草品质的判定以及利用和推广都有重要指导意义。饲草消化率评定方法主要有体内法、半体内法和体外法。

一、体内法

体内法又称活体法，是指通过活体消化试验计算采食的饲草养分与瘤胃或十二指肠流出的食糜中未降解饲草养分之间的差值确定粗饲料养分瘤胃降解率的方法。基本原理是给动物安装真胃瘘管和十二指肠瘘管，从瘘管采取食糜样本，结合示踪元素标记技术，测定食糜养分在动物消化道的消化利用。主要通过测定反刍动物对饲草的采食量、消化率、降解率、利用率和发酵流通速率等指标，来评价粗饲料的营养价值。

该方法的优点是最接近动物的生理条件，比较准确，具有可靠性和真实性，是其他方法参考对照的标准方法。缺点是必须使用瘘管动物，维持饲养费用高，不便于大规模推广应用；动物个体间差异较大，降解率受各种不稳定性因素（饲养水平、饲喂量、饲喂次数、试验动物大小以及安装瘘管后试验动物处于非正常生理状态）的误差影响，方法复杂、费时费力；采集瘤胃内容物和小肠食糜难度较大，且代表性不强；瘤胃内微生物合成所用的标记物没有统一的标准。因此，体内法适用性较小，更适合用于全混合日粮养分消化率的评定，而不适于单一饲料样本的常规测定。但由于它接近动物正常的生理状态，测出的结果能反映出饲草在体内的实际降解率，所以仍然是其他评价方法参考和校正的首选标准。

二、半体内法

半体内法主要是指瘤胃尼龙袋法，是一种借助瘘管动物和尼龙袋评定饲料在瘤胃内降解速度和程度的方法，目前在国内外普遍采用。

该方法是通过将一定规格的装有粉碎至合适粒度待测饲料的尼龙袋放入装有瘤胃瘘管的动物的瘤胃内进行培养，经过一定时间后取出饲料残渣，分析得到该时间点的待测饲料的降解率，如果测定多个时间点的降解率，可得到动态降解率，并且能有效估测饲粮的消失速度以及潜在的降解率，以评价粗饲料在瘤胃内的降解速率和程度。

（一）瘤胃尼龙袋法测定反刍动物饲料瘤胃降解率方法

1. 试验动物

试验动物为成年普通牛或成年绵羊，数量至少 4 头以上。要求品种相同，年龄、生理状态、生产性能相近，发育正常，健康状况良好。试验动物应安装有永久性瘤胃瘘管，瘘管内径大于 40mm。安装瘤胃瘘管手术后 20d 以上，已恢复正常生理状态。

除特殊试验要求外，一般不用水牛、牦牛和瘤牛及其杂交后代作为试验动物，也不用山羊（包括绒山羊、奶山羊、肉用山羊等）及其杂交后代作为试验动物。

2. 试验动物的饲养管理

（1）动物日粮　试验动物采用常规牛（羊）饲料原料，根据相应饲养标准配制日粮，按 1.3 倍维持水平饲养，日粮精粗比为 4∶6。

日粮中不可添加任何抗生素、生长促进剂、微生物和微生态制剂。也不可添加任何如寡糖、小肽、有机酸等瘤胃功能和环境调控剂及干扰瘤胃正常发酵机能的物质。

（2）饲养管理　试验动物按该品种动物常规程序饲养管理，每天饲喂 2~3 次，自由饮水。测定前预饲至少 15d。预饲期和测定过程中不能更换日粮，不能对试验动物进行免疫、治疗及实施其他可能干扰瘤胃消化机能的任何措施。

3. 试验材料

（1）尼龙袋　选用孔径为 50μm 的尼龙布，制成长×宽为 8cm×12cm 的尼龙袋，袋底部两角呈钝圆形，以免样本残留。尼龙袋用细涤纶线双线缝合。针孔用在瘤胃内不易溶解或脱落的胶粘剂弥合。散边用电烙铁烫平或用酒精灯烤焦，以防止尼龙布脱丝，尼龙线脱落。新制作的尼龙袋用不易在瘤胃中褪色的墨水编号。用前放入瘤胃内 72h，取出、洗净、65℃烘干后方可使用。

（2）半软塑料管　半软塑料管的作用是固定尼龙袋，并保证装有待测样品的尼龙袋始终沉浸于瘤胃食糜中。半软塑料管的直径应介于 0.5~0.8cm，羊用的细一些，牛用的粗一些。长度羊用 25cm，牛用 50cm。

在塑料管的一端距顶端 1~2cm 处向内划透一长 3cm 的夹缝，用于固定尼龙袋。在塑料管的另一端距顶端 1~2cm 处打一直径约 0.5cm 的孔，系一条结实的尼龙线，用于将半软塑料管固定于瘤胃瘘管盖上。

也可以采用其他方法固定尼龙袋，但所采用的方法必须保证尼龙袋始终沉浸于瘤胃食糜中。

4. 试验方法

（1）待测样品的准备　将待测样品 3mm 筛孔粉碎，置于样品瓶内，清洁干燥处保存备测。

(2) 称样与装袋　将尼龙袋、饲料样品置于真空干燥箱或鼓风干燥箱内65℃下烘干至恒重。用分析天平称取尼龙袋质量，然后采用适当工具将经称量的待测样品小心放入尼龙袋底部，注意袋口处切勿沾染样品。精饲料样品每个袋4g左右，粗饲料样品每个袋2g左右。尼龙袋和待测样品均精确至0.0001g。每个待测样品装48个尼龙袋。对于某些待测样品，每个尼龙袋的样品量可根据其特性灵活调整。

(3) 将尼龙袋固定于半软塑料管上　分别将每两个装有待测样品的尼龙袋口交叉夹于一根半软塑料管的夹缝中，用橡皮筋缠绕固定，确保其不渗漏、不脱落。

(4) 尼龙袋的放置　在早晨饲喂前1h，打开试验动物的瘤胃瘘管盖，借助木棒（或其他适宜工具）将固定尼龙袋的半软塑料管连同尼龙袋一起送入瘤胃腹囊食糜中。用塑料管上端的尼龙线将半软塑料管固定于瘘管盖上。每头（只）试验动物放置7根半软塑料管，即14个尼龙袋。4头（只）试验动物共放置28根半软塑料管，即56个尼龙袋。

(5) 培养时间　精饲料的培养时间为2h、4h、8h、16h、24h、36h和48h。粗饲料的培养时间为4h、8h、16h、24h、36h、48h和72h。也可根据待测样品的降解特性适当增加培养的时间点，如1h、12h等。

(6) 尼龙袋的取出　将装有待测样品的尼龙袋放入试验动物的瘤胃后开始记录培养时间，每个培养时间点从每头（只）试验动物瘤胃中各取出一根管（连同上面所系的2个尼龙袋），直至所有塑料管（尼龙袋）全部取出为止。

(7) 尼龙袋的冲洗　将取出的尼龙袋浸泡在冰水中，并立即用自来水冲洗，在冲洗过程中可用手轻轻挤压，直至水清为止。在冲洗过程中严格防止尼龙袋中的残余物随水逃逸。

(8) 尼龙袋的烘干　将冲洗过的尼龙袋（连同之中的残余物）置于真空干燥箱或鼓风干燥箱内65℃下烘干至恒重。用分析天平称量，精确至0.0001g。

(9) 样品与培养残余物目标成分含量的分析　分别将各培养时间点尼龙袋中的残余物完全转移出来。采用相应的国家标准或行业标准所规定的方法分别测定装袋样品中和培养后残余物中各目标成分（如干物质、蛋白质、中性洗涤纤维等）的含量，并统一折算为65℃下的含量。

(10) 样品空白试验　某些细小的样本颗粒可能不经瘤胃降解就迅速通过尼龙袋孔逃逸，此部分实际上并未真正参加瘤胃的降解过程，因而应从装袋样品中扣除。这部分未经瘤胃降解就直接从尼龙袋中逃逸的样品可通过空白试验进行校正，即在进行上述操作的同时，按（2）和（3）的操作另装2个尼龙袋，但不将其放入瘤胃内，直接对其按（7）、（8）和（9）进行处理。

5. 结果计算

(1) 装袋样品量的校正

①装袋样品逃逸率的计算

$$\text{装袋样品逃逸率（\%）}=\frac{\text{空白试验装袋样品干物质质量（g）}-\text{空白试验袋中残余物质量（g）}}{\text{空白试验装袋样品干物质质量（g）}}\times 100$$

②校正装袋样品量的计算

$$\text{校正装袋样品量（g）}=\text{实际装袋样品量（g）}\times[100\%-\text{样品逃逸率（\%）}]$$

(2) 目标成分降解量的计算

$$\text{某目标成分某培养时间点的降解量（g）}=$$

$$[\text{校正装袋样品量（g）}\times\text{空白试验残余物中某目标成分的含量（\%）}]-$$

［某培养时间点残余物的质量（g）×某培养时间点残余物中某目标成分的含量（%）］

（3）目标成分实时降解率的计算

$$某目标成分某时间点的实时降解率（\%）=\frac{某目标成分某时间点的降解量（g）}{校正装袋样品量（g）\times 空白试验残余物中某目标成分的含量（\%）}$$

（4）降解参数的计算　饲料中某成分在瘤胃中的实时降解率符合指数曲线：

$$P=a+b(1-e^{-ct})$$

式中，P 为 t 时刻被测样品某目标成分的实时瘤胃降解率,%；a 为被测样品某目标成分的快速降解部分,%；b 为被测样品某目标成分的慢速降解部分,%；c 为 b 部分的降解速率,%/h；t 为饲料在瘤胃内停留的时间，h。

利用各培养时间点实时降解率的数据（P 和 t），采用最小二乘法，或统计软件中的非线性回归程序，或饲料瘤胃降解参数计算软件，计算式中 a、b 和 c 值。

（5）有效降解率的计算　利用（4）的计算结果（a、b、c 值）采用下式计算待测饲料目标成分的有效降解率：

$$P=a+\frac{bc}{c+k}$$

式中，P 为待测样品某目标成分的有效降解率,%；a 为待测样品某目标成分的快速降解部分,%；b 为待测样品某目标成分的慢速降解部分,%；c 为 b 部分的降解速率,%/h；k 为待测样品某目标成分的瘤胃外流速率,%/h。

（6）k 值的计算

$$k=0.0364+0.0173x$$

式中，x 为饲养水平，以维持饲养水平 $x=1$。

如果估测的粗饲料（青贮或新鲜牧草）k 值可按以下公式计算：

$$k=3.054+0.614x_1$$

式中，x_1 为干物质采食量,%BW。

如果估测干的粗饲料，k 值可按以下公式计算：

$$k=3.362+0.479x_1-0.007x_2-0.017x_3$$

式中，x_1 为干物质采食量,%BW；x_2 为饲粮干物质中精料比例,%BW；x_3 为饲料原料中中性洗涤纤维的含量,%BW。

（二）尼龙袋法的优缺点

瘤胃尼龙袋法的优点是试验在动物体内进行，操作简单，成本低，具有较好的重复性，比体外法更能反映瘤胃的实际生理状况，便于推广应用实际生产，逐渐取代体内法。缺点是一次只能测定少量样本，并且至少需要3只瘘管动物来做平行试验；粗饲料样品大小是根据尼龙袋的孔眼确定的，没有经过咀嚼与反刍，样本消化初期会造成流失，后期会分解不完全，导致降解率估测值偏低；反刍动物日粮精粗比、动物个体差异、样品的量和颗粒大小、尼龙袋的洗涤方法、微生物的污染及尼龙袋的规格等诸多因素都会影响到试验结果的精确性。

此外，瘤胃尼龙袋法测定消化率时，还应注意到，微生物对品质不同的粗饲料的附着情况会使试验结果失真，因为微生物在尼龙袋内残留物上的附着使饲料蛋白质的降解率偏低。尽管如此，相对于传统方法，尼龙袋法因其不需要复杂的分析技术，相对简单，具有良好的重复性，被广泛应用于反刍和非反刍动物饲料的营养价值评定中，是评定饲料在瘤胃内的降解率的一种常用的方法。

三、体外法

体外法是指借助生物学方法将粗饲料置于特定的培养基中，通过模拟瘤胃内环境测定粗饲料降解率的方法。主要包括体外产气法、人工瘤胃法、持续发酵法、酶解法和粪液法、溶解度法等。

（一）体外产气法

体外产气法是饲料样品在体外与瘤胃液共同培养，通过测定饲料在瘤胃微生物作用下降解产生气体（二氧化碳和甲烷）的速率和含量进而估测有机物消化率的一种饲料营养价值评定方法。最早由德国动物营养学家 Menke 等建立，因其分析方法简单，可大量测定，重复性好，与体内法具有高度相关性，而被广泛应用。

1. 体外产气法原理

体外产气法的主要原理是通过将瘤胃液和缓冲液按一定比例混合，装入体外产气装置中，再加入被测饲料，模拟瘤胃发酵过程，利用饲料底物在体外产气系统中分解代谢产生二氧化碳和甲烷等气体后引起反应空间体积或压力变化，通过定量这种体积或压力的变化来定量发酵产生气体量和产气速率，并测定底物降解后的残余量和发酵产物生成量等，评定饲料的体外瘤胃降解率、瘤胃发酵参数、预测甲烷产量、预测动物干物质采食量或评价饲料的组合效应等，实现对饲料营养价值的评价。体外产气法测得的有机物质消化率与在反刍动物活体内测定的结果呈高度正相关。

2. 体外产气系统装置

体外产气系统由发酵装置、恒温晃动装置、气体量或压力测定装置和微生物培养液组成。发酵装置一般是注射器、血清管或玻璃瓶；恒温晃动装置一般是恒温培养箱或恒温水浴摇床；气体量或压力测定装置一般是在发酵装置上标定刻度或是压力传感器；微生物培养液是瘤胃液与人工唾液按一定比例配合的混合液。饲料的消化率不同，在限定时间内不同发酵阶段的产气量与产气率不同。饲料发酵体系在恒温厌氧的密闭空间内产生气体进而导致密闭空间的压力变化。

除了上述传统的注射器装置外，体外产气系统装置比较常用的还有中压力传感器系统，它是将压力传感器与计算机相连，采用压力传感器原理，能测定从 0 时刻开始的产气量，当发酵容器内累计产气量达到标定产气量时，系统会自动记录产生该气量的累计时间（h）和累积产气量（mL）。能在较短时间内分析大量样品，节省时间和劳动力。图 5-2 展示的 ANKOM RFS 型体外产气测量仪便是一种目前常用的压力传感器型体外产气测量仪。

图 5-2　ANKOM RFS 型体外产气测量仪

3. 体外产气法测定方法

（1）试剂和溶液

①微量元素溶液：称取 13.2g $CaCl_2 \cdot 2H_2O$，10.0g $MnCl_2 \cdot 4H_2O$，1.0g $CoCl_2 \cdot 6H_2O$，8.0g $FeCl_3 \cdot 6H_2O$，加蒸馏水配制成 100mL 溶液。

②常量元素溶液：称取 9.45g $Na_2HPO_4 \cdot 12H_2O$，6.2g KH_2PO_4，0.6g $MgSO_4 \cdot 7H_2O$，加蒸馏水配制成 1000mL 溶液。

③缓冲液：称取 4.0g NH_4HCO_3、35.0g $NaHCO_3$，加蒸馏水配制成 1000mL 溶液。

④0.1% 刃天青溶液：100mg 刃天青溶解于 100mL 蒸馏水。

⑤还原性溶液：1mol/L NaOH 4.0mL、625mg $Na_2S \cdot 9H_2O$，加入蒸馏水定容至 100mL（现配现用）。

（2）人工唾液的配制　取上述微量元素溶液 0.1mL，缓冲溶液 208.1mL，常量元素溶液 208.1mL，0.1% 刃天青溶液 1mL，还原性溶液 62.4mL，蒸馏水定容至 1000mL，将其放在 39℃ 水浴锅中预热，并持续通入二氧化碳气体，使溶液由蓝色变为粉红色，最终变为无色。

（3）瘤胃液的采集　采用胃管法从 3 头瘘管牛瘤胃中抽取瘤胃液，倒入已经用热水调节水温度至（39±0.5）℃ 的暖瓶中，回实验室后，暖瓶中的瘤胃液混匀后用四层纱布过滤并置于 39℃ 水浴锅中保温。

（4）体外发酵培养　准确称取粉碎过 1mm 筛的待测样品 200mg 置于 100mL 注射器（已放入培养箱内预热到 39℃）内，将过滤好的瘤胃液与人工唾液按 1∶2 的比例（体积比）混合后加入注射器中，加入量为 30mL，同时要做空白试验，只加 30mL 混合液。操作时，注意注射器内不能遗留气泡，关闭注射器与外面的通路，读取活塞位置的读数，并记录，然后将注射器放在摇床上，在恒温培养箱内 39℃ 培养 24h。可根据试验需求，在培养后的 2h、4h、6h、8h、12h 和 24h 读取注射器活塞位置读数。在发酵过程中，如果读数超过 60mL，记录读数后，打开关闭注射器的夹子，让活塞位置退回到 30mL 处。24h 培养结束后，再读取并记录最后的读数。读数时要尽可能快一些，以避免温度引起的变化。

（5）结果计算

①待测饲料产气量（Gp）= 该时间段内培养管产气量（mL）−空白管产气量（mL）

②待测饲料的干物质消化率（%）= 14.88+0.889Gp+0.045×粗蛋白质含量（g/kg DM）+ 0.065×粗灰分含量（g/kg DM）

4. 体外产气法的优缺点

体外产气法与传统的体内消化法相比，操作方法，简便、快捷，测定数据重复性好，而且测得的有机物消化率与在活体内测定的结果呈显著正相关，有较高的应用价值。但体外产气法毕竟是一种体外模拟技术，发酵容器不同于真正的瘤胃，瘤胃食糜不能外流，发酵终产物容易积累，致使发酵容器内环境发生改变，试验结果的准确性受到影响。

体外产气法的优点是对动物依赖性小、自动化程度高、成本低、重复性好，越来越多的被用于粗饲料营养价值的评定。缺点是发酵罐内不能补给新鲜物质，发酵终产物也不能及时外移，试验可持续时间短，且样品种类数量、底物组成、微生物种群及其生长状况都会影响到产气量的多少，从而影响到体外产气法的可靠性及应用价值，因此，单凭产气量估测消化率是不太理想的，最好是将粗饲料底物消失量、挥发性脂肪酸和微生物蛋白产量综合起来考虑。

(二) 人工瘤胃法

人工瘤胃技术是体外研究瘤胃微生物营养与代谢的一类技术方法，又称瘤胃模拟培养法。其原理是采集动物的瘤胃液对饲料进行体外培养，以达到接近瘤胃内环境来研究饲料降解情况。人工瘤胃法分为短期人工瘤胃发酵法和持续动态人工瘤胃发酵法。

1. 短期人工瘤胃发酵法

(1) 短期人工瘤胃发酵法原理　短期人工瘤胃发酵法原理是将饲料样品用瘤胃液孵育一段时间后，产气量与体内消化率测定值之间存在强的相关关系，根据这一原理来测定有机物质消化率和单个饲料或混合饲料的代谢能值。短期人工瘤胃发酵装置可以根据研究目的进行不同的设计，其共同特点是静态发酵，不对底物和产物进行分离，因而只能持续较短的时间。

(2) 短期人工瘤胃发酵优缺点　短期人工瘤胃技术优点是试验装置简单，方法简便，可以以少量的样品进行大批量的实验，而且结果较稳定，具有较好的可比性。其缺点是由于没有考虑培养过程中终产物的排出而使发酵终产物不断积累，使测定结果的变异系数较大，而且它只能获得一个时间点的降解率，无法测定出动态降解的结果，故只能反映出较短时间内静态发酵降解的情况。

(3) 测定方法

①样品的制备：粗粉碎待测样品，使其颗粒大小仅能通过 1mm 的筛孔。注意样品不要磨得太细。如果饲料样品过湿时，必须在粉碎前置于 60℃的烘箱内先行干燥。

②人工唾液制备：人工唾液由蒸馏水、微量元素溶液、缓冲液、常量元素溶液、刃天青溶液和还原性溶液组成（可参考体外产气法部分）。在采集瘤胃液前，要先配好人工唾液，通入二氧化碳，置于 39℃恒温水浴内保存，同时还要用磁力搅拌器不断地搅拌。在和瘤胃液混合前，要检查培养液水温是否在 39℃以及培养液的颜色是否已经由蓝色经过粉红色而变为灰色（此时说明还原反应已经完全）。

③瘤胃液采集与培养液的制备：与晨饲前，抽取 3 只试验动物的瘤胃液并混合，经四层纱布过滤后，按 1∶2 体积比与人工唾液混合，将混合液放在发酵瓶内，置于 39℃的恒温水浴内，并注意定时搅拌和不间断地通入二氧化碳。提供瘤胃液的实验动物的日粮精粗比例约为 4∶6 或 5∶5，采集瘤胃液前一个星期尽可能地保持试验动物饲喂次数和饲料组成稳定。

④接种培养：准确称取干物质质量为 0.2g 的待测饲料样品放入经恒温培养箱预热至 39℃的发酵瓶内（发酵瓶可选用 50~100mL 带刻度的棕色玻璃瓶），再加入 30mL 的瘤胃液和人工唾液的混合液，用胶塞密封好后将发酵瓶放在 39℃水浴摇床内培养，每个时间点每个样品需要设置 3 个重复。同时进行空白测定以校正产气量，空白瓶只培养瘤胃液加人工唾液混合液，不加待测饲料样品。对于研究添加剂等物质对产气量影响的试验，还应设立不含该物质而仅含待测样品及培养瘤胃液加人工唾液混合液的对照。

⑤样品采集：分别在 0h、2h、4h、8h、12h、18h、24h、48h 和 72h 从各处理样品中取出 3 个发酵瓶，立即测定 pH 后，用四层纱布过滤，取 15mL 滤液分为 3 份，-20℃冷冻保存，用于后续挥发性脂肪酸、NH_3-N 和微生物蛋白的测定。若要测定待测样品的降解率，在过滤时需要选择 300 目尼龙袋进行过滤。

2. 持续动态人工瘤胃发酵法

(1) 持续动态人工瘤胃发酵法原理　持续动态人工瘤胃发酵法是在短期人工瘤胃发酵法的

基础上加以改进，通过控制发酵底物（饲料）和缓冲液的连续进入和食糜（固相和液相食糜）的连续排出，从而更好地模拟瘤胃内环境，可以在更长时间内研究饲料营养成分的动态降解规律，得到的参数与体内测定的结果基本一致，相关性好。可用于常规饲料营养价值评定、蛋白质饲料瘤胃保护技术、各种化学试剂和药物对微生物代谢的影响及瘤胃营养调控等方面的研究。

（2）持续动态人工瘤胃发酵法系统组成　持续动态人工瘤胃发酵系统的结构较为复杂，一般由发酵系统、温度控制系统、定时搅拌系统、样品收集系统和连续充填二氧化碳等组成。目前主要有单外流和双外流 2 种不同类型。所谓单外流型是指消化糜的固相和液相均以相同速度外流；而双外流型可以将消化糜固相和液相外流速度分别加以控制。由于反刍动物体内，瘤胃液相外流速度和固相外流速度是不同的，因此，双外流型更接近于活体内瘤胃发酵的情况。

持续动态人工瘤胃发酵系统比较成熟的装置有 1976 年 Hoover 等研制的 CC 装置、1977 年 Czerkawski 等人建立的 Rusitec 装置、1995 年王加启和冯仰廉研制的瘤胃持续动态模拟装置和 1999 年孟庆翔研发的双外流连续培养系统。图 5-3 展示了湖南农业大学沈维军教授发明的双外流连续培养瘤胃模拟系统。

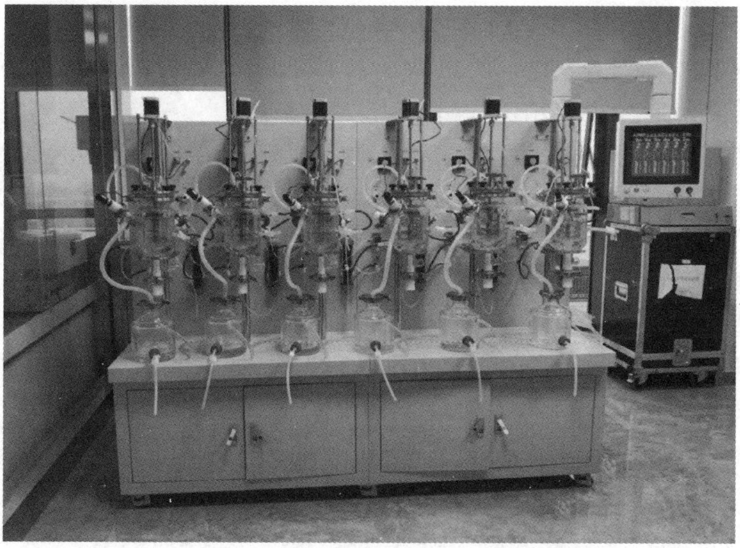

图 5-3　双外流连续培养瘤胃模拟系统

（3）持续动态人工瘤胃发酵法优缺点　应用持续动态人工瘤胃发酵系统进行的研究通常要求持续发酵时间为 2~10d，因此，对整个系统的技术条件有严格的要求，通过控制发酵条件及内容物的排出来模拟瘤胃内的实际环境，以接近瘤胃发酵的真实情况。此方法可以在较长时间内研究饲料的动态降解率，虽然该法仍需瘘管试验动物，但相比尼龙袋法更具灵活性，是一种较好的实验室评定方法。

（4）持续动态人工瘤胃发酵法测定与注意事项　持续动态人工瘤胃发酵装置使用前应对设备进行调试，包括检查发酵罐气密性、温度控制系统的稳定性、搅拌设备是否正常运转。操作方法与短期人工瘤胃发酵装置基本相同，也都包括饲料样品、人工唾液、瘤胃液的制备及接种培养等几个环节。接种必须是在39℃和厌氧条件下进行。接种完毕后进行连续的发酵培养，培养期间要进行补料，每天2次，时间间隔为12h；每次称取准备好的混合均匀的发酵底物约20g，通过补料孔小心加入发酵罐内，补料完毕充二氧化碳以维持发酵罐内厌氧环境。培养期结束后进行样品的采集及相关指标分析测定。

持续动态人工瘤胃发酵法在测定过程中要注意：

①定期测量缓冲液流速，保证输出速率不变；

②注意固相食糜管的出口管口，避免出口堵塞造成食糜不能及时流出而影响发酵；

③及时倒出并计算固相及液相食糜，避免外溢；

④定时观察二氧化碳通气速率，避免未及时通气而造成有氧发酵；

⑤检查冷水浴与温水浴，保证温度恒定。

（三）酶解法

1. 酶解法原理

酶解法是在特定温度和pH条件下，用酶溶液或酶混合物代替瘤胃液在体外模拟反刍动物消化道酶解和水解条件测定粗饲料消化率的方法。主要有单一蛋白酶水解法和复合酶水解法。

2. 酶解法测定方法

（1）单一蛋白酶水解法　主要用于评定饲料蛋白质的瘤胃降解率。国外研究常选择的有胃蛋白酶、胰蛋白酶、木瓜蛋白酶等蛋白酶，国内学者常选用胃蛋白酶、淀粉酶、纤维素酶、胰蛋白酶、胰酶制剂等。但实际研究中，由于饲料种类较多，很难只用一种蛋白酶来反映饲料样品蛋白质降解特征，研究者多采用复合酶法。

①最适用量的选择：根据试验材料的特性梯度设置酶活单位，每个梯度设3个重复。称取0.5g左右的样品于100mL的培养管中，加30mL缓冲液和10mL蛋白酶溶液，加塞置于40℃恒温水浴摇床上培养24h，过滤，多次冲洗残渣。将残渣置于65℃烘箱内烘干，称量，凯氏定氮法测出残渣的蛋白质含量，从而计算出蛋白质降解率。将降解率最大时的最小酶活力单位确定为蛋白酶的最适用量。

②降解率的测定：用所选蛋白酶的最适用量，按选择最适酶活的步骤，分别测定3h、7h、12h、24h、36h和48h的蛋白质降解率，并结合动态降解模型 $dp=a+b\ (1-e^{-ct})$（其中 dp 为降解率，a 为快速降解部分比例，b 为慢速降解部分比例，c 为 b 的降解速率）研究饲料蛋白质的降解规律。

（2）复合酶水解法　复合酶处理法主要是考虑到反刍动物瘤胃微生物和单胃动物后肠微生物的发酵作用以及影响蛋白质降解率的很多因素，比如纤维素的含量、淀粉的含量等建立的体外方法。有众多学者研究了胃蛋白酶-胰蛋白酶、胃蛋白酶-胰酶制剂、胃蛋白酶-瘤胃液、淀粉酶-胃蛋白酶、纤维素酶-胃蛋白酶等复合酶水解法对饲料干物质和蛋白质的降解率的影响。对于青粗饲料多采用纤维素酶-胃蛋白酶法，先用纤维素酶将饲料中粗纤维进行消化，一定时间后将pH调到胃蛋白酶适宜水平，再进行胃蛋白酶的处理。

①最适用量的选择：先对胃蛋白酶的最适用量进行选择，选择方法同单一蛋白酶水解法。然后称取0.5g左右的样品于100mL的培养瓶中，加缓冲液30mL，用含有最适胃蛋白酶用量的溶液处理后，再按操作程序加入不同纤维素酶含量的柠檬酸盐缓冲液，培养24h，测定有机物降解率，确定纤维素酶最适用量。

②降解率的测定：根据所测的胃蛋白酶和纤维素酶的最适酶用量，称取0.5g左右的样品于

100mL 的培养瓶中，先用胃蛋白酶处理 24h，再用纤维素酶处理 24h，之后测定有机物含量，计算降解率。

（3）酶解三步法　酶解三步法是指先用瘤胃尼龙袋法获得瘤胃残渣，然后通过胃蛋白酶和胰蛋白酶制剂对残渣进行酶解。其测定原理是将装有饲料样品的尼龙袋在瘤胃内培养 16h，其残渣经 65℃烘干后，先经胃蛋白酶在 38℃条件下振荡培养 1h，用 0.5mL 的氢氧化钠溶液（浓度为 1.0mol/L）中和培养物后，再用胰蛋白酶在 38℃条件下振荡培养 24h，然后用 100%三氯乙酸溶液终止酶解反应。10000*g* 离心 15min 后，收集上清液，根据上清液中的可溶性蛋白质和瘤胃降解后饲料残渣的粗蛋白来估测小肠消化率。

酶解三步法的优点是不需要试验动物，速度快，成本低，易操作。而且酶解法可以与体内法测定结果相比较，能够逐步建立与体内法测定结果相关程度高的体外评定方法。其缺点是在体外不可能完全模拟体内的消化过程，测定结果准确性受到影响。

（4）酶解法的优缺点　酶解法的优点是不需要瘘管动物提取瘤胃液作为培养液，而是用酶来取代，简单方便、成本低、耗时少、效率高、重复性好，容易标准化，能较好地估测饲料的体内干物质消化率。适用于比较不同种类粗饲料间的相对差异，估测它们的瘤胃降解率，实验室之间可比性强。酶解法测定结果与体内法或半体内法具有较高的相关性。

酶解法的缺点是只测定某一时间的降解率而忽视其动态降解率，而且瘤胃中微生物对蛋白质的消化过程非常复杂，体外不可能完全模拟体内的消化过程，并且酶的活性敏感易受到各方面因素的影响，需要的重复试验组较多用。对粗饲料能量及消化率的估测结果会因粗饲料品种、收获季节、加工方式等的不同而不同。

四、饲料养分小肠消化率评定

饲料营养物质在瘤胃微生物和后部消化道的消化作用下转化为可吸收的营养物质，大部分营养物质经小肠吸收后参与机体代谢，所以采用小肠可消化养分来评定反刍动物饲料营养价值和营养需要更加符合反刍动物的消化代谢特点，评定结果也更加准确。饲料养分的小肠消化率评定主要是对过瘤胃养分的消化率评定，是反刍动物营养研究的一个重要领域。目前小肠营养物质消化吸收的评定方法主要有体内法、移动尼龙袋法和酶解三步法。

1. 体内法

体内法主要是给动物安装十二指肠和回肠瘘管，然后分别从十二指肠和回肠瘘管采取饲料食糜样本，测定食糜养分在小肠中的消化率，计算公式如下：

$$\text{食糜养分小肠消化率} = (DF \times DC - IF \times IC) / (DF \times DC)$$

式中，DF 为十二指肠食糜流量；DC 为十二指肠食糜中某养分的含量；IF 为回肠食糜流量；IC 为回肠食糜中某养分的含量。

应用此公式测定过瘤胃单一养分的小肠消化率还需要测定十二指肠、回肠食糜流量并能够采得有代表性的食糜样本。如果需要测定单一饲料过瘤胃养分的小肠消化率还必须有判别食糜样本中来自该饲料的养分含量的方法。

2. 移动尼龙袋法

移动尼龙袋法有两种测定方法。一种方法是把经过瘤胃降解的待测饲料残渣装入一定规格的尼龙袋内并封口，从真胃瘘管将尼龙袋投入真胃内，从粪便中回收未消化的尼龙袋，分析尼龙袋中饲料养分含量，测定待测饲料的小肠消化率。

另一种方法是将一定量的饲料样品在瘤胃中经过16h发酵降解后，采集一定量的瘤胃未降解饲料残渣样品置于一定尺寸规格的特制尼龙袋中，经胃蛋白酶液培养一段时间后，将尼龙袋从十二指肠瘘管投入小肠中，并从回肠末端瘘管或粪便中回收尼龙袋，根据尼龙袋的粗蛋白或氨基酸降解率来估测饲料的小肠消化率。

该方法的优点是不需要测定食糜流量，避免了食糜流量测定带来的误差，试验动物可以正常饲喂，避免了日粮改变对消化代谢的影响。缺点是该方法需要安装有瘤胃瘘管、真胃瘘管和十二指肠瘘管的试验动物，成本较高；从粪便收集尼龙袋使养分经过了大肠微生物的发酵，对测定结果有影响，而且尼龙袋容易在肠道中堵塞，不同尼龙袋从粪中排除的时间差异较大，收集困难。另外，由于尼龙袋对肠道的刺激较大，加快了肠道的蠕动，使尼龙袋在肠道内的平均滞留时间低于食糜。此外，对尼龙袋的孔径大小、饲料残渣装袋量、饲料在瘤胃内的培养时间等因素对测定结果的影响还需要进一步研究，以建立统一的标准化法。

3. 酶解三步法

请参考本节“三、体外法”中的酶解三步法部分内容。

第三节　粗饲料评定指标

饲料的营养价值是对饲料的饲用价值量化评估的技术参数，是饲料科学理论和技术体系的最重要的核心组成部分之一。粗饲料来源广，但营养品质差异极大。虽然，感官评定和化学分析可对粗饲料的营养价值进行定性和定量测定，对粗饲料品质进行初步评判，但是单一的评价指标对粗饲料营养价值的评定存在很大局限性，因此，目前在生产实践中，为了更好地对粗饲料品质进行评定，常与反刍动物的生理特性有机结合起来，使用更加科学合理的综合评定指标对粗饲料进行营养价值评定。目前，国际上常用的粗饲料综合评价指标有相对饲喂价值、粗饲料相对质量（relative forage quality，RFQ）和质量指数（quality index，QI），国内常用的是粗饲料分级指数（grading index，GI）。

一、相对饲喂价值

相对饲喂价值由美国饲草和草原理事会下属的干草市场特别工作组（Hay Marketing Task Force of the American Forage and Grassland Council）提出。相对饲喂价值是根据奶牛粗饲料的可消化干物质和干物质采食量来进行粗饲料品质的比较和评级的。其定义是相对一特定标准粗饲料（如盛花期苜蓿），某种粗饲料可消化干物质的采食量。其关系式：

$$DMI\ (\%BW) = 120/NDF\ (\%DM)$$

$$DDM\ (\%DM) = 88.9-0.779ADF\ (\%DM)$$

$$RFV = DMI\ (\%BW) \times DDM\ (\%DM) / 1.29$$

式中，DMI为干物质采食量，BW为奶牛体重；NDF为干物质中性洗涤纤维的含量,%；DDM为干物质中可消化干物质的含量,%；常数1.29是盛花期苜蓿DDM的采食量；计算相对饲喂价值时除以1.29是因为以盛花期苜蓿的相对饲喂价值为100做标准，相对饲喂价值大于

100 的粗饲料表明整体上质量较好。相对饲喂价值越大，表明饲料的营养价值越高。

相对饲喂价值的优点在于它所采用的预测模型简单实用，其提供粗饲料饲喂价值的相对估计值，可对不同批量或种类的粗饲料饲用价值进行比对；而且实验室只需要测定粗饲料的中性洗涤纤维、酸性洗涤纤维和干物质就可以计算出某种粗饲料的相对饲喂价值。美国全国牧草和草地委员会以相对饲喂价值为基数确定了一套分级标准，以便能更简单实用地评价粗饲料营养价值（表 5-10）。它的缺点是只对粗饲料进行了简单的分级，没有考虑到粗饲料中粗蛋白含量对其营养价值的影响，而不包括蛋白质指标的粗饲料评定指标是不够准确的。因此，无法利用这种评定指标进行粗饲料的科学组合和合理搭配。

表 5-10 牧草干草质量市场分级标准

分级标准	粗蛋白/%	酸性洗涤纤维/%	中性洗涤纤维/%	可消化干物质/%	干物质采食量/%	相对饲喂价值
特级	>19	<31	<40	>65	>3.0	>151
1	17~19	31~35	40~46	62~65	2.6~3.0	125~151
2	14~16	36~40	47~53	58~61	2.3~2.5	101~124
3	11~13	41~42	54~60	56~57	2.0~2.2	86~100
4	8~10	43~45	61~65	53~55	1.8~1.9	77~85
5	<8	>45	>65	<53	<1.8	<77

资料来源：贾存辉等，2017。

目前，相对饲喂价值是美国唯一广泛使用的粗饲料质量评定指标，应用于粗饲料的生产、管理、流通及交易等各个领域，在饲草贸易上，相对饲喂价值可根据买卖双方达成的协议来评定，青干草生产者及购买者，特别是其中西部的拍卖场，用相对饲喂价值对青干草进行定价，它的定期发布，保证了饲草交易的质量。许多国家也采用这一指标对粗饲料品质进行评定。

二、粗饲料相对质量

粗饲料相对质量是由 Moore 等（2002）提出的一个新的粗饲料评定指标，把粗饲料作为动物唯一蛋白和能量来源时，对粗饲料可利用能随意采食量的估测。其关系式：

$$RFQ = DMI \times TDN / 1.23$$

式中，DMI 为干物质采食量,%；TDN 为可消化总养分,%；常数 1.23 是通过试验测得可消化总养分采食量对可消化干物质采食量的无截距回归斜率（0.95）乘以相对饲喂价值式中的 1.29 得到的。除以 1.23 的目的是将各粗饲料的粗饲料相对质量平均值及范围调整到与相对饲喂价值相似。

建立精确的粗饲料相对质量预测模型最大的挑战来自建立精确的 DMI 模型，虽然相对饲喂价值和 RFQ 有些相似，但在实践中，由于使用的预测模型不同，就某个粗饲料而言，所预测的相对饲喂价值和 RFQ 差异还是会很大。和相对饲喂价值相比，粗饲料相对质量的优点是其预测模型更加灵活，可通过可消化总养分进行预测，使预测值更接近实际情况，尤其能准确地对禾本科牧草进行分级。同时，粗饲料相对质量还可以预测影响粗饲料采食量和消化率的精粗饲料的组合效应。但是，虽然粗饲料相对质量考虑粗纤维的可消化性，并用可消化总养分代替了可消化干物质，但没有考虑粗蛋白和酸性洗涤纤维对粗饲料品质的影响，因此，粗饲料相对质量只能用于评价粗饲料品质分级而不能用于日粮的配合。同时，由于测定时成本高、耗时长、需要的重复组较多、受体外消化率测定方法的制约等因素，限制了粗饲料相对质量的普及。

三、粗饲料分级指数

1. GI_{2001}

粗饲料分级指数是由卢德勋结合我国粗饲料使用的实际情况，以粗饲料质量为切入点，以系统科学为指导思想，在总结、吸取饲料的相对饲喂价值等粗饲料品质评定技术优点的基础上，根据我国粗饲料生产及使用的现状提出的全新的粗饲料品质评定指标。其定义为粗饲料的粗蛋白和中性洗涤纤维经过校正后，粗饲料可利用能的随意采食量。其关系式：

$$GI_{2001}\ (MJ/d) = ME \times DMI \times CP/NDF\ (或\ ADL)$$

式中，GI_{2001} 为粗饲料分级指数，MJ/d；ME 为粗饲料代谢能，MJ/kg；DMI 为粗饲料干物质采食量，kg/d；CP 为粗蛋白质占干物质的百分比,%DM；NDF 为中性洗涤纤维占干物质的百分比,%DM；ADL 为酸性洗涤木质素占干物质的百分比,%DM。

GI_{2001} 的特点是除了引入能量参数外，还引入了粗蛋白和干物质采食量等参数，将它们统一起来考虑，全面准确的反映出粗饲料的实际饲用价值，并且简便易行，实现了粗饲料的合理化搭配，便于实际生产推广使用，同时它还可以用于指导牧草的种植、确定牧草的最佳刈割期。

2. GI_{2008}

由于 GI_{2001} 只考虑到粗饲料中的粗蛋白、中性洗涤纤维等参数，并且表观性较强，没有结合反刍动物的消化生理特点来说明反刍动物对粗饲料的消化利用情况，更适合实际生产推广使用，但用于研究具有局限性，为了使其更具科学性，GI_{2008} 应运而生。其公式：

$$GI_{2008}\ (MJ/d) = (NE_L \times DMI \times DCP) / (NDF - peNDF)$$

式中，GI_{2008} 为粗饲料分级指数，MJ/d；NE_L 为粗饲料产奶净能，MJ/kg；DMI 为粗饲料干物质随意采食量，kg/d；DCP 为粗饲料的可消化粗蛋白,%DM；NDF 为中性洗涤纤维占干物质的百分比,%DM；peNDF 为粗饲料的物理有效中性洗涤纤维含量占干物质的百分比,%DM。

GI_{2008} 在蛋白质指标上新引入了可消化粗蛋白，该指标将粗饲料的营养组成成分和动物的消化生理特点结合了起来，并且将包括粗饲料物理有效中性洗涤纤维在内的纤维方面指标进行了综合评定，更能全面精确地评定粗饲料营养价值，也提高了日粮优化搭配技术的集成化程度。

3. GI_{2009}

随着研究成果的不断丰富，GI 技术体系也在不断的充实、发展和改进，主要表现在测试指标的不断更新和与其他技术的集成化不断提高，粗饲料分级指数也从原来的 GI_{2001} 发展到了 GI_{2008} 和 GI_{2009}。GI_{2009} 是 GI_{2008} 的进一步补充，基于 GI_{2008} 采用了不同的干物质采食量和粗饲料产奶净能预测模型对不同种类的饲草进行预测，因而 GI_{2009} 的模型具有较强的灵活性，其预测值可能更接近实际值。GI_{2009} 的公式同 GI_{2008}，但不同的是，在 GI_{2009} 中，干物质采食量的估测公式采用粗饲料相对质量的公式；粗饲料产奶净能是由酸性洗涤纤维或中性洗涤纤维计算而来，因此能区别出各种粗饲料品质间的微小差异，使分级更加明显。推导公式如下。

$$GI_{2009}\ (MJ/d) = (NE_L \times DMI \times DCP) / (NDF - peNDF)$$

豆科（苜蓿、三叶草、苜蓿干草混合物）：

$$DMI_{豆科}\ (\%BW) = 120/NDF + (NDFD - 45) \times 0.374/1350 \times 100$$

$$NE_{L_{豆科}}\ (MJ/kg) = [1.044 - (0.0119 \times ADF)] \times 9.29$$

禾本科（暖季和冷季草）：

$$DMI_{禾本科}\ (\%BW) = -2.318 + 0.442 \times CP - 0.0100 \times CP^2 - 0.0638 \times TDN + 0.000922 \times TDN^2 + 0.180 \times ADF - 0.00196 \times ADF^2 - 0.00529 \times CP \times ADF$$

$$TDN_{禾本科} = (NFC \times 0.98) + (CP \times 0.87) + (FA \times 0.97 \times 2.25) + (NDFn \times NDFDp/100) - 10$$

$$NE_{L_{禾本科}}\ (MJ/kg) = [1.085 - (0.0150 \times ADF)] \times 9.29$$

玉米青贮：

$$DMI_{玉米青贮}\ (kg/d) = BW \times 1.15\%/0.3 + (avg.\ NDFD - NDFD) \times 17$$

$$NE_{L_{玉米青贮}}\ (MJ/kg) = [1.044 - (0.0124 \times NDF)] \times 9.29$$

式中，CP 为粗蛋白含量，%DM；EE 为粗脂肪含量，%DM；FA 为脂肪酸含量，%DM，FA＝EE－1；ADF 为酸性洗涤纤维含量，%DM；NDF 为中性洗涤纤维含量，%DM；NDFD 为 48h 体外中性洗涤纤维消化率，%NDF；TDN 为可消化总养分含量，%DM；NDFn 为无氮的中性洗涤纤维含量，NDFn＝NDF×0.93；NFC 为非纤维性碳水化合物含量，%DM，NFC＝100－（NDF＋CP＋EE＋ASH）；NDFDp 为中性洗涤纤维可消化结合蛋白含量，NDFDp＝22.7＋0.664×NDFD。

综上所述可知：

①GI_{2008} 和 GI_{2009} 针对 GI_{2001} 所用蛋白质和纤维指标表观性较强的缺点，引入了可消化粗蛋白和物理有效中性洗涤纤维指标，不仅将饲料的营养成分和动物的消化生理结合了起来，同时兼顾了粗饲料的物理性状对动物健康的影响，准确性、科学性更强；

②GI 技术以系统整体的思维和方法来实现粗饲料品质的科学评定及科学搭配的最优化，其中 GI_{2008} 较 GI_{2001} 更能充分发挥粗料与粗料之间、粗料与精料之间的组合效应，与其他技术系统集成化程度较高，成为优化饲养设计技术的重要组成部分；

③GI 技术已是一项集理论与实践应用于一体的粗饲料品质评定和发展应用的成套技术，具有综合评定、系统集成的特点。GI_{2001} 简便易行，实用性较强，而 GI_{2008} 及 GI_{2009} 则科学性更强，适于在研究领域应用。

由此可见，GI 技术的产生和发展，无论在生产领域还是在研究领域对发展和应用粗饲料的品质评定及日粮优化饲养设计技术都具有重大意义。

四、其他评定指数

除了上述常用的粗饲料评定指数外，生产中也有用到粗饲料质量指数和产奶二千（Milk 2000）去进行粗饲料的质量评定。

质量指数是由美国佛罗里达州饲草推广测试项目（Florida Extension Forage Testing Program）于 1984 年提出的，其定义为可消化总养分随意采食量是可消化总养分维持需要的倍数。由绵羊试验数据推导出的质量指数计算模型：

$$QI = TDN\ 采食量\ (g/MW) / 29$$

$$TDN\ (\%DM) = OM\ (\%DM) \times OMD\ (\%) / 100$$

$$TDN\ 采食量\ (g/MW) = DMI\ (g/MW) \times TDN\ (\%DM) / 100$$

式中，OM（%DM）是有机物质占干物质的百分数；TDN（%DM）是可消化总养分占干物质的百分数；DMI（g/MW）是干物质采食量，以每千克代谢体重所采食粗饲料的质量（g）表示，$MW=W^{0.75}$；除数 29 是绵羊的可消化总养分维持需要量（29g/MW），而牛的可消化总养分维持需要值为 36g/MW。

在计算质量指数时，需要用粗饲料中的中性洗涤纤维来预测干物质采食量，用体外有机物消化率（IVOMD）来预测粗饲料的有机物消化率（OMD）。其推导公式：

$$\text{OMD}（\%）=32.2+0.49\text{IVOMD}（\%）$$

$$\text{DMI}（\text{g/MW}）=120.7-0.83\text{NDF}（\%\text{DM}）$$

在应用中，质量指数的基数设定为 1.0。当质量指数等于 1.0 时，家畜既不增重，亦不失重；当质量指数小于 1.0 时，家畜就会掉膘；当质量指数等于 1.8 时，生长牛可望增重 0.6kg/d，在泌乳母牛体重不变时，可望产奶 10kg/d。

质量指数的优点是将可消化总养分的维持需要作为参照点，而不是选择某一特定的粗饲料作为参照；同时它将干物质采食量用每千克代谢体重所采食粗饲料的质量（$MW=W^{0.75}$）来表示，而不是占体重百分比；还采用体外有机物消化率来预测有机物消化率，使有机物消化率更加精确。因此，质量指数不仅可以对粗饲料品质进行评定，还可在电脑模型中预测家畜的生产性能。它的缺点是估测模型依然不理想，仅以能量指标作为预测因子、没考虑蛋白质、整体性不强，质量指数同样只限于进行粗饲料品质的评定，无法用于粗饲料的科学搭配。

产奶二千是由 Undersander 等于 1993 年首次提出，主要用来对全株玉米青贮品种（同时也可以用于苜蓿和禾本科牧草）进行营养价值评价和分级的指标。其定义是用每吨粗饲料干物质的泌乳量作为评定乳牛粗饲料品质的指标。产奶二千的基础是粗饲料中所含的能量及乳牛对粗饲料的干物质采食量。粗饲料中的能量及乳牛的 DMI 分别采用特定的模型，即由粗饲料中的酸性洗涤纤维及中性洗涤纤维进行预测得到。

产奶二千的优点是计算简便快捷，便于实际应用，但是它主要用于乳牛对于禾本科粗饲料的评定和分级，不适用于其他的反刍动物，并且运用它所测得的结果只能用于所测定粗饲料的分级，而不能作为实测值利用。

粗饲料品质的评定经历了由单一指标评定、多指标评定到整体指标全面评定的过程，其评定技术也不断准确和贴近实际情况。而粗饲料分级指数在借鉴相对饲喂价值等国外整体指标评定方法的前提下，进行科学改进与创新，使其能够更好地为反刍动物的科研和生产实践服务。但是，粗饲料分级指数对于反刍动物生产性能方面的理论研究仍需加强，以便为分级指数的评定改进提供技术支持。

第四节　青贮饲料原料评定

青贮饲料具有能够有效保存青绿饲料的营养成分、养分损失少，适口性好、消化率高，体积小、易于保存等优点，通常占到反刍动物日粮配方的 20% 以上，但由于受青贮原料种类、刈割时期、水分含量、发酵微生物种类、调制方法和发酵条件等多种因素的影响，青贮饲料的品质容易参差不齐。

青贮饲料的发酵品质与原料的化学特性以及附着微生物密切相关，原料本身的水分含量、缓冲能力、水溶性碳水化合物含量和原料上附着微生物中乳酸菌数量对青贮是否成功及青贮品质有重要影响。适宜的水分含量、较低的缓冲能力、充足的碳水化合物含量和附着乳酸菌数是保证青贮饲料优良品质的前提条件。因此，要想保证青贮饲料的品质，在青贮制作之前对青贮饲料原料品质的评定与把控至关重要。

一、青贮原料水分含量

青贮原料只有在适当的含水率时，才能保证获得良好的发酵并减少干物质损失和营养物质损失。理想的青贮原料水分含量应在60%～75%，过高或过低的水分含量都不利于青贮发酵。青贮原料水分过高，难以抑制青贮中有害微生物如梭菌的活跃，容易造成青贮发酵过程中丁酸和 NH_3-N 的产生；而青贮原料水分过低，则青贮过程中难以压实，容易造成青贮初期有氧菌活跃，青贮养分损失过大。青贮原料含水量与青贮过程中汁液损失关系见表 5-11。

表 5-11　青贮原料含水量与排汁量、干物质损失的关系

原料含水量/%	干物质含量/%	每 100kg 青贮原料中		排汁中干物质损失/%
		排汁量/kg	排汁中干物质量/kg	
84.5	15.5	21.0	1.05	6.7
82.5	17.5	13.0	0.65	3.7
80.0	20.0	6.0	0.30	1.5
78.0	22.0	4.0	0.20	0.9
75.0	25.0	1.0	0.05	0.2
70.0	30.0	0	0	0

从表中可以看出，青贮原料中含水量为84.5%时，排汁中损失的干物质占青贮原料干物质的6.7%，而含水量为70%的青贮原料，已无液汁排出，干物质不受损失。

青贮原料水分含量的测定可参考饲料中水分测定的方法进行，但在实践生产中，受试验条件和测定时间的影响，可采取较为简便的感官判定方法，对青贮原料的水分含量进行粗略判定。

二、青贮原料缓冲能力

缓冲能力是指青贮原料在青贮过程中抵抗 pH 下降的能力，通常以每千克的植物干物质在浸软时 pH 由 4 上升到 6 时所需碱的物质的量表示。青贮原料缓冲能力的70%～80%由原料中所含有的有机酸盐、磷酸盐、硝酸盐、硫酸盐和氯化物等维持，10%～20%由植物蛋白质的缓冲作用承担。青贮原料的缓冲能力影响青贮初期 pH 下降快慢和下降程度，青贮原料的缓冲能力越强，pH 降低越慢，青贮发酵越慢，营养物质损失越多，所以缓冲能力是影响青贮饲料调制的重要因素，低缓冲能力的原料是获得优质青贮饲料的关键。

禾本科植物含有柠檬酸和苹果酸等有机酸，青贮期间这些酸经乳酸菌发酵可生成乳酸、乙

酸、甲酸、乙醇、丁二醇和3-羟基丁酮产物，所以一般禾本科牧草较豆科牧草缓冲能力低，青贮后 pH 下降较快；而豆科牧草粗蛋白含量高于禾本科牧草，因此豆科牧草的缓冲能力高于禾本科牧草，如黑麦草的缓冲能力为250～400mmol/kg，三叶草和紫花苜蓿的缓冲能力为500～600mmol/kg，这一特性使得豆科牧草比禾本科牧草难以青贮。青贮过程中，乳酸盐、乙酸盐和其他产物的形成可使缓冲能力升高。pH 较低的青贮饲料，缓冲能力可能比原力增大3～4倍；限制发酵可减少缓冲物质的生成。

影响饲草缓冲能力的因子主要有如下因素。

①植物种类：如苜蓿、多花黑麦草等豆科牧草的缓冲能力较玉米、高粱等禾本科饲料作物强，蛋白质含量多，可溶性碳水化合物低，缓冲能力也高，发酵时不易形成低 pH 状态，故较难青贮成功。

②生长期：关于牧草和饲草作物的大量事实表明，随着作物成熟，缓冲能力下降。

③氮肥施用：施用氮肥可以提高缓冲能力。

④萎蔫：饲草萎蔫后，饲草中有机酸的含量下降，导致缓冲能力下降。但在不适条件下萎蔫，植株没有达到有效萎蔫，就不会收到这种效果。

三、水溶性碳水化合物

青贮原料中的水溶性碳水化合物是青贮过程中乳酸菌发酵产生乳酸的主要底物。在一定程度上青贮原料水溶性碳水化合物含量越高，乳酸菌生长繁殖速度越快，产生的乳酸含量更高，同时能够在最短的时间内抑制有害微生物的繁殖及其有害次级代谢产物的产生。因此，青贮原料中水溶性碳水化合物的多少决定了青贮原料的品质高低、青贮过程中乳酸菌发酵过程的快慢和青贮饲料品质的高低。通常禾本科牧草水溶性碳水化合物含量高于豆科牧草。青贮饲料的最低水溶性碳水化合物含量，可根据原料的缓冲能力进行计算，即缓冲能力×1.7。一些青贮原料干物质中含糖量见表5-12。

表5-12　一些青贮原料中干物质含糖量

易于青贮原料			不易青贮原料		
饲料	青贮后 pH	含糖量/%	饲料	青贮后 pH	含糖量/%
玉米植株	3.5	26.8	紫花苜蓿	6.0	3.72
高粱植株	4.2	20.6	草木樨	6.6	4.5
菊芋植株	4.1	19.1	箭舌豌豆	5.8	3.62
向日葵植株	3.9	10.9	马铃薯茎叶	5.4	8.53
胡萝卜茎叶	4.2	16.8	黄瓜蔓	5.5	6.76
饲用甘蓝	3.9	24.9	西瓜蔓	6.5	7.38
芜菁	3.8	15.3	南瓜蔓	7.8	7.03

资料来源：王成章等，1998。

第五节　青贮饲料品质评定

青贮饲料品质好坏直接影响动物健康与生产性能。品质低劣的青贮不仅营养价值低，而且其发酵过程中产生的大量霉菌与霉菌毒素会对动物健康与生产性能产生负面影响，因此，在生产实践中开展青贮饲料品质评定具有重要意义。系统的青贮饲料质量评价一般涉及感官评价和化学鉴定，除此之外，还可通过体外法测定青贮饲料的消化率来评价青贮饲料的可消化性。

一、青贮饲料感官评定

青贮饲料感官评价是依靠评定者的视觉、嗅觉、触觉和味觉，通过对青贮饲料的气味、色泽、质地等因素进行评估，综合考虑后决定它的品质。

（一）色泽

优质的青贮饲料非常接近于原料的颜色。若青贮前作物为绿色，青贮后仍为绿色或黄绿色最佳。以目前生产中常用的全株玉米青贮、苜蓿青贮、小麦青贮为例，全株玉米青贮和苜蓿青贮原料一般为青绿色或黄绿色，而小麦青贮原料一般为黄绿色，也有些为青绿色。

青贮窖内原料发酵的温度是影响青贮饲料色泽的主要因素，温度越低，青贮饲料就越接近于原先的颜色。对于禾本科牧草，温度高于30℃，青贮料颜色变成深黄；当温度为45~60℃，颜色近于棕色；超过60℃，由于糖分焦化颜色近乎黑色。一般来说，品质优良的青贮饲料颜色呈绿色或黄绿色，中等的为黄褐色或暗绿色，劣等的为褐色或黑色。

（二）气味

青贮原料在微生物的作用下通过厌氧发酵后，产生的有机酸含量不同，导致青贮饲料的气味不同。品质优良的青贮饲料因乳酸含量较高，通常具有让人舒适的酸味和水果香味。品质中等的青贮饲料则具有微弱的丁酸臭味或较强的醋酸味，芳香味较弱。若青贮饲料带有腐烂腐败的臭味，则说明青贮饲料中有大量丁酸产生，制作失败，此等级青贮饲料不能饲喂家畜。出现霉味说明青贮窖压实不严，空气进入青贮窖中引起青贮料发生霉变；出现较强的臭味，说明青贮饲料的蛋白质已大量分解。

（三）质地

制作优良的青贮饲料，植物的茎叶等结构应当能清晰辨认，保持原来性状，若是制作的全株玉米青贮饲料，其中的玉米籽粒应大部分破碎，不见完整籽粒。若青贮饲料结构破坏、质地松散且呈现黏滑状态，则表示青贮腐败，且黏度越大，表明青贮饲料腐败程度越高。制作优良的青贮饲料，在青贮窖内压得非常紧实，但拿起时质地松散柔软，略湿润，握紧松开后不黏手，茎、叶、花保持原状，容易分离。中等品质青贮饲料茎叶部分保持原状，质地柔软稍干或水分稍多。劣等青贮饲料质地黏结成块，腐烂发黏，分不清植物原有结构。

国内常用评定标准是1996年制定的《青贮饲料质量评定标准》（试行），它依据水分、气味、色泽、质地和 pH 这 5 项指标将青贮饲料划分为优质、良好、一般和劣等 4 个等级（表 5-13）。国外常用标准是德国农业协会制定的青贮饲料感官评定标准，它依据气味、结构、色泽 3 项指标将青贮饲料划分为优质、尚好、中等和劣等 4 个等级（表 5-14），这 2 种感官评定法虽在评定指标上有所不同，但其评价体系与核心指标没有显著区别。感官评定相较于实验室评定具有简便、快捷的优点，由于该方法依靠评价人感官进行评定，评定结果受不同评价人感官差异影响大，因此，只能做为青贮饲料质量评定的初始判定，不能作为最终判定。

表 5-13　　青贮饲料的感官评分标准

项目	优质	良好	一般	劣等
色泽	青绿色或黄绿色（14~20）	黄褐色（8~13）	褐色（1~7）	黑褐色（0）
气味	酸香味（18~25）	酒香味（9~17）	刺鼻酸味（1~8）	腐败霉味（0）
质地	松软不黏手（8~10）	松软无黏性（4~7）	略带黏性（1~3）	发黏结块（0）
水分	紧压湿润但不形成水滴（14~20）	紧压可形成水滴（8~13）	紧压有水分流出（1~7）	干燥或抓握见水（0）
pH	3.4~3.8（18~25）	3.9~4.1（9~17）	4.2~4.7（1~8）	4.8 以上（0）

注：括号内数据表示分数。

表 5-14　　德国农业协会青贮饲料感官评定标准

项目	评分标准	分数
气味	无丁酸臭味，有芳香果味或明显的面包香味	14
	有微弱的丁酸臭味，有较强的酸味，芳香味弱	12
	丁酸味颇重，或有刺鼻的焦煳臭味或霉味	4
	有较强的丁酸臭味或氨味，或几乎无酸味	2
结构	茎叶结构保持良好	4
	茎叶结构保持较差	2
	茎叶结构保存极差或发现有轻度霉菌或轻度污染	1
	茎叶腐烂或污染严重	0
色泽	与原料相似，烘干后呈淡褐色	2
	略有变色，呈淡黄色或带褐色	1
	变色严重，墨绿色或褪色呈黄色，有较强的霉味	0

注：16~20 分为优等，10~15 分为尚好，5~9 分为中等，0~4 分为劣等。

二、青贮饲料的化学评定

青贮饲料的化学评定是一种依靠多种仪器与试验动物对青贮饲料发酵品质与营养价值进行综合评定的方法。青贮饲料的化学评定主要包含青贮饲料发酵品质的评定和营养价值的评定。青贮饲料的发酵品质评定指标包括pH、有机酸浓度、氨态氮浓度；营养价值评定指标包括青贮饲料化学组成、瘤胃降解率、表观消化率等。青贮化学评定相较于感官评定更加准确全面，但涉及指标与设备较多，因此测定成本较高。

（一）青贮饲料发酵品质评定

1. pH（酸碱度）

pH是衡量青贮饲料品质好坏的重要指标之一。pH的大小是对青贮过程中产生的总酸含量的反应，但是并不能反映青贮中乳酸、乙酸和丁酸的变化。当pH低于4.2后几乎所有微生物生命活动停止，青贮饲料进入稳定状态。优良青贮饲料pH在4.2以下，超过4.2（低水分青贮除外）说明青贮发酵过程中，腐败菌、酪酸菌等活动较为强烈。劣等青贮饲料pH在5.5~6.0，中等青贮饲料的pH介于优良与劣等之间。

pH受青贮原料种类及营养物质组成影响较大。理论上，豆科牧草可溶性碳水化合物含量较低，蛋白质含量较高，缓冲能力强，pH下降速度慢，青贮进入稳定期所需要时间长，营养物质损失大，而玉米与禾本科牧草可溶性碳水化合物含量较高，易于乳酸生成，pH下降速度快，因此玉米与禾本科牧草青贮达到稳定状态时的pH较豆科牧草青贮低。

生产中青贮饲料出现高pH可能有两方面原因：一是青贮原料干物质含量过高，超过35%；二是青贮发酵不完全，如青贮原料碳水化合物含量低，青贮时环境温度低，密封不严以及暴露于氧气环境下等。

实验室测定pH，可用精密酸度计测定，生产现场可用精密石蕊试纸测定，但试纸测定误差较大。青贮饲料pH测定方法如下。

取采集的有代表性的青贮饲料样品20.00g，加入180mL的蒸馏水，或青贮饲料与水的质量体积比为1∶9。经高速粉碎机（5000r/min）粉碎匀浆1min，先后通过四层纱布和定性滤纸过滤、分装。依照仪器说明书，用中性和酸性两种pH标准缓冲溶液进行pH计的校正。测量时，充分搅拌或摇动浸提液后，将pH电极插入试样溶液中，读数稳定后读取pH，结果保留两位小数。在重复性条件下获得的两次独立测定结果的绝对差值不大于0.1。

2. 氨态氮

氨态氮主要是指青贮饲料发酵过程中部分蛋白质分解形成的铵盐或含氨化合物。氨态氮与总氮的比值可反映青贮饲料中蛋白质及氨基酸分解的程度，比值越大，说明青贮饲料中蛋白质分解越多，青贮品质越差。发酵良好的青贮饲料，氨态氮与总氮的比值应该在5%~7%。生产实践中很难达到这个水平，一般在10%~15%。近年来有研究发现，青贮饲料中氨态氮浓度不仅受发酵环境影响，亦受原料种类影响。豆科牧草与禾本科牧草在蛋白质含量、蛋白质组成、蛋白酶数量、可溶糖含量上有较大差异，豆科牧草青贮后氨态氮浓度往往高于禾本科牧草，因此，在豆科牧草青贮评价体系中需要注意氨态氮含量。

目前，青贮饲料中氨态氮的测定常用苯酚-次氯酸钠比色法，其简要测定方法如下。

（1）主要试剂配制

①苯酚试剂：将0.05g亚硝基铁氰化钠溶解在500mL蒸馏水中，再加入11mL苯酚溶液或

9.9g 结晶苯酚，混合均匀后定容到 1000mL，贮藏于棕色试剂瓶中，低温避光保存。

②次氯酸盐溶液：将 5.0g 氢氧化钠溶解在 700mL 的蒸馏水中，再加入 20.1g 磷酸氢二钠，中火加热并不断搅拌至完全溶解。冷却后加入 14.7mL 含 8.5% 活性氯的次氯酸钠溶液并混匀，定容到 1000mL，贮藏于棕色试剂瓶中，低温避光保存。

③标准铵溶液：称取 0.6607g 经 100℃条件下烘干 24h 的 $(NH_4)_2SO_4$ 溶于蒸馏水中，定容至 100mL，配制成 0.1mol/L 的铵储备液。将上述储备液稀释配制成 1.0mmol/L、2.0mmol/L、3.0mmol/L、4.0mmol/L、5.0mmol/L 五种不同浓度梯度的标准液。

（2）标准曲线制作　取 6 个 50mL 容量瓶，分别吸取铵储备液 0.5mL、1.0mL、1.5mL、2.0mL、2.5mL，定容。配制成 1.0mmol/L、2.0mmol/L、3.0mmol/L、4.0mmol/L、5.0mmol/L 五种不同浓度梯度的标准工作液。取 6 支试管，分别向每支试管中加入 50μL 标准工作液，空白为 50μL 蒸馏水；向每支试管中加入 2.5mL 的苯酚试剂，摇匀；再向每支试管中加入 2mL 次氯酸钠试剂，混匀；将混合液在 95℃水浴中加热显色反应 5min；冷却后，在 630nm 波长下比色。以吸光度和标准液浓度为坐标轴绘制标准曲线。

（3）样品测定　青贮饲料浸提液可按照前面 pH 测定时的操作方法制备。向每支试管中加入 50μL 经适当倍数稀释的青贮浸提液，重复 2 次，空白为 50μL 蒸馏水。按标准曲线的检测步骤测定试样溶液的吸光度。样品的吸光度与标准曲线比较求出含量。

（4）结果计算　试样中氨态氮含量按下式计算。

$$X = \frac{C \times (V + m \times w) \times n \times 18}{m \times 1000}$$

式中，X 为试样中氨态氮的含量，g/kg；C 为由标准曲线求得试样溶液中氨态氮的浓度，mmol/L；V 为制备青贮饲料浸提液时水的体积，mL；m 为制备青贮饲料浸提液用青贮饲料质量，g；w 为青贮饲料中水的质量分数；n 为样品稀释倍数；1000 为换算系数。

计算结果以重复性条件下获得的两次独立测定结果的算数平均值表示，结果保留两位有效数字。

3. 有机酸含量

青贮发酵过程中会产生乳酸、乙酸、丙酸、丁酸等有机酸，有机酸含量及其构成是判断青贮饲料品质好坏最关键、最直接、最重要的指标。青贮饲料中有机酸含量跟青贮原料的干物质含量密切相关。发酵良好的青贮饲料中，乳酸含量应当占到总酸量的 60% 以上，以及占干物质的 3%~8%；乙酸含量占干物质的 1%~4%；丙酸含量为 1.5%；丁酸含量应接近于 0%。乳酸与乙酸的比例应高于 2∶1。

乳酸是由青贮饲料中乳酸菌利用青贮原料中的可溶性碳水化合物产生的，是青贮饲料中含量最高、酸性最强的有机酸，是 pH 快速下降、抑制微生物生命活动的主要因素。乳酸在总酸中占比越高，青贮饲料评分越高，在青贮饲料中添加可溶性碳水化合物或乳酸菌均能有效提高乳酸浓度。但是，乳酸含量也不是越多越好，因为乳酸是青贮二次发酵菌的底物和主要能量来源，过多的乳酸能够导致有害菌的大量繁殖。

乙酸主要由布氏乳杆菌、耐酸乳杆菌、巴氏醋酸杆菌产生。早期研究认为，总酸中乙酸占比高表明青贮饲料中除乳酸菌外的其他微生物活动旺盛，营养物质损失大，青贮品质低。但近年来的研究表明，乙酸具有抑制真菌繁殖和提高青贮饲料有氧稳定性的作用。

丙酸在优质的发酵青贮饲料中通常检测不到或含量很低（<0.1%）。目前，已经在青

贮中发现了将葡萄糖和乳酸转化成丙酸和乙酸的丙酸杆菌，但多数研究认为高含量的丙酸（0.3%~0.5%）更常见于梭菌发酵，可能是由丙酸梭菌引起的。丙酸具有良好的抑制真菌的作用。

青贮饲料中丁酸含量的高低反映着青贮饲料品质的好坏，丁酸含量越多，青贮品质越差。丁酸主要由青贮发酵过程中梭状芽孢杆菌等不良微生物分解蛋白质等产生，且梭状芽孢杆菌在分解产生丁酸的同时还能产生有毒的氨基化合物和胺类，使青贮饲料具有异味，在降低青贮饲料营养价值的同时降低适口性，导致家畜采食量与生产性能降低。

4. 青贮饲料发酵品质评分体系

（1）V-Score 评分　V-Score 评分体系以青贮饲料中的氨态氮和乙酸、丙酸、丁酸等挥发性脂肪酸为评定指标进行青贮品质评价，各指标不同含量分配的分数不同。满分为 100 分，根据这个评分，将青贮饲料品质分为良好（80 分以上）、尚可（60~80 分）、不良（60 分以下）3 个级别（表 5-15）。

表 5-15　青贮饲料 V-Score 评分标准

指标	变量	$V\text{-}Score=Y_N+Y_A+Y_B$			
氨态氮/总氮/%	X_N	$X_N\leqslant5$	$5<X_N\leqslant10$	$10<X_N\leqslant20$	$X_N>20$
		$Y_N=50$	$Y_N=60-2X_N$	$Y_N=80-4X_N$	$Y_N=0$
乙酸+丙酸/%FM	X_A	$X_A\leqslant0.2$	$0.2<X_A\leqslant1.5$	$X_A>1.5$	
		$Y_A=10$	$Y_A=(150-100X_A)/13$	$Y_A=0$	
丁酸/%FM	X_B	$0<X_B\leqslant0.5$	$X_B>0.5$		
		$Y_B=40-80X_B$	$Y_B=0$		

（2）费氏评分（Flieg 评分）　青贮饲料费氏评分体系是以青贮饲料中乳酸、乙酸、丁酸占总有机酸的比例为基础来评价青贮料的品质，根据分值大小判定青贮饲料品质，将青贮饲料品质分为优（大于 80 分）、良（61~80 分）、可（41~60 分）、中（21~40 分）和劣（小于 21 分）5 个级别（表 5-16）。费氏评分体系没有将氨态氮列入评定指标中。

表 5-16　青贮饲料 Flieg 评分体系

乳酸		乙酸		丁酸	
乳酸占比/%	评分	乙酸占比/%	评分	丁酸占比/%	评分
0.0~25.0	0	0.0~15.0	20	0.0~1.5	59
25.1~27.5	1	15.1~17.5	19	1.6~3.0	30
27.6~30.0	2	17.6~20.0	18	3.1~4.0	20
30.1~32.0	3	20.1~22.0	17	4.1~6.0	15
32.1~34.0	4	22.1~24.0	16	6.1~8.0	10
34.1~36.0	5	24.1~25.4	15	8.1~10.0	9

续表

乳酸		乙酸		丁酸	
乳酸占比/%	评分	乙酸占比/%	评分	丁酸占比/%	评分
36.1~38.0	6	25.5~26.7	14	10.1~12.0	8
38.1~40.0	7	26.8~28.0	13	12.1~14.0	7
40.1~42.0	8	28.1~29.4	12	14.1~16.0	6
42.1~44.0	9	29.5~30.7	11	16.1~17.0	5
44.1~46.0	10	30.8~32.0	10	17.1~18.0	4
46.1~48.0	11	32.1~33.4	9	18.1~19.4	3
48.1~50.0	12	33.5~34.7	8	19.1~20.0	2
50.1~52.0	13	34.8~36.0	7	20.1~30.0	0
52.1~54.0	14	36.1~37.4	6	30.1~32.0	−1
54.1~56.0	15	37.5~38.7	5	32.1~34.0	−2
56.1~58.0	16	38.8~40.0	4	34.1~36.0	−3
58.1~60.0	17	40.1~42.5	3	36.1~38.0	−4
60.1~62.0	18	42.6~45.0	2	38.1~40.0	−5
62.1~64.0	19	>45.0	1	>40.0	−10
64.1~66.0	20				
66.1~67.0	21				
67.1~68.0	22				
68.1~69.0	23				
70.1~71.2	25				
71.3~72.4	26				
72.5~73.7	27				
73.8~75.0	28				
>75.0	30				

（3）我国青贮饲料评价体系　我国于1996年发布的《青贮饲料质量评定标准》（试行）中阐述了青贮饲料发酵品质的评分体系。该评分体系是以青贮饲料中的氨态氮/总氮、乳酸、乙酸和丁酸占总酸比例来评定发酵品质的优劣，计算时将氨态氮评分与1/2的有机酸评分相加，满分为100分。此评分体系综合了青贮饲料蛋白质与碳水化合物两方面的信息，根据最终评分可将青贮饲料品质分为优（80~100分）、良（60~80分）、可（40~60分）、差（20~40分）和极差（<20分）5个级别，具体评分标准见表5-17至表5-19。

表 5-17　　青贮饲料氨态氮含量判别标准

氨态氮/总氮/%	得分	氨态氮/总氮/%	得分
<5	50	15. 1～16. 0	22
5. 1～6. 0	48	16. 1～17. 0	19
6. 1～7. 0	46	17. 1～18. 0	16
7. 1～8. 0	44	18. 1～19. 0	13
8. 1～9. 0	42	19. 1～20. 0	10
9. 1～10. 0	40	20. 1～22. 0	8
10. 1～11. 0	37	22. 1～26. 0	5
11. 1～12. 0	34	26. 1～30. 0	2
12. 1～13. 0	31	30. 1～35. 0	0
13. 1～14. 0	28	35. 1～40. 0	-5
14. 1～15. 0	25	>40. 0	-10

表 5-18　　青贮饲料有机酸含量判别标准

占总酸比例/%	得分			占总酸比例/%	得分		
	乳酸	乙酸	丁酸		乳酸	乙酸	丁酸
0. 0～0. 1	0	25	50	28. 1～30. 0	5	20	10
0. 2～0. 5	0	25	48	30. 1～32. 0	6	19	9
0. 6～1. 0	0	25	45	32. 1～34. 0	7	18	8
1. 1～1. 5	0	25	43	34. 1～36. 0	8	17	7
1. 6～2. 0	0	25	40	36. 1～38. 0	9	16	6
2. 1～3. 0	0	25	38	38. 1～40. 0	10	15	5
3. 1～4. 0	0	25	37	40. 1～42. 0	11	14	4
4. 1～5. 0	0	35	35	42. 1～44. 0	12	13	3
5. 1～6. 0	0	25	34	44. 1～46. 0	13	12	2
6. 1～7. 0	0	23	33	46. 1～48. 0	14	11	1
7. 1～8. 0	0	25	32	48. 1～50. 0	15	10	0
8. 1～9. 0	0	25	31	50. 1～52. 0	16	9	-1
9. 1～10. 0	0	25	30	52. 1～54. 0	17	8	-2
10. 1～12. 0	0	25	28	54. 1～56. 0	18	7	-3
12. 1～14. 0	0	25	25	56. 1～58. 0	19	6	-4
14. 1～16. 0	0	25	24	58. 1～60. 0	20	5	-5
16. 1～18. 0	0	25	22	60. 1～62. 0	21	0	-10
18. 1～20. 0	0	25	20	62. 1～64. 0	22	0	-10

续表

占总酸比例/%	得分			占总酸比例/%	得分		
	乳酸	乙酸	丁酸		乳酸	乙酸	丁酸
20. 1~22. 0	0	24	18	64. 1~66. 0	23	0	-10
22. 1~24. 0	0	23	16	66. 1~68. 0	24	0	-10
24. 1~26. 0	0	22	14	68. 1~70. 0	25	0	-10
26. 1~28. 0	0	21	12	>70	25	0	-10

表 5-19 青贮饲料总体评价等级

综合得分	<20	20~40	40~60	60~80	80~100
质量评价	极差	差	可	良	优

（二）青贮饲料营养价值评定

1. 概略养分分析

目前国内外对青贮饲料营养价值评定最常用的是概略养分分析法。通过测定青贮饲料的水分、粗蛋白、粗纤维、粗脂肪、粗灰分以及无氮浸出物含量，对青贮饲料的营养价值进行初步评判。后来，van Soest 依据粗纤维中不同组分溶解性将粗纤维划分为中性洗涤纤维、酸性洗涤纤维和酸性洗涤木质素，解决了传统测定方法测得的粗纤维含量较实际纤维含量低的问题，提高了概略养分分析法对青贮饲料营养价值评定的准确性。

（1）干物质　干物质含量主要取决于青贮原料采收的时机，适宜的干物质含量也往往与适宜的淀粉含量、中性洗涤纤维含量及其消化率密切相关，因此在很大程度上决定了青贮的能值、营养价值和发酵效果。青贮干物质含量影响细菌总数和发酵速率。干物质过低易造成梭菌发酵、损失青贮养分，还会使青贮料渗出液增加、损失增大，也会使糖分含量降低、不利于乳酸菌繁殖。干物质含量过高会导致青贮料液体浓度较小、不利于压实，抑制青贮发酵过程。干物质还可以指导生产实践中日粮的配比及全混合日粮中水的适宜添加量。以全株玉米青贮为例，制作优良的全株玉米青贮适宜的干物质含量应在 30%~35%，此时发酵损耗最低。

（2）粗蛋白　粗蛋白是青贮饲料的重要指标，粗蛋白含量越高，青贮饲料质量越好。青贮饲料中蛋白质的测定主要采用凯氏定氮法。GB/T 25882—2010《青贮玉米品质分级》中规定，青贮玉米中粗蛋白含量应大于等于 7%。

（3）纤维（粗纤维、酸性洗涤纤维、中性洗涤纤维、木质素）　饲料中的纤维类物质可以增加反刍动物唾液的分泌、维持奶牛瘤胃的正常生理功能、提高牛乳中的乳脂率，青贮饲料中的纤维包括半纤维素、纤维素、木质素，其中半纤维素可部分被反刍动物消化利用，纤维素较难被消化利用，而木质素不能被消化利用。目前，青贮饲料中纤维的测定主要是采用滤袋法或者参照 GB/T 20806—2022《饲料中中性洗涤纤维（NDF）的测定》和 NY/T 1459—2022《饲料中酸性洗涤纤维的测定》方法进行中性洗涤纤维、酸性洗涤纤维的测定。酸性洗涤纤维是植物中纤维素含量与木质素含量之和，与动物的消化率负相关。中性洗涤纤维可以为动物提供能量，是反映纤维质量最有效的指标。以玉米青贮为例，酸性洗涤纤维与玉米品质和生长期、留茬高度密切相关，是奶牛干物质采食量的限制因素之一。中性洗涤纤维含量与玉米青贮采收时玉米植株的成熟度和留茬高度相关。良好的全株玉米青贮中中性洗涤纤维含量应为 36%～50%（干物质基础），酸性洗涤纤维含量约为 18%～26%（干物质基础）。品质较好的青贮玉米中含有的中性洗涤纤维和酸性洗涤纤维应分别小于 45%、20%。

日粮中可消化中性洗涤纤维的提高可以让单位时间内动物获得的营养和能量得以提高，同时因为消化率的提高，使得瘤胃通过速度也得到提高，采食量进一步提高，进而起到提高产奶量的作用。目前，生产中常用 30h 可消化中性洗涤纤维这个指标来衡量。有研究表明，在中性洗涤纤维含量相近的情况下，采食高可消化中性洗涤纤维青贮的奶牛比采食低可消化中性洗涤纤维青贮的奶牛具有更高的干物质采食量和产奶量，日粮可消化中性洗涤纤维每上升 1%，可使产奶量提高约 0.2kg。基于这个原因，原则上全株玉米青贮的可消化中性洗涤纤维值越高越好。一般情况下，青贮的中性洗涤纤维控制在 35%～45% 的同时，可消化中性洗涤纤维应大于 50%。影响可消化中性洗涤纤维指标的主要因素是玉米品质、收割期、留茬高度和发酵品质。

（4）淀粉　淀粉在瘤胃中被微生物发酵产生挥发性脂肪酸，并为微生物提供能量，吸收后的挥发性脂肪酸进入中间代谢，未被瘤胃发酵的淀粉则进入小肠被消化为葡萄糖吸收，但肠道后部的淀粉会被肠道微生物发酵而产生少量挥发性脂肪酸。该复杂的消化代谢互作过程能明显影响生产性能，饲料中淀粉含量的测定对于研究反刍动物对碳水化合物营养代谢与调节具有重要意义。淀粉不属于概略养分分析指标，但却是全株玉米青贮营养价值评定时很重要的分析指标。淀粉的测定参照 GB/T 20194—2018《动物饲料中淀粉含量的测定　旋光法》进行。

全株玉米青贮中淀粉的含量与植株的玉米籽粒成熟度密切相关，其淀粉含量随着植株和籽粒成熟度的提高及干物质含量的提高而提高。相对高的淀粉含量有利于提高青贮的能值，进而提高产奶量及乳指标。优质青贮的能量约有 1/2 来自籽粒中的淀粉，1/3 来自纤维成分的消化分解。玉米籽粒破碎和青贮发酵剂是影响淀粉消化率的两个主要因素，所以应使用带有籽粒破碎功能的青贮收割机和高活性的青贮剂。配制日粮时应充分了解和考虑青贮的淀粉含量和 7h 淀粉消化率，以便利用补充，避免日粮淀粉过低造成能量不足或因淀粉含量过高而造成的瘤胃酸中毒。收贮良好的全株玉米青贮中淀粉含量应大于 30%。全株玉米青贮营养指标评价标准见表 5-20。

表 5-20　　全株玉米青贮指标分级

分级	等级		
	特优级	优级	常规级
干物质/%	≥32，<38	≥30，<32	≥28，<30
淀粉/%	≥35	≥30，<35	≥28，<30
7h 淀粉消化率/%	≥70		≥60，<70
酸性洗涤纤维/%	<25		≥25，<30
中性洗涤纤维/%	≤40		>40，≤45
中性洗涤纤维 30h 消化率/%NDF	≥60		≥55，<60

资料来源：T/JLSLGY 0001-2020《全株玉米青贮饲料质量评定》。

注：酸性洗涤纤维、中性洗涤纤维、淀粉以占干物质的量表示；按单项指标最低值所在等级定级。

2. 康奈尔净碳水化合物—净蛋白质体系分析

对于消化系统复杂的反刍动物，概率养分分析评价方法虽然能分析饲料的养分组成，但依旧不够全面。20 世纪 90 年代，美国康奈尔大学提出了一种基于反刍动物瘤胃降解特征的动态评价体系，称为康奈尔净碳水化合物—净蛋白质体系，现在广泛用于反刍动物饲料营养价值评定。康奈尔净碳水化合物—净蛋白质体系是在概略养分分析和 van Soest 体系的基础上考虑了饲料在瘤胃内的消化和流通速率以及被动物机体所吸收的碳水化合物和蛋白质等利用效率，进一步把饲料中的粗蛋白和碳水化合物进行划分，动态地研究了饲料、动物和饲养之间的关系，能精确地反映出反刍动物对饲料营养物质的利用。

康奈尔净碳水化合物—净蛋白质体系核心是以小肠中净吸收碳水化合物和净吸收蛋白质或净吸收氨基酸评价饲料的能量和蛋白质营养价值，是动物动态能量、蛋白质及氨基酸体系，能真实反映碳水化合物与蛋白质在瘤胃内的降解率、消化率、外流数量以及能量、蛋白质的吸收效率，使分析结果对生产实践具有更好的指导作用。

康奈尔净碳水化合物—净蛋白质体系根据化学组成、物理特性、瘤胃降解度以及后肠段消化特点，将碳水化合物分为 4 个部分：CA 为快速降解部分，主要包括糖类、有机酸和寡糖；CB1 为中速降解部分，主要包括淀粉、果胶；CB2 为缓慢降解部分，主要包括植物细胞壁；CC 为不可降解部分，主要是一些不可以被动物利用的纤维类。

康奈尔净碳水化合物—净蛋白质体系根据饲料蛋白质的生物学特性以及蛋白质在瘤胃内的降解和流通特性，将蛋白质划分为三部分：PA（非蛋白氮）、PB（真蛋白）、PC（不可利用蛋白），根据真蛋白在瘤胃内的降解速度不同又将 PB 划分为 PB1（快速降解真蛋白）、PB2（中速降解真蛋白）、PB3（慢速降解真蛋白）。PA 是可快速溶解在瘤胃中的非蛋白氮，能够溶解于硼酸-磷酸盐缓冲液，但无法在三氯乙酸溶液中沉淀。PB1 为在瘤胃中可快速降解的蛋白质，既可溶于硼酸-磷酸盐缓冲液中，又可被三氯乙酸沉淀，通常包含白蛋白和球蛋白。PB2 为饲料的粗蛋白减去 PA、PB1、PB3 和 PC 后剩余的蛋白质，这部分通常含有谷氨酰胺蛋白，其瘤胃降解率受饲料特性和摄入量的影响。PB3 为中性洗涤蛋白质减去酸性洗涤蛋白质后的蛋白质，这部分蛋白质中通常含有谷蛋白和伸展蛋白，该蛋白质组分能够逃离瘤胃的降解，肠道消化率约为 80%。PC 为无法在酸性洗涤剂中溶解的酸性洗涤不溶蛋白质，是由木质素、单宁和热变性蛋白质组成的蛋白质组分。

康奈尔净碳水化合物—净蛋白质对碳水化合物和蛋白质的计算公式如下。

（1）碳水化合物各组分的计算

$$\text{CHO}(\%\text{DM}) = 100 - \text{CP}(\%\text{DM}) - \text{EE}(\%\text{DM}) - \text{Ash}(\%\text{DM})$$

$$\text{NSC}(\%\text{CHO}) = 100 - \text{CB2}(\%\text{CHO}) - \text{CC}(\%\text{CHO})$$

$$\text{CA}(\%\text{CHO}) = [100 - \text{Starch}(\%\text{NSC})] \times [100 - \text{CB2}(\%\text{CHO}) - \text{CC}(\%\text{CHO})/100$$

$$\text{CB1}(\%\text{CHO}) = \text{Starch}(\%\text{NSC}) \times [100 - \text{CB2}(\%\text{CHO}) - \text{CC}(\%\text{CHO})]/100$$

$$\text{CB2}(\%\text{CHO}) = 100 \times [(\text{NDF}(\%\text{DM}) - \text{NDIP}(\%\text{CP}) \times 0.01 \times \text{CP}(\%\text{DM}) - \text{NDF}(\%\text{DM}) \times 0.01 \times \text{ADL}(\%\text{NDF}) \times 2.4)/\text{CHO}(\%\text{DM})$$

$$\text{CC}(\%\text{CHO}) = 100 \times [\text{NDF}(\%\text{DM}) \times 0.01 \times \text{ADL}(\%\text{NDF}) \times 2.4]/\text{CHO}(\%\text{DM})$$

式中，NSC 为非结构性碳水化合物；Starch（%NSC）为淀粉在非结构性碳水化合中的占比。

（2）蛋白质各组分的计算

$$\text{PA}(\%\text{CP}) = \text{NPN}(\%\text{CP}) \times 0.01 \times \text{SP}(\%\text{CP})$$

$$PB1\ (\%CP) = SP\ (\%CP) - PA\ (\%CP)$$

$$PB2\ (\%CP) = 100 - PA\ (\%CP) - PB1\ (\%CP) - PB3\ (\%CP) - PC\ (\%CP)$$

$$PB3\ (\%CP) = NDIP\ (\%CP) - ADIP\ (\%CP)$$

$$PC\ (\%CP) = ADIP\ (\%CP)$$

康奈尔净碳水化合物—净蛋白质体系一直处于不断改进中，在最新版本的康奈尔净碳水化合物—净蛋白质 V6.5 体系中，在原有体系基础上，将有机酸加入，把碳水化合物划分为 8 个部分：CA1（挥发性脂肪酸，如乙酸、丙酸和丁酸等）、CA2（乳酸）、CA3（有机酸）、CA4（糖）、CB1（淀粉）、CB2（可溶性纤维）、CB3（可利用中性洗涤纤维）和 CC（不可利用中性洗涤纤维），新碳水化合物划分体系更接近于瘤胃的发酵特性并且可以更准确地评估饲料营养价值和构成。

3. 近红外光谱法

近红外光是指波长范围内介于可见区和中红外区之间（780~2500nm）的电磁波，近红外光谱主要通过透射光谱（780~1100nm）技术和反射光谱（1100~2526nm）技术获得。近红外光照射到待测物质的含氢基团上会发生振动、伸缩等基团运动，同时发生基频吸收、倍频吸收与合频吸收等特征吸收。

近红外光谱分析技术的原理主要是利用近红外光谱区间化学物质的光学吸收特质，其主要信息来源是含氢基团（O—H、N—H、C—H）的倍频和合频，光谱信息丰富，特征吸收性的强弱会得到物质其分子组成和含量等信息。每种成分都有其特定的吸收特征和在近红外区域特定的吸收光谱，从而，多组分测定物质中的不同组分或同一组分的不同含氢基团为近红外光谱定性和定量分析提供了理论依据。

对于饲料来说，其营养成分组成中含氢基团比较多的水分、粗蛋白、粗纤维、糖、淀粉、粗脂肪以及氨基酸等成分是饲料进行近红外光谱化学分析的主要对象。同时，通过待测样品的光谱信息，可以对样品的物理状态进行分析，如样品密度、粒度及样品纯度。近红外光谱法的物理学基础是比尔定律，即物质对光的吸收定律，物质浓度与其对光的吸收系数关系。

$$A = \lg I_0 / \lg I_1 = \varepsilon \times b \times c$$

式中，A 为吸光度；I_0 为入射光束强度；I_1 为透过光束强度；ε 为待测组分的摩尔吸光系数；b 为光程；c 为待测组分的物质的量浓度。

近红外光谱法主要分析流程：

（1）选择有代表性的试验样品　用于近红外模型建立的样品要具有足够的代表性，并且样本量要丰富，其化学组分需足以覆盖预测样品的所有范围；

（2）样品近红外光谱的收集　用近红外光谱扫描样品的基团、组成或物态信息，要注意在对采集的样品进行光谱收集时，要尽可能即采即扫描，注意所有样品扫描参数的一致性；

（3）样品指标的测定　利用标准的分析方法分析样品的基础数据。所有样品的基础数据必须保证准确，以免对整个模型的预测成功率造成影响；

（4）校准模型的建立　将扫描的光谱和利用经典分析法测得的指标导入建模软件，进行光谱的预处理和化学计量学方法计算，将两部分数据进行关联，建立校正模型；

（5）测定未知样品　将未知样品处于和建模样品同样的条件下，用近红外分析仪进行光谱扫描，完成光谱的收集，将光谱导入模型软件中，通过已建立的校正模型来快速预测其组分或性质。

与传统分析技术相比，近红外光谱法有许多优点：分析范围几乎可覆盖所有的有机化合物和混合物，理论上，所有能产生近红外光谱的有机物质都能进行近红外光谱分析，信息量极为丰富，因为近红外光谱区的信息主要是分子内部原子间振动的倍频与和频的信息，这几乎包括有机物中所有含氢基团（如 C—H、O—H、N—H、S—H 等）的信息；无前处理，无破坏性，无污染，直接由其本身所产生的光谱与相应的模型数据库比对分析，即可得到预测结果；可同时检测多组分，耗时少，检测速度快，效率比常规分析大大提高，可在几分钟内，仅通过对被测样品完成一次近红外光谱的采集测量，便可完成其多项性能指标的测定；可在线检测，方便快捷；分析结果重现性好。

近红外光谱法也存在不足：测试灵敏度较低（组分含量一般应大于 0.1% 才能用此法进行测定），相对误差较大；是一种间接分析技术，一般需要用参考化学分析方法获取数据并建立模型；就短期而言，昂贵、费时、费力，而就长期而言，则经济、快速、省力。

目前，近红外光谱技术在青贮饲料营养价值评定上已经广泛应用，已有研究人员成功建立了玉米青贮的粗蛋白、干物质、粗灰分、酸性洗涤纤维、中性洗涤纤维、酸性洗涤木质素、乳酸、乙酸、丙酸、丁酸、氨态氮（NH_3—N）含量和 pH 分析模型，且发现近红外光谱法对常规营养指标有较好的预测效果，但是对于发酵指标乳酸、乙酸、丙酸、丁酸预测相关系数小于 0.08，效果不理想。在苜蓿青贮上，也有学者利用近红外光谱法建立了苜蓿青贮饲料的纤维消化数学模型，对青贮饲料中难消化中性洗涤纤维和可消化中性洗涤纤维含量进行预测，将青贮饲料的品质进行分级。

近红外光谱法有很大的应用前景，但在测定青贮饲料实际操作过程中，仍有一些尚需解决和改进的问题。例如，对预测样品的前处理，如果能直接测量青贮湿样，将极大提高检测效率；其次，拓宽近红外光谱法在青贮饲料品质分析领域的应用，加强对青贮样品中活性物质的研究；以及扩大对代表性青贮样本数据收集与分析，改进传统建模方法，利用化学计量学的最新成果提高模型精度等。

4. 青贮饲料体外消化率评定

青贮饲料消化率的高低能够反映动物对青贮饲料养分的利用效率，能够很好地评价青贮的降解特性和营养价值。因此，青贮饲料的消化率评定，对于青贮品质的判定以及全株玉米青贮的推广都有重要指导意义。青贮饲料消化率评定方法主要有体内法、半体内法和体外法。具体测定方法可参考本章第二节相关方法。

5. 饲用价值评定

上述各测定方法虽然在某种程度上可以评定青贮饲料的品质，但对于制定以青贮饲料为基础的家畜营养配方指导性不强，青贮饲料的质量最终应以饲用价值来实现。目前较为常用的评定方法主要是通过能量、可消化总养分和可消化中性洗涤纤维，进一步计算干物质采食量、消化能、奶牛泌乳净能、肉牛生产净能和生长净能，在奶牛生产中应用较为成熟，得到普遍认可。

三、青贮饲料的安全性评价

青贮饲料的安全性评价，主要集中在青贮原料本身或青贮过程中产生的有毒有害物质。原料本身携带的主要有毒有害物质是重金属、硝酸盐、亚硝酸盐和氰化物，在收贮过程中可有效控制其含量，青贮过程中产生的有毒有害物质主要是霉菌毒素。

（一）菌落总数

青贮饲料中的酪酸菌、霉菌及酵母菌数越多，说明青贮饲料的品质越差，并且会引起青贮饲料的二次发酵。在青贮饲料的微生物指标测定中一般测定总菌数、乳酸菌数、酪酸菌数、霉菌总数、酵母菌数。青贮饲料中霉菌总数的测定可参照 GB/T 13092—2006《饲料中霉菌总数的测定》。不同霉菌的菌落具有不同的形态特征，霉菌数的检测可以在特定培养基（马铃薯-葡萄糖-琼脂培养基、高盐察氏培养基等）上接种，通过菌落计数的方法，检测霉菌总数及特定霉菌数。例如，青霉属的菌落有 4 种类型（束状、绳状、绒状和絮状），并且大多呈灰绿色。曲霉属的颜色多样，而且比较稳定，营养菌丝体由具有横隔的分枝菌丝构成，无色或有明亮的颜色，一部分为埋伏型，一部分为气生型。镰刀菌属在马铃薯-葡萄糖琼脂或察氏培养基上气生菌丝发达，高 0.5~1.0cm 或较低为 0.3~0.5cm，或更低为 0.1~0.2cm；稀疏的气生菌丝，甚至完全无气生菌丝而由基质菌丝直接生出黏孢层，内含大量的分生孢子，显微镜下大型分生孢子大多呈镰刀形。

（二）霉菌毒素

霉菌毒素是霉菌在生长代谢过程中产生的有毒次生代谢产物。研究发现，青贮饲料中霉菌毒素的主要种类为黄曲霉毒素、玉米赤霉烯酮和脱氧雪腐镰刀菌烯醇（又称呕吐毒素）。霉菌毒素的检测方法主要是酶联免疫吸附法、高效液相色谱法、液相色谱-串联质谱法（HPLC-MS）、气相色谱-质谱连用法（GC-MS）、基于免疫反应基础上的免疫亲和柱-荧光检测（IAC-FLD）以及放射免疫法等，其中检测机构主要使用高效液相色谱法，高效液相色谱法、薄层层析法、气相色谱法是用于国内外仲裁中的标准检测方法，而饲料企业则主要使用酶联免疫吸附法。青贮饲料中黄曲霉毒素 B_1 检测可参照 GB/T 17480—2008《饲料中黄曲霉毒素 B_1 的测定 酶联免疫吸附法》，玉米赤霉烯酮可参照 GB/T 19540—2004《饲料中玉米赤霉烯酮的测定》方法执行。

关于青贮饲料中霉菌毒素的限量值见表 5-21。全株玉米青贮卫生分级见表 5-22。

表 5-21　　青贮饲料中霉菌毒素的限量值

霉菌毒素种类	限量值/（μg/L）
黄曲霉毒素	<20
玉米赤霉烯酮	<300
呕吐毒素	<6

表 5-22　　全株玉米青贮卫生指标分级

分级	等级		
	特优级	优级	常规级
黄曲霉毒素/（μg/L）	<2	≥2，<5	≥5，<8
呕吐毒素/（μg/L）	<300	≥300，<700	≥700，<1000
玉米赤霉烯酮/（μg/L）	<100	≥100，<200	≥200，<300

注：按单项指标最低值所在等级定级。

霉菌毒素超标的主要解决办法是种植时选择持绿性好、抗病能力强、收割时黄叶少的玉米品种，减少各类霉菌毒素的产生；收获时提高留茬高度；添加对镰刀菌有抑制作用但不抑制乳酸菌的保鲜防腐剂，或对镰刀菌有抑制作用的乳酸菌添加剂。最好保证青贮开窖零霉变。

第六节　青贮饲料颗粒度和籽粒破碎度评价

一、青贮饲料颗粒度评估

青贮饲料颗粒大小对反刍动物采食、咀嚼、反刍、消化道流通速率、瘤胃发酵和瘤胃酸碱平衡有多重影响，当青贮饲料由于不适当的切割或加工导致颗粒度减小，会影响到全混合日粮的颗粒度，进而导致日粮中有效纤维含量不足，引起反刍动物反刍时间降低、消化道流通速率加快，甚至导致瘤胃酸中毒。颗粒度指标分析是为了更好的利用青贮中的物理有效纤维，同时也对青贮制作过程中的收割机性能和现场管理进行评估。目前，对青贮饲料颗粒度的评价主要是采用筛分法进行，常用的有宾州筛和中国农业大学分级筛。

（一）宾州筛

1. 宾州筛概述

宾州筛全称为宾州饲料颗粒分级筛（Penn State Particle Separator，PSPS），是美国宾夕法尼亚州立大学的研究者发明的一种简便的、可在牛场用来估计日粮组分粒度大小的专用筛。宾州筛从诞生之初到现在共有 3 种形式（图 5-4、图 5-5 和图 5-6）。

图 5-4　宾州筛（1996 年版）

图 5-5　宾州筛（2002 年版）

图 5-6　宾州筛（2013 年版）

宾州筛（1996 年版）由三层筛网组成，上层筛（筛孔直径 19.0mm）、中层筛（筛孔直径 8.0mm）和底盘。

宾州筛（2002 年版）由四层筛网组成，上层筛（筛孔直径 19.0mm）、中层筛（筛孔直径 8.0mm）、三层筛（筛孔直径 1.18mm）和底盘。此版上两层宾州筛面的筛孔是圆的，而且是塑料的，第三层筛是铁丝的，孔是方的（图 5-7）。

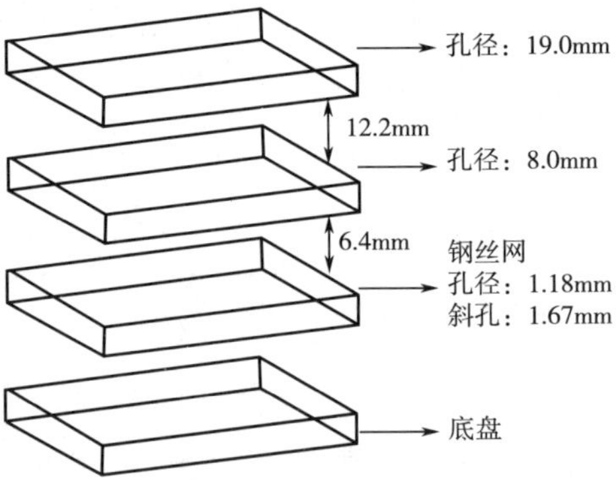

图 5-7　宾州筛（2002 年版）层孔径及特点

宾州筛（2013 年版）由四层筛网组成，上层筛（筛孔直径 19.0mm）、中层筛（筛孔直径

8.0mm)、三层筛（筛孔直径 4.0mm）和底盘。此版三层宾州筛面的筛孔均是圆的，且都是塑料的。该版本宾州筛还可用于计算粗饲料的物理有效纤维计算方法为停留在上面三层（筛孔直径分别为 19.0mm、8.0mm 和 4.0mm）粗饲料所占比例乘其中性洗涤纤维含量。（图 5-8）。

（1）上层筛　　（2）中层筛　　（3）三层筛

图 5-8　宾州筛（2013 年版）各层孔径特点

2. 操作流程

（1）将四层分级筛安装至工作状态（19.0mm 孔径的在最上层，8.0mm 孔径的在中层，4.0mm 孔径的在下层，无筛孔的放在最底层，不能放错），用灵敏度为 1g 的称量器具（称重范围小于 3000g）。称取有代表性的青贮饲料样品 500g，散放在宾州筛工作状态的上层筛上。

（2）具体筛分操作　将装有青贮饲料样品的宾州筛置于平整地面上进行筛分，每一面平行移动筛 5 次，然后 90°旋转到另一面再筛 5 次，如此循环 7 次，共计筛 8 面，平行移动 40 次。注意在筛分的过程中不要出现垂直振动。参见图 5-9 的平行移动模式。

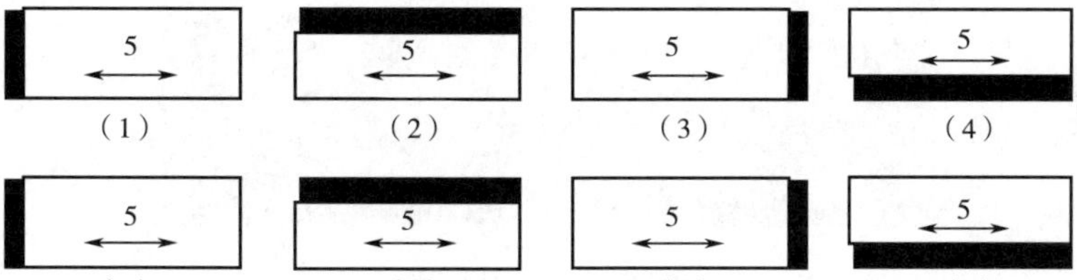

图 5-9　宾州筛筛分模式

筛分过程中需要注意的是移动的力量和频率必须足够，才能使得饲料颗粒在筛网表面滑动，从而让小于筛孔的饲料颗粒从筛孔穿过入下一层。宾州筛平行移动的推荐频率为大于 1.1Hz（每秒筛 1.1 次），摇动的幅度为 17cm。推荐分级筛的操作员校对运动频率时应该保证一定的平行移动次数，每次平移距离大于 17cm。整个运动次数除摇动时间就得出了可以与推荐值比较的频率值。

（3）筛分结束后，对每层的饲料颗粒进行称重，并计算出每层的比例。要求过筛的损失量不超过 1%，重复试验允许误差不超过 1%，多次测量求其平均数为检验结果。一般玉米青贮第一层比例在 3%～8%，第二层比例在 45%～65%，第三层比例在 20%～30%较为合理。

宾州筛对青贮饲料粒度推荐值见表 5-23 和表 5-24，筛分结果展示见图 5-10。

表 5-23　泌乳牛玉米青贮、牧草青贮饲料粒径推荐比例（2002 年版宾州筛）

筛层	孔径	颗粒大小	玉米青贮	牧草青贮
上层	19. 0mm	>19. 0mm	3%～8%	10%～20%
中层	8. 0mm	8. 0mm～19. 0mm	45%～65%	45%～75%
下层	1. 18mm	1. 65mm～8. 0mm	30%～40%	20%～30%
底层	—	<1. 65mm	<5%	<5%

表 5-24　泌乳牛玉米青贮、牧草青贮饲料粒径推荐比例（2013 年版宾州筛）

筛层	孔径	颗粒大小	玉米青贮	牧草青贮
上层	19. 0mm	>19. 0mm	3%～8%	10%～20%
中层	8. 0mm	8. 0mm～19. 0mm	45%～65%	45%～75%
下层	4. 0mm	4. 0mm～8. 0mm	20%～30%	30%～40%
底层	—	<4. 0mm	<10%	<10%

图 5-10　宾州筛筛分玉米青贮的筛分结果

（二）便携式分级筛

1. 便携式分级筛概述

由于宾州筛不便于携带，同时筛网面是正方形，在水平筛动的过程中，容易在筛网的四个角落形成“死角”，尤其是含水量较大的饲料，容易造成饲料成分的黏结，不利于饲料在各层的充分分筛，使得各层比例发生变化。中国农业大学研究人员在借鉴美国宾州分级筛的基础上，结合中国自古以来圆形箩和筛的特点，在国内率先研制圆形台体结构的 BX-4 型便携式分级筛，简称“BX-4 分级筛”（图 5-11）。

图 5-11　BX-4 型便携式分级筛

BX-4 分级筛每层筛网的圆形平面不会留有死角，能够在水平移动的过程中尽可能地使小于筛网孔径的饲料通过筛网，各层筛网上的饲料比例也更加准确，各层筛体采用倾斜嵌入式结构，提高左右摇动时层间稳定性，检测结果变异小，使 BX-4 分级筛比宾州筛更易筛分完全，可以更好地衡量饲料颗粒度，而且四层筛网套叠后易于携带，解决便携问题。

2. 操作流程

（1）将四层分级筛安装至工作状态，用灵敏度为 1g 的称量器具（<3000g），称取有代表性的青贮样品 200~300g，散放在 BX-4 分级筛工作状态的上层筛上。

（2）双手扶筛在操作平台上左右滑动，左右往复位移合计 10 次，为 1 个重复，每次移动距离大于 20cm；把筛体旋转 90°，再左右往复位移合计 10 次，完成四个重复，每次重复都要旋转 90°（图 5-12）。

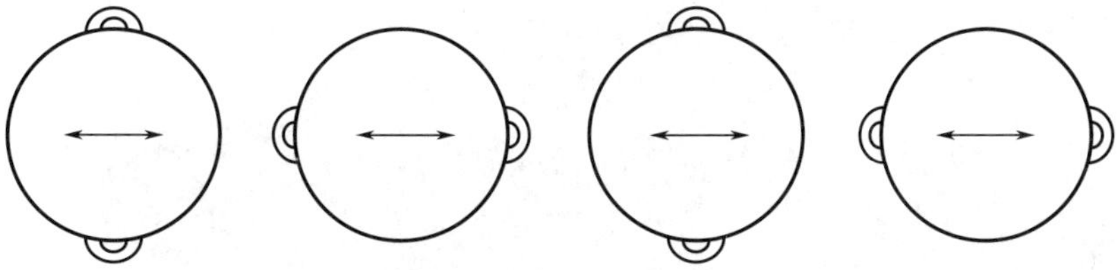

（1）一个重复　（2）二个重复　（3）三个重复　（4）四个重复

图 5-12　BX-4 分级筛颗粒度分级摇动模式

（3）经过以上四个重复后，不同粒度的饲料颗粒将停留在不同孔径的筛子上，通过称量各层筛子上面的饲料的重量，再与推荐值相比较（表 5-25），即可检测饲料粒度是否合适。如果天平量程不够，也可以直接称量样品净重，操作时应快速称重，防止水分过量损失，产生误差。样品净重=（筛重+样品重）-筛重。

表 5-25　BX-4 分级筛推荐比例

筛层	玉米青贮	牧草青贮
上层	3%~8%	10%~20%
中层	45%~65%	45%~75%
下层	20%~30%	30%~40%
底层	<10%	<10%

二、全株玉米青贮籽粒破碎度评价

籽粒破碎技术在青贮饲料的加工中起着至关重要的作用，在一定程度上不仅决定了青贮饲料的质量，还对青贮的效果产生一定的影响。玉米籽粒中的淀粉胚乳受到种皮的保护，如果种皮完整，则对微生物附着和酶消化具有高度抵抗力，籽粒破碎可以确保淀粉胚乳暴露出来，提高玉米籽粒淀粉的利用率，好的破碎效果会提高青贮的发酵效果，有助于饲料的长期保存，同时，也会进一步提高大规模养殖的经济效益。破碎效果不佳一方面会使未破碎的物质随牛羊的粪便排出，造成饲料的浪费，另一方面还会导致营养成分的大量流失。

（一）青贮饲料籽粒破碎技术

在实际生产中，籽粒破碎装置是青贮饲料收获机中的一个非常重要的装置，主要是将经切碎装置切碎后的物料进一步破碎揉丝，使得饲料更具适口性，且营养更加易于被吸收利用，提高饲料中营养的吸收率和利用率。目前在国内外青贮机具上使用的籽粒破碎装置结构有差速辊式（图 5-13）和齿盘式（图 5-14）两种，不同结构的装置有不同的破碎质量和效率。

图 5-13　克劳斯 JAGUAR 专业籽粒破碎器

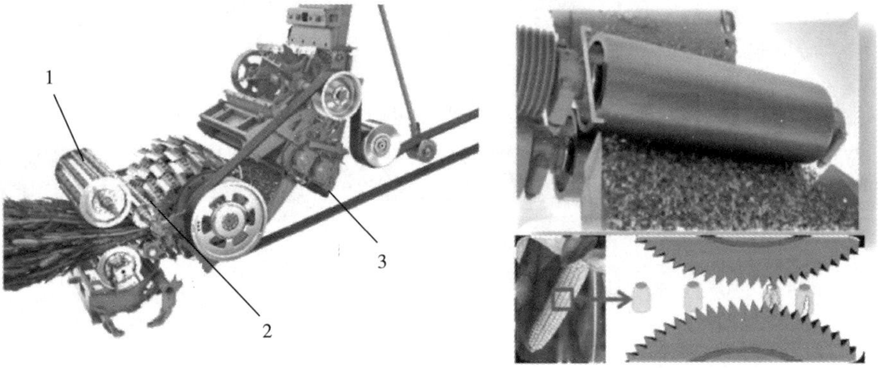

1—喂入辊；2—动刀辊；3—籽粒破碎器。

图 5-14　约翰迪尔 8000 青贮收割机籽粒破碎

1. 差速辊式

差速辊式籽粒破碎装置是目前市面上最常见也是应用最为广泛的装置，相比齿盘式装置更具有制造简单且不易发生刀盘错位现象的优点。它主要是由两个圆周速差在 10%～25% 的辊子组成，物料经切断装置切断后被抛入相对向里运动的两辊之间，通过两辊之间的速差形成剪切和不断挤压使物料破碎。

2. 齿盘式

齿盘式籽粒破碎装置较差速辊式有更大的接触面积，可以使物料破碎更充分，效率更高，能满足对更大颗粒的破碎，破碎效果更佳。它主要由破碎刀盘、破碎辊轴及驱动带轮组成。根据不同的刀齿形状，主要有斜面齿和槽齿式两种。刀盘通常设置为锥形，刀盘两个结合为一组，两刀轴上的刀盘对称交错安装，每个刀盘上都设有多个径向分布的刃齿，刃齿两侧带有切削刃，相邻的刀盘组形成工作槽，该槽即为物料破碎的区域，这样大大提高了物料的有效破碎截面面积。一般常见的刀齿数有 24 齿、36 齿和 48 齿，不同的齿数会有不同的破碎效果，齿数越多，剪切揉搓效果越好，但是齿数的增加会导致齿间距减小，从而会使一些物料黏附在齿间使刃齿对物料的剪切作用减弱，降低破碎效率且物料固接在刃齿间造成浪费。

目前市面上大部分型号的青贮收割机都具有籽粒破碎功能，良好的籽粒破碎会增加油耗、降低收割速度影响收割机的作业效率，因此为了减少油耗、加快收割速度，一些收割机手选择不安装此配件或在收割时不开启，导致籽粒没有破碎，给牧场带来了很大的损失，所以牧场应重点监控。如肉眼可见大量未破碎籽粒或长度过长则应叫停收割，收割机调试后再继续作业。图 5-15 展示了制作较差青贮［图 5-15（1）］和制作良好青贮［图 5-15（2）］对比，制作较差青贮切割过长，籽粒少且未破碎，制作良好青贮切割短，籽粒多且破碎良好。

（1）　　　　（2）

图 5-15　制作较差青贮和制作良好青贮对比

（资料来源：王锐，2016。）

（二）玉米籽粒破碎评价

1. 玉米籽粒破碎现场检测——“墨氏杯”法

判定籽粒破碎好坏可使用“墨氏杯”（图 5-16），具体使用方法是选取代表性的青贮样点，装满墨氏杯（约 1L，平杯、勿压），倒出青贮，摊开后筛选出其中大于一半的籽粒，然后对照表 5-26 评定籽粒破碎质量。

图 5-16　墨氏杯

表 5-26　　　　　　　　用“墨氏杯”评价玉米青贮籽粒破碎度标准

籽粒数量	籽粒破碎度评价
每杯小于或等于 2 个半个籽粒或整个籽粒	破碎程度理想
每杯 2~4 个半个或整个籽粒	破碎程度充分
每杯 4 个以上半个或整个籽粒	破碎不充分

2. 玉米青贮籽粒破碎评分

美国农业部奶牛饲料研究中心于 2005 年提出了玉米青贮籽粒破碎评分（Kernel Processing Score，KPS）来判断玉米青贮的籽粒破碎程度。玉米青贮籽粒破碎评分是指饲料分析实验室检测玉米青贮中颗粒小于 4.75mm 籽粒的百分比。一般认为，当压碎的玉米籽粒大于等于 4.75mm 时（大于等于 1/4 颗籽粒），籽粒中的淀粉不易于消化；反之，籽粒中的淀粉更易于在瘤胃中被利用，因此可以通过青贮颗粒通过 4.75mm 筛的比例含量进行判断（图 5-17）。在制作全株玉米青贮过程中适宜的籽粒破碎率在 95% 以上，破碎程度大于 70%。

图 5-17　4.75mm 泰勒筛

3. 浆果型籽粒破碎处理评分

除了玉米青贮的玉米青贮籽粒破碎评分，高粱和其他热带牧草也有另外的青贮饲料籽粒破碎处理的评分。高粱的籽粒淀粉含量为 25%~30%，但其提供的能量通常不被认可，因为其籽粒非常坚硬，如果不加工处理，消化率很差。采集采食了高粱青贮的奶牛粪便，经过筛粪会发现很多未消化的籽粒，因此，理解籽粒破碎对于最大化粗饲料的能量价值很重要。但是，玉米青贮籽粒破碎评分不适合用于评估高粱青贮的籽粒破碎程度。

美国堪萨斯州立大学的研究人员一直致力于开发浆果型籽粒破碎处理评分（BPS），发现对于高粱青贮，阈值设置在 1.7mm 可以用来区分籽粒破碎基本达标与低质量处理效果，且研究发现浆果型籽粒破碎处理评分与瘤胃原位淀粉消化率有显著的相关性，浆果型籽粒破碎处理评分越高，淀粉的瘤胃消化率也就越好，未加工过的高粱青贮的淀粉消化率为 50%，而浆果型籽粒破碎处理评分超过 50% 的高粱青贮饲料淀粉消化率为 80%，所以建议浆果型籽粒破碎处理评分的目标应该设置为 50，也就是说 50% 的高粱籽粒要小于 1.7mm。

第七节　青贮饲料有氧稳定性评定

青贮饲料发酵成功以后，在生产取用过程中会面临青贮饲料的二次发酵问题。当青贮窖打开，青贮饲料的保存环境由无氧状态变为开放的有氧环境，由于青贮饲料存在大量的水分、可溶性碳水化合物和有机酸，好氧菌会利用这些营养物质迅速增殖，并在氧化反应的作用下产生大量的热量和气体，使得青贮饲料的养分流失，温度上升、品质变质（pH 升高、霉变、氨/胺类化合物升高），部分好氧菌的代谢产物会对动物产生危害，这一过程被称为二次发酵或腐败。二次发酵是饲料在青贮和取用过程中普遍存在的问题，给畜牧业生产带来了严重的经济损失。

有氧稳定性是指青贮饲料在开封后与空气接触过程中，中心温度超过环境温度 2℃ 所需要的时间，是评价饲料是否具有良好的贮藏性能的体现。青贮的顶部、中部、底部不同层的有氧稳定性也存在差异性。有氧稳定性越高，则青贮维持正常状态的时间就越长，其中各类的营养物质可以被更大程度地回收和利用；有氧稳定性越差，则开封后稳定保存的时间越短，有时只能维持几个小时后便会腐败变质，不再适合饲用。

青贮饲料有氧稳定性与青贮饲料中主要的微生物，如乳酸菌、酵母菌、霉菌和其他好氧细菌有关。青贮饲料有氧稳定性评定主要涉及青贮饲料在开封后，由于空气暴露导致贮品质的变化，除青贮饲料的 pH、氨态氮、有机酸、霉菌和酵母数量外，还主要通过测定青饲料的温度变化、二氧化碳的产量进行评定。关于品质变化部分，在青贮品质评定部分已经叙述，本节不再赘述，本部分主要阐述青贮饲料有氧暴露后的温度变化、二氧化碳产量测定方法。

一、青贮饲料有氧稳定性评定——温度检测法

酵母菌等好氧微生物可氧化青贮发酵形成的有机酸，在氧化过程中，大量能量的损失，使青贮饲料温度升高，青贮饲料有氧稳定性的温度检测法是通过对开封后的青贮饲料中心温度的实时跟踪，记录出其核心温度比外界温度高出 2℃ 所需的准确时间来评定的。通常测定方法是用普通温度计测定青贮饲料在有氧暴露过程中的温度变化，每 4h 测定 1 次，持续 8~10d，记录温度变化过程。或者采用多通道高精度温度记录仪，将温度探头放置于青贮饲料几何中心，用于测定环境温度，每隔 30min 记录 1 次温度，如果样品温度高于环境温度 2℃，说明青贮开始腐败。

温度检测方法虽具有操作简单、工作量小等优点，但在利用此技术进行青贮饲料有氧稳定性评定的过程中，一般试验所用的容器，如扎有多个小孔的塑料自封袋、敞口聚乙烯塑料桶（或桶口用双层纱布包裹）、玻璃瓶等，常因盛装饲料进行二次发酵的容器型号、材质、隔热效果等因素不统一，直接影响实时监测温度的准确度，进而给青贮饲料的有氧稳定性评价带来系统误差。保温较好的容器，透气性差，无法满足有氧条件；透气性好的容器，热量易流失。容器上存在的这些缺点，会使试验结果偏离实际生产的真实情况。同时，由于各试验采用的容器

型号上的不统一，导致各试验之间缺少可比性，最终导致在使用温度检测法进行青贮饲料有氧稳定性测定时，无法建立统一标准。

我国吉林农业大学研究人员研制了青贮饲料有氧稳定性温度实时监测系统（图 5-18），解决了青贮饲料有氧稳定性测定时保温隔热效果、透气性和温度实时测定时存在的系统误差问题，该系统不受外界温度影响，具有良好的保温隔热性能，透气性良好，保证容器内部符合有氧发酵条件，且操作简便，成本低廉，具有推广价值。

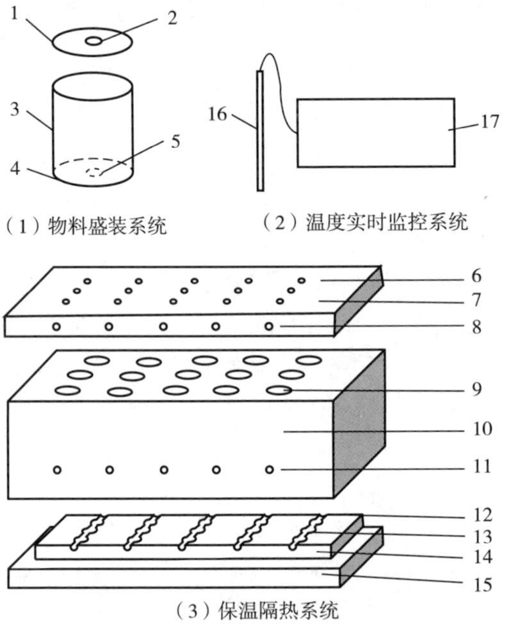

1—料桶盖；2—料桶感温探孔；3—料桶体；4—料桶底；5—料桶底通气孔；6—盖板感温探孔；7—盖板隔热板；8—盖板通气孔；9—料桶槽；10—箱体；11—箱体通气孔；12—底板通气槽；13—底板通气孔；14—底板隔热板；15—底板外板；16—热敏探头；17—数据采集器。

图 5-18　有氧稳定性测定装置设计图

（资料来源：郑毅等，2018。）

二、青贮饲料有氧稳定性评定——二氧化碳产量评定

按 Ashbell 描述方法制备评定有氧稳定性的二氧化碳产气装置（图 5-19）。每套装置包括两个 1.5L 的聚对苯二甲酸乙二醇酯碳酸饮料瓶，分上下两个部分。上面部分用来放置青贮饲料，下面部分用来盛放氢氧化钾溶液。测定时，称取 250～300g 青贮样品放入上部分装置中，取 100mL 200g/L 氢氧化钾溶液放入下面部分装置中，放好后，整套产气装置置于 30℃的恒温培养箱中。分别在培养 2d、4d、6d、8d 和 10d 打开产气装置，取出氢氧化钾溶液进行滴定。

滴定时，先用 3mol/L 盐酸溶液滴定氢氧化钾溶液，使 pH 降到 10.0，再用 1mol/L 盐酸溶液滴定氢氧化钾溶液，使 pH 降到 8.1，然后用 1mol/L 盐酸溶液滴定氢氧化钾溶液至 pH 为 3.6，记录 pH 从 8.1 降到 3.6 所用的 1mol/L 盐酸溶液的量。通过 1mol/L 盐酸溶液的用量，计算二氧化碳的生成量（g/kB DM），计算公式如下：

$$\text{二氧化碳生成量} = \frac{0.044 \times T \times V}{A \times FM \times DM}$$

式中，T 为滴定中 1mol/I 盐酸用量，mL；V 为 200g/L 氢氧化钾溶液的总量，mL；A 为滴定时所用 200g/L 氢氧化钾溶液的量，mL；FM 为样品鲜重，kg；DM 为样品干物质含量,%。

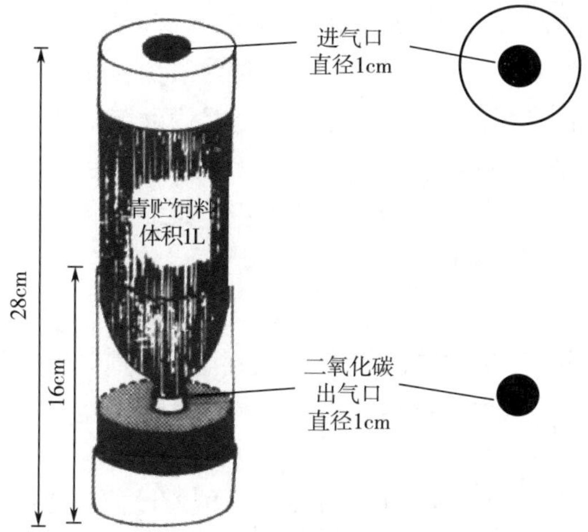

图 5-19　有氧稳定性测定装置——二氧化碳采集装置
（资料来源：Ashbell et al.，1991。）

三、青贮饲料有氧稳定性的影响因素

（一）青贮添加剂

添加剂在青贮饲料制备中起关键作用，添加合适的添加剂不仅能够促进青贮料内部形成适宜目标菌群生长繁殖，抑制其他有害微生物活动的环境，有效改善青贮饲料的发酵品质，保存营养物质，还能降低青贮饲料中的有害物质含量，改善青贮饲料的有氧稳定性。青贮饲料的添加剂按成分主要可以分：微生物添加剂，主要是植物乳杆菌、布氏乳杆菌和丙酸菌等；有机酸，主要是甲酸、乙酸和丙酸等；酶制剂，主要是纤维素酶、果胶酶等；其他添加剂，主要是有机酸盐类等。

1. 微生物添加剂

（1）乳酸菌　乳酸菌作为玉米青贮发酵的主要微生物，对于青贮乳酸含量的提升和酸性环境的营造有很重要的作用。而且乳酸菌能在和酵母菌等其他不利微生物的竞争中挤压后者的生存空间，进而有效延长青贮开封后于有氧条件下保存的时间。其抗菌活性主要与有机酸的产生有关。强有机酸的产生对非耐酸微生物有影响，而弱有机酸主要通过破坏渗透平衡作用于耐酸微生物。鉴于不同种类乳酸菌发酵产生不同的物质，乳酸菌可分成同型发酵与异型发酵两类乳酸菌。而不同发酵类型的乳酸菌对青贮饲料有氧稳定性的营养有一定的差异性。

植物乳杆菌作为同型发酵乳酸菌的代表，可以以少量可溶性糖等碳水化合物为底物生成大量的乳酸，有效固定饲料鲜度，但对酵母和霉菌的整体数量没有抑制作用，因此当青贮饲料打开后接触氧气，大量的可溶糖和乳酸等物质很容易使有害微生物大量生长，导致青贮腐败。

布氏乳杆菌等异型发酵乳酸菌通过发酵作用将乳酸转化为乙酸，乙酸是一种高效的抗真菌剂，能有效抑制真菌的活动，在有氧暴露期间能有效降低饲料二次发酵的风险，显著提高饲料的有氧稳定性，是延长玉米青贮有氧条件下保存时间的上佳选择，有研究表明，接种 1×10^5 CFU/g 的布氏乳杆菌是提高全株玉米青贮饲料有氧稳定性的可行策略。

（2）丙酸菌　丙酸菌在厌氧微生物中较为特殊，可以通过分解作用把青贮饲料中的糖分解代谢产生乙酸和丙酸等短链脂肪酸，乙酸和丙酸对酵母菌和霉菌的活动有显著的抑制作用，且某些丙酸菌可以产生具有抑菌活性的细菌素，从而使丙酸菌在作为添加剂时能够抑制其他有害微生物的活动，进而提高青贮饲料的有氧稳定性。但是丙酸菌的作用效果非常不稳定，青贮饲料中的 pH 对丙酸菌能否提高有氧稳定性有显著影响，通常在 pH 下降缓慢，最终 pH 较高（大于 4.2）时才会有较好效果。丙酸菌的抑菌效果不稳定可能与其对酸性环境的耐受性差、严格的厌氧和生长繁殖速度较慢等原因有关。

2. 有机酸

青贮常用的有机酸类添加剂有甲酸、乙酸和丙酸等。在青贮中添加酸制剂能够加快青贮饲料 pH 降低，酸性环境能显著减少酵母菌、霉菌等其他不耐酸杂菌的数量，提高青贮饲料的品质和有氧稳定性。

（1）甲酸　甲酸是青贮中常用的抑制性添加剂，能通过抑制霉菌和酵母菌等其他杂菌的生长繁殖和不良发酵，保障乳酸菌的发酵环境。除此之外，甲酸的添加也能明显减少青贮过程中氨态氮的产生量，从而延长青贮饲料在有氧条件下保存的时间。有研究表明，当甲酸添加量控制在一定范围内（1~4g/kg）时，青贮玉米的有氧稳定性与甲酸添加量呈现正相关。但需要注意的是，甲酸对不同种类微生物的抑制能力不稳定，在 pH 低于 4 时的抑菌效果明显。

（2）乙酸　大量研究表明，乙酸可以有效提升青贮饲料在有氧暴露过程中的稳定性。在接触有氧环境的初始阶段，虽然青贮饲料中的氧气含量上升，但经乙酸处理过形成的较强的酸性环境能对青贮饲料中的酵母菌以及霉菌等有害菌的生长繁殖起到抑制作用，且未解离形式的乙酸（pH 为 4 左右）对腐生菌具有亲脂作用，这种效应可以减缓青贮饲料接触空气后的有氧恶化，保证青贮饲料的营养品质。在一定范围内，乙酸对青贮饲料有氧稳定性的影响和乙酸的浓度成正比，乙酸浓度越高，有氧条件下青贮饲料的保存时间越长。

（3）丙酸　丙酸是一种比较有效的抗真菌剂，并被广泛应用于饲料贮藏，在延长青贮饲料有氧条件的保存时间上效果显著。丙酸能提高青贮饲料有氧稳定性的原因一方面是因为丙酸在有氧暴露期间，能有效抑制好氧微生物的分解代谢，并且不会对乳酸菌的正常发酵产生不良影响，乳酸和丙酸形成酸性环境能更进一步抑制腐败菌的生长；另一方面丙酸在起酸性作用的同时对蛋白质还具有保护作用，能有效减少青贮饲料中干物质、可溶性糖和蛋白质等营养物质的损失，提高青贮的有氧稳定性。

除上述有机酸外，含有其他有机酸盐（如苯甲酸钠、山梨酸钾和亚硝酸钠）的添加剂可以通过抑制可以消耗乳酸并引发有氧腐败的酵母物种来提高有氧稳定性。

3. 酶制剂

纤维素酶、葡萄糖苷酶、半纤维素酶、果胶酶、木聚糖酶等相关酶制剂可以破坏细胞壁等结构，释放饲料原料中的养分，提高饲料营养价值，影响青贮的发酵质量与有氧条件下的稳定保存时间。现阶段有关青贮玉米酶制剂添加实效的研究结果在很多方面仍存在一定的差异，难以形成一致观点。大多研究结果显示，酶制剂的加入会对玉米青贮的发酵情况、有氧稳定性以及消化率产生不同的影响；但另一些研究报道则指出，酶制剂对青贮饲料的发酵质量和有氧稳定性无明显改善作用。

4. 其他添加剂

（1）有机酸盐类　添加酸制剂能快速降低青贮的酸度，改善青贮饲料的品质和有氧稳定性，但酸制剂的腐蚀性、易挥发和有刺激性气味的特点限制其在饲料中的使用，通过采用盐制剂能有效降低酸制剂的不良影响。甲酸盐可以迅速降低青贮饲料的 pH，保障乳酸菌的正常发酵，抑制其他微生物的发酵，提高牧草青贮饲料的发酵品质；乙酸盐类、丙酸盐类等对不耐酸的酵母菌、霉菌的抑制效果较好，能显著提高青贮饲料的有氧稳定性。常用的有机酸盐类有苯甲酸钠、双乙酸钠、山梨酸钾等。

（2）无机盐类　添加无机盐可提高青贮环境的渗透压，利用梭菌与乳酸菌对环境渗透压敏感度差异较大的特点抑制梭菌等不良微生物活动，最终使青贮料的乳酸上升，乙酸、丁酸减少，从而提高青贮品质，改善其适口性及有氧稳定性。

（3）乙醇　有研究表明，添加乙醇后，能在不抑制全株玉米青贮发酵的情况下，显著降低 pH 上升速率，显示出乙醇抑制青贮饲料有氧腐败的较大潜力，能提升青贮的有氧稳定性，而且当乙醇与其他物质组成混合添加（如植物乳杆菌）时，对有氧稳定性的提升效果更加明显。

（二）青贮条件

1. 青贮密度

青贮时青贮料的堆积密度对有机质氧化有影响，被认为是青贮保存的关键参数。在青贮制作时，通过加大青贮料压实度来最大程度的挤压出青贮装置和青贮料间的空气，创造厌氧环境让乳酸菌进行乳酸发酵是青贮成功的关键因素之一，因此，在青贮饲料加工过程中快速清除空气能降低有氧变质的风险，提高饲料的有氧稳定性。研究也证明，具有较高压实度的青贮饲料比较低压实度的青贮饲料需要更长的时间到达最高温度，较高的压实度下青贮饲料的稳定性较好，原因可能是较高的密度与较低的孔隙率、较低的空气量和青贮中较慢的氧气流动，从而减少由于氧气含量过高造成的损失，使全株玉米有氧稳定性提升。

2. 青贮含水量

不同青贮含水量对青贮品质和有氧稳定性具有一定影响。低含水量可通过抑制青贮过程中微生物的活动，提高青贮的发酵品质，在有氧暴露阶段，高含水量牧草青贮的有氧稳定性有所下降，但水分含量与添加剂相比对青贮的有氧稳定性的影响不显著。

3. 原料刈割时间

不同刈割时间和刈割后延迟青贮时间对青贮饲料的有氧稳定性具有一定影响。有学者研究了玉米凹陷早期、乳线期（1/3 到 2/3 阶段）以及乳线消失期 3 个时期刈割对全株玉米青贮有氧稳定性的影响，发现凹陷早期时有氧条件下的稳定保存时间最短，在其乳线期 1/3 到 2/3 阶段时发酵质量与有氧条件下的稳定保存时间较为可观。此外，原料刈割后，随着延迟青贮的时间增长，青贮原料上附着的微生物生长活动剧烈，青贮原料的营养物质流失较多，青贮加工后饲料中的杂菌较多，发酵品质和营养品质降低，有氧稳定性变差。

4. 青贮温度

青贮主要是通过乳酸菌的发酵使 pH 降到 4.2 左右，从而抑制微生物的活动，不同的乳酸菌其生长繁殖的最适温度范围各不相同，大多数乳酸菌适宜生存的温度为 30℃左右，温度超过 50℃时，乳酸菌会停止活动，不再产生乳酸，杂菌会大量繁殖，造成营养损失和腐败，有氧稳定性变差，温度过低时，乳酸菌生长较慢，青贮过程延长，杂菌繁殖较多并且消耗大量的营养物质，与空气接触后很快发生好氧性腐败。因此，在青贮发酵期间，环境温度对青贮最终质量和有氧稳定性有一定影响，环境温度过高或过低都会显著降低牧草青贮饲料的有氧稳定性。

由上述各影响因素可知，合适的青贮方法和添加剂可以有效抑制饲料青贮的二次发酵和有氧变质，改善其有氧稳定性；适宜的青贮时间、压实度和温度等条件对青贮饲料的有氧稳定性有一定程度的改善；合理利用乳酸菌制剂、酶制剂、有机酸制剂等添加剂可有效提高饲料青贮的有氧稳定性，而且布氏乳杆菌、丙酸菌和有机酸制剂对有氧稳定性的改善效果要优于植物乳杆菌、纤维素酶制剂的使用。在各种影响因素中，添加剂的应用对有氧稳定性的改善效果最为明显。

复习思考题

1. 试述干草品质的感官评定方法。
2. 如何全面地进行干草品质的化学评定?
3. 常见的苜蓿干草、燕麦干草的等级标准如何划分?
4. 试述饲草消化率评定的主要方法和简要操作过程。
5. 简述常用的粗饲料综合评价指数有哪些，各自有什么特点?
6. 简述怎么进行青贮饲料原料的评定。
7. 试述如何进行青贮饲料品质评定。
8. 简述青贮饲料颗粒度的评价方法。
9. 简述青贮饲料籽粒破碎度的意义及评价方法。
10. 什么是青贮饲料的有氧稳定性? 如何进行青贮饲料有氧稳定性的评定?
11. 简述影响青贮饲料有氧稳定性的因素有哪些。

参考文献

[1] 周明. 饲料学 [M]. 合肥：安徽科学技术出版社，2007.

[2] 王成章，王恬. 饲料生产学 [M]. 北京：中国农业出版社，1998.

[3] 赵全刚. 牧场粗饲料的选择和利用 [J]. 中国乳业，2019，(04)：53-59.

[4] 陈代文. 动物营养与饲料学 [M]. 北京：中国农业出版社，2014.

[5] 裴彩霞，张延利. 饲料营养价值评定方法与技术 [M]. 北京：中国农业大学出版社，2022.

[6] 中国畜牧协会. 苜蓿　干草质量分级 T/CAAA 001—2018 [S]. 北京：中国畜牧协会，2018：04-16.

[7] 中国畜牧协会. 燕麦　干草质量分级 T/CAAA 002—2018 [S]. 北京：中国畜牧协会，2018：04-16.

[8] 黑龙江质量技术监督局. 羊草青干草质量评定技术规程 DB23/T 2059—2017 [S]. 哈尔滨：黑龙江省畜牧标准化技术委员会，2018：01-29.

［9］王之盛，李胜利．反刍动物营养学［M］．北京：中国农业出版社，2016.

［10］金恩望，周凌云，卜登攀，等．体外产气法在动物营养学中应用的研究进展［J］．中国畜牧兽医，2012，39（10）：128-133.

［11］HOOVER W H，CROOKER B A，SNIFFEN C J. Effects of differential solid-liquid removal rates on protozoa numbers in continuous culture of rumen content［J］. Journal of Animal Science，1976（2）：535-542. DOI：10.2527/jas1976.432535x.

［12］CZERKAWSKI J W，BRECKENRIDGE G. Design and development of a long-term rumen simulation technique（Rusitec）．［J］. British Journal of Nutrition，1977，38（3）：371-384. DOI：10.1079/BJN19770102.

［13］MENKE K H，RAAB L，SALEWSKI A，et al. The estimation of the digestibility and metabolizable energy content of ruminant feedingstuffs from the gas production when they are incubated with rumen liquor in vitro［J］. The Journal of Agricultural Science，1979，93（1）：217-222.. DOI：10.1017/S0021859600086305.

［14］王加启，冯仰廉．瘤胃持续模拟技术的研究［J］．动物营养学报，1995，（01）：29-35.

［15］孟庆翔．双外流连续培养系统用于瘤胃发酵的体外模拟：技术综述［J］．动物营养学报，1999（S1）：6. DOI：CNKI：SUN：DWYX.0.1999-S1-006.

［16］沈维军．新型双外流瘤胃模拟系统研制与运行参数研究［D］．长沙：湖南农业大学，2012.

［17］贾存辉，钱文熙，吐尔逊阿依·赛买提，等．粗饲料营养价值指数及评定方法［J］．草业科学，2017，34（02）：415-427.

［18］MOORE J E，UNDERSANDER D. Relative Forage Quality：An Alternative to Relative Feed Value and Quality Index［C］//Proceedings 13th Annual Florida Ruminant Nutrition Symposium，2002，32：16-29.

［19］胡红莲，卢媛．粗饲料分级指数技术——粗饲料品质评定的新进展［J］．畜牧与饲料科学，2011，32（Z1）：155-158.

［20］红敏，高民，卢德勋，等．粗饲料品质评定指数新一代分级指数的建立及与分级指数（GI_{2001}）和饲料相对值（RFV）的比较研究［J］．动物营养学报，2011，23（08）：1296-1302.

［21］国春艳．酶解法与尼龙袋法评定处理豆粕瘤胃保护效果的比较研究［D］．乌鲁木齐：新疆农业大学，2006.

［22］UNDERSANDER D J，HOWARD W T，SHAVER R D. Milk per acre spreadsheet for combining yield and quality into a single term［J］. Journal of Production Agriculture，1993，6（2）：231-235.

［23］PLAYNE M J，MCDONALD P. The buffering constituents of herbage and of silage［J］. Journal of the Science of Food & Agriculture，2010，17（6）：264-268. DOI：10.1002/jsfa.2740170609.

［24］王杰，张养东，郑楠，等．青贮饲料感官评定研究进展［J］．中国奶牛，2019，（01）：1-3.

［25］苏嘉琪，辛杭书，张广宁，等．国内外青贮饲料原料来源、品质评价及影响因素的

研究进展 [J]. 动物营养学报，2022，34 (12)：7585-7594.

[26] 高海娟，柴凤久，刘泽东，等. 应用 V-Score 体系评价不同含水量苜蓿青贮饲料品质 [J]. 中国饲料，2016 (12)：16-18.

[27] 张养东，杨军香，王宗伟，等. 青贮饲料理化品质评定研究进展 [J]. 中国畜牧杂志，2016，52 (12)：37-42.

[28] 全国畜牧总站体系建设与推广处. 青贮品质评定 (一) [J]. 中国畜牧业，2016 (14)：44-47.

[29] 全国畜牧总站体系建设与推广处. 青贮品质评定 (二) [J]. 中国畜牧业，2016 (15)：45-48.

[30] 全国畜牧总站体系建设与推广处. 青贮品质评定 (三) [J]. 中国畜牧业，2016 (16)：48-49.

[31] 内蒙古自治区技术监督局. 青贮饲料 pH、有机酸、氨态氮测定方法 DB15/T 1458—2018 [S]. 呼和浩特：内蒙古自治区畜牧业标准化技术委员会，2018：10-25.

[32] 唐文浩，张养东，郑楠，等. 苜蓿青贮品质评价研究进展 [J]. 动物营养学报，2022，34 (07)：4165-4173.

[33] FLIEG. Futterb gauffuterbereit [J]. Science of Swedish Univerity of Agriculture，1938 (2)：1-8.

[34] 青贮饲料质量评定标准 (试行) [J]. 中国饲料，1996，(21)：5-7.

[35] 全国畜牧业标准化委员会. 青贮玉米品质分级 GB/T 25882-2010 [S]. 北京：中国标准出版社，2011：06-11.

[36] 全国饲料工业标准化委员会. 动物饲料中淀粉含量的测定 旋光法 GB/T 20194—2018 [S]. 北京：中国标准出版社，2018：05-14.

[37] 马小俊，杨宇为，马青，等. 康奈尔净碳水化合物-蛋白质体系在反刍动物生产中的应用研究 [J]. 动物营养学报，2023，35 (06)：3478-3490.

[38] LANZAS C，SNIFFEN C J，SEO S，et al. A revised CNCPS feed carbohydrate fractionation scheme for formulating rations for ruminants [J]. Animal Feed Science and Technology，2007，136 (3/4)：167-190.

[39] van AMBURGH M E，COLLAO-SAENZ E A，HIGGS R J，et al. The Cornell Net Carbohydrate and Protein System：Updates to the model and evaluation of version 6.5 [J]. Journal of Dairy Science. 2015 98 (9)：6361-6380.

[40] 杨雪萍，陈菲，倪奎奎，等. 近红外光谱分析技术在青贮饲料营养品质检测评价上的研究进展 [J]. 饲料工业，2020，41 (10)：19-23.

[41] 冯豆，滕战伟，梁美娟，等. 近红外光谱技术在动物营养领域中应用的研究进展 [J]. 动物营养学报，2018，30 (11)：4349-4356.

[42] 王新基，郭涛，潘发明，等. 利用近红外光谱技术快速分析全株玉米青贮营养成分 [J]. 家畜生态学报，2021，42 (01)：52-55.

[43] 陈菲，李小梅，倪奎奎，等. 近红外光谱技术在青贮饲料品质检测中的研究进展 [J]. 中国饲料，2021，(23)：78-83.

[44] 王晓娜. 蒙晋津京青贮饲料质量与安全性评价 [D]. 北京：中国农业科学院，2011.

［45］靳文仲．中小型牧场青贮饲料品质的评估［J］．中国乳业，2019，(07)：28-29.

［46］王锐．全株青贮玉米制作的关键技术［J］．中国乳业，2016，(08)：35-40.

［47］杨旭来，罗宏伟，李子牧，等．青贮饲料籽粒破碎技术现状及研究进展［J］．林业机械与木工设备，2022，50（10)：41-44，49.

［48］刘逸超，包健，司强，等．牧草青贮有氧稳定性的研究进展［J/OL］．中国饲料，1-8［2023-12-05］https：//doi. org/10. 15906/j. cnki. cn11-2975/s. 2023020055-08.

［49］石子墨，肖晴，玉柱．全株玉米青贮有氧稳定性研究进展［J］．饲料工业，2022，43(23)：14-19.

［50］王珍玉，谈重芳，王伟伟，等．青贮饲料有氧变质及其预防措施研究进展［J］．中国畜牧兽医，2022，49（11)：4207-4217.

［51］郑毅，唐鸿宇，李天宇，等．青贮饲料有氧稳定性测定装置的设计与验证［J］．草地学报，2018，26（01)：238-243.

［52］许庆方，玉柱，李志强，等．苜蓿、玉米青贮饲料有氧稳定性研究［J］．草地学报，2007，(06)：519-524.

［53］ASHBELL G，WEINBERG Z G，AZIELI A，et al. A simple system to study the aerobic determination of silages［J］. El Día Médico，1991，30（64)：391-393.

CHAPTER 6

第六章 草产品利用

草产品是指用于饲喂畜禽的饲草类产品，包括来源于天然草地和人工草地的牧草、饲料基地的饲料作物以及农副产物，经过收获、加工、贮藏、检测等过程，生产出的可满足畜禽饲喂需求，符合一定质量标准且方便流通的产品。目前国内饲用草产品的种类较多，分类方法也多种多样。通常按加工调制方式将饲用草产品分为鲜草产品、干草产品（干草和草捆）、发酵草产品（包括高水分青贮、半干青贮、混合青贮、添加剂青贮和微贮产品）、氨化草产品、混合（或配合）草产品和成型草产品以及草产品深加工（叶蛋白、膳食纤维、黄酮、皂苷、叶绿素等物质的提取与加工）等几类。也可按调制加工后形成的草产品形态、形状将草产品分为散干草、干草捆、草粉、草块、草砖、草颗粒等（图 6-1）。牧草及饲料作物被加工成不同产品后，其营养成分含量也发生了相应变化。畜禽对饲草的利用方式不同，其采食率和降解率不同，直接关系到畜禽对饲草的利用效率。

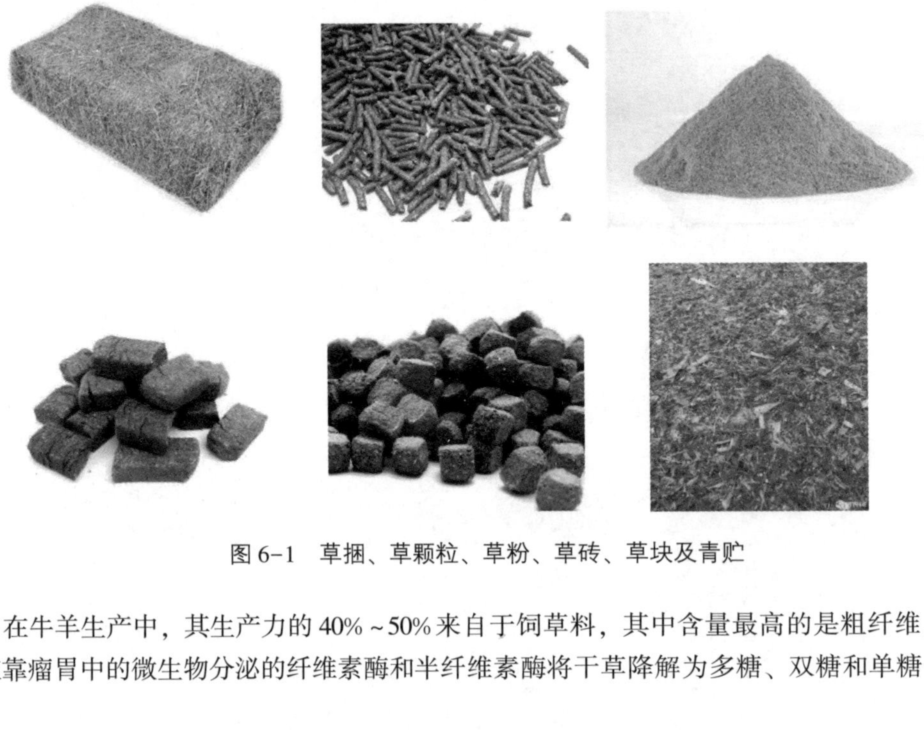

图 6-1　草捆、草颗粒、草粉、草砖、草块及青贮

在牛羊生产中，其生产力的 40%～50% 来自于饲草料，其中含量最高的是粗纤维，牛消化道依靠瘤胃中的微生物分泌的纤维素酶和半纤维素酶将干草降解为多糖、双糖和单糖，最终再

转变为有机酸后吸收，饲草对牛羊生产的重要性不言而喻。牛羊饲草料的来源主要有 4 个途径：一是充分收集当地现有的作物秸秆，如玉米秸秆、花生秧、谷草、杂草以及各类树叶等；二是利用好各类农副产品，如酒糟、棉籽壳、豆腐渣等；三是通过专门种植获得优质饲草，如种植青贮玉米、燕麦草、苜蓿等各种优质饲草；四是对非常规饲料加工处理，拓展饲草利用资源。如柠条平茬氨化处理、葡萄藤再加工、各种果渣的青贮、葵花盘粉碎加工或青贮、甘蔗渣的青贮利用等，将非常规饲料加工后作为常规饲料的补充。

第一节　牛的饲草产品利用

一、犊牛阶段

哺乳期犊牛只饲喂开食料又会对犊牛的瘤胃发育带来种种不利因素（瘤胃乳头角化不全等）。而干草的添加能够减缓甚至消除这种状况，促进犊牛瘤胃的健康快速发育。添加干草可以提高犊牛的采食欲望，增加犊牛的干物质采食量，增加反刍行为，减少非营养性采食行为，促进瘤胃的早期发育，保证犊牛瘤胃的健康发育，瘤胃乳头发育更多更长，瘤胃壁更厚。还能有效地降低犊牛异食癖，防止瘤胃内毛球的形成和瘤胃臌气病的发生；且降低了饲养成本，经济效益更高。

犊牛出生后 1 周即可训练采食干草。最初可在犊牛栏的草架上添加一些优质柔软的干草让犊牛自由采食（图 6-2）。为了让犊牛尽快习惯采食干草，也可在干草上洒一些盐水。提前补草料，控制犊牛吃奶量和吃奶次数，会迫使犊牛多吃草料，促进瘤胃发育，还可提前断奶。在犊牛 1 天未能够采食 1kg 混合精料以前，干草喂量应适当控制，且每天更换洁净的青干草。但就干草添加时期而言，王剑研究结果表明犊牛在 2 周龄添加干草后生产性能和瘤胃发育上表现要好于在 6 周龄添加干草。

图 6-2　犊牛开食料+优质青干草

青贮饲料由于酸度过大，过早饲喂将影响犊牛瘤胃微生物区系的正常建立。同时，青贮饲料蛋白质含量低，水分含量高，过早饲喂也会影响犊牛的营养摄入。一般从4月龄开始训练青贮饲料，喂量由少到多，循序渐进。可采取上层放干草或青绿饲料，下层放青贮饲料，或空腹时先饲喂青贮饲料的方法。在12月龄以前青贮饲料的饲喂量不超过日粮干物质的1/3。在早期训练采食植物性饲料的情况下，6~8周龄的犊牛前胃发育已达到相当程度，见表6-1。

表6-1　不同饲料类型对瘤胃发育（瘤网胃容积）的影响

日龄/d		7	14	21	30	60	90	120
瘤网胃容积/L	低奶量+植物性饲料	0.5	2.1	4.0	4.3	8.0	13.0	20.0
	全奶	—	0.83	1.25	1.70	4.50	12.50	13.50

崔利宏等报道，饲喂青干草更能提高犊牛对于粗饲料的采食及干物质的摄入量，有利于营养物质的消化吸收，促进犊牛的生长发育。张俊锋开展了不同青贮草饲喂犊牛育肥效果试验，利用青贮燕麦草、全株青贮玉米分别饲喂8月龄犊牛60d，用全株玉米青贮饲喂犊牛平均日增重1.68kg，用青贮燕麦草饲喂犊牛平均日增重0.9kg。周芳芳研究表明，犊牛饲喂燕麦草效果优于花生藤和桑枝，饲喂花生藤有利于促进哺乳犊牛瘤胃发育改善瘤胃菌群，饲喂桑枝可以提高犊牛免疫功能，花生藤和桑枝可部分代替燕麦草作为犊牛粗饲料。

二、育成牛阶段

（一）6~12月龄

6~12月龄是育成牛生长发育最快的阶段，此时以骨骼发育为中心，体躯向高、长急速生长，瘤胃体积逐渐变大，能够消化日粮中更多粗纤维。此阶段所喂饲料必须具有一定的容积，才能刺激其前胃的生长。粗饲料饲喂量按育成牛体重的1.2%~1.5%提供适口性好、易消化的优质干草搭配青贮饲料和多汁饲料，如青干草5~6kg/（d·头）（图6-3）。

（二）13~18月龄

13~18月龄的育成牛瘤胃功能已接近成年牛水平，对粗饲料的利用率显著提升。日粮组成主要以优质青贮饲料和干草为主，粗饲料占比大于75%，适当补充精饲料。干物质采食量大于9kg，日粮干物质占体重的1.5%，日粮中粗蛋白含量14%~15%。

（三）19~24月龄

19~24月龄母牛已达到配种受胎标准，生长逐渐减缓，体躯向宽、深方向发展。如饲养过丰，在体内容易贮积过多脂肪，导致牛体过肥，造成不孕。但如果饲养过于贫乏，又会使牛体生长受阻，成为体躯狭浅、四肢细高、产奶量不高的母牛。应按营养标准进行饲养，以优质干草、青草、青贮料和少量（氨化）麦秸

图6-3　青年牛的优质苜蓿干草

作为基本饲料，可投青贮饲料 15~20kg、青干草 2~3kg。

三、成乳牛阶段

泌乳母牛的日粮中应该含有高质量的青绿多汁饲料、豆科干草，其所供给的干物质应占日粮干物质的 60% 左右。粗饲料给量按干物质计算要达到母牛体重的 1%~1.5%。目前，全株玉米青贮因其青贮品质优良、营养价值和综合经济效益高等优点已被广泛应用于奶牛生产，在规模化奶牛生产中基本普及。目前众多研究表明，全株玉米青贮部分替代牧草青贮饲喂奶牛可以提高其采食量、产奶量和乳蛋白量等。王健等试验显示，与不带穗玉米青贮相比，饲喂全株玉米青贮的奶牛产奶量没有显著增加，但乳脂率和乳蛋白率显著提高。林志鹏等在泌乳中期的奶牛饲粮中添加 45%、52%、59%、66%、73%、80% 的全株玉米青贮，发现当添加 50%~60% 时，可显著提高牛奶乳蛋白率、总固体含量。夏科等研究发现，在奶牛日粮中添加全株玉米青贮，72h 的中性洗涤纤维瘤胃降解率显著大于玉米秸秆、苜蓿等粗饲料。Fernandez 等在泌乳奶牛全混合日粮（TMR）中添加不同品种的全株玉米青贮，发现易消化的品种较难消化的品种具有更高的采食量，不同品种的全株玉米青贮干物质降解率和瘤胃充盈度也不同。Shwab 等研究经过不同切割长度和机械加工的全株玉米青贮对奶牛生产性能的影响，发现较长切割长度降低采食量，经过机械加工后的全株玉米青贮减少了产奶量和乳脂含量，减少了中性洗涤纤维消化率，增加了淀粉的消化率。而 Bhandari 等发现较短切割长度的全株玉米青贮增加了干物质采食量。

（一）围产后期

产后 2~3d，饲喂易消化的饲料，适当补给麸皮、玉米、青贮料 10~15kg，优质干草 2~3kg，控制喂催乳效果好的青饲料、蛋白质饲料等。

产后 4~6d，逐渐增加精料、多汁饲料、青贮料和干草的给量，直至第 7 天达到正常水平。在加料过程中注意观察采食、粪便和乳房的情况，若发现异常，应及时调整。

（二）泌乳盛期

这一阶段进行科学饲养管理能使母牛产乳高峰更高，持续时间更长。实践表明，最高日产奶量每提高 1kg，全泌乳期多产奶 200kg。精粗比例为 6∶4 至 7∶3，高精料阶段持续时间一般不超过 30d。青贮料每头每天 20kg、干草 4kg、糟渣类及多汁饲料 15~18kg。

（三）泌乳中期

这一阶段母牛处于妊娠期，每天增重控制在 0.25~0.5kg，日粮的精粗比例可降至 5∶5 或更低。青贮料每头每天 15~20kg、干草 4kg 以上、糟渣类、多汁饲料 15~20kg。

（四）泌乳后期

此期母牛处于妊娠后期，胎儿生长发育快，产奶量急剧下降。在饲养上可进一步降低日粮的精粗比例，达 3∶7 至 4∶6。青贮料不低于 20kg，干草 4~5kg，糟渣类、多汁饲料不超过 20kg。

（五）干奶期

干奶期的饲养任务是保证胎儿的正常发育，给母牛积蓄必要营养物质。在干奶期间，使体重增加 10%~15%，在分娩前体况达到中等程度，为下一个泌乳期稳产高产打下基础。青贮料每头每天 10~15kg、干草 3~5kg、糟渣类及多汁饲料不超过 5kg。

在有条件的地区，母牛最好采用舍饲和放牧相结合的管理办法。放牧对机体有良好作用，可以保证其有充足的运动和日照，促进新陈代谢，改善繁殖机能，提高产奶量。牧草中含有营养丰富的粗蛋白、必需氨基酸、维生素、酶和各种微量元素。青绿饲料中的叶绿素可以活化动物的造血功能。如果缺少放牧条件或青草供给不足，舍饲泌乳母牛必须补充优质的青贮、半干青贮、干草和精料，不同泌乳量奶牛粗饲料组成可参考表 6-2。当前我国奶牛存栏 100 头以上规模化养殖比例达到 75%，利用的多为优质粗饲料，氨化、碱化等粗饲料几乎不用，常用粗饲料加工方式一般为物理方法和青贮。

表 6-2　不同泌乳量奶牛推荐粗饲料组成　单位：kg/（d·头）

日粮组成	日产奶量 35kg 以上	日产奶量 30kg	日产奶量 20kg
苜蓿	4.3	3.9	2
进口燕麦	1.9	1.8	—
国产燕麦	—	—	1.5
羊草	—	—	3.5
甜菜颗粒	1.3	1.3	—
棉籽	1.5	1.3	—
压片玉米	1.9	1.7	0.4
啤酒糟	3.5	3	1.5
青贮玉米	24	24	22

四、肉牛饲草利用

将精饲料、粗饲料（如饲草、青贮饲料、氨化饲料）合理搭配，定时定量投喂，确保饲料营养价值全面，可以促进育肥牛快速生长。这种育肥方式具有育肥时间短、出栏率高、增重速度快、育肥牛整齐度好的特点。

（一）以青贮为主

在我国当前养牛业中，全株玉米青贮和玉米秸秆青贮是最常用的两种粗饲料，其中肉牛生产主要还是以秸秆青贮为主要粗饲料，只有部分肉牛场在使用全株玉米青贮。随着国家“粮改饲”政策实施，推行农业供结侧结构性改革，推广全株玉米青贮应用，全株玉米青贮在肉牛生产中的应用将越加广泛，作为肉牛日粮的重要组成部分，可占日粮总量的 10%～100%。

全株玉米青贮的质量将直接影响肉牛的生产性能（包括增重、饲料效率、肉质等）及生产者的经济效益。陈宁等试验结果显示，用全株玉米青贮部分替代日粮苜蓿干草使安格斯肉牛的日增重和日收入分别提高了 6.08% 和 43.45%；薛莉萍等试验结果显示，与去穗玉米青贮相比，饲喂全株玉米青贮的西门塔尔牛增重速度和经济效益显著提高；张喜忠等用全株玉米青贮和无穗玉米青贮育肥肉牛，结果显示，饲喂全株玉米青贮组的日增重和经济效益都好于无穗玉米青贮组；纪天成研究显示，与去穗玉米秸秆青贮相比，饲喂全株玉米青贮的肉牛日增重和经济效益都有一定程度提高；马建齐报道，与玉米秸秆青贮相比，饲喂全株玉米青贮的肉牛日增重提高了 28.76%，90 天育肥期内每头牛增收 114.84 元；王福传等研究显示，与饲喂普通玉米秸秆相比，饲喂全株玉米青贮的肉牛日增重提高了 16.7%，育肥收益提高了 17.5%；苏秀侠等用全株玉米青贮、新鲜玉米秸秆青贮和完熟玉米秸秆青贮饲喂育肥架子牛，结果显示，全株玉米青贮组日粮消化率、肉牛日增重、产肉率及牛肉品质最好，养牛效益和每公顷耕地效益也以全株玉米青贮组最好，完熟玉米秸秆的青贮最差。张淑二等报道，与去穗玉米青贮相比，饲喂全株玉米青贮的西门塔尔牛的日增重和经济效益均显著提高。具体精粗比例配方见如下方案。

方案1：以青贮玉米秸为主要粗饲料进行肉牛后期集中肥育，架子牛选择夏黄杂一代公牛，年龄2岁，其日粮组成为青贮玉米秸55.56%、酒糟10.66%、精料33.78%，日粮粗蛋白含量10.39%，精料中另加专用饲料添加剂，试牛平均日增重1.37kg。

方案2：以玉米青贮为主要粗饲料进行架子牛肥育，任牛自由采食青贮玉米秸秆，每天每头喂占体重1.6%的精料，精料的组成是玉米43.9%、棉籽饼25.7%、麸皮29.2%、骨粉1.2%，另加食盐。

方案3：李玉仁等用青贮玉米秸秆育肥鲁西黄牛，选择1.2~2岁、体重342.5kg的阉牛，日头均饲喂5kg精料（组成为每100kg含玉米53.03kg、棉籽饼16.1kg、麸皮28.41kg、骨粉1.51kg、食盐0.95kg），青贮玉米秸自由采食，平均日增重1.36kg。

方案4：苜蓿青贮与玉米青贮混合饲喂。苜蓿青贮应与其他饲草进行搭配使用，育肥牛苜蓿青贮分阶段育肥日粮配方及饲喂量见表6-3。

表6-3 育肥牛苜蓿青贮分阶段育肥日粮配方及饲喂量

体重范围/kg	精饲料				粗饲料			
	浓缩料/%	玉米/%	麸皮/%	日饲喂量/kg	秸秆/%	苜蓿青贮/%	玉米青贮/%	日饲喂量/kg
350~399	30	58	12	3.8	50	25	25	4.7
400~449	28	62	10	4.2	50	25	25	5
450~500	25	70	5	4.5	50	25	25	5

方案5：稻草青贮与其他秸秆饲料混合饲喂，育肥牛稻草青贮分阶段育肥日粮配方及饲喂量见表6-4。

表6-4 育肥牛稻草青贮分阶段育肥日粮配方及饲喂量

体重范围/kg	精饲料				粗饲料		
	浓缩料/%	玉米/%	麸皮/%	日饲喂量/kg	秸秆/%	稻草青贮/%	日饲喂量/kg
350~399	30	60	10	5	14	86	14
400~449	28	62	10	6	14	86	14
450~500	25	65	10	7	14	86	14

方案6：柠条主要分布在我国东北、西北地区，是水土保持和固沙造林的重要灌木树种。柠条枝、叶、花部位营养丰富，适口性好，粗蛋白含量在11%~14%。目前宁夏开展的示范推广柠条加工调制方法主要包括包裹青贮、揉丝、制草粉和加工颗粒。柠条颗粒饲料和青贮饲料可代替其他粗饲料直接饲喂。柠条颗粒和青贮分阶段育肥牛日粮配方及饲喂量见表6-5、表6-6。

表 6-5　　柠条颗粒分阶段育肥牛日粮配方及饲喂量

体重范围/kg	精饲料				粗饲料		
	浓缩料/%	玉米/%	麸皮/%	日饲喂量/kg	风干稻草/%	柠条颗粒/%	日饲喂量/kg
350~399	20	70	10	4	20	80	12
400~449	20	70	10	6	20	80	12
450~500	20	70	10	7	20	80	12

表 6-6　　柠条青贮分阶段育肥牛日粮配方及饲喂量

体重范围/kg	精饲料				粗饲料		
	浓缩料/%	玉米/%	麸皮/%	日饲喂量/kg	秸秆/%	柠条青贮/%	日饲喂量/kg
250~299	30	60	10	2	30	70	10
300~349	30	65	5	3	30	70	10
350~400	30	65	5	4	30	70	10

在意大利公牛犊持续育肥从 80~160kg 到 500kg，一般需要 9~15 个月，每头的饲料消耗平均为玉米青贮 4000kg、混合精料 1000kg，平均日增重达 1.2kg，每千克增重消耗青贮玉米饲料 9~11.7kg，精饲料 2.4~2.5kg。在德国，对体重为 375kg 的黑白花杂种公牛育肥，每日喂青贮玉米秸 12.5kg、混合精料 6kg、食盐 30g。育肥期共 104d，平均日增重 1.654kg。用玉米青贮对去势鲁西黄牛育肥，60d 的育肥期平均日增重 1.36kg，比自由采食干玉米秸每天只增重 0.45kg 要高的得多。育肥牛采用散栏饲养自由采食全混合日粮饲喂的方式，精粗配比如表 6-7 所示。

表 6-7　　肉牛全混合日粮配方及喂量

月龄/月	精料配方/%							全混合日粮 kg/（d·头）		
	玉米	麸皮	豆粕	棉粕	石粉	食盐	碳酸氢钠	精料	青贮	麦秸
7~8	32.5	24	7	33	1.5	1	1	2.2	6	1.5
9~10								2.8	8	1.5
11~12	52	14	5	26	1	1	1	3.3	10	1.8
13~14								3.6	12	2
15~16	67.5	4	—	26	0.5	1	1	4.1	14	2
17~18								5.5	14	2

（二）以氨化秸秆为主

秸秆氨化技术在我国农区推广范围最大，效果较好。经氨化处理的秸秆粗蛋白可提高 1~2 倍，有机物消化率可提高 20%~30%，采食量可提高 15%~20%，采食过后食槽中氨化玉米秸秆所剩无几（图 6-4）。以氨化秸秆为主加适量的精料进行肉牛肥育，各地都进行了大量研究和推广。以氨化秸秆加精料肥育肉牛效果如表 6-8 所示。

表 6-8 氨化麦秸秆加精料肥育肉牛效果

试牛品种	头数/头	日头均精料喂量/kg	头均日增重/kg	日头均消耗精料/头均日增重
本地黄牛	16	0.5	0.43	1.16
秦川牛	12	0.75	0.55	1.4
本地黄牛	12	1.0	0.66	1.5
利杂一代	12	1.0	0.74	1.35
杂交牛	16	1.5	0.644	2.33
晋南牛	10	2.0	0.695	2.91
鲁西牛	12	3.2	1.09	2.99

可见氨化麦秸加少量精料即能获得较好的肥育效果。且随精料量的增加，氨化麦秸采食量逐渐下降，日增重逐渐增加。

育肥肉牛如采用氨化玉米秸秆，可不限量自由采食。氨化成功的秸秆饲料在开封后，经品质鉴定合格后也不可直接饲喂，应将其置于阴凉通风的地方晾晒几天，以消除其中的氨味，才可以饲喂。取料时要有计划的进行，如在天气较为寒冷时取料，需要较长的时间放氨，在取料时可提前 2~3d 将要饲喂的量取出放氨，其余的密封保存，以防止氧化秸秆在短期内饲喂不完而发生霉变。在最初饲喂肉牛时，因肉牛无法适应，因此第一次不可饲喂过量，以防止氨中毒，要控制好饲喂量，在饲喂氨化秸秆的第一天将 1/3 的氨化秸秆和 2/3 的未氨化秸秆混合饲喂，以后则逐渐增加氨化秸秆的饲喂量，在一周后可让肉牛完全的适应采食氨化秸秆，而不再愿意采食未经氨化的秸秆饲料。在肉牛的日粮组成中，氨化秸秆的饲喂量可占日粮的 70%~80%，饲喂后不可立即饮水，要在 0.5~1h 后再让其饮水。饲喂氨化秸秆时最好搭配饲喂一些含淀粉量较多的饲料，同时配合饲喂一定量的青贮饲料和矿物质饲料以及维生素 A 和维生素 D 等，可以充分发挥氨化秸秆的作用，提高饲料的利用率。在饲喂氨化秸秆的过程中要注意观察肉牛的状态，如果发现有反刍减少或停止，唾液分泌过多，步态不稳等氨中毒症状，要立即停止饲喂，并牵到通风处，对于轻度中毒的可立即灌服 2~3L 的食醋，对于症状较为严重的可静脉注射 200~400mL 的葡萄糖酸钙溶液。未断奶的犊牛和羔羊瘤胃内微生物系统尚未完全形成，瘤胃功能不健全，尚无利用无机氮的能力，所以不能饲喂氨化草。

图 6-4 已采食过的氨化玉米秸秆

马平等采用氨化小麦秸秆饲喂夏西黄牛，氨化处理组比未处理小麦秸秆组日增重显著提高37.7%，增加收益48.6%。郝丽梅等用不同氨化处理的麦秸饲喂18月龄西门塔尔母牛，结果表明，氨化处理可提高麦秸粗蛋白含量，提高日增重降低饲料转化率，降低饲料成本。提高了稻草的营养价值，增重明显，降低了饲料成本。氨化处理可提高稻草粗蛋白含量104.4%，酸性洗涤纤维和中性洗涤纤维分别降低12.0%和11.1%，显著提高西镇牛增重60.4%，降低饲料成本34.4%。

（三）膨化微贮秸秆利用

王玉婷研究表明，与黄贮和干秸秆相比，膨化微贮饲喂的肉牛平均日增重（1.11kg/d）显著大于黄贮（0.92kg/d）和干秸秆（0.91kg/d），黄贮与干秸秆无显著差异，膨化微贮肉牛的干物质采食量极显著大于黄贮和干秸秆，比饲喂黄贮和干秸秆肉牛分别提高了6.7%和14.0%。经膨化后玉米秸秆适口性得到了改善，肉牛秸秆的采食量明显提高，且经过膨化处理后也有利于肉牛对秸秆中养分的吸收利用。

丁健、武忠、武小平等对比了普通玉米秸秆、青贮玉米秸秆、发酵膨化玉米秸秆的营养价值、瘤胃消化率及体内挥发性脂肪酸含量，结果显示，膨化发酵玉米秸秆的营养价值和瘤胃利用率不及青贮玉米秸秆，但差异不显著，这对于晚期玉米秸秆的利用具有指导意义，尤其是粗饲料资源缺乏但玉米秸秆资源丰富的地区。

（四）放牧为主

利用荒山、荒坡、草地、草原等进行放牧肥育，可节省精料。一般应选择草量丰富，草质优良的草地或人工草场进行分区轮牧、分群放牧，且放牧地设有围栏为宜，如图6-5河南中荷奶牛示范基地奶牛轮牧草地周边设置了电子围栏。但是放牧好坏取决于一系列因素，包括牛的年龄、体重、膘情、性别，牛群大小，草场大小，饮水源远近，植被质量等。在土地平坦、植被丰厚、牧场开阔的内蒙古和新疆的草原，牛群可以达到200~300头。而放牧带较窄，水源较远的地方，以100~150头以内为好。在山地、坡度较缓和的地方，只能在50头以下。在狭窄的山岭草坡则只能放几头或散放。

图6-5　河南中荷奶牛示范基地奶牛轮牧

放牧应在春天开始，以便获得最佳效果。以利木赞牛和夏洛来牛杂种一代牛为例，春季全天放牧，补饲精料 3kg，52d 内平均日增重达 134~155kg。

（五）其他混合青贮利用

粉碎后的玉米芯粉与青贮饲料混合后进行育肥肉牛，如使用玉米芯颗粒，需用水浸泡 12h 软化后再与其他饲料搭配混合均匀进行饲喂。利用果渣与玉米秸秆混合青贮时，占比一般 30%~40%。马铃薯淀粉渣或者葵花盘与玉米秸秆混合青贮时，按照 20% 的比例添加，使用时可替代普通全玉米秸秆青贮。

五、粗饲料的组合利用

对于以优质饲草为主的草食动物来说，混合日粮中的每个原料并不是单独存在的，而是以某种方式相互作用、相互影响的。适宜的饲草比例能刺激瘤胃发育，促进瘤胃微生物发酵，利于反刍，进而提高生产性能，改善肉奶品质。在育肥牛养殖过程中若日粮饲草配比不当，则影响肉牛增重速率和延长出栏时间，同时增加养殖成本，故饲喂调配合理的饲草料，满足其生理需求，提升生产效益极为重要。早在 1931 年就有学者提出不同饲料原料配合而成的混合日粮的互作效应，即可以使某日粮或某一种饲料的利用率或采食量提高或降低的现象。目前，根据混合饲料中某种养分的利用率或可利用能值与单一饲料的对应值的对照值或加权值相对比，饲料间的组合效应分为三类：正组合效应，即前者大于后者；负组合效应，即前者小于后者；零组合效应，即两者相等。大量研究证明，提高饲料间的正组合效应能有效提高饲料的利用率和采食量。高静等和李申发利用体外发酵法，通过分析组合效应分别对不同饲草组合进行筛选，为反刍动物饲料资源的开发提供了重要依据，同时降低了饲养成本。负组合效应则会使混合饲料的有效能值显著下降，严重时会影响动物对饲料营养物质的消化吸收进而导致生长性能下降，给养殖业带来巨大的经济损失，应该避免此类问题，实施有效的控制并消除。苏海涯和严冰均发现菜籽饼和桑叶以及豆粕和棉籽饼组合均出现负组合效应，推测可能与饲料中含有的抗营养因子有关。到目前为止，并没有一套完整的说明方式及理论依据来解释这种饲料间组合效应的作用机制，并且影响饲料中各营养物质间的相互作用因素有很多。研究发现，瘤胃 pH、采食量、消化率和增重速度等均可以衡量混合饲料间的组合效应。

许多研究发现，不同粗饲料组合利用是提高粗饲料利用率的有效途径。辛杭书等研究发现，青贮、氨化及碱化进行体外瘤胃发酵均能提高体外发酵产气量，提高了秸秆的消化率，并改善了水稻秸秆的质量。阳伏林等研究表明，苜蓿干草与小麦秸秆或玉米秸秆以 5∶5 的比例进行组合可以明显提高秸秆的降解率，产气量最高。但并不是所有的粗饲料组合均可提高体外瘤胃发酵产气量。邹新平等研究发现，以精粗比为 5∶5 和 6∶4，粗饲料为苜蓿干草、燕麦干草和全株玉米青贮不同比例组合进行体外发酵培养，不同组合均对产气量无显著影响。吴世迪也研究发现，不同种类的粗饲料组合（精粗比为 52∶48）的体外发酵产气量各组差异不显著。分析不同研究发现，造成产气量影响不同的原因可能是发酵底物的精料添加水平和种类的不同。丁满满研究发现，添加 80% 的氨化秸秆和 20% 的苜蓿产生正组合效应，利于促进瘤胃微生物对粗饲料的降解，分解速度快，发酵迅速，从而提高了乙酸和丙酸的含量。有利于提高饲料的利用率及采食量，既能降低饲养成本，又能提高反刍动物生产性能。

第二节　羊的饲草产品利用

羊与牛同为复胃反刍动物，但牛的瘤胃体积大，瘤胃内微生物非常丰富，且以纤毛虫为主，对粗纤维消化率高。而羊的瘤胃较小，里面的微生物不如牛的丰富，且纤毛虫较少，因而对粗纤维的消化率低于牛，但羊的肠道细长，其对食物中可消化营养的吸收能力强。羊对各种草产品的利用可参照牛的利用。

一、青绿饲草利用

青绿饲料主要有放牧和青刈舍饲两种利用方式。放牧可以节省人力，羊可自由采食，并有充分的光照和运动，有利于畜群的健康；青刈舍饲，花费劳力较多，但可以有计划地适时青刈获得营养价值较高和单位面积数量较多的青饲料。青刈应新鲜利用，经过堆贮的青饲料易产生亚硝酸盐而引起羊中毒。生长期的高粱、苏丹草等幼苗含有羟氰苷，采食后会产生具有强烈毒性的氢氰酸，应晒干或青贮后饲用。甜菜茎叶含有草酸，马铃薯茎叶含有龙葵素，饲用时应限量。此外，利用蔬菜或作物的副产品须防止农药中毒。块根块茎类多汁饲料，饲喂前应洗净附着的泥土，除去腐烂部分，切短切碎，以利于羊的采食和消化。

我国西北牧区和农牧交错地带多采用放牧，可以充分利用天然饲草资源。羊所觅食的青绿饲草含有种类较为丰富的氨基酸和维生素，并且粗纤维的含量较少，具有良好的适口性和较高的消化率。青饲草还包含有机酸、激素和酶类，能够刺激肠胃，达到消化作用，并预防便秘。放牧应根据土地资源和草地面积，结合饲草生长情况、季节变化以及羊群需求，制定轮牧制度，有效管理羊群。如怀孕和哺乳母羊需要高质量的饲草，可以安排在饲草生长季高峰期轮牧。每个轮牧片区一般放牧3~5d，牧草恢复时间控制在30~40d。根据草地的承载力和植被覆盖情况控制放牧密度，放养数量与草地产量、饲草品种和生长情况、羊的营养需求综合确定，一般每亩可放牧0.2~0.5只羊。

放牧饲养受季节的影响比较大。大多数地区春季是放牧的开始，3月底到4月初，当天气逐渐变暖草木复苏时，适合放牧。夏季是母羊生长繁殖的时候，需要丰富的饲草供给，一般从5月持续到8月。通常从9月开始，羊群准备入秋冬，草场不再提供饲草。冬季前需提前储备足够的饲草，如干草和青贮饲料。

二、不同阶段羊饲草利用

(一) 羔羊饲草利用

羔羊一般从10日龄后开始给草，将幼嫩青绿草捆成把吊于空中，让小羊自由采食。2月龄后进入育肥期，精粗比3.5：6.5，青贮玉米占日粮的67%~87.5%，经过120~150d的育肥达到屠宰体重。也可将精饲料和粗饲料以6：4的比例配制日粮后加工成颗粒饲料投喂。

羔羊正常断奶后，按体格大小进行分组育肥3~5个月。在整个育肥期每只羊每天饲喂干草1~1.5kg，或青贮饲料2~3kg，或2~3kg氨化饲料等，精饲料0.5~1.5kg。精粗比一般为5：5。

体格小的羊育肥期需要较长时间，先长体架再育肥，在日粮中可以增大粗料比例。体格大的羊可以增加精料的比例，进行短期强度育肥。

饲草制作成 1~1.3cm 颗粒饲料后，羔羊采食颗粒饲料肥育，日增重可提高 25%，减少饲料浪费，但易出现反刍次数减少而吃垫草或啃木头等现象，这能促使胃壁增厚，但不影响育肥效果。

赵媛（2011）通过对粗饲料分级指数的测定研究发现，其当地常用粗饲料原料优劣顺序为，白酒糟、苜蓿草、番茄皮青贮、全株玉米青贮、葫芦秧、豆秸、玉米秸秆、小麦秸秆、葵花秸、葵花籽皮、芦草。同时通过体外发酵试验发现，苜蓿、葫芦秧的体外消化特性比较优良；而玉米秸秆、番茄皮青贮、全株玉米青贮之间的组合，具有相对较好的发酵特性；小麦秸、芦草、葵花秸的体外消化特性较差，不适宜在育肥羊生产中使用。并针对断奶后 2 月龄的羔羊进行舍饲育肥，筛选出了典型日粮配方（表 6-9）。

表 6-9　各饲养阶段典型日粮配方

饲料组成及营养水平		饲养阶段		
		0~30d	31~60d	61~90d
饲料组成	葵头粉/%	25	20	20
	玉米秸秆/%	25	20	10
	番茄皮青贮/%	10	10	10
	葵花皮+果仁/%	0	0	10
	棉粕/%	4	0	0
	葵花饼/%	7.6	7	3
	玉米/%	14.5	30.9	38
	胡麻饼/%	5	3	0
	碳酸氢铵/%	0	0.2	0.2
	食盐/%	0.7	0.7	0.6
	复合添加剂/%	0.5	0.5	0.4
	干酒糟/%	7	7	7
	小苏打/%	0.7	0.7	0.8
	合计/%	100	100	100
营养水平	消化能/（MJ/kg）	10.64	11.69	13.11
	粗蛋白/%	14.04	12.3	11.5
	粗脂肪/%	5.27	5.44	6
	钙/%	0.67	0.63	0.62
	磷/%	0.29	0.29	0.24
	中性洗涤纤维/%	29.91	25.9	21.9
	酸性洗涤纤维/%	21.96	18.41	15.63

李梓丹对 3 月龄湖羊育肥 60d 研究发现，湖羊饲粮中添加花生秧或苜蓿均能提高其生产

性能、屠宰性能和经济效益，提高肌内脂肪、提升羊肉品质，尤其添加苜蓿可以提高血清免疫等生化指标，提高湖羊机体免疫力，各试验组饲料组成及营养水平见表6-10。添加花秧或苜蓿能够促进瘤胃乳头发育，提高瘤胃发酵功能。饲粮中不同种类的粗饲料能够影响湖羊瘤胃微生物区系某些门、属水平某些功能性菌群丰度，并与不同的环境因子有着显著的相关性。证实了优质粗饲料能够改变湖羊瘤胃菌群结构及其代谢方式，从而影响湖羊生产性能和肉品质。

表6-10　　各试验组饲料组成及营养水平

饲料组成及营养水平		麦秸组	苜蓿组	花生秧组
饲料组成	玉米/%	38.4	37.4	37.4
	豆粕/%	18	10	12
	麸皮/%	6	6	6
	白酒糟/%	2	11	9
	麦秸/%	30	0	0
	苜蓿/%	0	30	0
	花生秧/%	0	0	30
	石灰石/%	1.5	1.5	1.5
	食盐/%	0.5	0.5	0.5
	磷酸二氢钠/%	0.6	0.6	0.6
	预混料/%	3	3	3
	合计/%	100	100	100
营养水平	综合净能/%	11.73	11.75	11.78
	粗蛋白/%	16.36	16.36	16.35
	中性洗涤纤维/%	22.53	17.93	18.13
	酸性洗涤纤维/%	35.03	25.84	26.53
	粗灰分/%	4.69	4.97	5.25
	钙/%	1.54	1.65	1.65
	磷/%	0.48	0.51	0.56

单洪涛研究发现，经氨化处理的大豆秸中性洗涤纤维含量降低了4.7%，粗蛋白得到提高，为70.1%，钙磷等灰分含量没有发生显著变化，氨化效率28.3%。又以不同大豆秸和氨化大豆秸占比，在体重20kg、日增重100g的育肥绵阳羔羊营养标准基础上配制成了颗粒饲料（具体配方及理论营养水平见表6-11）。氨化大豆秸颗粒化日粮有机物消化率显著增高，湖羊日增重提高了18.6%，饲料转化率提高了10.5%。结果表明，大豆秸经氨化处理后可以提高其消化利用效率，改善适口性，提高生长性能，减少饲料成本。翁小芳对6月龄隆林黑山羊公羊饲喂试验的结果显示，在原饲喂基础上每日补饲氨化玉米秸秆0.5kg/只60d，增重效果明显。

表 6-11 大豆秸和氨化大豆秸颗粒化日粮配方及理论营养水平

原料及理论营养水平		配方 1	配方 2	配方 3
原料	大豆秸/%	60	—	—
	氨化大豆秸/%	—	60	70
	玉米/%	19.5	19.5	14.5
	麸皮/%	10.5	10.5	7.8
	豆粕/%	3.9	3.9	2.9
	菜籽粕/%	5.1	5.1	3.8
	石粉/%	0.2	0.2	0.2
	矿补剂/%	0.2	0.2	0.2
	食盐/%	0.5	0.5	0.5
	多维/%	0.1	0.1	0.1
	合计/%	100	100	100
理论营养水平	代谢能/%	7.2	7.7	7.2
	粗蛋白/%	10.1	11.7	10.8
	钙/%	0.53	0.53	0.59
	磷/%	0.3	0.3	0.26

（二）成年羊饲草利用

母羊怀孕前期，胎儿发育较慢，只要能供足优质青干草，一般不需要补饲。怀孕后期必须补饲混合精料。哺乳母羊除喂给优质青干草或花生秧外，补饲精料量随哺乳羔羊数而定。一般产单羔的母羊每天饲喂青贮饲料 1~1.5kg、青干草 1~2kg、多汁饲料 0.5~1kg，产双羔的母羊在此基础上增加 10%。

毛云睿测定了 8 种饲草的粗饲料分级指数，从大到小依次为苜蓿、沙打旺、土豆秧、羊草、柠条、苏丹草、小麦秸秆、玉米秸秆；分析了不同粗饲料（苜蓿、柠条、玉米秸秆）对滩羊生长性能、表观消化率、肉品质以及胃肠道微生物的多样性、组成和功能。结果显示，分别以苜蓿、柠条、玉米秸秆为主要粗饲料（配方见表 6-12），各组之间采食量、平均日增重和料肉比无显著差异，表明饲草类型不会影响滩羊的生长性能，苜蓿和柠条都能够提高日粮中粗蛋白的利用率，柠条饲喂滩羊增加了羊肉中不饱和脂肪酸含量，降低了饱和脂肪酸含量，从而改善了羊肉品质及风味。

表 6-12 各试验组饲料配方及营养水平

饲料组成及营养水平		苜蓿组	玉米秸秆组	柠条组
饲料组成	玉米/%	37.78	21.5	30.75
	豆粕/%	14.72	15	12.28
	胡麻饼/%	0	15	10
	豆油/%	2	3	1.47

续表

饲料组成及营养水平		苜蓿组	玉米秸秆组	柠条组
饲料组成	小苏打/%	0.5	0.5	0.5
	苜蓿/%	40	0	0
	玉米秸秆/%	0	40	0
	柠条/%	0	0	40
	预混料/%	5	5	5
	合计/%	100	100	100
营养水平	干物质/%	82.37	84.01	85.23
	消化能/(MJ/kg)	11.27	10.56	11.33
	粗蛋白/%	15.25	15.18	15.25
	粗脂肪/%	4.44	5.69	4.77
	粗纤维/%	13.66	16.55	19.73
	钙/%	0.59	0.25	0.36
	磷/%	0.27	0.36	0.35

陈亮等用70%比例的柠条青贮替代玉米秸秆黄贮显著提高了滩羊的平均日增重；智成英等研究表明，柠条配合饲料对40日龄育肥羊育肥效果良好，张瑞等研究结果同样表明，以柠条为主要粗饲料来源的饲粮对60日龄断奶湖羊具有良好的育肥效果。马吉峰等在饲草中添加10%、15%和20%柠条制成的颗粒料饲喂滩羊，结果显示15%添加比例对滩羊日增重、肉品质和风味影响最好。另一研究中柠条占粗饲料比例均为60%，当粗饲料与精料比例为5∶5时湖羊肉品质及风味最好，表明饲粮中柠条添加比例及精粗比对育肥羊的育肥效果及肉品质具有显著影响。育肥羊柠条青贮分阶段育肥日粮配方及饲喂量见表6-13。

表6-13　育肥羊柠条青贮分阶段育肥日粮配方及饲喂量

体重范围/kg	精饲料				粗饲料		
	浓缩料/%	玉米/%	荞麦/%	日饲喂量/kg	秸秆/%	柠条青贮/%	日饲喂量/kg
18~23	10	60	30	0.5	40	60	1.2
24~29	10	60	30	0.8	30	70	1
30~35	10	60	30	1.2	30	70	0.9

王泳等采集了桃树叶、桑树叶、杨树叶、玉米芯、稻壳粉、菊花粕、玉米胚芽粕、白酒糟、豆腐渣、小麦糠、和玉米皮等非常规饲料分别替代30%基础日粮的饲料并制作成长1~2cm、直径0.5cm的颗粒饲料，饲养12月龄小尾寒羊母羊，试验结果显示11种植物性非常规饲料均可

根据实际情况和饲料配方作为羊的饲料资源，其中玉米胚芽粕、豆腐渣、菊花粕、桑树叶和桃树叶等营养价值相对较高，具有较大开发利用价值。

刘鑫研究了玉米秸秆、大麦秸秆、油菜秸秆、葵花籽壳 4 种粗饲料对成年湖羊生产性能的影响，试验结果表明 4 种粗饲料饲粮组间湖羊的采食量、日增重、料重比等生产性能无显著差异，且 4 种粗饲料不会对育肥湖羊产生不良影响，可以作为反刍动物饲料来源，进行进一步的开发和利用。

第三节　马的饲草产品利用

马在人类社会的发展中起着重要的作用，而饲草生产是影响马产业发展速度和发展规模的重要因素。马是单胃动物，但对饲草的需求量很大，一匹成年马每天需要摄入其体重 2% 的粗饲料。羊草、黑麦草、紫花苜蓿和白三叶草等都广泛应用于马业。Oliveira 等研究发现，以早熟禾本科牧草干草和玉米豆粕按 4 ∶ 6 的比例生产饲料，可显著提高马对磷的生物利用度。另外，在紫花苜蓿干草中加入酵母培养物后，可以提高马对纤维素的消化，包括提高酸性洗涤纤维的消化率，促进干物质和中性洗涤纤维的吸收，从而改善马的健康状况。近年来，青贮饲料因其营养价值高而逐渐取代干草作为马匹的常用饲料，其中农作物青贮在马业中应用最为广泛。在马饲料中加入适当比例的青贮饲料可以有效避免因灰尘和霉菌引起的呼吸道疾病。

王勇等研究了饲粮中添加不同水平的紫花苜蓿草粉对蒙古马运动性能及养分表观消化率的影响。结果发现，在饲料中添加 5% 紫花苜蓿草粉可显著提高蒙古马运动性能，有利于运动后生理指标的快速恢复，同时可提高蒙古马对有机物、粗蛋白、钙、磷等养分的表观消化率。杨凤等研究了羊草、谷草、无芒雀麦草在英纯血马日粮中的应用效果。羊草、谷草、无芒雀麦草均是我国的优势饲草，也是饲喂运动马的优质饲草。结果发现，羊草和无芒雀麦草日粮中蛋白质含量高于谷草，而中性洗涤纤维和酸性洗涤纤维明显低于谷草，无芒雀麦草组中除中性洗涤纤维的消化率以外，日粮消化率、蛋白质消化率、酸性洗涤纤维的消化率都显著高于羊草和谷草，因此，无芒雀麦草可以作为英纯血马的优良饲草。高鹏等的研究发现甜菜渣富含膳食纤维，可以作为蒙古马较好的能量来源。在日粮中添加甜菜渣可以有效降低蒙古马赛后 20min 内的心率，符合健康参赛要求。另外，甜菜渣可以提高蒙古马的运动性能，有利于蒙古马赛后生理机能的恢复，从而降低蒙古马在运动期间的疲劳程度，其中添加 1.2% 甜菜渣的效果较好。徐向君也发现在饲粮中添加 1.2kg/d 的甜菜粕可提高焉耆马的运动性能，显著提高其血浆中抗利尿激素和促肾上腺皮质激素的含量。同时，添加甜菜粕可显著提高焉耆马匹对饲粮干物质、有机物和粗蛋白的消化率，极显著提高中性洗涤纤维和酸性洗涤纤维的表观消化率，明显改善了马匹对营养物质的利用能力。

第四节　兔的饲草产品利用

近年来，我国肉兔产业发展迅速，科学饲喂是影响兔肉品质的关键因素之一。兔属于单胃草食动物，其消化特点是盲肠容积庞大且发达，存在许多发酵微生物，可将粗纤维分解为低分子有机酸等多种营养物质，便于动物机体对养分的吸收利用。饲粮纤维对兔的生长与健康有着重要意义，不同纤维源和粗纤维水平能显著影响肉兔生长性能、营养物质消化率、肠道消化酶活性及盲肠菌群多样性。在兔子日粮中加入一定比例的饲草可以促进其生长速度，降低饲料成本。林建和等研究发现肉兔日粮中添加羽扇豆可显著提高其饲料消化率和盲肠中乳酸水平。雷景然等研究了不同品质苜蓿对肉兔生产性能及养分表观消化率的影响。结果表明，饲喂苜蓿可提高肉兔营养物质表观消化率、降低料重比，对酸性洗涤纤维的消化率显著提高。谭剑蓉等发现在肉兔日粮中添加适宜比例的白三叶草粉，对肉兔的免疫生理是有利的，其中添加 40% 白三叶草粉的饲养效果最好。詹海杰等的结果表明，日粮中添加苜蓿草粉可以提高獭兔的生产性能、毛皮性能及屠宰率，降低死亡率，其添加量以不超过 48% 为宜。仲华玲等比较了苜蓿鲜草和全价颗粒饲料对兔胃黏膜抗氧化能力和胃肌层结构的影响。结果表明，苜蓿草组兔胃的化学消化能力、抗氧化能力以及胃肌层厚度均显著高于饲料组。虽然青贮是保存饲料营养的有效方法，但青贮饲料很少用于饲养肉兔，因为用青贮饲料喂食容易引起兔消化不良甚至酸中毒。然而，用含有青贮饲料的全混合日粮喂食可以提高兔的生产力。在我国，全混合日粮技术已广泛应用于大多数大型奶牛场，并取得了良好的效果，而在肉兔产业中的应用研究相对较少。Xu 等发现，在全混合日粮中添加 30%～35% 的甜高粱青贮饲料可以有效促进肉兔生长。

第五节　猪的饲草产品利用

猪是典型的杂食动物，既没有瘤胃，也没有发达的结肠和盲肠，因此猪消化粗纤维的能力很有限。不过，猪的大肠尤其是结肠部分具有纤维素分解菌，可以消化利用部分饲草，其分解饲粮纤维产生的挥发性脂肪酸可为猪的生长提供 3%～5% 的能量需要。猪对纤维素的利用主要是通过这些微生物发酵、分解，形成挥发性脂肪酸，部分挥发性脂肪酸被肠壁吸收，为猪的生长提供能量。此外，饲粮粗纤维还可促进猪大肠、小肠和胃等消化道的发育，提高猪对饲料的利用率，促进猪的生长。以前传统饲喂方式中，猪的日粮一直以青绿饲料、麸皮和其他农副产品为主，这使得当地猪品种具有更强的消化利用饲草的能力。而在现代饲养体系中，青绿饲草已被配合饲料取代，后者广泛应用于大型养殖场，配合饲料的使用确实在很大程度上提高了猪场的生产效率和猪肉安全。不过，过多的精料不仅导致饲养成本上升，而且会对猪肉品质、饲料转化率和环境等造成一些负面影响。因此，许多研究人员正试图通过在杂交猪或当地猪的日粮中添加饲草来改善猪肉风味并降低料肉比。

虽然许多草，比如紫花苜蓿和三叶草等都可以在猪日粮中添加，但紫花苜蓿是其中报道最为广泛的，这是因为紫花苜蓿具有利用年限长、产量高、适应性强、适口性好、营养丰富等优点。优质紫花苜蓿在开花早期的蛋白质含量超过20%，是玉米的2.0~2.5倍。同时，紫花苜蓿的甲硫氨酸含量约为0.15g/kg粗蛋白，与大豆蛋白接近。另外，紫花苜蓿的氨基酸种类和比例能满足动物需求；钙、钾、镁等矿物质丰富；富含叶酸、胡萝卜素和维生素K等各种维生素；苜蓿多糖、叶蛋白和苜蓿皂苷等苜蓿提取物也具有广泛的生物活性。由于紫花苜蓿富含优质蛋白，是家畜尤其是反刍动物的优质饲料，不少研究人员试图在猪的日粮中添加紫花苜蓿来明确其使用效果。Liu等的研究结果表明，断奶仔猪日粮中以苜蓿粉代替5%豆粕可分别将采食量和日增重提高3.37%和4.35%，同时降低1.54%的料肉比。王自豪等在地方肉用型桂科黑猪日粮中添加不同剂量的紫花苜蓿草粉后发现，在配合饲料中使用部分牧草粉能减少猪粪便中氮磷的排放量和养殖场有害气体的产生，同时，猪的瘦肉率随着紫花苜蓿草粉添加量的升高而升高，在猪日粮中添加紫花苜蓿草粉还可以在一定程度上提高肌肉中不饱和脂肪酸的含量，改变猪肉的脂肪酸结构，从而提高了猪肉品质，这表明紫花苜蓿草粉在猪饲料资源的开发上具有较大的开发价值和发展前景，值得生产上推广应用。李碧侠等选用生长期苏山猪作为研究对象，发现随着饲粮中苜蓿草粉含量的增加，苏山猪生长速度、血液生化指标及屠宰性能存在较明显的差异，苏山猪胃、小肠、大肠重量呈上升趋势；在苏山猪生长期少量添加苜蓿草粉可提高苏山猪平均日增重，但苜蓿草粉含量过大会降低苏山猪平均日增重。这表明苏山猪具有一定的耐粗饲性，饲粮中添加苜蓿草粉可以影响育肥期苏山猪的生长发育，不过需要注意的是，苜蓿中存在一些抗营养因子，比如单宁和胰蛋白酶等，随着苜蓿草粉添加比例的提高会导致猪对能量和蛋白消化率是降低。蒋恒等通过研究探究了育肥猪饲粮中苜蓿草粉的最佳添加比例。结果发现，添加5%、10%苜蓿草粉可以提高育肥猪抗氧化能力，而添加15%苜蓿草粉会显著提高育肥猪料重比；在育肥猪日粮中添加苜蓿草粉不会影响其屠宰率，添加10%、15%苜蓿草粉可以显著提高猪肉中蛋白质含量，而添加5%、10%苜蓿草粉可以显著提高猪肉不饱和脂肪酸含量，因此，建议育肥猪饲粮中苜蓿草粉添加量以5%~10%为宜。张金枝等发现母猪日粮中添加20%和40%的苜蓿草粉可以显著提高产仔数和产活仔数，且20%苜蓿草粉可以提高仔猪的初生窝重、断奶窝重和成活率。另外，在日粮中添加苜蓿草粉还能提高母猪初乳中乳脂含量，更容易被仔猪吸收、利用，进而提高仔猪的成活率。齐梦凡等研究结果也表明，母猪日粮中添加苜蓿草粉能显著提高产活仔数和初生窝重、降低弱仔数，且20%苜蓿草粉的产活仔率和初生窝重最高。

除了紫花苜蓿草粉外，梁丹等通过在黑猪基础日粮中添加不同比例的紫花苜蓿发酵草粉，来研究紫花苜蓿发酵草粉对黑猪生长性能、血清指标和猪肉品质的影响。结果表明，在基础饲料添适量紫花苜蓿发酵草粉对黑猪增重无显著影响，但可通过调节猪的生理机能，提高猪肉的氨基酸和多不饱和脂肪酸含量，进而提高黑猪猪肉品质及风味特性。另外，为了提高苜蓿中营养物质的利用效率，一些研究者尝试在猪日粮中使用苜蓿多糖。Zhang等研究发现，在仔猪日粮中添加0.50g/kg苜蓿多糖可促进其肠道形态发育，提高小肠淀粉酶和蛋白酶活性，促进大肠有益菌的生长，进而提高仔猪生长速度和饲料利用效率。刘燕等在育肥猪日粮中添加10%苜蓿多糖后发现可将平均日增重提高14.9%，同时可分别将屠宰率和瘦肉率提高4.0%和6.9%，背膘厚和眼肌面积则分别降低10.0%和8.7%。此外，还有一些国外研究报道称，用含50%以上粗蛋白水平的苜蓿蛋白浓缩物饲喂生长肥育猪，可以提高猪的白细胞数，降低总胆固醇和低密度脂蛋白水平。

除了蛋白质，紫花苜蓿还富含矿物质和活性物质，如钙、铁、锰、类胡萝卜素和皂苷。其中，紫花苜蓿中钙含量约为玉米的48倍，猪可将类胡萝卜素转化为维生素A，因此，添加紫花苜蓿可以减少钙、维生素A等营养物质的使用量。关于皂苷等生物活性物质的应用研究较少。王彦华等研究发现在肥育猪饲粮中添加苜蓿草粉和0.3%的苜蓿皂苷对其生长性能和抗氧化性能都有一定的改善作用。此外，Shi等发现添加15g/kg苜蓿皂苷可提高断奶仔猪抗氧化酶活性并促进其生长。因此，饲草可以作为猪重要的矿物质和活性物质来源。

除了紫花苜蓿之外，一些其他饲草在商品猪和地方猪日粮中应用也有正向的促进作用。郑宁等在五指山猪和杜陆猪基础日粮中添加一定比例的皇竹草和巨菌草，结果发现皇竹草和巨菌草可代替一定比例的基础日粮应用在五指山猪和杜陆猪育肥过程中，达到节粮降本的良好效果。左剑波等运用微生物发酵技术对新鲜收割的籽粒苋进行发酵并将其添加到育肥猪日粮中，结果发现苋草发酵料适口性较好，可显著提高生长育肥猪的日采食量，同时提高了育肥猪的胴体重，降低背膘厚和肌肉剪切力值，表明苋草有利于改善猪肉胴体性状和猪肉品质，改善猪肉的营养价值和保健功能，是一种有效的蛋白质饲料资源。赵树根等发现利用乳酸菌发酵艾草可降低艾草中的粗纤维和木质素含量，有利于更好利用艾草的优质蛋白，同时艾草还含有特有的黄酮类、多糖等活性物质，可以显著提高育肥猪的生产性能并改善猪肉品质。

总之，优质饲草含有丰富的营养物质和生物活性物质，日粮中适量添加饲草有助于改善猪的健康、生长性能和肉质。随着人民生活水平的提高和饮食结构的改变，猪肉产品消费逐渐从数量型向质量型转变，安全、生态、优质的猪肉产品正在创造新的市场消费需求。因此，注重养殖质量，创新利用优质饲草作为猪的新型健康饲料，不仅可以节粮降本，也是生产安全、生态、优质猪肉产品的创新模式之一。不过需要注意的是，由于猪的品种和饲料质量的差异，不同饲草的最佳用量有所不同。此外，多数饲草存在供应不稳定，饲养效果因猪品种、饲料类型和添加量差异较大，含有抗营养因子，添加过多会降低饲料消化率等问题。因此，有必要针对不同饲草和不同猪品种制定相应的饲养标准。

第六节　家禽的饲草产品利用

人类对动物蛋白的需求仍在上升，特别是家禽肉类产品，而饲养家禽所需的精饲料成本也在不断增加。因此，要满足家禽的营养需求，就必须对天然低成本饲料资源进行开发与利用。饲草作为家禽饲料有助于提高农业生产的可持续性，降低人畜争粮风险；同时饲草具有多种氨基酸，特别是赖氨酸、甲硫氨酸和其他含硫氨基酸，可有效平衡谷物蛋白质不足的局限性。

一、饲草在鸡上的应用

目前，对鸡利用饲草的研究主要集中在森林草地生态放养模式上。随着生活水平的提高，消费者对食品安全的关注度增加，对绿色、安全的畜产品需求越来越高，因此，集约化养殖方式以外衍生出了多种以绿色、无公害为特点的养殖方式。林下种草养鸡是一种传统和现代结合的养殖方式，具有因地制宜、节约成本、肉品质好等优点。“林-草-鸡”复合生态种养模式是林草复合产业链的有效延伸，已成为发展林下经济、推动乡村振兴的重要抓手。草地作为鸡的活动场地和重要的膳食营养来源，同时树木等遮蔽物的存在可以帮助鸡群建立安全感。与集约化养殖相比，该模式在改善养殖福利，节约饲料成本、提升肉蛋品质、降低环境压力、提升农业生态系统生物多样性等方面具有明显优势。研究结果表明，在森林草地上养鸡不仅为鸡提供了良好的锻炼场所，还提供了天然饲料，有利于促进鸡的生长，改善鸡肉品质和风味，显著提高鸡的存活率和养鸡经济效益。Meng 等发现，与在没有饲草的土地上饲养的鸡相比，在菊苣牧场散养的北京油鸡其活体重、腿肌和胸肌重量均有所增加，腿肌和胸肌中必需氨基酸含量和肌苷酸含量显著增加，粗脂肪含量降低，另外，蛋黄胆固醇含量也显著降低。郑明利等研究了林下“菊苣+多年生黑麦草+一年生黑麦草”混播草地放养对北京油鸡肌肉营养品质及肠道菌群的影响。结果表明，林下混播牧草放养对北京油鸡的生长性能和屠体性状无显著影响，但可显著提高其胸肌和腿肌总氨基酸和必需氨基酸含量以及腿肌鲜味氨基酸含量。此外，放养模式还显著降低了北京油鸡十二指肠菌群丰富度和多样性，对回肠和盲肠菌群结构亦有积极影响。

由于消化结构特点，鸡对饲草利用程度有限。苜蓿草营养丰富，蛋白含量高，能够为畜禽提供必需的营养，在鸡上的应用研究相对较多。胡雅丽等的研究结果表明，日粮中添加一定量的苜蓿草粉可以提高和田黑鸡的生长性能、屠宰性能，改善肉品质，增强抗氧化能力。其中添加 4%苜蓿草粉对田黑鸡的养殖效果更佳。曾雨佳等发现在庄河大骨鸡的饲粮中添加苜蓿草粉可以提高其生产性能、改善其产蛋品质，其中 6%的苜蓿草粉添加比例效果最佳。Zheng 等的研究发现，北京油鸡日粮中添加 5%、8%和 10%的苜蓿草粉对肉鸡生长性能、胴体特性、肉品质和肠道微生物群均有改善作用，补充苜蓿草粉可以促进乳杆菌和类杆菌等有益菌的增殖，并抑制潜在的病原菌。

除了苜蓿草粉，饲草功能性提取物对鸡生长性能及健康影响的研究也相对较多。苜草素是由中国农科院北京畜牧兽医研究所以紫花苜蓿为原料，经水提后喷雾干燥形成的固体物质，以苜蓿多糖（≥15%）、苜蓿黄酮（≥5%）、苜蓿皂苷（≥5%）为其主要活性成分。苜蓿中所含的黄酮、皂苷类成分具有降低血脂和减轻动脉硬化等心血管疾病的作用。苜草素中的活性物质具有提高血清和机体抗氧化能力、降低血清丙二醛含量以及提高抗氧化基因的表达量等作用。江振莹等的试验结果表明，在肉仔鸡饲粮中添加水溶性苜蓿多糖，能促进巨噬细胞吞噬能力和 T 细胞转化能力。翟钦辉等的研究表明，苜草素可以提高巨噬细胞 RAW264.7 的吞噬活性，在转录水平上影响小鼠巨噬细胞诱导型一氧化氮合酶、肿瘤坏死因子-α、白介素-6 的基因的表达，而随着苜草素剂量的增加，白介素-2 和肿瘤坏死因子-α 的含量也随之升高，从而调节巨噬细胞的免疫功能。董晓芳等研究发现，饲粮中添加苜草素 500mg/kg 能提高肉仔鸡的生产性能、抑制肉仔鸡腹部脂肪和皮下脂肪沉积，并能降低血清脂蛋白脂肪酶活性和低密度脂蛋白胆固醇水平，升高血清高密度脂蛋白胆固醇水平。苜草素还可以提高蛋鸡对饲料的吸收转化率，从而提高蛋鸡生产性能。王长康等在蛋鸡饲粮中添加一定剂量的苜草素，结果发现日耗料量有下降的趋势，说明苜草素对降低蛋鸡料蛋比有一定的促进作用。张丽娜等研究表明，58~65 周龄的海兰褐蛋鸡日粮中添加不同剂量的苜草素均可显著降低料蛋比，且各处理组均具有降低平均日耗料量的趋势。止痢草是唇形科牛至属中的一个亚种，有 30 多种活性物质，止痢草等唇形科植物提取物不仅具有杀菌、抑菌、保证动物肠道健康作用，还可以促进唾液和消化液分泌，提高采食量，从而改善家禽生产性能和养殖效益。吴东等研究了止痢草提取物对淮北麻鸡生长性能及血液生化指标的影响。结果显示，淮北麻鸡日粮中添加200g/t 止痢草提取物其生长性能、血清免疫指标及总抗氧化能力等性能指标都有一定程度的改善。菊苣为菊科菊苣属多年生草本植物，蛋白含量高，氨基酸配比平衡，维生素及矿物质含量高，含菊粉等多种益生元，已成为一种极受欢迎的新型优良牧草。郑明利等研究日粮中添加不同比例的菊苣草浆对北京油鸡生长性能、屠体性能及蛋品质的影响。结果发现，与对照组相比，日粮中添加菊苣草浆可在一定程度上改善北京油鸡的生长性能、屠体性能及蛋品质指标，显著提高蛋重及蛋黄色泽，菊苣草浆的相对适宜添加量为5%。艾草为药食同源类中药，种植范围广，其主要成分黄酮、多糖等，能够在一定程度上增强动物机体的免疫功能和抗氧化能力，提高动物的生长性能。卢浪研究了发酵艾草对肉仔鸡生长性能的影响。结果表明，在肉仔鸡基础日粮中添加不同剂量（1%、3%、5%）的发酵艾草以及3%的野生艾草均可以促进肉仔鸡各器官的生长发育，提高肉仔鸡的屠宰率、半净膛率等屠宰性能相关指标，在一定程度上提高了肉仔鸡的屠宰性能、免疫功能和抗氧化能力，进而提高肉仔鸡的生长性能。相比较下，发酵艾草的效果要优于野生艾草。

二、饲草在鸭上的应用

相较于鸡，鸭可以更好地利用饲草。据报道，给生长鸭饲喂苜蓿草粉可以改善其胃肠道发育和小肠形态，对其生长性能无不良影响。Jiang 等发现，补充3%~9%的苜蓿草粉对生长蛋鸭的生长性能没有影响，但可以增加肠道微生物群落多样性，提高了生长蛋鸭的免疫应答。Jiang 等报道，3%、6%和9%的苜蓿草粉对14~49 日龄番鸭的生长性能没有显著影响，但可显著降低腹脂率。樱桃谷鸭是我国主要的肉鸭养殖品种之一，其具有生长速度快、饲料转化率高、瘦肉率高、抗病能力强等优点。李璐和刘春光的研究表明日粮中添加4.0%苜蓿草粉可以提高肉鸭生长性能、屠宰性能及经济效益。刘珍妮等对发酵甜菊渣对番鸭的生长性能、屠宰性能、血清生化指标及其粪便成分的影响进行了研究。结果发现，10%发酵甜菊渣替代基础日粮对番鸭的生长性能、屠宰性能和番鸭免疫功能无不良影响，并可降低番鸭的增重成本。田凤云等的研究旨在研究不同比例苜蓿发酵颗粒饲料替代基础饲粮对育成后期临武鸭生长性能、屠宰性能、器官指数、血清生化指标、肠道发育和肠道形态结构的影响。结果表明，苜蓿发酵颗粒饲料可显著提高临武鸭消化道能力，降低肉鸭的血脂水平，促进盲肠有益菌的增殖，而且对临武鸭的生长性能、屠宰性能、器官指数均无不良影响，其中15%苜蓿发酵颗粒饲料替代基础饲粮饲喂70~105 日龄雌性临武鸭的效果最优。苏默等发现日粮添加牛至草粉对肉鸭的影响可以达到与抗菌肽一致的效果，其中添加20mg/kg 牛至草粉可以显著改善1~42 日龄肉鸭的饲料报酬，提高肌肉和血清的抗氧化性能，降低肌肉蒸煮损失。

三、鹅的饲草产品利用

鹅是一种食草家禽。鹅有一个强壮的肌胃，一个比身体长10倍的消化道，和一个发达的盲肠，特殊的消化道形态和生理功能使其能够有效消化和利用饲草中的蛋白质和纤维营养成分。在日粮中适当添加饲草可以促进鹅的健康生长，降低养殖成本。有研究发现，很多牧草都适合养鹅，如紫花苜蓿、象草、王草、黑麦草、白三叶草、菊苣等。鹅是最适合进行生态养殖的水禽。目前，我国生态鹅养殖模式包括“草-鹅循环模式”、“林下养鹅模式”、“果园生态养鹅模式”等。据报道，在稻田闲置期间，利用套作黑麦草来养鹅的效果与舍饲养鹅的效果相当，70d 鹅的体重可达 3.6kg，并可提高饲料转化率。在日粮中添加草粉或将草粉作为原料制成全价颗粒配合饲料可以保证鹅全年都能吃到优质的牧草饲料。

占今舜等报道称苜蓿粉颗粒饲料能增加扬州鹅的肠道长度，改善其血液生化指标，但对生长性能没有显著影响，在 21~42 日龄阶段添加 16%的苜蓿草粉、在 43~70 日龄阶段添加 20%苜蓿草粉是比较合适的。不过，有些饲草坚硬粗糙，适口性差，含有皂苷类等化合物，不利于鹅的生长，从而限制了这些饲草在鹅上的充分利用。多糖、蛋白质、脂肪等高分子物质通过益生菌发酵后可分解转化为可吸收的有机酸、可溶性肽等小分子物质，因此，采用发酵技术制备营养丰富、适口性好、活菌含量高的生物饲料可有效提升饲草的利用率。此外，发酵过程中还会产生大量的消化酶和维生素，有利于增强畜禽免疫力。殷海成和周孟清发现在鹅日粮中加入一定量的苜蓿草粉或发酵苜蓿草粉，可以促进其生长，提高机体抗氧化酶和消化酶活性，其中添加发酵苜蓿草粉组的效果更好。

鹅的不同品种及不同生长时期、不同纤维来源和日粮纤维的不同加工方式等均会对鹅消化吸收利用纤维的能力产生影响。当日粮纤维含量适中时，可促进鹅消化系统的发育，含量过高，则对消化系统的发育有不利影响。周春英等发现在基础日粮中添加不同水平的草粉可以提高白罗曼鹅产蛋性能、蛋品质及经济效益，以添加 4%较为适宜。章杰等以四川白鹅为研究对象，探究了不同纤维源日粮对其肉质及氨基酸组成的影响。结果发现，日粮中添加苜蓿草粉可提高鹅肉保水性，增加其嫩度，同时也可提升鹅肉中鲜味氨基酸含量；燕麦草粉也可增强鹅肉保水性，提高粗蛋白含量和必需氨基酸营养价值，但降低了鹅肉嫩度。李珊珊等发现在日粮中添加适量苜蓿草粉可以改善雏鹅的血液生化指标，并可降低雏鹅痛风的风险，其中，苜蓿草粉的适宜添加量为 10%~20%。阎春池等研究了日粮中添加不同比例苜蓿草粉对四季鹅生长性能、屠宰性能和肉质性状的影响。结果发现，日粮中添加苜蓿草粉对四季鹅的生长性能无不良影响，可以提高四季鹅的胸深、全净膛重、肝脏指数和肠道指数，降低腹脂率，不过苜蓿草粉会增加四季鹅胸肌和腿肌的滴水损失，对肉品质产生不利的影响，在肉鹅实际生产中以添加 10%苜蓿草粉为宜。

复习思考题

1. 犊牛如何利用草料？
2. 牛羊利用天然饲草应注意什么？
3. 结合当地秸秆资源，设计粗饲料的组合利用方案。
4. 母畜各妊娠阶段利用青贮饲料的注意事项有哪些？

参考文献

[1] FERNANDEZ I, MARTIN C, CHAMPION M, et al. Effect of corn hybridand chop length of whole-plant corn silage on digestion and intake by dairy cows [J]. Journal of Dairy Science, 2004, 87 (5): 1298-1309.

[2] SCHWAB E C, SHAVER R D, SHINNERS K J, et al. Processing and Chop Length Effects in Brown-Midrib Corn Silage on Intake, Digestion, and Milk Production by Dairy Cows [J]. Journal of Dairy Science, 2002, 85 (3): 613-623.

[3] BHANDARI S K, OMINSKI K H, WITTENBERG K M, et al. Effects of chop length of alfalfa and corn silage on milk production and rumen fermentation of dairy cows [J]. Journal of Dairy Science, 2007, 90 (5): 2355-2366.

[4] EKLUND M, RADEMACHER M, SAUER W C, et al. Standardized ileal digestibility of amino acids in alfalfa meal, sugar beet pulp, and wheat bran compared to wheat and protein ingredients for growing pigs [J]. Journal of Animal Science, 2014, 92 (3): 1037-1043.

[5] JIANG J F, SONG X M, HUANG X, et al. Effects of alfalfa meal on carcase quality and fat metabolism of Muscovy ducks [J]. British Poultry Science, 2012a, 53 (5): 681-688.

[6] JIANG J F, SONG X M, HUANG X, et al. Effects of alfalfa meal on growth performance and gastrointestinal tract development of growing ducks [J]. Asian-Australasian Journal of Animal Sciences, 2012b, 25 (10): 1445-1450.

[7] JIANG J F, SONG X M, WU J L, et al. Effects of alfalfa meal on the intestinal microbial diversity and immunity of growing ducks [J]. Journal of Animal Physiology and Animal Nutrition, 2014, 98 (6): 1039-1046.

[8] LIU J, WANG Y, ZHOU Q, et al. Effect of alfalfa replacing part of soybean meal on owth performance of weaned piglets [J]. Animal Science Abroad-Pigs and Poultry, 2010, 30 (2): 60-62.

[9] MAES D, DEWULF J, PINEIRO C, et al. A critical reflection on intensive pork production with an emphasis on animal health and welfare [J]. Journal of Animal Science, 2019, 98: S15-S26.

[10] MENG L, MAO P, GUO Q, et al. Evaluation of meat and egg traits of Beijing-you chickens rotationally grazing on chicory pasture in a chestnut forest [J]. Brazilian Journal of Poultry Science, 2016, 18: 1-6.

[11] OLIVEIRA A A M A, FURTADO C E, VITTI D M S S, et al. Phosphorus bioavailability in diets for growing horses [J]. Livestock Science, 2008, 116 (1-3): 90-95.

[12] PIETRZAK K, GRELA E R. Influence of alfalfa protein concentrate dietary supplementation on blood parameters of growing-finishing pigs [J]. Bulletin of the Veterinary Institute in Pulawy, 2015, 59 (3): 393-399.

[13] SHI Y, WANG J, GUO R, et al. Effects of alfalfa saponin extract on growth performance and some antioxidant indices of weaned piglets [J]. Livestock Science, 2014, 167: 257-262.

[14] TUFARELLI V, RAGNI M, LAUDADIO V. Feeding forage in poultry: a promising alternative for the future of production systems [J]. Agriculture, 2018, 8 (6): 81.

[15] WUSTHOLZ J, CARRASCO S, BERGER U, et al. Fattening and slaughtering performance of growing pigs consuming high levels of alfalfa silage (Medicago sativa) in organic pig production [J]. Livestock Science, 2017, 200: 46-52.

[16] XU N, DONG C, ZHANG W, et al. The suitable addition amount of sweet sorghum wilted silage in the total mixed ration of rabbits [J]. Acta Prataculturae Sinica, 2017, 26 (12): 194-202.

[17] ZHANG C, GAN L P, DU M Y, et al. Effects of dietary supplementation of alfalfa polysaccharides on growth performance, small intestinal enzyme activities, morphology, and large intestinal selected microbiota of piglets [J]. Livestock Science, 2019, 223: 47-52.

[18] ZHANG T, ZHANG Y, LIU Z, et al. Growing grass and raising geese - the current development direction of animal husbandry [J]. Poultry Science, 2017, 7: 31-35.

[19] ZHENG M L, MAO P C, TIAN X X, et al. Effects of dietary supplementation of alfalfa meal on growth performance, carcass characteristics, meat and egg quality, and intestinal microbiota in Beijing-you chicken [J]. Poultry Science, 2019, 98 (5): 2250-2259.

[20] 王剑. 干草添加时期对哺乳期犊牛生长性能和瘤胃发育的影响 [D]. 泰安: 山东农业大学, 2016.

[21] 崔利宏, 于彦, 王斯琴塔娜, 等. 不同品质粗饲料对断奶至7月龄犊牛生长发育及营养物质消化率的影响 [J]. 中国畜牧兽医, 2008 (09): 9-11.

[22] 周芳芳. 不同粗饲料来源饲粮对荷斯坦奶公犊生长性能、养分消化及瘤胃细菌区系的影响 [D]. 南宁: 广西大学, 2021.

[23] 张俊锋. 不同青贮草饲喂犊牛育肥效果试验 [J]. 中国牛业科学, 2018, 44 (06): 15-16.

[24] 王健, 郑爱华. 玉米青贮饲料饲喂高产奶牛的效果比较 [J]. 中国畜禽种业, 2013 (1): 64-65.

[25] 林志鹏, 杨广林, 林广宇, 等. 饲喂不同比例全株玉米青贮对泌乳奶牛产奶量及乳成分的影响 [J]. 现代畜牧兽医, 2016 (11): 5-11.

[26] 夏科, 姚庆, 李富国, 等. 奶牛常用粗饲料的瘤胃降解规律 [J]. 动物营养学报, 2012, 24 (4): 769-777.

[27] 陈宁, 李吉堂, 张云峰, 等. 青贮玉米替代苜蓿干草饲喂断奶初期纯种黑安格斯肉牛试验初报 [J]. 中国牛业科学, 2016, 42 (05): 32-34.

[28] 薛莉萍, 郑爱华, 马平. 全株玉米青贮饲料饲喂肉牛增重效果试验 [J]. 中国牛业科学, 2013, 39 (01): 18-20.

[29] 张喜忠, 李思源, 王栋才, 等. 全株青贮与黄贮强度育肥肉牛对比试验 [J]. 草食家畜, 2011 (01): 57-58.

[30] 纪天成. 全株玉米青贮对肉牛饲喂效果试验 [J]. 畜牧兽医杂志, 2010, 29 (6): 94-95.

[31] 马建齐. 玉米秸秆黄贮与全株玉米青贮对犁早杂种肉牛育肥效果的对比试验 [J]. 畜牧兽医杂志, 2008, 27 (3): 23-24.

[32] 王福传, 张玉换, 段建中, 等. 全株玉米青贮对肉牛的增重效果影响 [J]. 中国草食动物科学, 2005, 25 (5): 38-39.

[33] 苏秀侠, 胡成华, 祁宏伟, 等. 玉米及其秸秆肥育肉牛效果与经济效益的对比研究 [J]. 吉林农业科学, 2001, 26 (3): 46-51.

[34] 张淑二, 孔凡虎, 郭艺璇, 等. 青贮玉米秸秆营养指标检测及饲喂肉牛效果观察 [J]. 黑龙江畜牧兽医, 2016 (22): 189-190.

[35] 李玉仁, 马洪宾, 范增峰, 等. 青贮玉米秸育肥鲁西黄牛对比试验 [J]. 黄牛杂志,

1991（01）：59-61.

［36］马平．氨化秸秆育肥肉牛增重试验［J］．中国牛业科学，2014，40（06）：10-11.

［37］郝丽梅，杨致玲．麦秸不同氨化处理对肉牛饲喂效果的研究［J］．中国农学通报，2009，25（01）：1-4.

［38］王玉婷．膨化微贮玉米秸秆营养价值的评定及其对肉牛生产性能的影响［D］．长春：吉林农业大学，2019.

［39］丁健，武忠，武小平，等．不同处理方式对玉米秸秆营养价值的影响研究［J］．中国饲料，2018（06）：21-25.

［40］高静，贾玉山，王晓光，等．饲草组合效应综合指数研究［J］．草业学报，2012，21（04）：236-243.

［41］李申发．苜蓿、黄贮及玉米秸秆组合效应研究［D］．长春：吉林农业大学，2008.

［42］苏海涯．反刍动物日粮中桑叶与饼粕类饲料间组合效应的研究［D］．杭州：浙江大学，2002.

［43］严冰．桑叶作为氨化稻草日粮蛋白质补充料的效果研究［D］．杭州：浙江大学，2000.

［44］辛杭书，刘凯玉，张永根，等．不同处理水稻秸秆对体外瘤胃发酵模式、甲烷产量和微生物区系的影响［J］．动物营养学报，2015，27（5）：1632-1640.

［45］阳伏林，丁学智，史海山，等．苜蓿干草和秸秆组合体外发酵营养特性及其利用研究［J］．草业科学，2008，25（3）：61-67.

［46］邹新平，曹志军，许庆方，等．不同粗饲料组合和精粗比对断奶犊牛瘤胃液体外发酵及微生物蛋白的影响［J］．饲料研究，2015（6）：33-37.

［47］吴世迪．几种肉羊常用粗饲料组合效应的研究［D］．哈尔滨：东北农业大学，2015.

［48］丁满满．氨化秸秆与苜蓿组合对体外瘤胃发酵及几种微生物的影响［D］．哈尔滨：东北农业大学，2018.

［49］赵媛．巴彦淖尔市肉羊典型饲料营养价值评定及日粮配方筛选［D］．包头：内蒙古农业大学，2011.

［50］李梓丹．不同粗饲料对湖羊生长性能、肉品质及瘤胃微生物区系的影响［D］．郑州：河南农业大学，2021.

［51］单洪涛．氨化豆秸颗粒饲料研制及其饲喂生长湖羊的效果评价［D］．杭州：浙江大学，2007.

［52］翁小芳．氨化玉米秸秆的制作及在隆林黑山羊育肥阶段的运用试验［J］．畜牧业环境2020（06）：13-14.

［53］毛云睿．饲草类型对滩羊生长性能、肉品质及胃肠道微生物区系的影响［D］．西安：西北农林科技大学，2021.

［54］陈亮，张凌青，巫亮．饲喂柠条包膜青贮饲料对滩羊育肥效果的影响［J］．黑龙江畜牧兽医，2014（01）：97-99.

［55］智成英，马湘丽，屈海军．柠条配合饲料育肥羊效果观察［J］．当代畜禽养殖业，2011（05）：50-51.

［56］张瑞，王强，张磊，等．不同精粗比柠条饲粮对湖羊生长性能、肉品质及肠道微生

物区系的影响［J］. 中国畜牧兽医，2023，50（09）：3622-3629.

［57］马吉锋，张俊丽，于洋，等. 柠条不同添加比例颗粒日粮对滩羊生产性能影响的研究［J］. 宁夏农林科技，2019，60（9）：69-72.

［58］王泳，宋杰，何海迎等. 羊用11种植物性非常规饲料营养价值评定［J］. 饲料工业，2019，40（21）：12-18.

［59］刘鑫. 育肥湖羊对非常规原料及诱食剂采食偏好的研究［D］. 甘肃：兰州大学.

［60］董晓芳，佟建明，刘平. 苜草素对肉仔鸡生长性能和体脂肪沉积的影响［J］. 黑龙江畜牧兽医，2018（09）：22-27.

［61］高鹏. 甜菜渣膳食纤维对蒙古马在马球运动中运动性能的影响［J］. 饲料研究，2020，43（06）：53-55.

［62］胡雅丽，黑达西·巴哈提，彭凤强，等. 饲粮中添加苜蓿草粉对和田黑鸡生长性能、肉品质及抗氧化性能的影响［J］. 饲料研究，2021，44（23）：30-34.

［63］蒋恒，王怀树，卓娜，等. 苜蓿草粉对育肥猪生长性能、血清抗氧化及免疫性能相关指标的影响［J］. 中国畜牧兽医，2022，49（03）：953-961.

［64］蒋恒，王昊然，王怀树，等. 苜蓿草粉对育肥猪胴体性状、肉品质以及肌肉中氨基酸、脂肪酸的影响［J］. 中国饲料，2023（04）：57-62.

［65］江振莹，玉兰. 水溶性苜蓿多糖对肉仔鸡营养免疫作用的研究［J］. 饲料工业，2005（21）：19-20.

［66］雷景然，黄品，夏文欣，等. 不同品质苜蓿草粉对肉兔生产性能和养分表观消化率的影响［J］. 饲料研究，2022，45（10）：52-56.

［67］李碧侠，赵为民，付言峰，等. 苜蓿草粉对苏山猪屠宰性能、胴体品质和肉质性状的影响［J］. 动物营养学报，2020，32（03）：1090-1098.

［68］李碧侠，赵为民，付言峰，等. 苜蓿草粉对苏山猪生长速度、血液生化指标及屠宰性能的影响［J］. 西南农业学报，2020，33（11）：2675-2680.

［69］李璐，刘春光. 不同水平的苜蓿草粉添加对肉鸭生长性能、屠宰性能及经济效益指标的影响［J］. 中国饲料，2021（03）：132-134.

［70］李茂，字学娟，刘国道，等. 添加王草对鹅生长性能和血液指标的影响［J］. 福建农业学报，2017，32（01）：27-30.

［71］李宁，陈秀丽，赵西莲，等. 苜草素的生物学功能及其在蛋鸡生产中的应用［J］. 饲料博览，2019（09）：14-17.

［72］李珊珊，邓庆生，彭中友，等. 不同蛋白质水平的苜蓿草粉对雏鹅生长性能、血液生化指标和免疫机能的影响［J］. 中国饲料，2023（06）：121-124.

［73］梁丹，甘信斌，戴先焙，等. 紫花苜蓿发酵草粉对黑猪生长性能、血清生化指标及肉质品质的影响［J］. 养殖与饲料，2022，21（07）：5-14.

［74］刘燕. 饲料中添加紫花苜蓿多糖对育肥猪生长性能和胴体品质的影响［J］. 中国饲料，2019（01）：12-15.

［75］刘珍妮，雷小文，孔智伟，等. 发酵甜菊渣对番鸭生长性能、屠宰性能、血清生化指标及其粪便成分的影响［J］. 中国畜牧杂志，2021，57（07）：195-199.

［76］卢浪. 艾草发酵用菌种的筛选及其发酵产物对肉仔鸡生长性能的影响［D］. 新乡：

河南科技学院，2023.

[77] 林建和，李福泉，段茜．羽扇豆对生长育肥肉兔生长性能、养分消化率及屠宰性能的影响［J］．中国饲料，2019（10）：26-29.

[78] 农凯婷，赵子欣．日粮中添加苜蓿草粉对生长猪生产性能的影响［J］．畜牧兽医科技信息，2021（10）：195-196.

[79] 齐梦凡，娄春华，朱晓艳，等．不同苜蓿草粉水平对初产母猪生产和繁殖性能的影响［J］．草业学报，2018，27（10）：158-170.

[80] 宋亚东．冬闲田种草养鹅对扬州鹅生长性能及肉品质的影响［D］．扬州：扬州大学，2018.

[81] 苏默，李秋．牛至草粉对肉鸭生长性能、抗氧化、肉品质及经济效益的影响［J］．中国饲料，2021（08）：53-56.

[82] 谭剑蓉，干友民，宋中齐，等．不同比例白三叶草粉对肉兔免疫生理的影响［J］．中国饲料，2020（03）：76-81.

[83] 田凤云．苜蓿发酵颗粒饲料对育成后期临武鸭生产性能的影响［D］．长沙：湖南农业大学，2023.

[84] 王长康，刘昊，邵良平．苜草素对蛋鸡生产性能和血液生化指标的影响［J］．福建农业学报，2006（03）：215-218.

[85] 王彦华，程宁宁，郑爱荣，等．苜蓿草粉和苜蓿皂苷对肥育猪生长性能和抗氧化性能的影响［J］．动物营养学报，2013，25（12）：2981-2988.

[86] 王勇，王怀栋，武俊英，等．饲粮中添加紫花苜蓿草粉对蒙古马运动性能及养分表观消化率的影响［J］．中国饲料，2019（03）：26-29.

[87] 王自豪，滕军山，彭宏春，等．紫花苜蓿 WL-525 草粉对桂科黑猪生长发育的影响［J］．广西畜牧兽医，2021，37（06）：243-245.

[88] 吴东，夏伦志，杜长书，等．日粮中添加止痢草提取物对淮北麻鸡生长性能及血液生化指标的影响［J］．粮食与饲料工业，2021（04）：52-54.

[89] 徐向君．饲粮中添加不同水平甜菜粕对焉耆马消化代谢、运动性能及血气指标的影响［D］．乌鲁木齐：新疆农业大学，2016.

[90] 阎春池，董飚，赵敏孟，等．日粮中添加苜蓿草粉对肉鹅生长性能及肉质性状的影响［J］．中国畜牧兽医，2020，47（11）：3502-3509.

[91] 杨凤．羊草、谷草、无芒雀麦草在英纯血马日粮中的开发利用［D］．呼和浩特：内蒙古农业大学，2020.

[92] 姚娜，王之飞，丘金花，等．桂闽引象草对肉鹅消化代谢性能的影响［J］．饲料工业，2016，37（07）：18-21.

[93] 殷海成，周孟清．饲粮中添加苜蓿草粉或发酵苜蓿草粉对鹅生长性能、血清抗氧化酶及消化酶活性的影响［J］．动物营养学报，2015，27（05）：1492-1500.

[94] 曾雨佳，胡雅丽，马姝，等．饲粮中添加苜蓿草粉对庄河大骨鸡产蛋性能及蛋品质的影响［J］．饲料研究，2021，44（01）：35-38.

[95] 翟钦辉，荣岳光，董晓芳，等．苜草素对巨噬细胞吞噬活性和 NO、IL-6、TNF-α 分泌的影响［J］．营养学报，2012，34（02）：181-185.

［96］詹海杰，曹亮，郑建婷，等．不同比例苜蓿草粉对獭兔生产性能等相关指标的影响［J］．黑龙江畜牧兽医，2019（18）：110-113.

［97］占今舜，詹康，霍永久，等．苜蓿草颗粒饲料对鹅生长性能、肠道长度和血液生化指标的影响［J］．中国农业大学学报，2015，20（03）：133-138.

［98］章杰，武秋申，揭晓蝶，等．不同纤维源日粮对四川白鹅肉品质及氨基酸含量的影响［J］．中国畜牧兽医，2020，47（03）：736-743.

［99］张金枝，任巧玲，刘建新，等．不同苜蓿草粉水平对母猪繁殖性能和血清生化指标的影响［J］．中国畜牧杂志，2011，47（03）：45-48.

［100］张丽娜，章世元，董晓芳，等．苜草素对58~65周龄蛋鸡生产性能和蛋品质的影响［J］．中国饲料，2010（06）：21-24.

［101］赵树根，王刚，陈晓安，等．乳酸菌发酵艾草对生长育肥猪生产性能和猪肉品质的影响［J］．湖南饲料，2023（03）：12-17.

［102］郑明利，毛培春，田小霞，等．林下混播草地放养对北京油鸡肉品质及肠道菌群的影响［J］．草地学报，2023，31（08）：2352-2360.

［103］郑宁，陈萍，夏云，等．饲料中添加牧草对育肥期五指山猪、杜陆猪生长性能的影响［J］．上海畜牧兽医通讯，2020（04）：22-23.

［104］仲华玲，何丛丛，吴邦元．不同饲料对断奶兔十二指肠、空肠结构和消化酶活性影响［J］．饲料博览，2022（05）：1-7.

［105］周春英．不同水平的草粉对白罗曼鹅产蛋性能、蛋品质及经济效益的影响［J］．中国饲料，2020（19）：29-31.

［106］左剑波，刘莹莹，刘博众，等．苋草生态料对生长育肥猪生产性能及猪肉品质的影响［J］．家畜生态学报，2019，40（10）：42-48.

附　录

附录一　苜蓿干草的近红外光谱法测定技术规范（试行）

本规范规定了近红外光谱法测定苜蓿干草时的样品采集、样品制备、样品扫描测定、测定结果反馈、实验室留样及样品保存以及数据库维护等技术要求。

1　样品采集

1.1　采样设置与采样质量

采用随机抽样的方法确定采样草捆，每个草捆设一个采样点；每份样品采样点数原则上不少于 5 个。

同一批次苜蓿干草一般只采集一个样品，样品采样质量一般不少于 1kg。

1.2　采样

二次加压草捆可以采用电动采样器机械采样。机械采样时，采样器应与草捆纵截面呈 90°夹角插入草捆，取草捆中心处的样品放入样品袋。采样的深度应在 30~40cm。采样管应管头锋利，以利于插入草捆，切割干草。

采用手工方法采样时，打开苜蓿草捆，掀去表面 15cm 的草层，选出分离良好的截面，在硬托盘内小心去掉两端各 15~20cm 部分，取中间完整截面及其脱落叶片放入样品袋。

采样时不能抖动采集的样品，尽量防止叶片或叶粉脱落。采样设备及样品包装应清洁、干燥，防止外物进入样品。每采集完成一份样品，应对采样设备进行清理，防止样品间相互串留。

1.3　样品包装和标识信息

样品应采用 14 号加厚自封袋或大号（47cm×47cm）塑料袋密封保存，防止叶、粉撒落及吸收空气中水分或雨淋。样品采集完毕，应及时将样品标识信息，并妥善地贴在包装袋上或装入包装袋内，谨防丢失或损污。

样品标识应包含以下内容：样品名称；采样人和采样单位信息；采样地点，具体到场；采样时间，具体到年月日时；进口苜蓿样品的国别、商标名称、标识等级及主要质量指标、进口时间；国产苜蓿的生产企业、收获日期及茬次、贮存条件、外观性状、混杂度等。

1.4 样品送达

包装好的样品，应在常温状态下，一周内送达实验室进行近红外光谱扫描测定。寄送时应增加外层包装，外层包装应有防压、防晒、防雨、防潮措施，要保持样品包装袋的完整性，防止污染。

2 样品制备

2.1 样品前处理

实验室收到样品，应尽快对样品进行处理。将样品平铺在平台上，用铡刀或剪刀将样品切制成 1cm 左右的草段。

2.2 前处理样品的缩分

用“四分法”对前处理后的样品进行缩分。具体要求是将样品集中为一堆，用药铲或其他适当器具将样品铲移至一处，第二铲倒于前一铲样品之上，使样品自然由上向下流动到周围，如此反复移动 3 遍以上，使样品尤其是粉状的叶与花蕾混合均匀；将混合均匀的样品堆成圆锥形，压成圆饼，用药铲等器具在干草上划“十”字，将干草分成四等份，任意弃去对角的两份，将剩余的两份混合；重复使用“四分法”，最后留取两份前处理后的样品，每份不少于 200g，一份用于留样，一份用于测定。

2.3 待测定样品的粉碎

将待测前处理样品用草本粉碎机粉碎，过 40 目网筛。粉碎好的样品放入 9 号自封袋中，标号，待扫描测定。

粉碎样品时，粉碎机勿长时间使用。粉碎 1 个样品后应停机 1 分，连续粉碎 3 个样品后停机 15 分，防止机器过热造成样品水分流失；少量难粉碎的残渣应捶碎弄细并混入分析样品中，不可丢弃。

3 样品扫描测定

实验室收到样品两周内，应完成样品的制备与扫描测定工作。样品的扫描测定按照近红外光谱仪使用说明提供的标准操作规程进行。

3.1 仪器校准与预热

近红外光谱仪每次开机需进行 CheckCell 校准。仪器长期固定不动，每两周进行一次 R99 校准；仪器移动使用，每次开机都要进行一次 R99 校准。每次开机，样品测定前仪器需预热 30min。

3.2 样品装杯

选择适当的样品杯，将制备好的样品装入样品杯。装杯样品应均匀，装杯前可提起样品袋角，使样品流向对角，随即提起对角使其流回混合，将四角轮流反复提起，使样品充分混合，重复 3 遍混合操作，确保混合均匀。装杯量应占杯高的 1/2~2/3，用杯盖压实样品，确保底部照射光无法穿透样品。

3.3 测定前的清洁

将装好样品的样品杯放置适配环上，确保样品杯杯底部和仪器出光孔镜面清洁，方可进行扫描测定。

3.4 扫描测定

按照操作规程扫描样品，扫描等待时间不得少于 30s，待预测栏内各项指标出现后方可结束本次测定；每个样品重复装样、扫描 3 次，取 3 次测定的平均值为本样品测定最终结果。

每批样品测定结束关机后，应对仪器整机擦拭粉尘，样品杯及出光孔镜片用布擦拭。

4 其他规范要求

4.1 测定结果反馈

近红外测定结束后，实验室应在3d内出具测定报告，1周内反馈采样送检单位；采样送检单位对测定结果有异议的，可于两周内向测定单位提出复测申请，测定单位有义务按本规范要求及时复测并反馈复测结果。

采样送检单位应根据测定结果，积极主动及时深入养殖场指导企业调整粗饲料配方，改善养殖方式，提高养殖水平和效益。

4.2 留样及样品保存

测定实验室应当对前处理后的段状样品留样备查，留样保存时间不少于6个月。

留样样品应保留原采样样品标识，密封条件下常温保存，留样藏品库应避光、干燥、通风，防止霉变、鼠害等。

4.3 数据库维护

实验室用近红外光谱法测定苜蓿干草营养成分，应按年度抽取测定样品总量的5%以上，进行实验室分析化验，用于近红外光谱法测定数据准确性验证，并将结果添加到数据库，不断优化测定数据库的准确性。

附录二 全株玉米青贮、玉米秸秆青贮的近红外光谱法测定技术规范（试行）

本规范规定了近红外光谱法测定全珠玉米青贮、玉米秸秆青贮时的样品采集、样品制备、样品扫描、样品保存及实验室留样、测定结果反馈以及数据库维护等技术要求。

1 样品采集

青贮样品的采样量一般不小于4kg，每份样品采样点数原则上不少于5个。取样时忌外力强制取出，避免样品汁液流失。

1.1 青贮池取样

青贮池的一个截面可取一个样品，取样截面在空气中的暴露时间不得超过12h。采用九点取样法，根据青贮截面高宽，分为上、中、下三层和左、中、右三列九点取样，取样点距离青贮截面的顶部、底部、左右料边距离应超过40cm。

1.2 裹包青贮取样

裹包青贮每批次产品取一个样品。采用随机抽样的方法确定采样包，每个包设一个采样点，每份样品采样包数原则上不少于5个。

裹包青贮取样时，用刀在青贮包上割开手掌大的三角形开口，去掉表面15cm厚的青贮饲料层，然后在裹包内部取样。取样后及时将取样割口用胶膜封死。

1.3 样品包装与标识信息

样品应采用9号加厚自封型料袋密封保存，采集后1h内抽真空密封包装，4h内转移至4℃

冷藏或-20℃冷冻条件下存放，避免样品二次发酵。样品采集完毕，应及时做好样品标识信息，并妥善地贴在包装袋上或装入包装袋内，谨防丢失或污损。

样品标识信息应包含以下内容：样品名称；采样人和采样单位信息；采样地点，具体到场；采样时间，具体到年月日时；样品的收获日期及贮存方式、外观性状等。商品青贮还需标识生产企业、商标名称、标识等级及主要质量指标等。

1.4　样品送达

抽真空包装好的样品，应放入冰盒或在 4℃冷藏条件下，一周内寄送达实验室进行近红外光谱扫描测定。寄送时应增加外层包装，外层包装应有防压、防晒、防雨、防潮措施，要保持样品包装袋的完整性，防止污染。

2　样品制备

2.1　新鲜样品缩分

实验室收到样品，尽快对样品进行处理。处理新鲜样品，应在塑料布等防水材料上进行，防止样品汁液流失。先用“四分法”将样品缩分至 2kg，继续用“四分法”将样品分为两份，每份样品 1kg 左右，其中一份重新抽真空密封冷冻留样，一份用于测定。

2.2　待测新鲜样品的水分检测与风干

称量并记录待检测新鲜样品重量，自然风干后再次称重，并记录风干重，计算样品水分含量。用剪刀或青贮制样机，将风干样品制成长度不大于 1cm 的样品段。

2.3　风干样品的粉碎

将风干样品段用植物粉碎机粉碎，过 40 目网筛。粉碎好的样品 200g 左右，放入 9 号自封袋中，标号，备检测。

粉碎样品时，粉碎机勿长时间使用。粉碎 1 个样品后应停机 1min，连统粉碎 3 个样品后停机 15min，防止机器过热造成样品水分流失；少量难粉碎的残渣应捶碎弄细并混入分析样品中，不可丢弃。

3　样品扫描测定

实验室收到样品两周内，应完成样品的制备与扫描测定工作。样品的扫描测定按照近红外光谱仪使用说明提供的标准操作规程进行。

3.1　仪器校准与预热

近红外光谱仪每次开机需进行 CheckCell 校准。仪器长期固定不动，每两周进行一次 R99 校准；仪器移动使用，每次开机都要进行一次 R99 校准。每次开机，样品测定前仪器需预热 30min。

3.2　样品装杯

选择适当的样品杯，将制备好的样品装入样品杯。装杯样品应均匀，装杯前可提起样品袋一角，使样品流向对角，随即提起对角使其流回混合，将四角轮流反复提起，使样品充分混合，重复 3 遍混合操作，确保混合均匀。装杯量应占杯高的 1/2～2/3，用杯盖压实样品，确保底部照射光无法穿透样品。

3.3　测定前的清洁

将装好样品的样品杯放置适配环上，确保样品杯杯底部和仪器出光孔镜面清洁，方可进行扫描测定。

3.4　扫描测定

按照操作规程扫描样品，扫描等待时间不得少于 30s，待预测栏内各项指标出现后方可结束本次测定；每个样品重复装样、扫描3次，取3次测定的平均值为本样品测定最终结果。

每批样品测定结束关机后，应对仪器整机擦拭粉尘，样品杯及出光孔镜片用软布擦拭。

4　其他规范要求

4.1　快速检测结果反馈

近红外测定结束后，实验室应在3d内出具测定报告，1周内反馈抽样送检单位；送检单位对测定结果有异议的，可于两周内向测定单位提出复测申请，测定单位有义务按本规范要求及时复测并反馈复测结果。

送检单位应根据测定结果积极主动深入养殖场指导企业调整粗饲料配方，改善养殖方式，提高养殖水平和效益。

4.2　留样及样品保存

测定实验室应当对鲜样样品留样备查，留样保存时间不少于3个月。

留样样品应保留原采样样品标识，抽真空密封条件下冷冻保存。

4.3　数据库维护

实验室用近红外光谱法测定全株玉米青贮、玉米秸秆青贮营养成分，应按年度抽取测定样品量的5%以上进行实验室分析化验，用于近红外光谱法测定数据准确性验证，并将结果添加到数据库，不断优化测定数据库的准确性。